从零到精通电工实战系列

怎样识读电工电路图
(实物接线·全彩图解·视频·案例)

图说帮 编著

·北京·

内容提要

本书以国家职业资格标准为指导，结合行业培训规范，依托典型案例，全面、细致地介绍了各种电工电路的特点、原理、应用及接线方式等专业知识技能。

本书内容包含了电工电路基础、电工电路识读方法、识读电工电路的控制关系、电子元器件与电路识图、识读供配电电路、识读灯控照明电路、识读直流电动机控制电路、识读单相交流电动机控制电路、识读三相交流电动机控制电路、识读机电设备控制电路、识读农机控制电路、识读PLC及变频控制电路、识读数控设备与机器人电路、线缆的加工与连接。

本书采用全彩图解的方式，讲解全面详细，理论和实践操作相结合，内容由浅入深，语言通俗易懂，非常方便读者学习。

另外，为了方便阅读，提升学习体验，本书采用微视频讲解互动的全新教学模式，在重要知识点相关图文的旁边添加了二维码。读者只要**使用手机扫描书中相关知识点的二维码**，即可在手机上实时观看对应的教学视频，帮助读者轻松领会。这不仅进一步方便了学习，而且大大提升了本书内容学习效率。

本书可供电工电子初学者及专业技术人员学习使用，也可供职业院校、培训学校相关专业的师生和电子爱好者阅读。

图书在版编目（CIP）数据

怎样识读电工电路图：实物接线·全彩图解·视频·案例 / 图说帮编著. -- 北京：中国水利水电出版社，2025.6. -- ISBN 978-7-5226-2930-8

Ⅰ. TM13

中国国家版本馆CIP数据核字第2025ED3270号

书　　名	怎样识读电工电路图（实物接线·全彩图解·视频·案例） ZENYANG SHIDU DIANGONG DIANLUTU（SHIWU JIEXIAN·QUANCAI TUJIE·SHIPIN·ANLI）
作　　者	图说帮 编著
出版发行	中国水利水电出版社 （北京市海淀区玉渊潭南路1号D座　100038） 网址：www.waterpub.com.cn E-mail：zhiboshangshu@163.com 电话：（010）62572966-2205/2266/2201（营销中心）
经　　售	北京科水图书销售有限公司 电话：（010）68545874、63202643 全国各地新华书店和相关出版物销售网点
排　　版	北京智博尚书文化传媒有限公司
印　　刷	河北文福旺印刷有限公司
规　　格	185mm×260mm　16开本　16.5印张　377千字
版　　次	2025年6月第1版　2025年6月第1次印刷
印　　数	0001—3000册
定　　价	79.80元

凡购买我社图书，如有缺页、倒页、脱页的，本社营销中心负责调换

版权所有·侵权必究

前言

识读电工电路图是电子电工领域必须掌握的一项专业基础技能。

本书从零开始,通过实战案例,全面系统地讲解各类电工电路的结构、识读、应用及接线等各项专业知识和综合实操技能。

▍全新的知识技能体系

本书的编写目的是让读者能够在短时间内领会并掌握各种不同类型电工电路的识图方法与布线、接线等专业知识和操作技能。为此,图说帮根据国家职业资格标准和行业培训规范,对电工领域所应用的电工电路进行了细致地归纳和整理。从零基础开始,通过大量实例,全面、系统地讲解电工电路识图方法,并结合接线、布线和检修的实操演示,真正让本书成为一本从理论学习逐步上升为实战应用的专业技能指导图书。

▍全新的内容诠释

本书采用彩色印刷,以便能突出重点;并将各种不同类型的电工电路按照功能分类,从结构、识读到接线细致讲解不同电工电路的特点和应用。内容由浅入深、循序渐进;知识技能的讲授充分发挥"图说"的特色,大量的结构原理图、效果图、实物照片和操作演示拆解图相互补充;依托实战案例,通过以"图"代"解"、以"解"说"图"的形式向读者直观地传授电工电路识图、接线的专业知识和综合技能,让读者能够轻松、快速、准确地领会、掌握。

▍全新的学习体验

本书开创了全新的学习体验,"模块化教学"+"多媒体图解"+"二维码微视频"构成了本书独有的学习特色。首先,在内容选取上,图说帮进行了大量的市场调研和资料汇总。根据知识内容的专业特点和行业岗位需求将学习内容模块化分解。其次,依托多媒体图解的方式输出给读者,让读者以"看"代"读"、以"练"代"学"。最后,为了获得更好的学习效果,本书充分考虑读者的学习习惯,在书中增设了二维码。读者可以在书中很多知识技能旁边找到二维码,然后通过手机扫描二维码打开相关的"微视频"。微视频中有对图书相应内容的生动讲解,有对关键知识技能点的演示操作。全新的学习手段更加增强了读者自主学习的互动性,不仅提升了学习效率,而且增强了学习的兴趣和效果。

当然,我们也一直在学习和探索专业的知识技能,由于水平有限,书中难免会出现一些疏漏,欢迎读者指正,也期待与您进行技术交流。

图说帮
网址:http://www.chinadse.org
联系电话:022-83715667/13114807267
E-mail:chinadse@126.com
地址:天津市南开区榕苑路4号天发科技园8-1-401
邮编:300384

抖音号

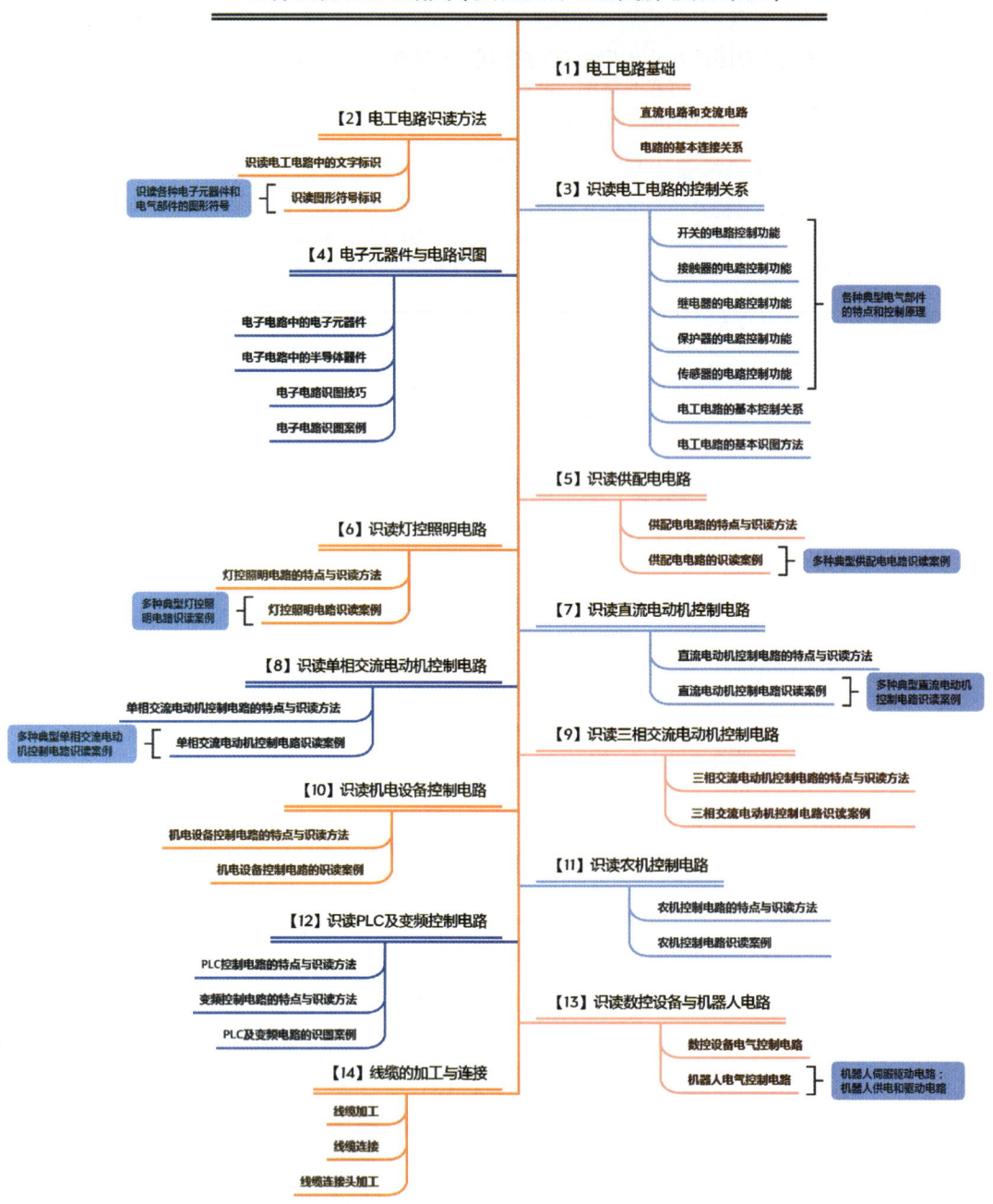

目录

第1章 电工电路基础[1]

1.1 直流电路和交流电路【1】
  1.1.1 直流电路【1】
  1.1.2 交流电路【2】
1.2 电路的基本连接关系【4】
  1.2.1 串联方式【4】
  1.2.2 并联方式【7】
  1.2.3 混联方式【10】

第2章 电工电路识读方法[11]

2.1 识读电工电路中的文字标识【11】
  2.1.1 识读基本文字标识【11】
  2.1.2 识读辅助文字标识【14】
  2.1.3 识读组合文字标识【15】
  2.1.4 识读专用文字标识【16】
2.2 识读图形符号标识【17】
  2.2.1 识读电子元器件的图形符号【17】
  2.2.2 识读低压电气部件的图形符号【19】
  2.2.3 识读高压电气部件的图形符号【21】

第3章 识读电工电路的控制关系[23]

3.1 开关的电路控制功能【23】
  3.1.1 电源开关的控制特点【23】
  3.1.2 按钮开关的控制特点【25】
  3.1.3 旋钮开关的控制特点【28】
  3.1.4 限位开关的控制特点【31】
3.2 接触器的电路控制功能【33】
  3.2.1 直流接触器的控制特点【33】
  3.2.2 交流接触器的控制特点【34】
  3.2.3 直流控制交流接触器的控制特点【37】
3.3 继电器的电路控制功能【38】
  3.3.1 中间继电器的控制特点【38】

3.3.2 热继电器的控制特点【42】
3.3.3 时间继电器的控制特点【44】
3.4 保护器的电路控制功能【51】
3.4.1 熔断器的控制特点【51】
3.4.2 漏电保护器的控制特点【52】
3.5 传感器的电路控制功能【53】
3.5.1 温度传感器的控制特点【53】
3.5.2 湿度传感器的控制特点【54】
3.5.3 光电传感器的控制特点【55】
3.6 电工电路的基本控制关系【56】
3.6.1 点动控制【56】
3.6.2 自锁控制【58】
3.6.3 互锁控制【59】
3.6.4 多地控制【63】
3.6.5 顺序控制【64】
3.6.6 启动延时控制【67】
3.6.7 停止延时控制【68】
3.7 电工电路的基本识图方法【70】
3.7.1 识图要领【70】
3.7.2 识图步骤【71】

第4章 电子元器件与电路识图[76]

4.1 电子电路中的电子元器件【76】
4.1.1 电阻器【76】
4.1.2 电容器【80】
4.1.3 电感器【82】
4.2 电子电路中的半导体器件【83】
4.2.1 二极管【83】
4.2.2 三极管【86】
4.2.3 场效应晶体管【87】
4.2.4 晶闸管【88】
4.3 电子电路识图技巧【90】
4.3.1 从元器件入手识读电路【90】
4.3.2 从单元电路入手识读电路【91】
4.4 电子电路识图案例【92】
4.4.1 基本放大电路识图案例【92】
4.4.2 电源电路识图案例【94】
4.4.3 音频电路识图案例【96】
4.4.4 遥控电路识图案例【98】
4.4.5 脉冲电路识图案例【100】

第5章 识读供配电电路[102]

5.1 供配电电路的特点与识读方法【102】
    5.1.1 低压供配电电路的特点与识读方法【102】
    5.1.2 高压供配电电路的特点与识读方法【104】
5.2 供配电电路识读案例【105】
    5.2.1 低压动力线供配电电路的识图【105】
    5.2.2 低压配电柜供配电电路的识图【106】
    5.2.3 楼宇变电所高压供配电电路的识图【107】
    5.2.4 深井高压供配电电路的识图【108】

第6章 识读灯控照明电路[110]

6.1 灯控照明电路的特点与识读方法【110】
    6.1.1 室内灯控照明电路的特点与识读方法【110】
    6.1.2 公共灯控照明电路的特点与识读方法【112】
6.2 灯控照明电路识读案例【114】
    6.2.1 客厅异地联控照明电路的识图【114】
    6.2.2 卧室三地联控照明电路的识图【115】
    6.2.3 卫生间门控照明电路的识图【116】
    6.2.4 楼道声控照明电路的识图【117】
    6.2.5 光控路灯照明电路的识图【118】
    6.2.6 楼道应急照明电路的识图【119】
    6.2.7 景观照明电路的识图【120】

第7章 识读直流电动机控制电路[121]

7.1 直流电动机控制电路的特点与识读方法【121】
    7.1.1 直流电动机驱动控制【121】
    7.1.2 直流电动机调速控制【122】
    7.1.3 直流电动机正/反转控制【124】
7.2 直流电动机控制电路识读案例【127】
    7.2.1 直流电动机的降压启动控制电路的识图【127】
    7.2.2 光控直流电动机驱动及控制电路的识图【129】
    7.2.3 直流电动机调速控制电路的识图【130】
    7.2.4 直流电动机正/反转控制电路的识图【130】
    7.2.5 直流电动机能耗制动控制电路的识图【132】

第8章 识读单相交流电动机控制电路[134]

8.1 单相交流电动机控制电路的特点与识读方法【134】
    8.1.1 单相交流电动机控制电路的特点【134】
    8.1.2 单相交流电动机控制电路的接线与识读【135】
8.2 单相交流电动机控制电路识读案例【137】

8.2.1 单相交流电动机正/反转驱动电路的识图【137】
8.2.2 可逆单相交流电动机驱动电路的识图【137】
8.2.3 单相交流电动机晶闸管调速电路的识图【138】
8.2.4 单相交流电动机电感器调速电路的识图【139】
8.2.5 单相交流电动机热敏电阻调速电路的识图【139】
8.2.6 单相交流电动机自动启停控制电路的识图【140】
8.2.7 单相交流电动机正/反转控制电路的识图【141】

第9章 识读三相交流电动机控制电路[143]

9.1 三相交流电动机控制电路的特点与识读方法【143】
    9.1.1 三相交流电动机控制电路的特点【143】
    9.1.2 三相交流电动机控制电路的接线与识读【144】
9.2 三相交流电动机控制电路识读案例【145】
    9.2.1 由复合开关控制的三相交流电动机点动/连续控制电路的识图【145】
    9.2.2 具有过载保护功能的三相交流电动机正转控制电路的识图【147】
    9.2.3 由旋钮开关控制的三相交流电动机点动/连续控制电路的识图【149】
    9.2.4 按钮互锁的三相交流电动机正/反转控制电路的识图【151】
    9.2.5 接触器互锁的三相交流电动机正/反转控制电路的识图【153】
    9.2.6 旋钮开关实现的三相交流电动机正/反转控制电路的识图【155】
    9.2.7 由按钮开关实现的三相交流电动机顺起顺停控制电路的识图【157】
    9.2.8 由时间继电器实现的三相交流电动机顺起逆停控制电路的识图【159】
    9.2.9 由时间继电器实现的三相交流电动机顺起顺停控制电路的识图【161】
    9.2.10 三相交流电动机串电阻降压启动控制电路的识图【164】
    9.2.11 按钮开关控制三相交流电动机Y-△降压启动控制电路的识图【166】
    9.2.12 时间继电器控制三相交流电动机Y-△降压启动控制电路的识图【170】
    9.2.13 由速度继电器控制的三相交流电动机反接制动控制电路的识图【172】
    9.2.14 由时间继电器控制的三相交流电动机反接制动控制电路的识图【176】
    9.2.15 由按钮开关控制的三相交流双速电动机调速控制电路的识图【179】

第10章 识读机电设备控制电路[183]

10.1 机电设备控制电路的特点与识读方法【183】
    10.1.1 机电设备控制电路的特点【183】
    10.1.2 机电设备控制电路的接线与识读【184】
10.2 机电设备控制电路的识读案例【186】
    10.2.1 卧式车床控制电路的识图【186】
    10.2.2 抛光机控制电路的识图【187】
    10.2.3 摇臂钻床控制电路的识图【188】
    10.2.4 铣床控制电路的识图【190】
    10.2.5 齿轮磨床控制电路的识图【192】

第11章 识读农机控制电路[193]

11.1 农机控制电路的特点与识读方法【193】
11.1.1 农机控制电路的特点【193】
11.1.2 农机控制电路的接线和识读【194】

11.2 农机控制电路识读案例【195】
11.2.1 农田排灌设备控制电路的识图【195】
11.2.2 禽类养殖孵化室湿度控制电路的识图【197】
11.2.3 禽蛋孵化恒温箱控制电路的识图【197】
11.2.4 养鱼池间歇增氧控制电路的识图【199】
11.2.5 蔬菜大棚温度控制电路的识图【200】
11.2.6 秸秆切碎机控制电路的识图【201】
11.2.7 磨面机控制电路的识图【202】

第12章 识读PLC及变频控制电路[204]

12.1 PLC控制电路的特点与识读方法【204】
12.1.1 PLC控制电路的特点【204】
12.1.2 PLC控制电路的接线与识读【205】

12.2 变频控制电路的特点与识读方法【207】
12.2.1 变频控制电路的特点【207】
12.2.2 变频控制电路的接线与识读【207】

12.3 PLC及变频电路的识图案例【210】
12.3.1 三相交流电动机联锁启停PLC控制电路的识图【210】
12.3.2 三相交流电动机反接制动PLC控制电路的识图【211】
12.3.3 电动葫芦PLC控制电路的识图【213】
12.3.4 自动门PLC控制电路的识图【215】
12.3.5 PLC和变频器组合的刨床控制电路的识图【217】
12.3.6 鼓风机变频驱动控制电路的识图【219】
12.3.7 球磨机变频驱动控制电路的识图【221】
12.3.8 物料传输机变频驱动控制电路的识图【223】

第13章 识读数控设备与机器人电路[225]

13.1 数控设备电气控制电路【225】
13.1.1 数控设备控制系统【225】
13.1.2 数控设备控制关系【229】
13.1.3 数控主轴电动机控制电路【230】
13.1.4 数控主轴电动机变频驱动电路【231】
13.1.5 数控机床伺服电动机驱动电路【233】

13.2 机器人电气控制电路【234】
13.2.1 机器人伺服驱动电路【234】
13.2.2 机器人供电和驱动电路【235】

第14章 线缆的加工与连接[236]

14.1 线缆加工【236】

    14.1.1 塑料硬导线【236】

    14.1.2 塑料软导线【238】

    14.1.3 塑料护套线【239】

14.2 线缆连接【240】

    14.2.1 缠绕连接【240】

    14.2.2 绞接【245】

    14.2.3 扭接【246】

    14.2.4 绕接【247】

    14.2.5 线夹连接【248】

14.3 线缆连接头加工【249】

    14.3.1 塑料硬导线环形连接头加工【249】

    14.3.2 塑料软导线绞绕式连接头加工【250】

    14.3.3 塑料软导线缠绕式连接头加工【250】

    14.3.4 塑料软导线环形连接头加工【251】

第1章 电工电路基础

1.1 直流电路和交流电路

1.1.1 直流电路

直流电路是指电流流向不变的电路，是由直流电源、控制器件及负载（电阻、灯泡、电动机等）构成的闭合导电回路。图1-1为简单的直流电路。

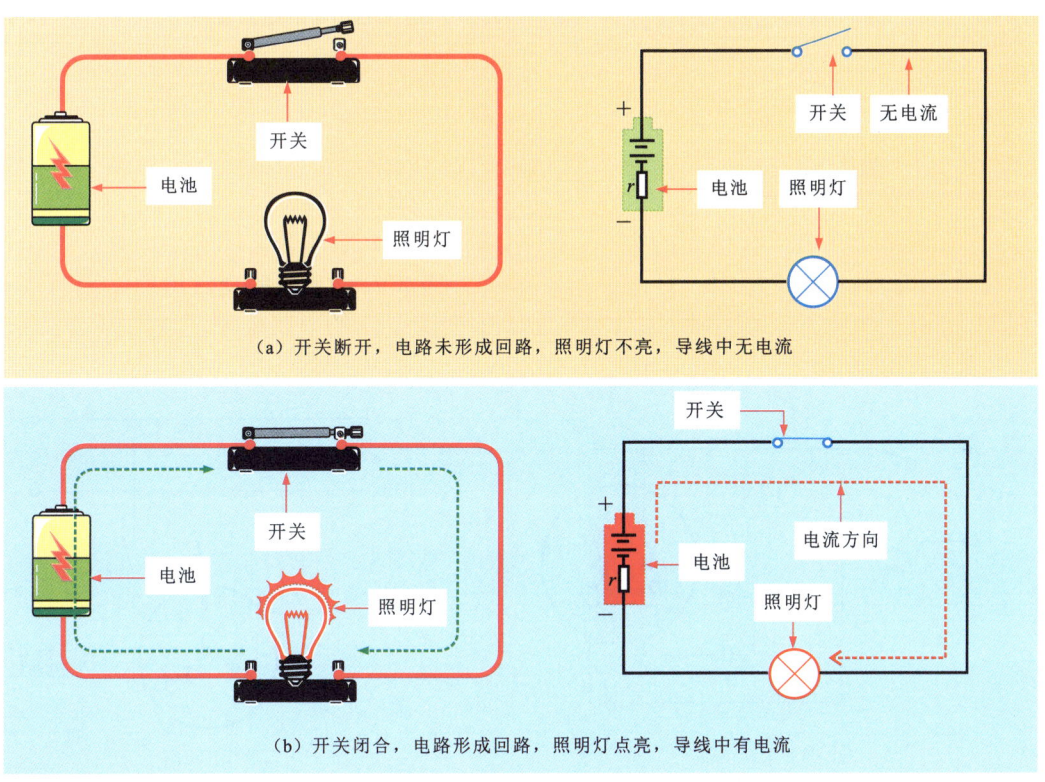

(a) 开关断开，电路未形成回路，照明灯不亮，导线中无电流

(b) 开关闭合，电路形成回路，照明灯点亮，导线中有电流

图1-1 简单的直流电路

> **补充说明**
>
> 电路是将一个控制器件（开关）、一个电池和一个灯泡（负载）通过导线首尾相连构成的简单直流电路。当开关闭合时，直流电流可以流通，灯泡点亮，此时灯泡处的电压与电池的电压值相等；当开关断开时，电流被切断，灯泡熄灭。

在直流电路中，电流和电压是两个非常重要的基本参数，如图1-2所示。

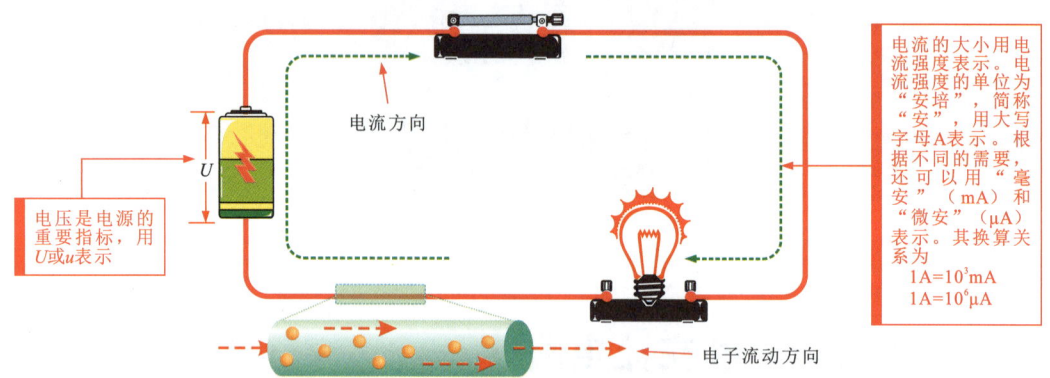

图1-2 直流电路中的电流和电压参数

> **补充说明**
>
> 电流是指在一个导体的两端加上电压，导体中的电子在电场作用下做定向运动形成的电子流。
> 电压就是带正电体与带负电体之间的电势差。也就是说，由电引起的压力使原子内的电子移动形成电流，该电流流动的压力就是电压。

1.1.2 交流电路

交流电路是指电压和电流的大小、方向随时间做周期性变化的电路，是由交流电源、控制器件和负载（电阻、灯泡、电动机等）构成的。常见的交流电路主要有单相交流电路和三相交流电路两种。图1-3为常见的交流电路的电路模型。

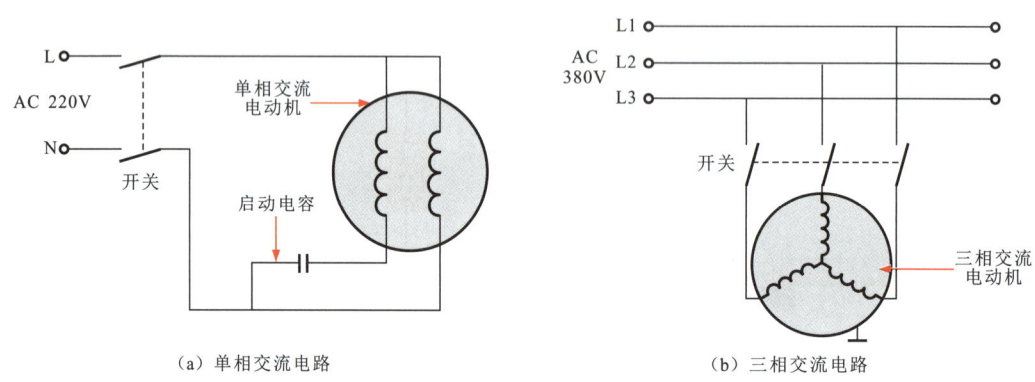

(a) 单相交流电路　　　　　　　(b) 三相交流电路

图1-3 常见的交流电路的电路模型

1 单相交流电路

单相交流电路是指交流220V/50Hz的供电电路。这是我国公共用电的统一标准，交流220V电压是指火线（相线）对零线的电压，一般的家庭用电都是单相交流电路。

如图1-4所示，单相交流电路主要有单相两线式和单相三线式两种。

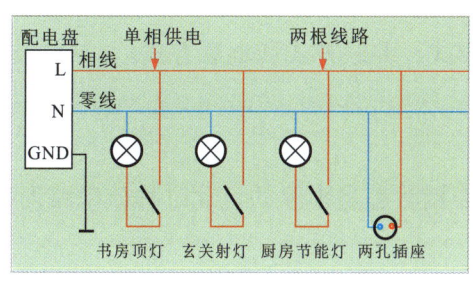
（a）单相两线式交流电路

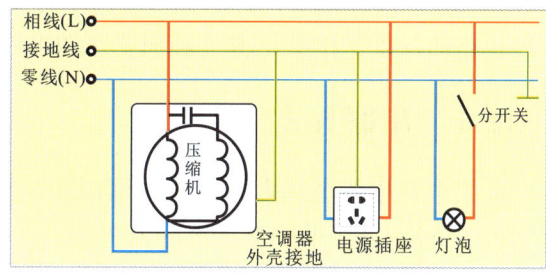
（b）单相三线式交流电路

图1-4　单相交流电路

2 三相交流电路

三相交流电路主要有三相三线式、三相四线式和三相五线式三种。

图1-5为典型的三相三线式交流电路。三相三线式交流电路是指由变压器引出三根相线为负载设备供电。高压电经柱上变压器变压后，由变压器引出三根相线，为工厂的电气设备供电，每根相线之间的电压为380V。

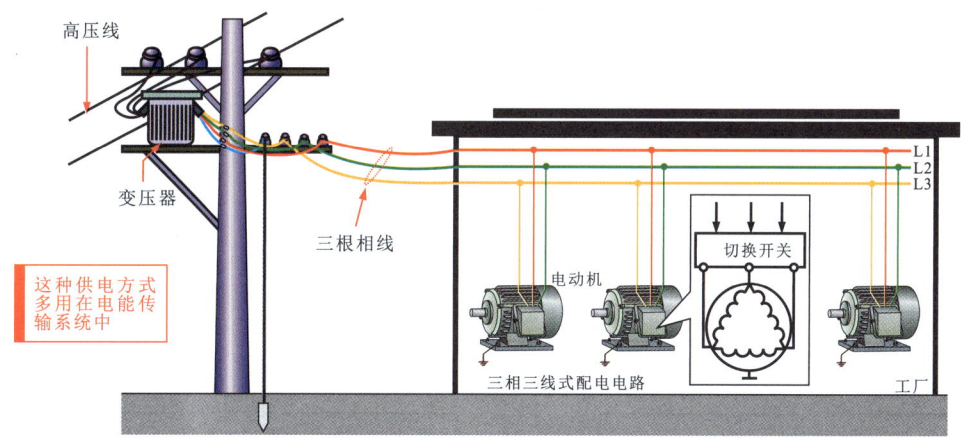

图1-5　典型的三相三线式交流电路

图1-6为典型的三相四线式交流电路和三相五线式交流电路。

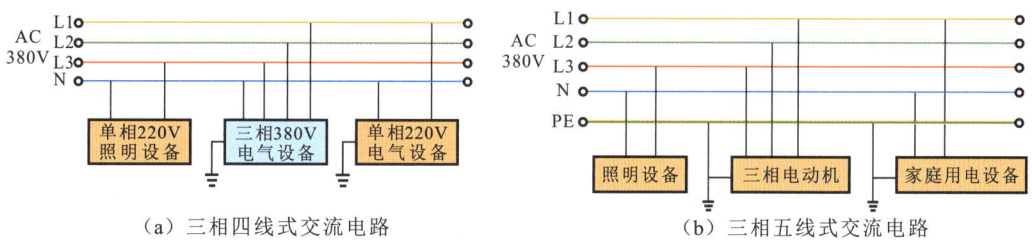

（a）三相四线式交流电路　　　　　　（b）三相五线式交流电路

图1-6　典型的三相四线式交流电路和三相五线式交流电路

三相四线式交流电路中三根为相线，另一根中性线为零线。

三相五线式交流电路是在三相四线式交流电路的基础上增加一根地线（PE），与本地的大地相连，起保护作用。

1.2 电路的基本连接关系

电路的基本连接关系有三种形式,即串联方式、并联方式和混联方式。

1.2.1 串联方式

如果电路中两个或多个负载首尾相连,则连接状态是串联的,此时称该电路为串联电路。图1-7为典型的电路串联关系。

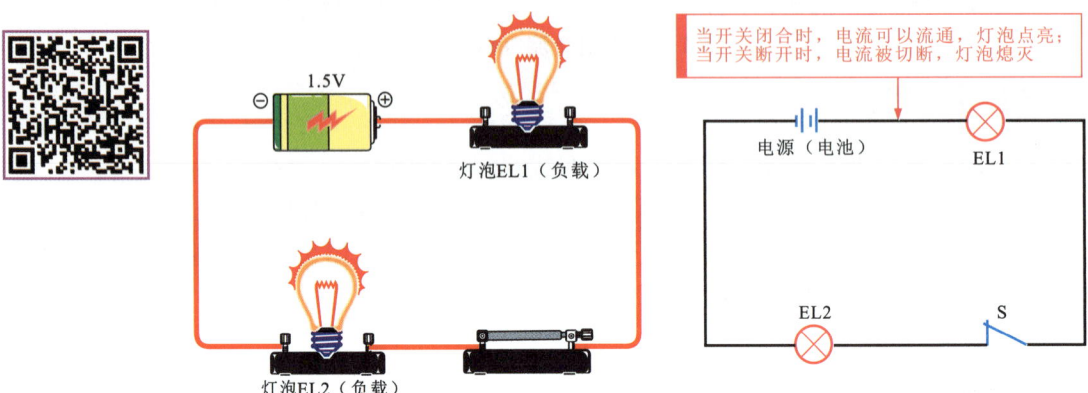

图1-7 典型的电路串联关系

串联电路中流过每个负载的电流相同,各个负载将分享电源电压。图1-8为相同灯泡串联的电压分配模型。

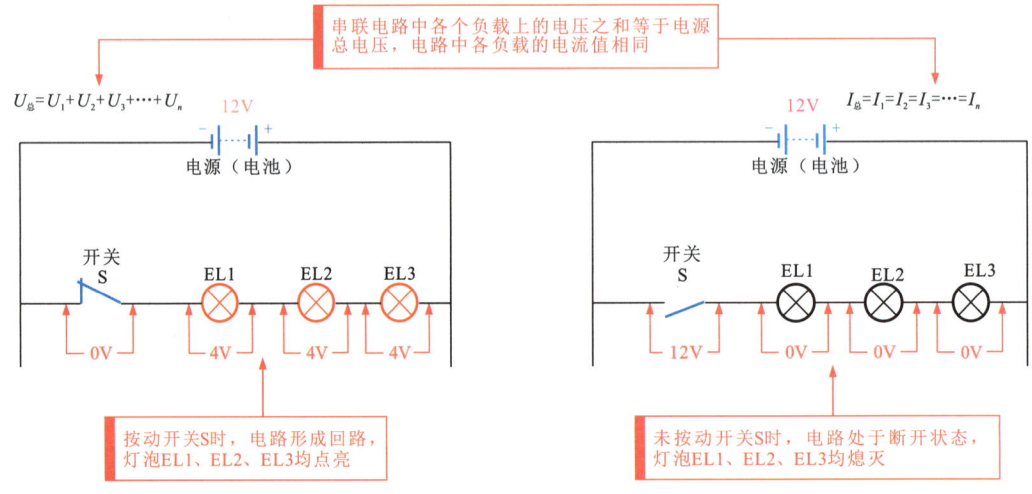

图1-8 相同灯泡串联的电压分配模型

> **补充说明**
>
> 三个相同的灯泡串联在一起,每个灯泡将得到1/3的电源电压量。每个串联的负载可分到的电压量与自身的电阻有关,即自身电阻较大的负载会得到较大的电压量。

1 电阻器串联

电阻器串联电路是指将两个以上的电阻器依次首尾相接,组成中间无分支的电路,是电路中最简单的电路单元。图1-9为电阻器串联电路的应用模型。在电阻器串联电路中,只有一条电流通路,流过电阻器的电流都是相等的。这些电阻器的阻值相加就是该电路的总阻值,每个电阻器上的电压根据每个电阻器阻值的大小按比例分配。

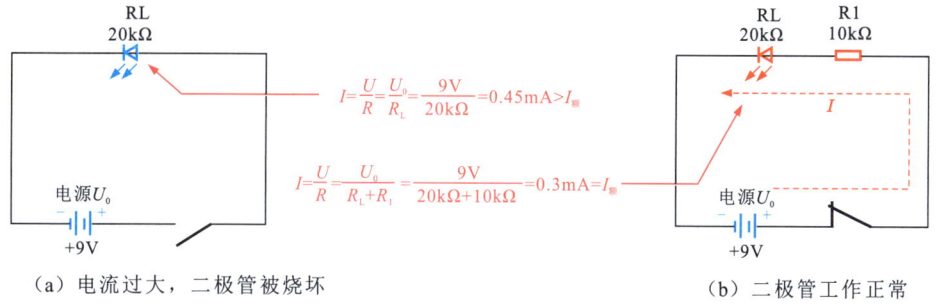

（a）电流过大，二极管被烧坏　　　　　　　（b）二极管工作正常

图1-9　电阻器串联电路的应用模型

补充说明

在图1-9（a）中,发光二极管的额定电流$I_e=0.3\text{mA}$,工作在9V电压下,可以算出,电流为0.45mA,超过发光二极管的额定电流,当开关接通后,会烧坏发光二极管。图1-9（b）是串联一个电阻器后的工作状态,电阻器和二极管串联后,总电阻值为30kΩ,电压不变,电路电流降为0.3mA,发光二极管可以正常发光。

图1-10为电阻器串联电路的实际应用。

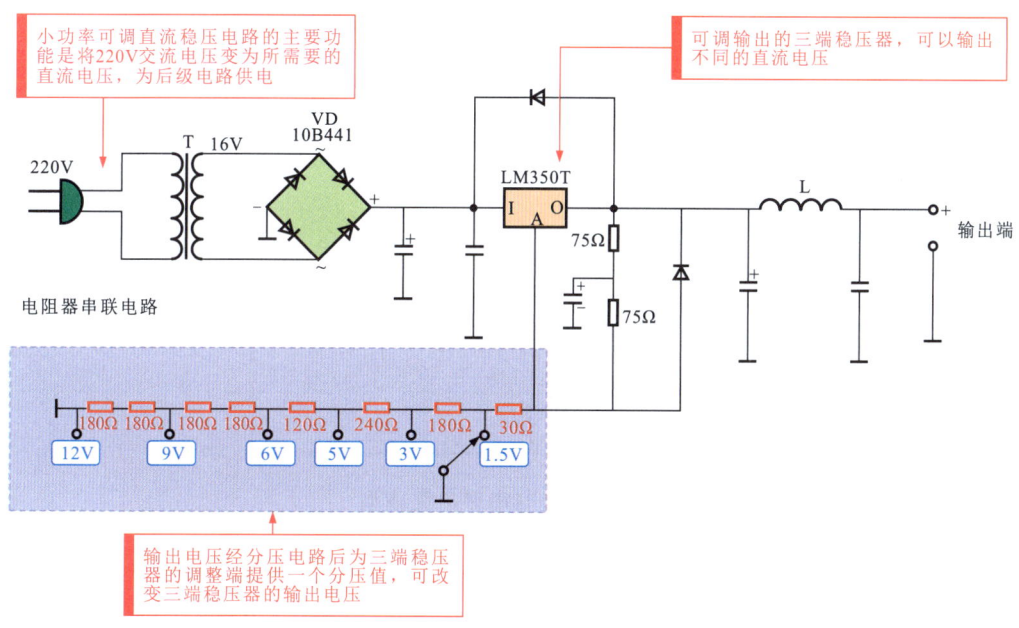

图1-10　电阻器串联电路的实际应用

2 电容器串联

电容器串联电路是指将两个以上的电容器依次首尾相接,所组成中间无分支的电路。图1-11为电容器串联的实际应用。将多个电容器串联可以使电路中的电容器耐压值升高,串联电容器上的电压之和等于总输入电压,具有分压功能。

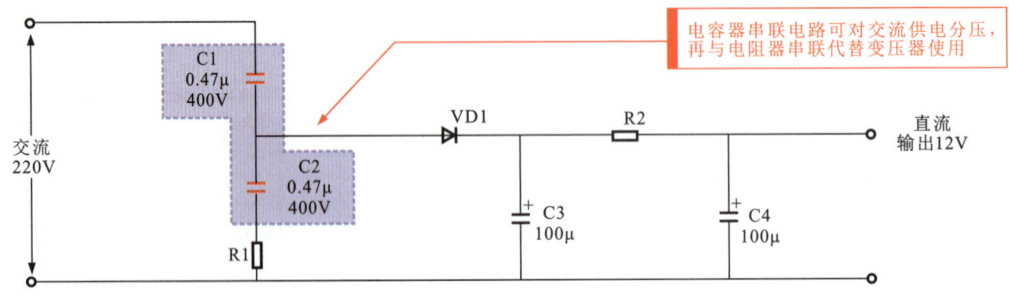

图1-11 电容器串联的实际应用

补充说明

C1和C2与电阻R1串联组成分压电路,相当于变压器的作用,从而有效减小了实物电路的体积。通过改变R1的大小,可以改变电容分压电路中压降的大小,进而改变输出的直流电压值。这种电路与交流市电没有隔离,地线带交流高压,注意防触电问题。

3 RC串联

电阻器和电容器串联连接后构建的电路称为RC串联电路。该电路多与交流电源连接。图1-12为典型RC串联电路模型。

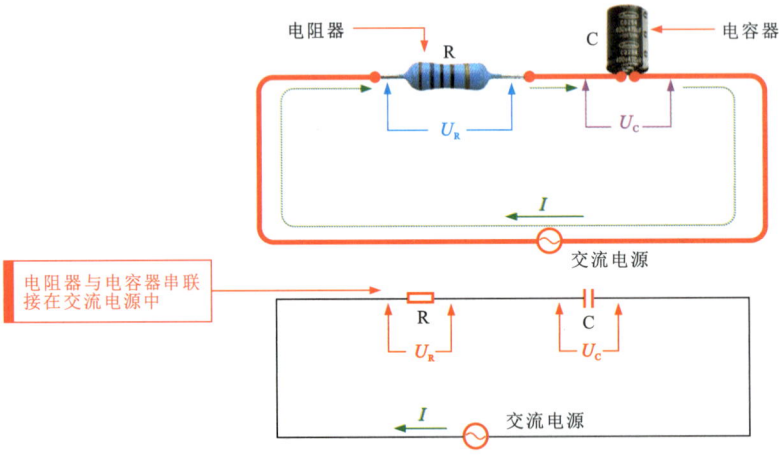

图1-12 典型RC串联电路模型

补充说明

RC串联电路中的电流引起电容器和电阻器上的电压降,与电路中的电流及各自的电阻值或容抗值成比例。电阻器电压U_R和电容器电压U_C用欧姆定律表示为$U_R=IR$、$U_C=IX_C$(X_C为容抗)。

4 LC串联

LC串联谐振电路是指将电感器和电容器串联后形成的，且为谐振状态（关系曲线具有相同的谐振点）的电路。图1-13为串联谐振电路及电流和频率的关系曲线。

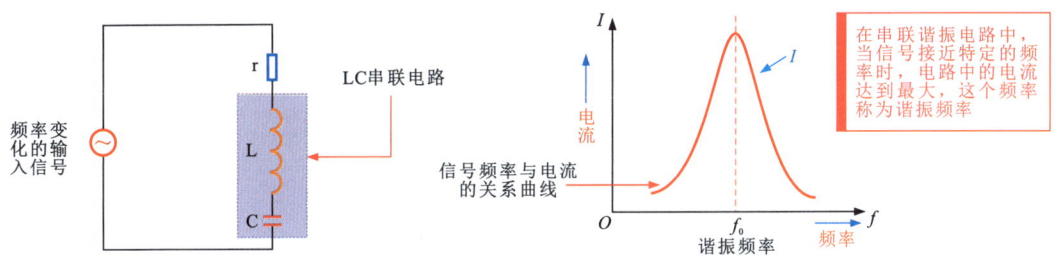

图1-13 串联谐振电路及电流和频率的关系曲线

1.2.2 并联方式

两个或两个以上负载的两端都与电源两端相连，则连接状态是并联的，此时称该电路为并联电路。图1-14为典型的电路并联关系。

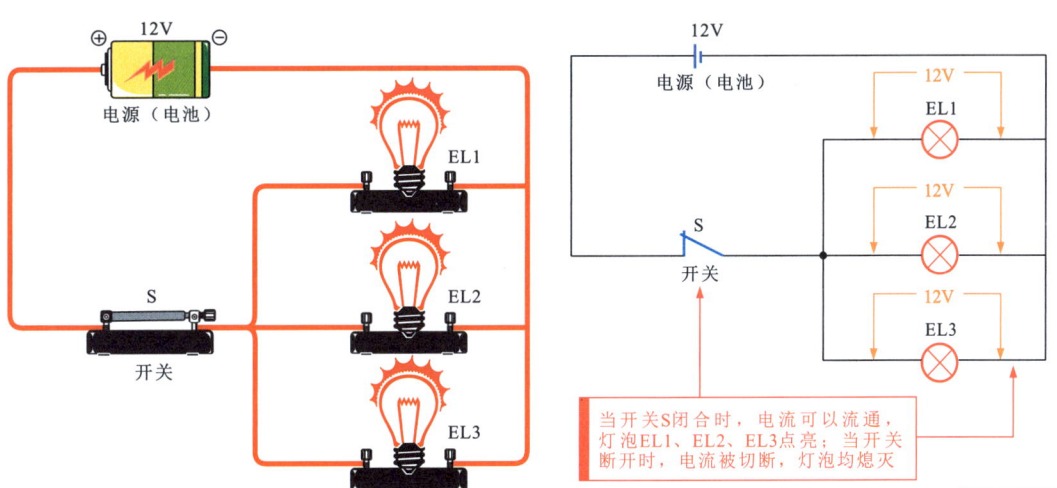

图1-14 典型的电路并联关系

补充说明

在并联的状态下，每个负载的工作电压都等于电源电压，不同支路中会有不同的电流通路。
当支路的某一点出现问题时，该支路将变成断路状态，照明灯会熄灭，但其他支路依然正常工作，不受影响。

在并联电路中，每个负载相对于其他负载都是独立的，即有多少个负载就有多少条电流通路。例如，图1-15为两个灯泡的并联电路。图1-15中由于是两盏灯并联，因此就有两条电流通路。当其中一个灯泡坏掉了，则该条电流通路不能工作，而另一条电流通路是独立的，并不会受到影响，因此另一个灯泡仍然能正常工作。

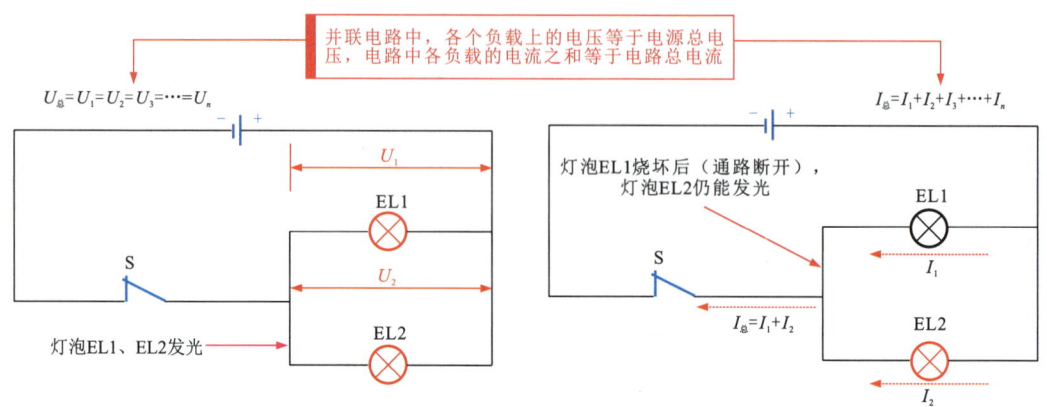

图1-15 两个灯泡的并联电路

1 电阻器并联

将两个或两个以上的电阻器按首首和尾尾方式连接起来，并接在电路的两点之间，这种电路叫作电阻器并联电路。图1-16为电阻器并联电路的应用模型。在电阻器并联电路中，各并联电阻器两端的电压都相等，电路中的总电流等于各分支的电流之和，且电路中的总阻值的倒数等于各并联电阻器阻值的倒数和。

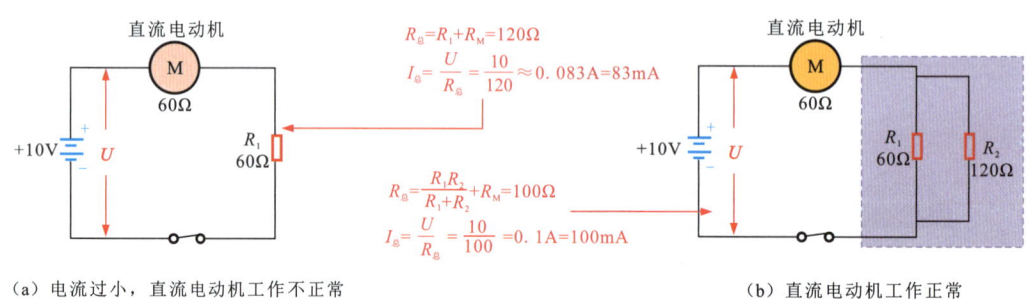

(a) 电流过小，直流电动机工作不正常　　　　　(b) 直流电动机工作正常

图1-16 电阻器并联电路的应用模型

补充说明

电路中，直流电动机的额定电压为6V，额定电流为100mA，电动机的内阻R_M为60Ω，当把一个60Ω的电阻器R_1串联到10V电源两端后，根据欧姆定律计算出的电流约为83mA，达不到电动机的额定电流。

在没有阻值更小的电阻器的情况下，将一个120Ω的电阻器R_2并联在R_1上，根据并联电路中的总阻值计算可得$R_总$=100Ω，则电路中的电流$I_总$变为100mA，达到直流电动机的额定电流，电路可正常工作。

图1-17为电阻器并联的实际应用。

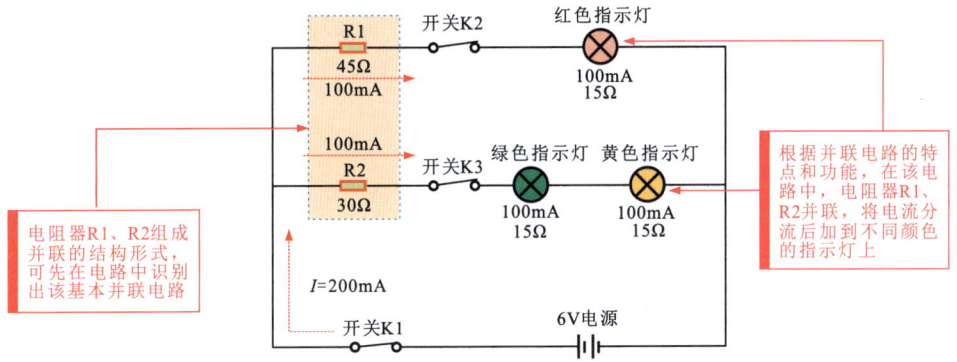

图1-17 电阻器并联的实际应用

2 RC并联

电阻器和电容器并联连接在交流电源两端，称为RC并联电路，如图1-18所示。与所有并联电路相似，在RC并联电路中，电压U直接加在各个支路上，因此各支路的电压相等，都等于电源电压，即$U=U_R=U_C$，并且三者之间的相位相同。

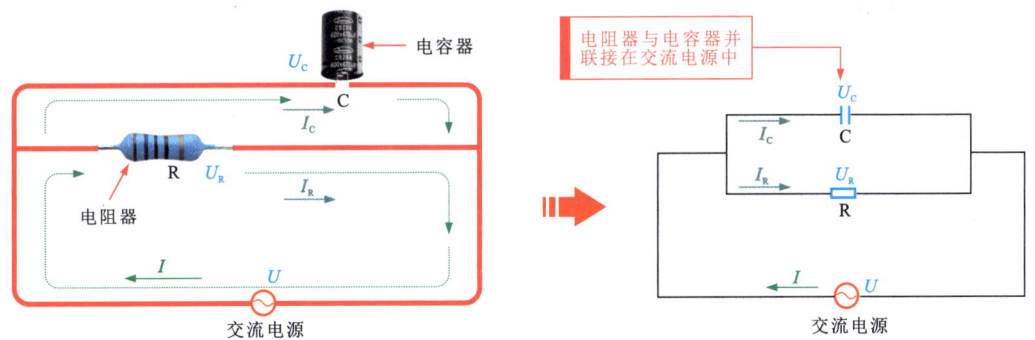

图1-18 RC并联电路

图1-19为RC滤波电路。

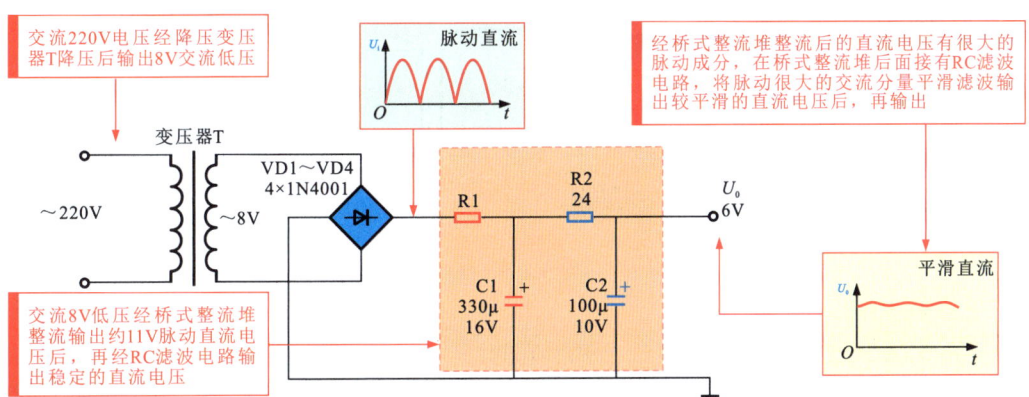

图1-19 RC滤波电路

3 LC并联

LC并联谐振电路是指将电感器和电容器并联后形成的，且为谐振状态（关系曲线具有相同的谐振点）的电路。图1-20为LC并联电路。

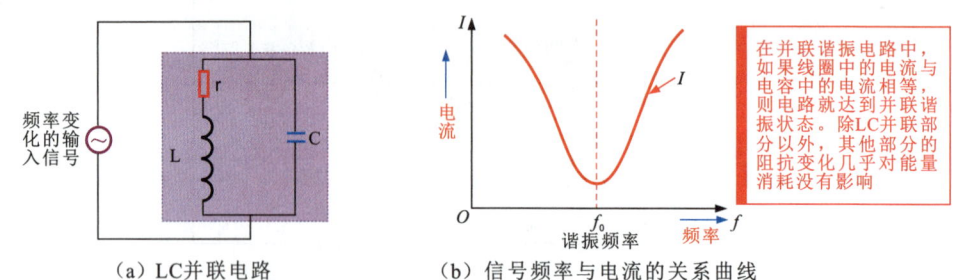

图1-20 LC并联电路

图1-21为LC滤波电路。

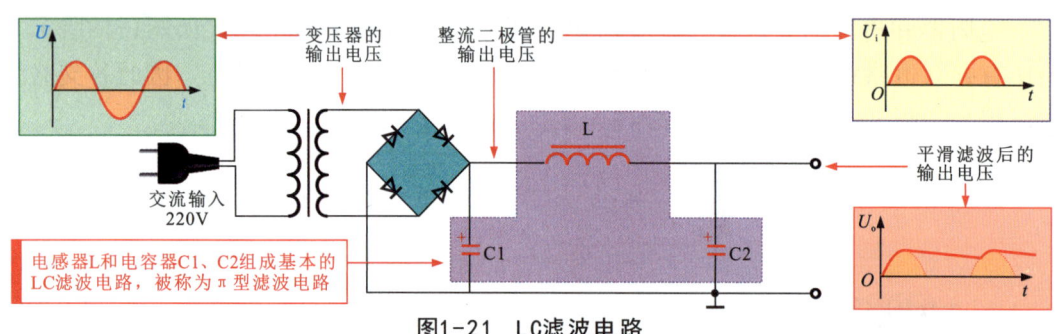

图1-21 LC滤波电路

1.2.3 混联方式

将负载串联后再并联起来称为混联方式。图1-22为典型的电路混联关系。电流、电压及电阻之间的关系仍按欧姆定律计算。

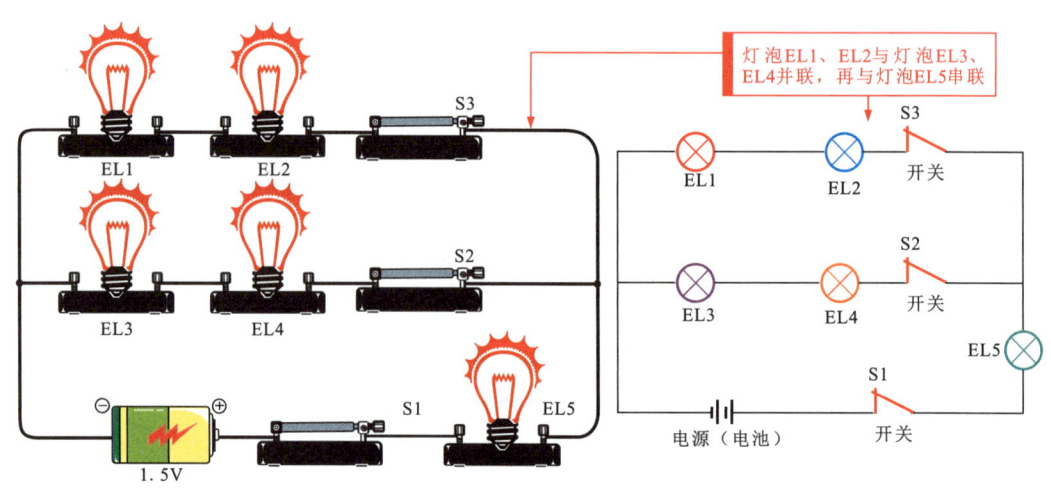

图1-22 典型的电路混联关系

第2章 电工电路识读方法

2.1 识读电工电路中的文字标识

2.1.1 识读基本文字标识

文字标识是电工电路中常用的一种字符代码,一般标注在电路中的电气设备、装置和元器件的近旁,以标识其种类和名称。

图2-1为电工电路中的基本文字标识。

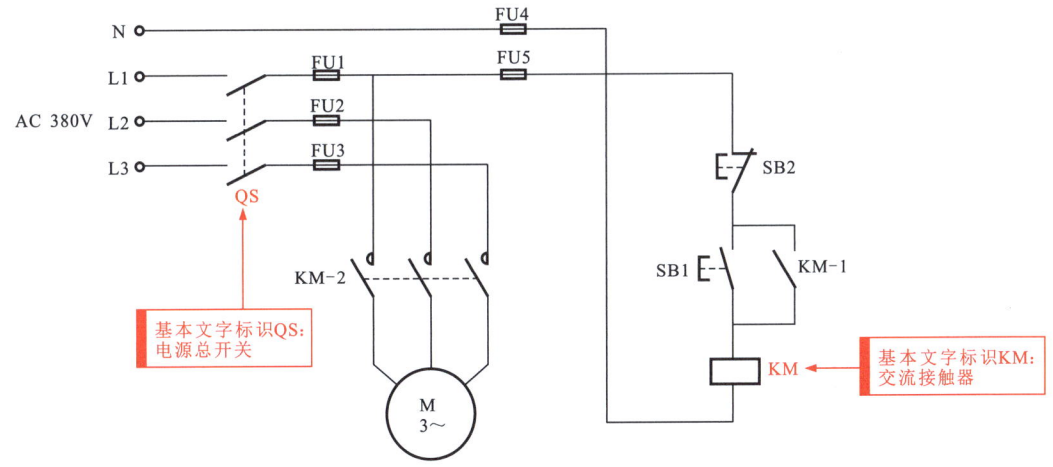

图2-1 电工电路中的基本文字标识

> **补充说明**
>
> 基本文字标识一般分为单字母符号和双字母符号。其中,单字母符号是按拉丁字母将各种电气设备、装置、元器件划分为23个大类,每大类用一个大写字母表示。例如,R表示电阻器类,S表示开关选择器类。在电工电路中,单字母优先选用。
>
> 双字母符号由一个表示种类的单字母符号与另一个字母组成。通常为单字母符号在前、另一个字母在后的组合形式。例如,F表示保护器件类,FU表示熔断器(U没有特定含义,取表示熔断的单词FUSE中的字母U);G表示电源类,GB表示蓄电池(B为蓄电池的英文名称battery的首字母);T表示变压器类,TA表示电流互感器(A为电流表的英文名称ammeter的首字母)。

电工电路中常见的基本文字标识主要有组件部件、变换器、电容器、半导体器件等。图2-2为电气电路中的基本文字标识。

种类	组件部件										
文字标识	A	A/AB	A/AD	A/AF	A/AG	A/AJ	A/AM	A/AV	A/AP	A/AT	
含义	分立元件放大器	激光器	调节器	电桥	晶体管放大器	频率调节器	给定积分器	集成电路放大器	磁放大器	电子管放大器	印制电路板、脉冲放大器	抽屉柜触发器

种类	组件部件		变换器（从非电量到电量或从电量到非电量）						
文字标识	A/ATR	A/AR、AVR	B					B/BC	B/BO
含义	转矩调节器	支架盘	热电传感器、热电池、光电池	测功计、晶体管变换器	拾音器、扬声器、送话器	自整角机、旋转变压器	模拟和多级数字变换器或传感器	电流变换器	光电耦合器

种类	变换器（从非电量到电量或从电量到非电量）								电容器		
文字标识	B/BP	B/BPF	B/BQ	B/BR	B/BT	B/BU	B/BUF	B/BV	C	C/CD	C/CH
含义	压力变换器	触发器	位置变换器	旋转变换器	温度变换器	电压变换器	电压—频率变换器	速度变换器	电容器	电流微分环节	斩波器

种类	二进制单元、延迟器件、存储器件									杂项	
文字标识	D				D/DA	D/D(A)N	D/DN	D/DO	D/DPS	E	E/EH
含义	数字集成电路和器件	延迟线、双稳态元件	单稳态元件	寄存器、存储器	盘式磁记录机	光器件、热件	与门	与非门	非门	或门	数字信号处理器	本表其他地方未提及的元件	发热器件

种类	杂项		保护器件							发电机、电源	
文字标识	E/EL	E/EV	F	F/FA	F/FB	F/FF	F/FR	F/FS	F/FU	F/FV	G	G/GS
含义	照明灯	空气调节器	过电压放电器件、避雷器	具有瞬时动作的限流保护器件	反馈环节	快速熔断器	具有延时动作和瞬时的限流保护器件	具有延时动作的限流保护器件	熔断器	限压保护器件	旋转发电机、振荡器	发生器、同步发电机

种类	发电机、电源					信号器件				继电器、接触器
文字标识	G/GA	G/GB	G/GF	G/GD	G/G-M	G/GT	H	H/HA	H/HL	H/HR	K
含义	异步发电机	蓄电池	旋转式或固定式变频机、函数发生器	驱动器	发电机—电动机组	触发器件（装置）	信号器件	声响指示器	光指示器、指示灯	热脱扣器	继电器

种类	继电器、接触器										
文字标识	K/KA	K/KC	K/KG	K/KL	K/KM	K/KFM	K/KFR	K/KP	K/KT	K/KTP	K/KR
含义	瞬时接触继电器、瞬时有或无继电器	交流接触器、电流继电器	控制继电器	气体继电器	闭锁接触继电器、双稳态继电器	接触器、中间继电器	正向接触器	反向接触器	极化继电器、簧片继电器、功率继电器	延时有或无继电器、时间继电器	温度继电器、跳闸继电器	逆流继电器

种类	继电器、接触器		电感器、电抗器				电动机					
文字标识	K/KVC	K/KVV	L	L/LA	L/LB	M	M/MC	M/MD	M/MS	M/MG	M/MT	M/MW（R）
含义	欠电流继电器	欠电压继电器	感应线圈、线路陷波器	电抗器（并联和串联）	桥臂电抗器	平衡电抗器	电动机	笼型电动机	直流电动机	同步电动机	可作为发电机或电动机用的电动机	力矩电动机	绕线转子电动机

图2-2 电气电路中的基本文字标识

种类	模拟集成电路	测量设备、试验设备									
文字标识	N	P	P/PA	P/PC	P/PJ	P/PLC	P/PRC	P/PS	P/PT	P/PV	P/PWM
含义	运算放大器、模拟/数字混合器件	指示器件、记录器件	计算测量器件、信号发生器	电流表	（脉冲）计数器	电度表（电能表）	可编程控制器	环形计数器	记录仪器、信号发生器	时钟、操作时间表	电压表	脉冲调制器

种类	电力电路的开关					电阻器				
文字标识	Q/QF	Q/QK	Q/QL	Q/QM	Q/QS	R	R/RP	R/RS	R/RT	R/RV
含义	断路器	刀开关	负荷开关	电动机保护开关	隔离开关	电阻器	变阻器	可调电阻器（电位器）	测量分流器	热敏电阻器	压敏电阻器

种类	控制电路的开关选择器									变压器	
文字标识	S	S/SA	S/SB	S/SL	S/SM	S/SP	S/SQ	S/SR	S/ST	T/TA	T/TAN	T/TC
含义	拨号接触器连接极	机电式有或无传感器	控制开关、选择开关、电子模拟开关	按钮开关、停止按钮	液体标高传感器	主令开关/伺服电动机	压力传感器	位置传感器	转速传感器	温度传感器	电流互感器	零序电流互感器	控制电路电源用变压器

种类	变压器						调制器、变换器				
文字标识	T/TI	T/TM	T/TP	T/TR	T/TS	T/TU	T/TV	U	U/UR	U/UI	U/UPW	U/UD	U/UF
含义	逆变变压器	电力变压器	脉冲变压器	整流变压器	磁稳压器	自耦变压器	电压互感器	鉴频器、编码器、交流电报译码器	变流器、整流器	逆变器	脉冲调制器	解调器	变频器

种类	电真空器件、半导体器件							传输通道、波导、天线		
文字标识	V	V/VC	V/VD	V/VE	V/VZ	V/VT	V/VS	W	W/WB	W/WF
含义	气体放电管、二极管、晶体管、晶闸管	控制电路用电源的整流器	二极管	电子管	稳压二极管	晶体三极管、场效应晶体管	晶闸管	导线、电缆、波导、波导定向耦合器	偶极天线、抛物面天线	母线	闪光信号小母线

种类	端子、插头、插座					电气操作的机械装置				
文字标识	X	X/XB	X/XJ	X/XP	X/XS	X/XT	Y	Y/YA	Y/YB	Y/YC	Y/YH
含义	连接插头和插座、接线柱	电缆封端和接头、焊接端子板	连接片	测试插孔	插头	插座	端子板	气阀	电磁铁	电磁制动器	电磁离合器	电磁吸盘

种类	电气操作的机械装置		终端设备、混合变压器、滤波器、均衡器、限幅器			
文字标识	Y/YM	Y/YV	Z			
含义	电动阀	电磁阀	电缆平衡网络	晶体滤波器	压缩扩展器	网络

图2-2（续）

2.1.2 识读辅助文字标识

电气设备、装置和元器件的种类和名称可以用基本文字标识表示,而它们的功能、状态和特征则可以用辅助文字标识表示。图2-3为典型电工电路中的辅助文字标识。

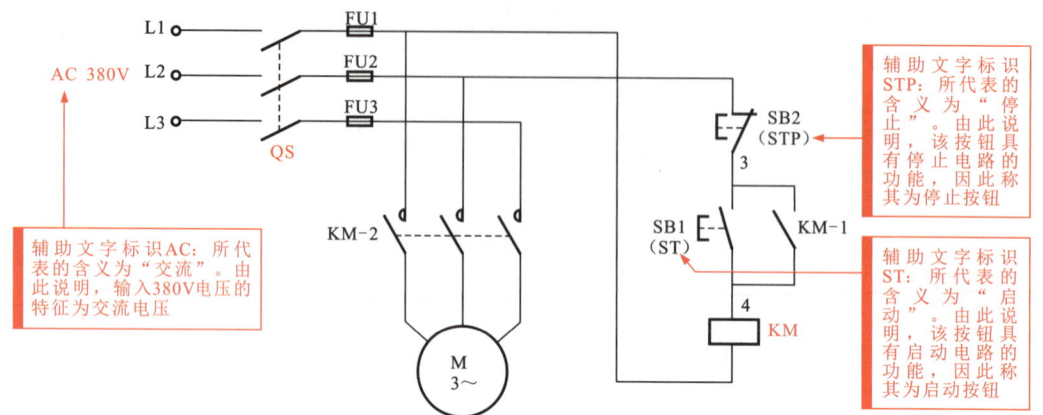

图2-3 典型电工电路中的辅助文字标识

> **补充说明**
>
> 辅助文字标识通常由表示功能、状态和特征的英文单词前一位或前两位字母构成,也可由常用缩略语或约定俗成的习惯用法构成,一般不能超过三位字母。例如,IN表示输入,ON表示闭合,STE表示步进;表示"启动"采用START的前两位字母ST;表示"停止(STOP)"的辅助文字标识必须再加一个字母,为STP。辅助文字标识也可放在表示种类的单字母符号后边组合成双字母符号,此时辅助文字标识一般采用表示功能、状态和特征的英文单词的第一个字母。例如,ST表示启动,YB表示电磁制动等。

某些辅助文字符号本身具有独立的、确切的意义,也可以单独使用。例如,N表示交流电源的中性线,DC表示直流电,AC表示交流电,PE表示保护接地等。图2-4为电气电路中常用的辅助文字标识。

文字标识	A	AC	A, AUT	ACC	ADD	ADJ	AUX	ASY	B, BRK	BK
含义	电流	模拟	交流	自动	加速	附加	可调	辅助	异步	制动	黑

文字标识	BL	BW	C	CW	CCW	D			DC	DEC
含义	蓝	向后	控制	顺时针	逆时针	延时(延迟)	差动	数字	降	直流	减

文字标识	E	EM	F	FB	FW	GN	H	IN	IND	INC	L
含义	接地	紧急	快速	反馈	正、向前	绿	高	输入	感应	增	左

图2-4 电气电路中常用的辅助文字标识

文字标识	L	LA	M	M, MAN	N	ON	OFF	OUT
含义	限制	低	闭锁	主	中	中间线	手动	中性线	闭合	断开	输出

文字标识	P	PE	PEN	PU	R		RD	RES	R,RST
含义	压力	保护	保护接地	保护接地与中性线共用	不接地保护	记录	右	反	红	备用	复位

文字标识	RUN	S	SAT	ST	S,SET	STE	STP	SYN	T		TE
含义	运转	信号	饱和	启动	位置、定位	步进	停止	同步	温度	时间	无噪声（防干扰）接地

文字标识	V			WH	YE
含义	真空	电压	速度	白	黄

图2-4（续）

2.1.3 识读组合文字标识

组合文字标识通常由字母+数字代码构成，是目前最常采用的一种文字标识。其中，字母表示各种电气设备、装置和元器件的种类或名称（为基本文字标识），数字表示其对应的编号（序号）。图2-5为典型电工电路中的组合文字标识。

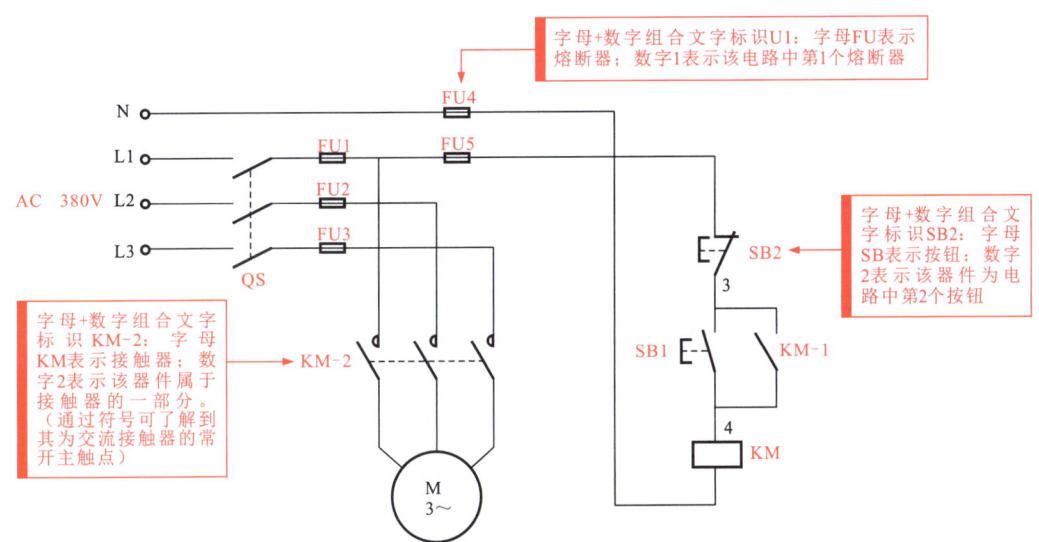

图2-5 典型电工电路中的组合文字标识

将数字代码与字母符号组合起来使用，可以说明同一类电气设备、元器件的不同编号。例如，电工电路中有三个相同类型的继电器，其文字符号分别标识为KA1、KA2、KA3。反过来说，在电工电路中，相同字母标识的器件为同一类器件，而字母后面的数字最大值则表示该电路中该器件的总个数。

> **补充说明**
>
> 图1-5中，以字母FU作为文字标识的器件有三个，即FU1、FU2、FU3，分别表示该电路中的第1个熔断器、第2个熔断器、第3个熔断器，表明该电路中有三个熔断器；KM-1、KM-2中的基本文字标识均为KM，说明这两个器件与KM属于同一个器件，是KM中包含的两个部分，即交流接触器KM中的两个触点。

2.1.4　识读专用文字标识

在电工电路中，有时为了清楚地表示接线端子和特定导线的类型、颜色或用途，通常用专用文字标识表示。

1 表示接线端子和特定导线的专用文字标识

在电工电路图中，具有特殊用途的接线端子、导线等通常采用专用文字标识进行标识，这里归纳总结了一些常用的特殊用途的专用文字标识。

图2-6为特殊用途的专用文字标识。

文字标识	L1	L2	L3	N	U	V	W	L+	L-	M	E	PE
含义	交流系统中电源第一相	交流系统中电源第二相	交流系统中电源第三相	中性线	交流系统中设备第一相	交流系统中设备第二相	交流系统中设备第三相	直流系统电源正极	直流系统电源负极	直流系统电源中间线	接地	保护接地

文字标识	PU	PEN	TE	MM	CC	AC	DC
含义	不接地保护	保护接地线和中间线共用	无噪声接地	机壳或机架	等电位	交流电	直流电

图2-6　特殊用途的专用文字标识

2 表示颜色的文字标识

由于大多数电工电路图等技术资料为黑白颜色，很多导线的颜色无法正确区分，因此在电工电路图上通常用文字标识表示导线的颜色，用于区分导线的功能。

图2-7为常见的表示颜色的文字标识。

文字标识	RD	YE	GN	BU	VT	WH	GY	BK	BN	OG	GNYE	SR
颜色	红	黄	绿	蓝	紫、紫红	白	灰、蓝灰	黑	棕	橙	绿黄	银白

文字标识	TQ	GD	PK
颜色	青绿	金黄	粉红

图2-7　常见的表示颜色的文字标识

除了上述几种基本的文字标识外,为了与国际接轨,近几年生产的大多数电气仪表中也都采用了大量的英文语句或单词,甚至是缩写等作为文字标识来表示仪表的类型、功能、量程和性能等。

通常,一些文字标识直接用于标识仪表的类型及名称,有些文字标识则表示仪表上的相关量程、用途等。图2-8为其他常见的专用文字标识。

文字标识	A	mA	μA	kA	Ah	V	mV	kV	W	kW	var	Wh
含义	安培表(电流表)	毫安表	微安表	千安表	安培小时表	伏特表(电压表)	毫伏表	千伏表	瓦特表(功率表)	千瓦表	乏表(无功功率表)	电度表(瓦时表)
文字标识	varh	Hz	λ	cosφ	φ	Ω	MΩ	n	h	θ(t°)	±	ΣA
含义	乏时表	频率表	波长表	功率因数表	相位表	欧姆表	兆欧表	转速表	小时表	温度表(计)	极性表	测量仪表(如电量测量表)
文字标识	DCV	DCA	ACV	OHM(OHMS)	BATT	OFF	MODEL	HEF	COM	ON/OFF	HOLD	V或V-
含义	直流电压	直流电流	交流电压	欧姆	电池	关、关机	型号	晶体三极管直流放大倍数测量插孔与挡位	模拟地公共插口	开/关	数据保持	直流电压测量
文字标识	A或A-	V或V~	Ω或R									
含义	直流电流测量	交流电压测量	欧姆阻值的测量									

图2-8 其他常见的专用文字标识

2.2 识读图形符号标识

当看到一张电气控制线路图时,其所包含的不同元器件、装置、线路及安装连接等并不是这些物理部件的实际外形,而是通过每种物理部件对应的图样或简图来体现的,把这种"图样"和"简图"称为图形符号。

图形符号是构成电气控制线路图的基本单元,就像一篇文章中的词汇。因此,要理解电气控制线路的原理,首先要正确地识别、了解和熟悉这些符号的形式、内容和含义,以及它们之间的相互关系。

2.2.1 识读电子元器件的图形符号

电子元器件是构成电工电路的基本电子器件,常用的电子元器件有很多种,且每种电子元器件都用自己的图形符号进行标识。

图2-9为典型的光控照明电工实用电路。识读图中电子元器件的图形符号含义,可建立起与实物电子元器件的对应关系,这是学习识图过程的第一步。

双向晶闸管　　　　　可调电阻器　　　　　普通电阻器

图形符号在电路中表示双向晶闸管，用字母VS标识，在电路中用于调节电压、电流或用作交流无触点开关，一旦导通，即使失去触发电压，也能继续保持导通状态

图形符号在电路中表示可调电阻器（电位器），用字母RP标识，在电路中可用于通过调整其阻值改变电路中的相关参数

图形符号在电路中表示普通电阻器，用字母R标识，在电路中起到限流、降压等作用

EL
VS
~220V
VD
C2 0.1μ
RP 91k
A
MG
R 100
C1 0.1μ

图形符号在电路中表示双向触发二极管，用字母VD标识，在电路中常用来触发双向晶闸管或用于过电压保护、定时等

图形符号在电路中表示光敏电阻器，用字母MG标识，在电路中用于将感测的光信号转换为电信号，并被电路所识别

图形符号在电路中表示普通电容器，用字母C标识，是一种电能存储元件，在电路中起到滤波等作用，且具有允许交流电流通过、阻止直流电流通过的特性

双向触发二极管　　　　　光敏电阻器　　　　　电容器

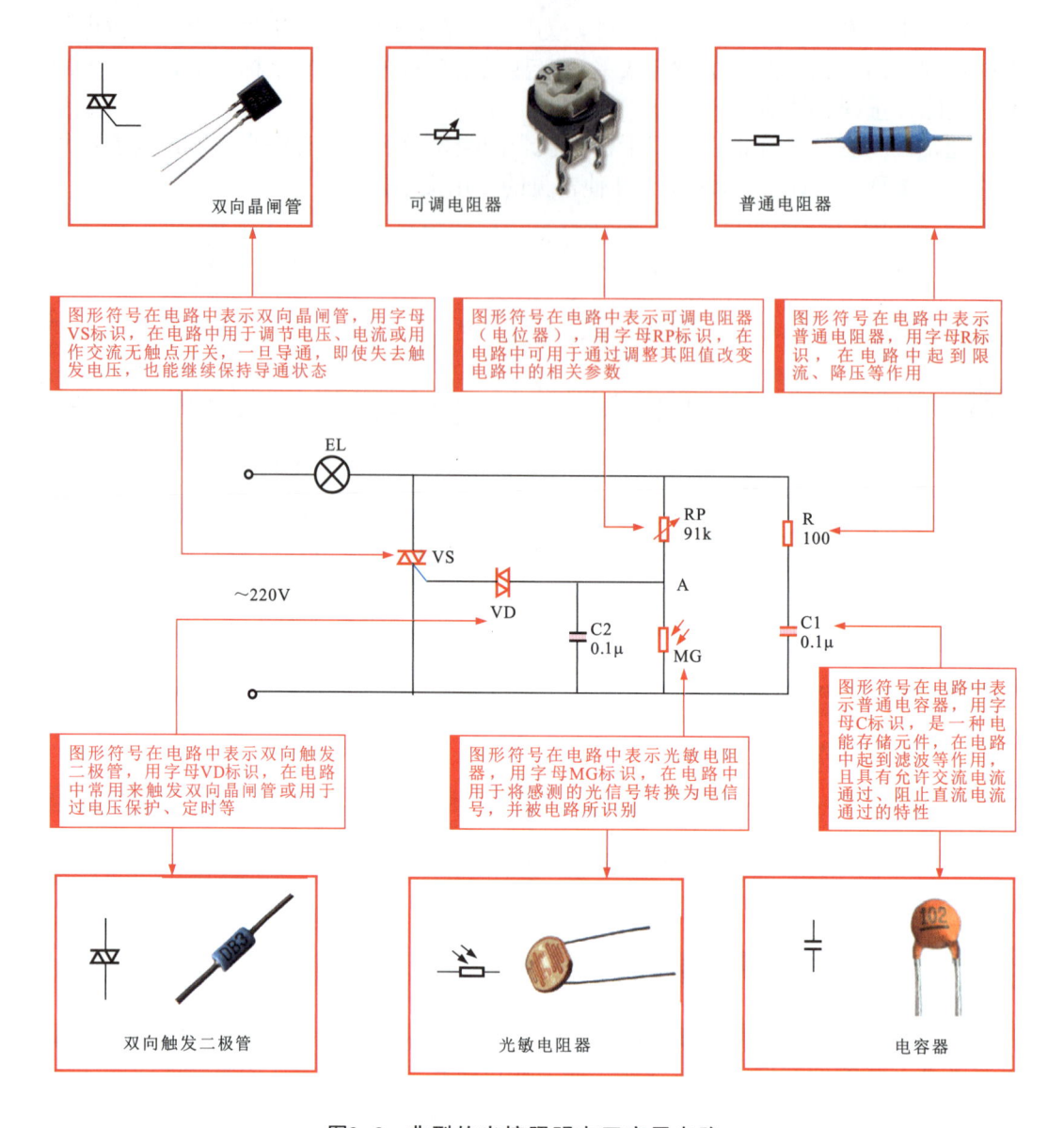

图2-9　典型的光控照明电工实用电路

电工电路中，常用的电子元器件主要有电阻器、电容器、电感器、二极管、三极管、场效应晶体管和晶闸管等。图2-10为常用电子元器件的图形符号。

类型	电阻器									
图形符号	R	R	FU	RP	RP		R或MG	R或MZ、MF	R或MY	R或MS
名称	普通电阻器	熔断电阻器	熔断器	可调电阻器或电位器		霍尔传感器	光敏电阻器	热敏电阻器	压敏电阻器	湿敏电阻器

图2-10　常用电子元器件的图形符号

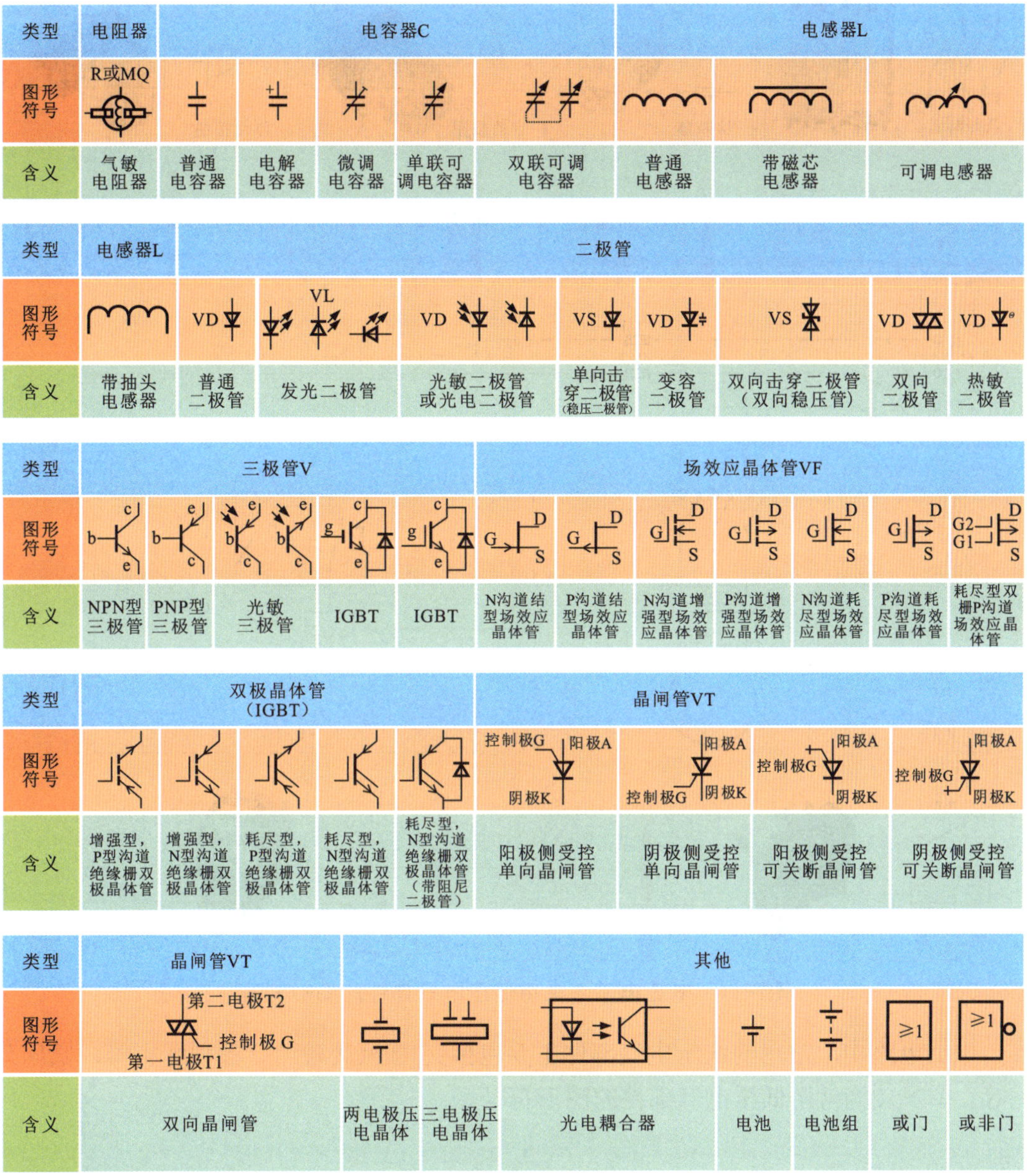

类型	电阻器	电容器C					电感器L		
图形符号	R或MQ								
含义	气敏电阻器	普通电容器	电解电容器	微调电容器	单联可调电容器	双联可调电容器	普通电感器	带磁芯电感器	可调电感器

类型	电感器L	二极管							
图形符号		VD	VL	VD	VS	VS	VS	VD	VD
含义	带抽头电感器	普通二极管	发光二极管	光敏二极管或光电二极管	单向击穿二极管（稳压二极管）	变容二极管	双向击穿二极管（双向稳压管）	双向二极管	热敏二极管

类型	三极管V					场效应晶体管VF					
图形符号											
含义	NPN型三极管	PNP型三极管	光敏三极管	IGBT	IGBT	N沟道结型场效应晶体管	P沟道结型场效应晶体管	N沟道增强型场效应晶体管	P沟道增强型场效应晶体管	P沟道耗尽型场效应晶体管	耗尽型双栅P沟道场效应晶体管

类型	双极晶体管（IGBT）				晶闸管VT			
图形符号					控制极G 阳极A 阴极K	阳极A 控制极G 阴极K	阳极A 控制极G 阴极K	阳极A 控制极G 阴极K
含义	增强型，P型沟道绝缘栅双极晶体管	增强型，N型沟道绝缘栅双极晶体管	耗尽型，P型沟道绝缘栅双极晶体管	耗尽型，N型沟道绝缘栅双极晶体管（带阻尼二极管）	阳极侧受控单向晶闸管	阴极侧受控单向晶闸管	阳极侧受控可关断晶闸管	阴极侧受控可关断晶闸管

类型	晶闸管VT	其他						
图形符号	第二电极T2 控制极G 第一电极T1						≥1	≥1
含义	双向晶闸管	两电极压电晶体	三电极压电晶体	光电耦合器	电池	电池组	或门	或非门

图2-10（续）

2.2.2 识读低压电气部件的图形符号

低压电气部件是指用于低压供配电线路中的部件，在电工电路中的应用十分广泛。低压电气部件的种类和功能不同，应根据其相应的图形符号进行识别。

图2-11为电工电路中常用低压电气部件的图形符号。

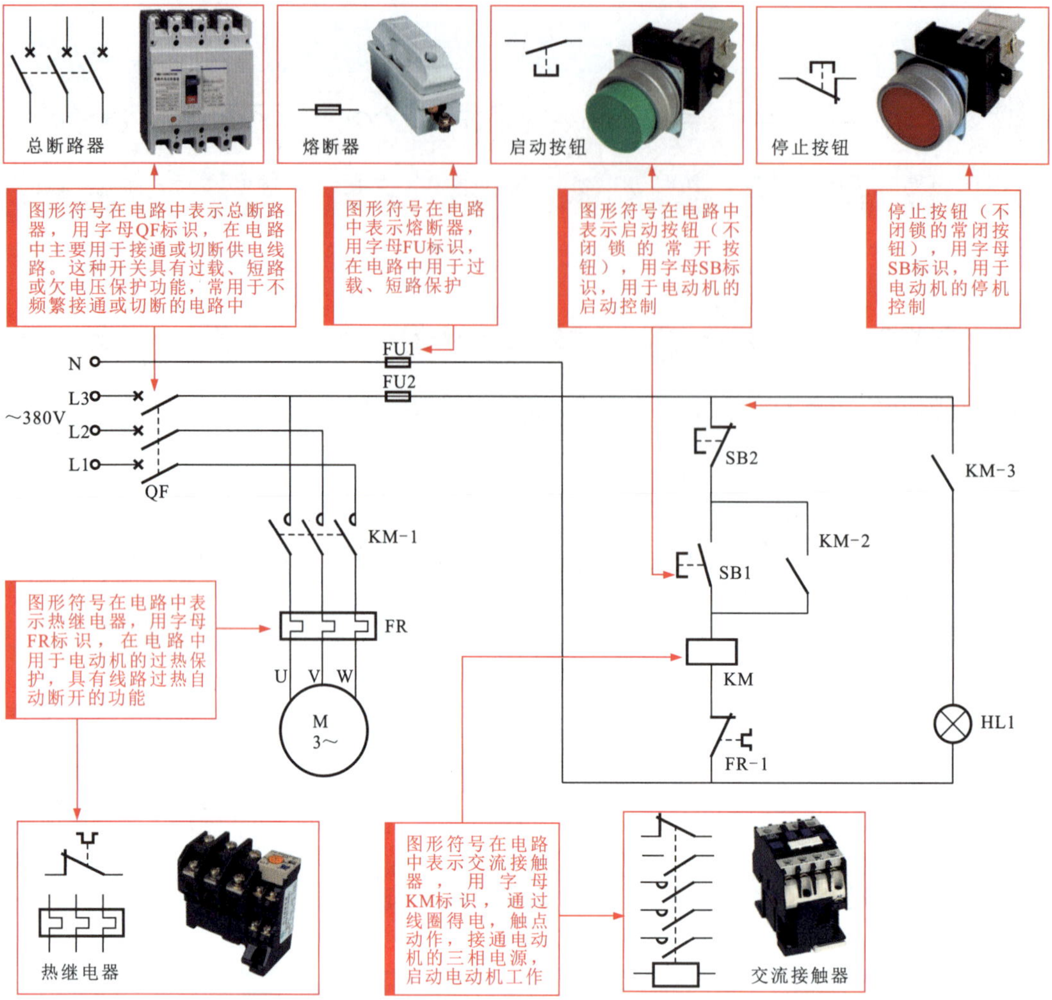

图2-11 电工电路中常用低压电气部件的图形符号

电工电路中,常用的低压电气部件主要包括交/直流接触器、各种继电器、低压开关等。图2-12为常用低压电气部件的图形符号。

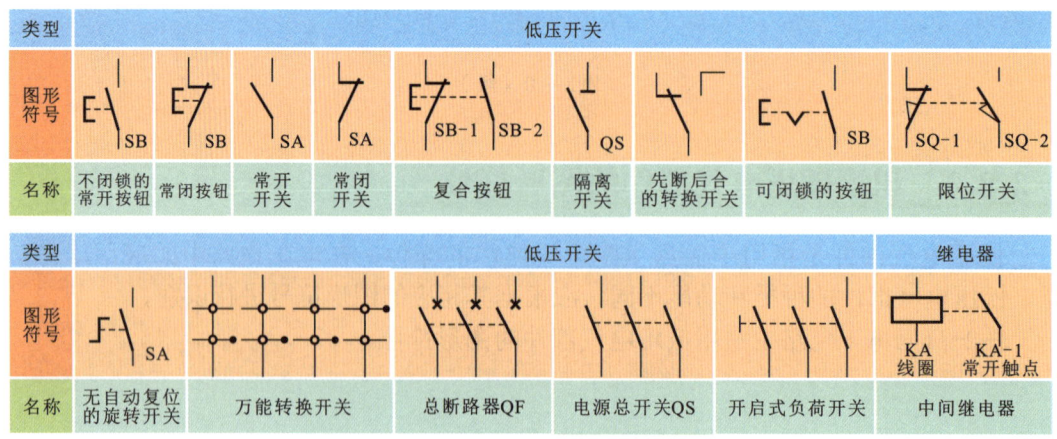

图2-12 常用低压电气部件的图形符号

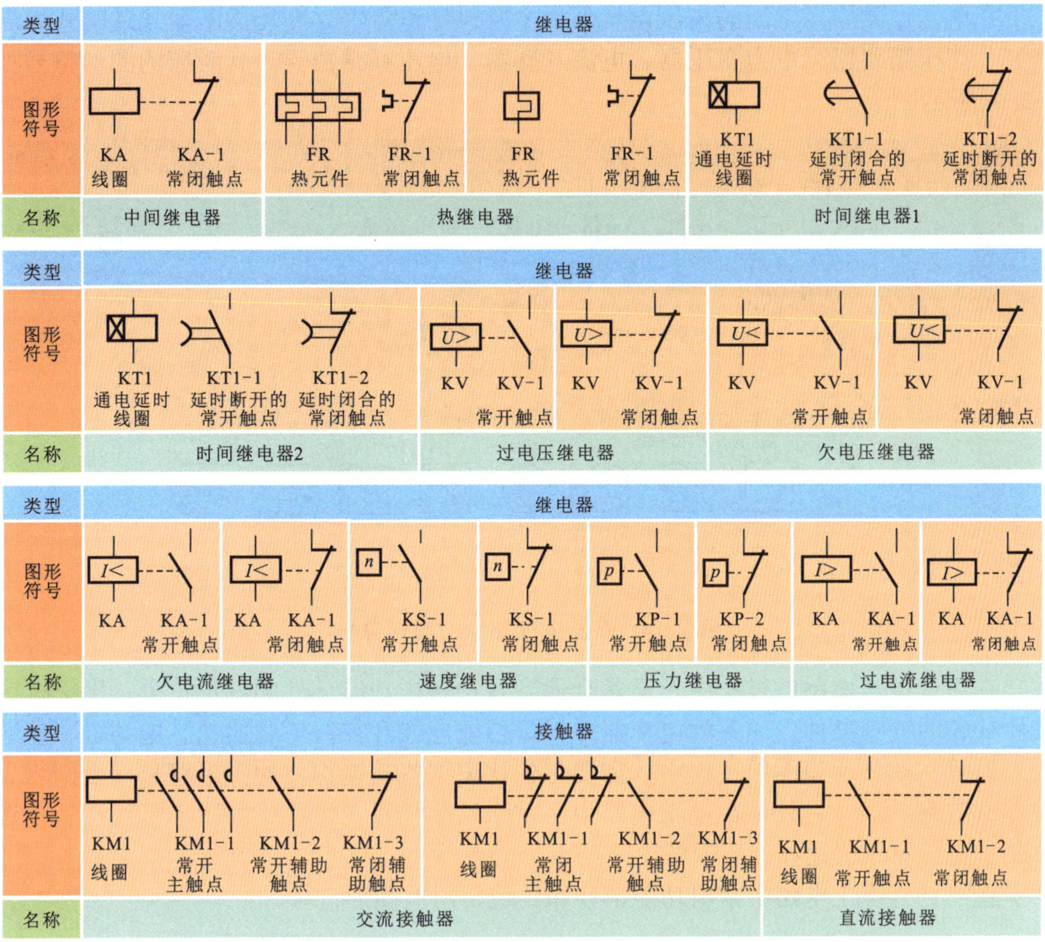

类型
继电器
图形符号
KA 线圈
KA-1 常闭触点
FR 热元件
FR-1 常闭触点
FR 热元件
FR-1 常闭触点
KT1 通电延时线圈
KT1-1 延时闭合的常开触点
KT1-2 延时断开的常闭触点
名称
中间继电器
热继电器
时间继电器1
类型
继电器
图形符号
KT1 通电延时线圈
KT1-1 延时断开的常开触点
KT1-2 延时闭合的常闭触点
KV
KV-1 常开触点
KV
KV-1 常闭触点
KV
KV-1 常开触点
KV
KV-1 常闭触点
名称
时间继电器2
过电压继电器
欠电压继电器
类型
继电器
图形符号
KA
KA-1 常开触点
KA
KA-1 常闭触点
KS-1 常开触点
KS-1 常闭触点
KP-1 常开触点
KP-2 常闭触点
KA
KA-1 常开触点
KA
KA-1 常闭触点
名称
欠电流继电器
速度继电器
压力继电器
过电流继电器
类型
接触器
图形符号
KM1 线圈
KM1-1 常开主触点
KM1-2 常开辅助触点
KM1-3 常闭辅助触点
KM1 线圈
KM1-1 常闭主触点
KM1-2 常开辅助触点
KM1-3 常闭辅助触点
KM1 线圈
KM1-1 常开触点
KM1-2 常闭触点
名称
交流接触器
直流接触器

图2-12（续）

2.2.3 识读高压电气部件的图形符号

高压电气部件是指应用于高压供配电线路中的电气部件。在电工电路中，高压电气部件都用于电力供配电线路中，通常在电路图中也是由其相应的图形符号进行标识。

图2-13为典型的高压配电线路图。

6～10kV
（架空线引入）
高压负荷隔离开关
QL1
FU1
高压熔断器
TA1
电流互感器
T1
电力变压器
TA1
380/220V

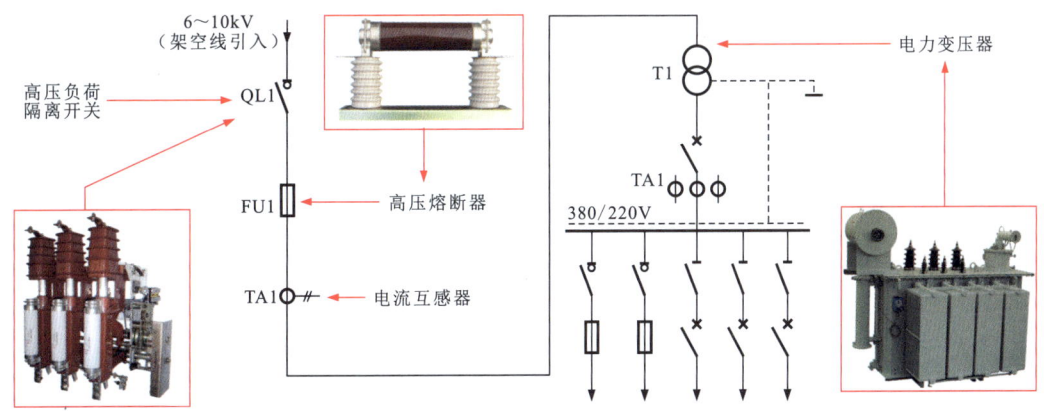

图2-13 典型的高压配电线路图

在电工电路中，常用的高压电气部件主要包括避雷器、高压熔断器（跌落式熔断器）、高压断路器、电力变压器、电流互感器、电压互感器等。其对应的图形符号如图2-14所示。

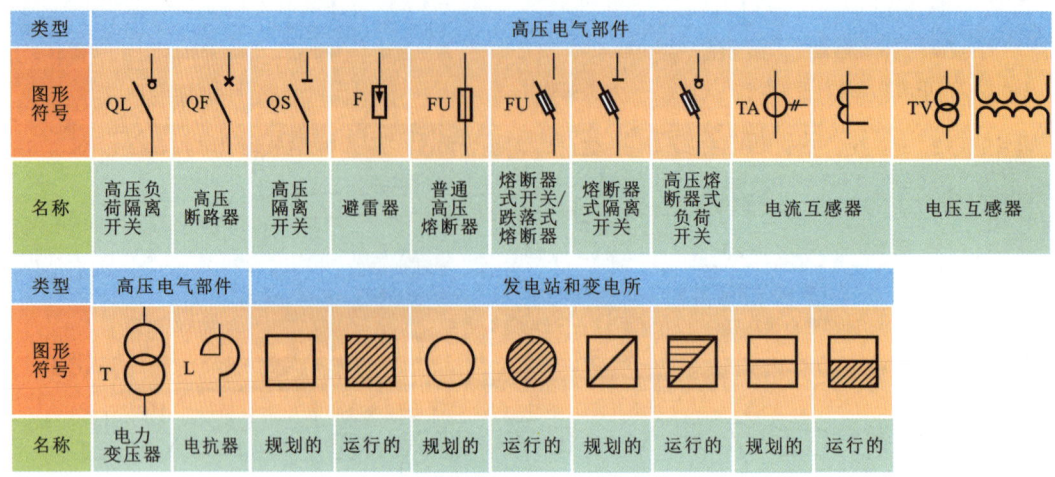

图2-14　高压电气部件的图形符号

在识读电工电路的过程中，常常会遇到各种各样功能部件的图形符号，用于标识其所代表的物理部件，如各种电声器件、灯控或电控开关、信号器件、电动机、普通变压器等。在学习识图的过程中，需要首先认识这些功能部件的图形符号，否则将无法理解电路。除此之外，在电工电路中还常常绘制具有专门含义的图形符号，认识这些图形符号对于快速和准确理解电路是十分必要的。

图2-15为电工电路中常用功能部件和其他常用的图形符号。

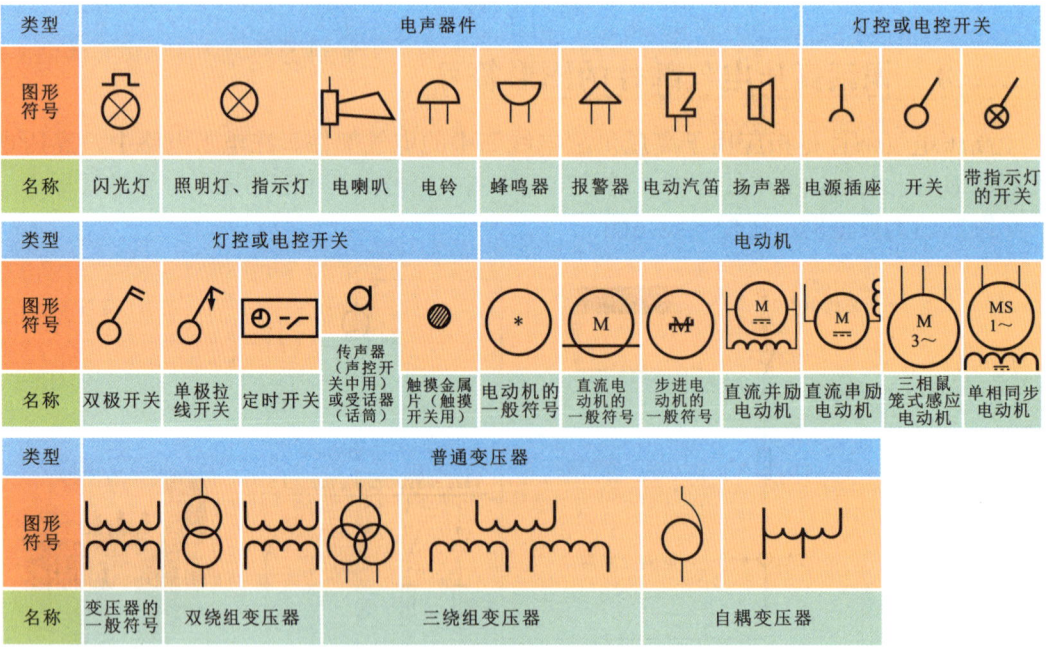

图2-15　电工电路中常用功能部件和其他常用的图形符号

第3章 识读电工电路的控制关系

3.1 开关的电路控制功能

3.1.1 电源开关的控制特点

电源开关在电工电路中主要用于接通用电设备的供电电源，实现电路的闭合与断开。目前，在电工电路中常用的低压电源开关主要为断路器。

如图3-1所示，断路器俗称空气开关，是一种可切断和接通负载电路的部件，具有过载、短路和欠电压保护功能，可对线路及电源进行保护。

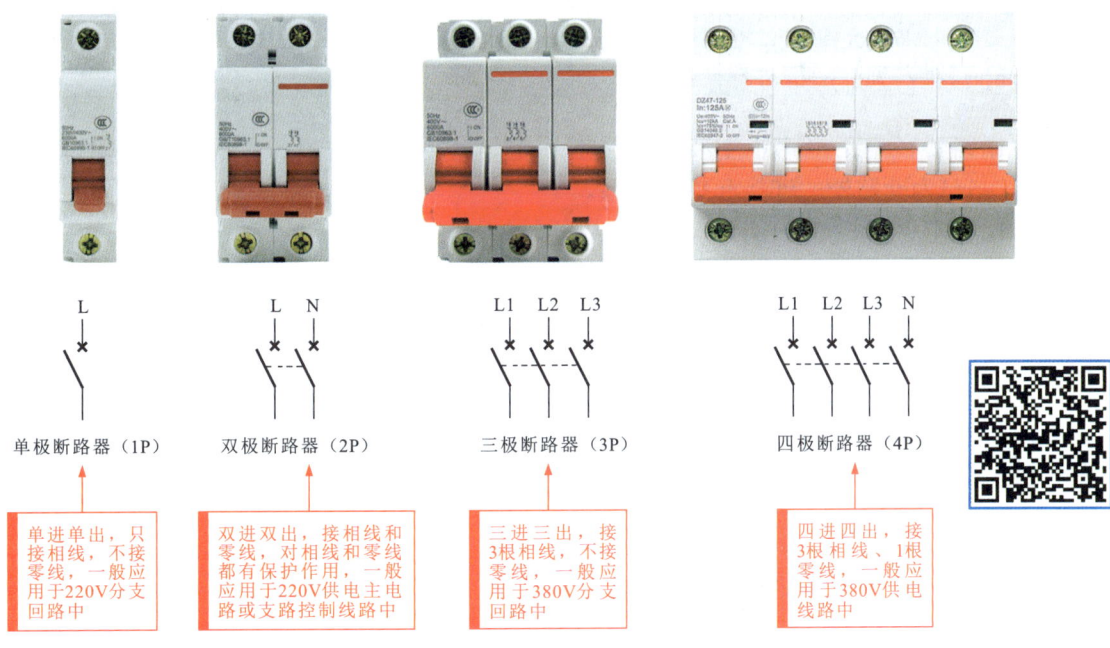

图3-1 电源开关（断路器）

图3-2为断路器的结构。断路器作为线路通、断的控制部件，从外观来看，主要由输入接线端子、输出接线端子、操作手柄和塑料外壳构成。拆开塑料外壳可以看到，其内部主要由灭弧装置、触点、电磁脱扣器、热脱扣器、接线端子等部分构成。

从图3-2中看，断路器的输入端子、输出端子分别连接供电电源和负载设备；操作手柄用于控制断路器触点的通/断。

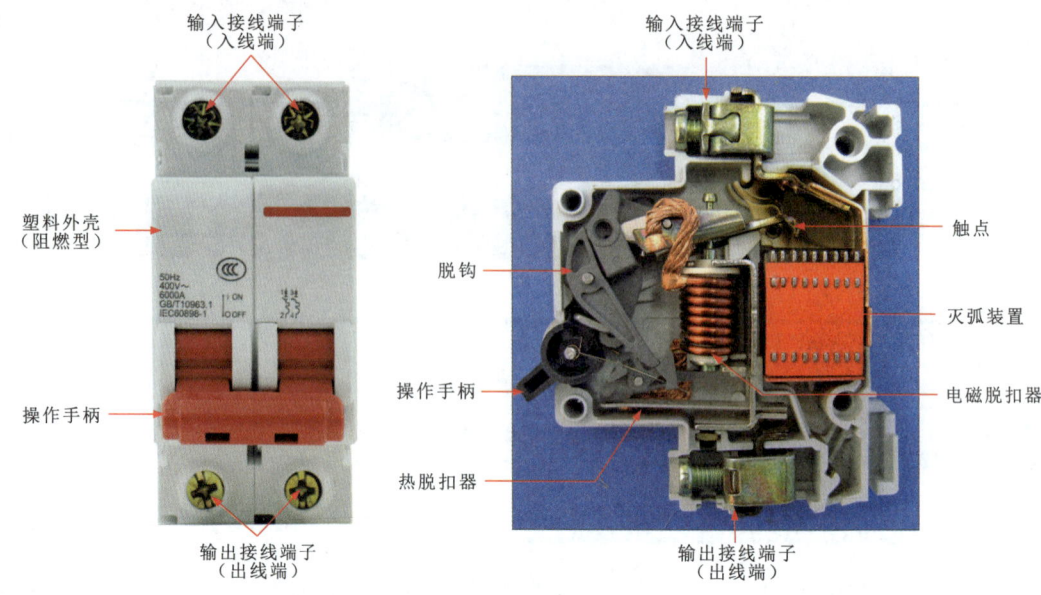

图3-2 断路器的结构

> **补充说明**
>
> 灭弧装置用于触头分断时引弧、灭弧用,从而减少分断电弧对触头或触点的影响,避免触头被电弧燃烧黏结,延长触头使用寿命。电磁脱扣器是一种当电流足够大时产生磁场力,并克服弹簧作用力打击牵引杆,从而带动操作手柄动作,切断电源的装置,一般可实现短路保护。热脱扣器是一种当电流经过脱扣器时热元件发热,金属片受热变形,当变形至一定程度时,打击牵引杆,从而带动操作手柄动作,切断电源的装置,一般可实现过载保护。

断路器在电工电路中主要用于接通用电设备的供电电源,实现电路的闭合与断开。图3-3为断路器的连接和控制关系。

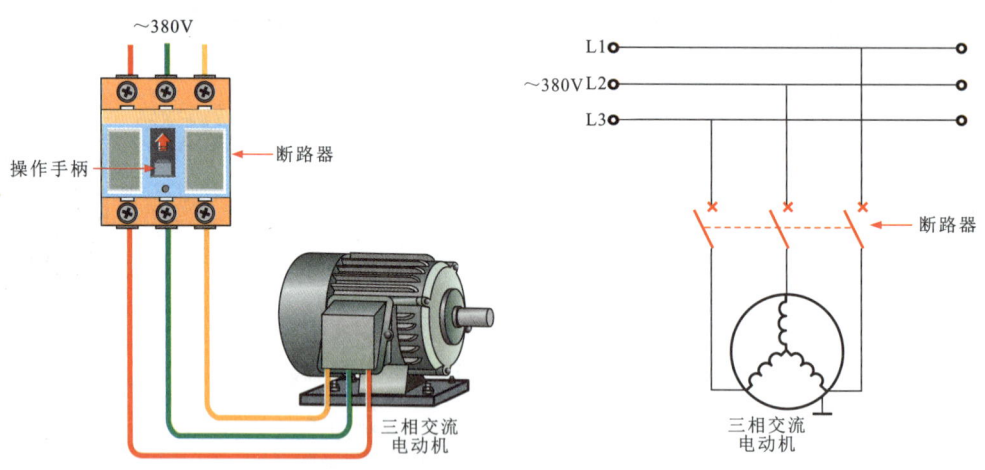

图3-3 断路器的连接和控制关系

断路器的控制过程就是内部触点接通或切断两侧线路的过程。断路器未动作时,内部三组常开触点处于断开状态,切断三相交流电动机的三相供电电源。

拨动电源开关的操作手柄,内部三组常开触点处于闭合状态,三相电源经电源开关内部的三组常开触点为三相交流电动机供电。

3.1.2 按钮开关的控制特点

按钮开关是一种需要手动操作的电气开关,在电工电路中主要用于发出远距离控制信号或指令去控制继电器、接触器或其他负载设备,实现控制电路的接通与断开,实现对负载设备的控制。

常见的按钮开关根据触点通/断状态不同,有常开按钮开关、常闭按钮开关和复合按钮开关等,如图3-4所示。

图3-4 按钮开关

按钮开关主要是由按钮保护套、按钮(操作头)、连杆、复位弹簧、触点、固定件、接线端子等组成。不同类型的按钮,其内部触点的初始状态也不同。

图3-5所示为按钮开关的结构组成。

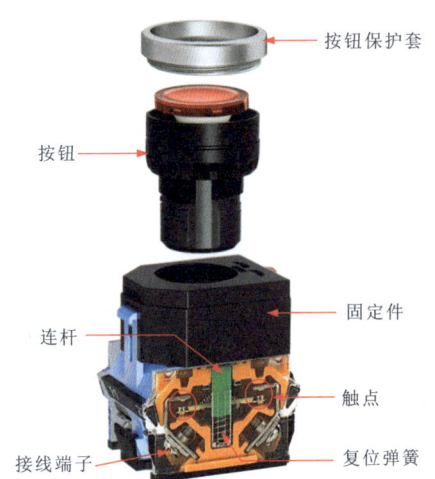

图3-5 按钮开关的结构组成

> **补充说明**
>
> 按钮开关根据复位方式不同,可分为不闭锁按钮开关(自复位)和可闭锁按钮开关(自锁式)。不闭锁按钮开关是指按下按钮开关时内部触点动作,松开按钮时内部触点自动复位;可闭锁按钮开关是指按下按钮开关时内部触点动作,松开按钮时内部触点不能自动复位,需要再次按下按钮开关,内部触点才可复位。

1 常开按钮开关的控制关系

常开按钮开关是指内部触点处于断开状态，当按下按钮时，内部触点闭合，在电工电路中常用作启动按钮，按钮颜色多为绿色。

图3-6为常开按钮开关的控制关系。

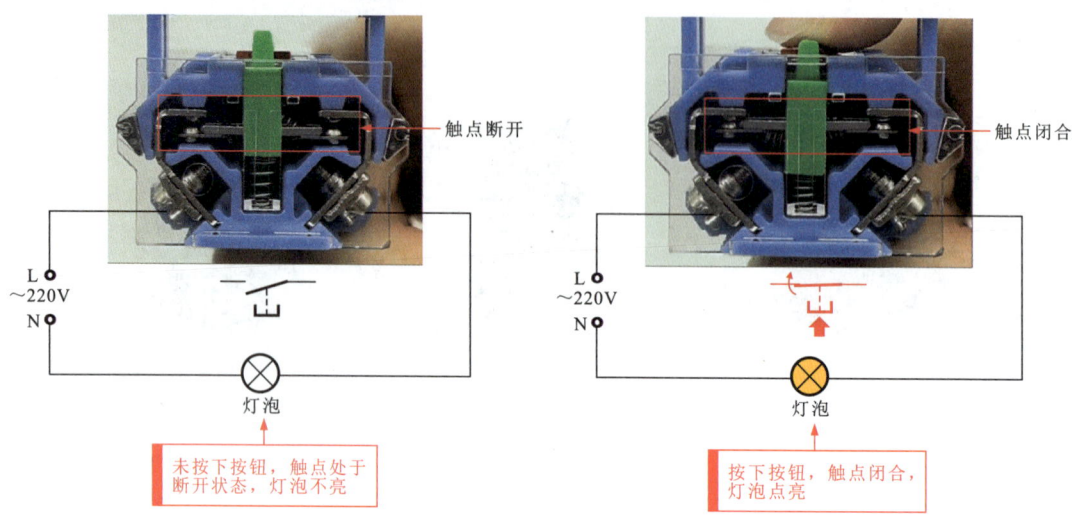

图3-6 常开按钮开关的控制关系

2 常闭按钮开关的控制关系

常闭按钮开关是指内部触点处于闭合状态，当按下按钮时，内部触点断开，在电工电路中常用作停止按钮，按钮颜色多为红色。

图3-7为常闭按钮开关的控制关系。

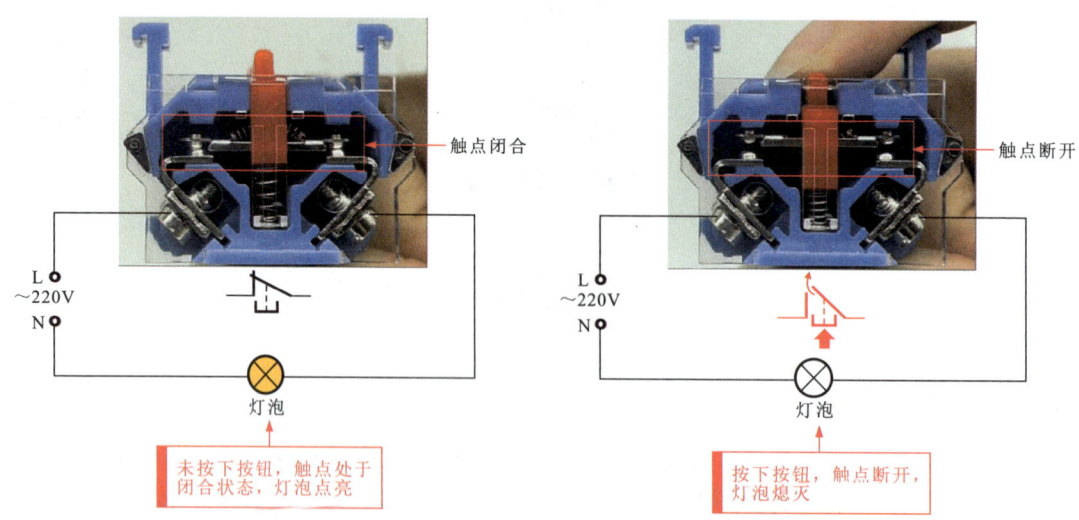

图3-7 常闭按钮开关的控制关系

3 复合按钮开关的控制关系

复合按钮开关是指内部设有两组触点，分别为常开触点和常闭触点。操作前，常闭触点闭合，常开触点断开。当手指按下按钮开关时，常闭触点断开，常开触点闭合；手指放松后，常闭触点复位闭合，常开触点复位断开（以不闭锁复合按钮为例）。该按钮开关在电工电路中常用作启动联锁控制按钮开关。

图3-8为复合按钮开关（不闭锁）的控制关系。

未按下按钮，触点处于初始状态，即常开触点断开，常闭触点闭合

按下按钮，触点动作，即常开触点闭合，常闭触点断开

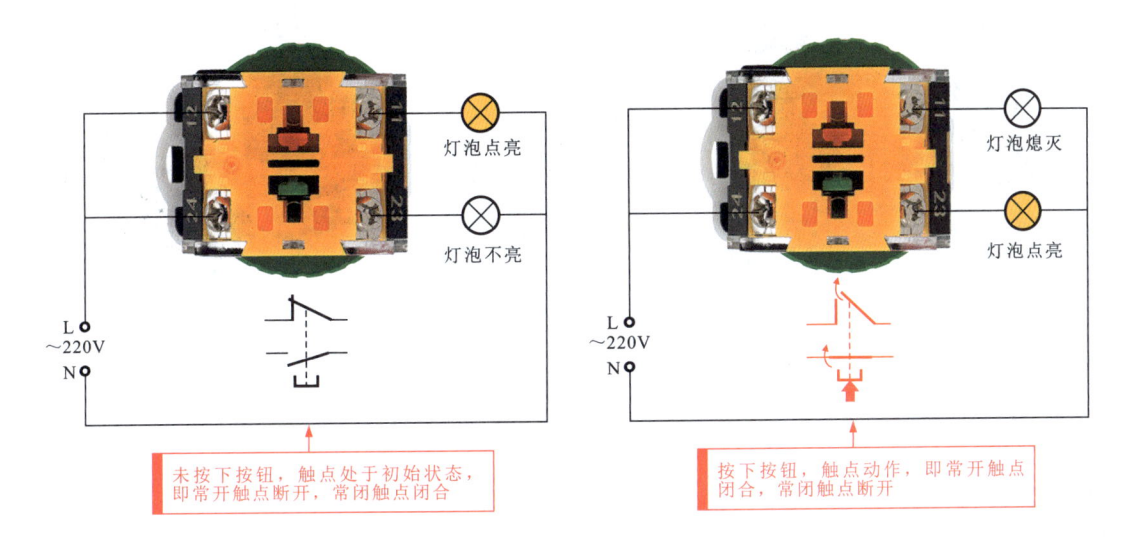

图3-8 复合按钮开关（不闭锁）的控制关系

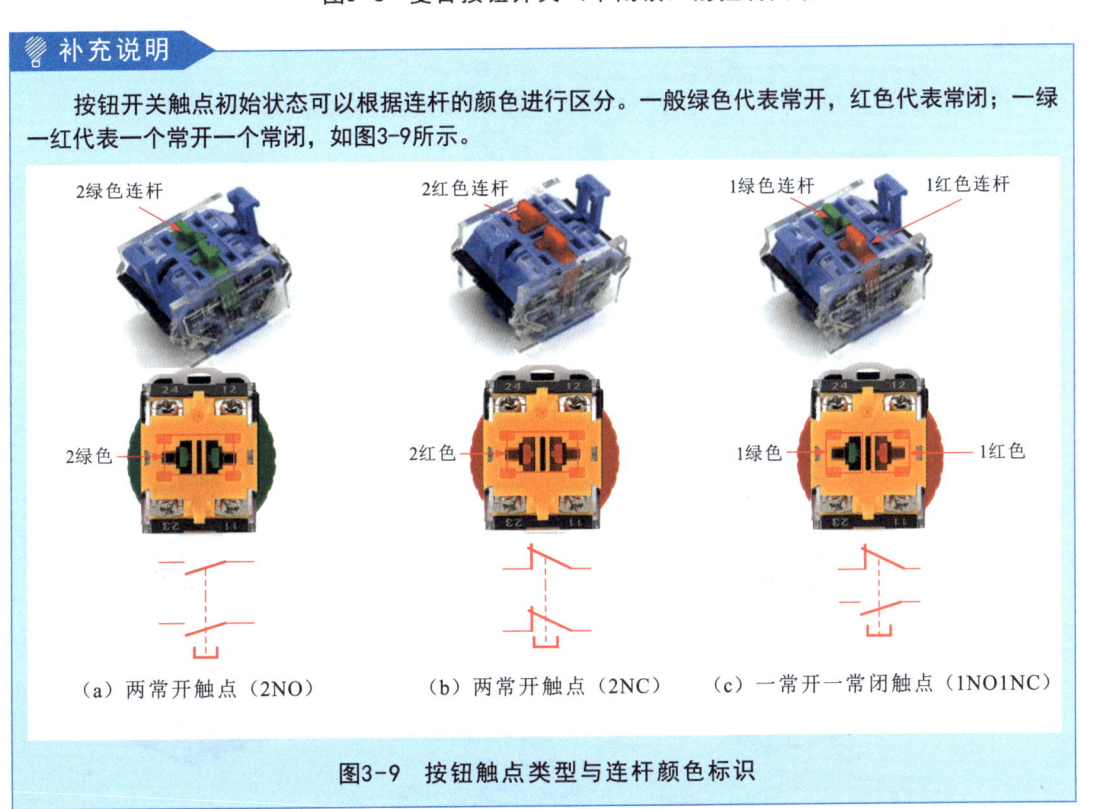

补充说明

按钮开关触点初始状态可以根据连杆的颜色进行区分。一般绿色代表常开，红色代表常闭；一绿一红代表一个常开一个常闭，如图3-9所示。

（a）两常开触点（2NO）　　（b）两常闭触点（2NC）　　（c）一常开一常闭触点（1NO1NC）

图3-9 按钮触点类型与连杆颜色标识

3.1.3 旋钮开关的控制特点

旋钮开关是一种电工电路中常见的电气开关，它通过旋转旋钮使内部触点动作来接通和断开电路，可实现启动、停止、正/反转等控制。

常见的旋钮开关根据触点通/断状态不同，有常开旋钮开关、常闭旋钮开关和复合旋钮开关；根据旋钮是否可自锁分为自锁式和自复位式，如图3-10所示。

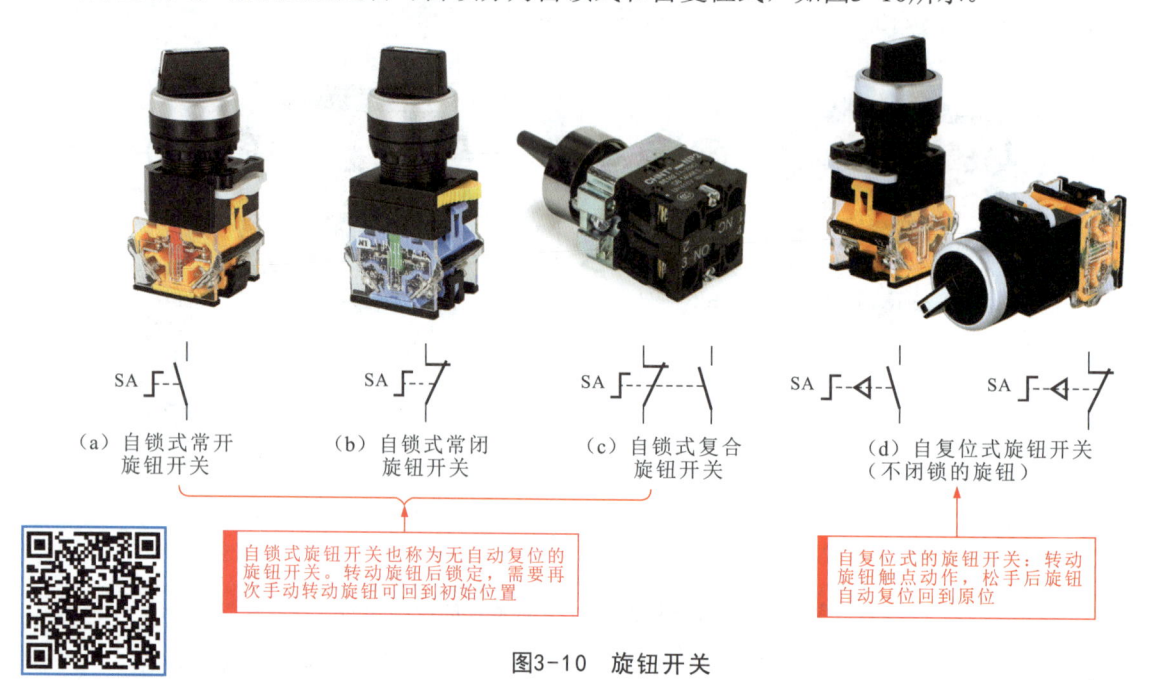

(a) 自锁式常开旋钮开关
(b) 自锁式常闭旋钮开关
(c) 自锁式复合旋钮开关
(d) 自复位式旋钮开关（不闭锁的旋钮）

自锁式旋钮开关也称为无自动复位的旋钮开关。转动旋钮后锁定，需要再次手动转动旋钮可回到初始位置

自复位式的旋钮开关：转动旋钮触点动作，松手后旋钮自动复位回到原位

图3-10 旋钮开关

根据旋钮挡位数不同，自锁式旋钮开关还可分为2挡旋钮开关和3挡旋钮开关，如图3-11所示。

2挡旋钮开关

2挡旋钮开关多为常开旋钮开关（或复合式）。
旋钮向右旋转：SA闭合；
旋钮向左旋转：SA断开

3挡旋钮开关

3挡旋钮开关左右均为常开触点，中间为空挡。
旋钮向左旋转：SA-1闭合；
旋钮向右旋转：SA-2闭合；
旋钮置于中间：SA-1、SA-2均断开

图3-11 2挡和3挡旋钮开关

补充说明

旋钮开关内部触点的类型和数量有多种类型，一般可通过触点附近的文字标识进行区分：NO表示常开触点，NC表示常闭触点；也可根据旋钮开关型号标识信息进行了解，如图3-12所示。

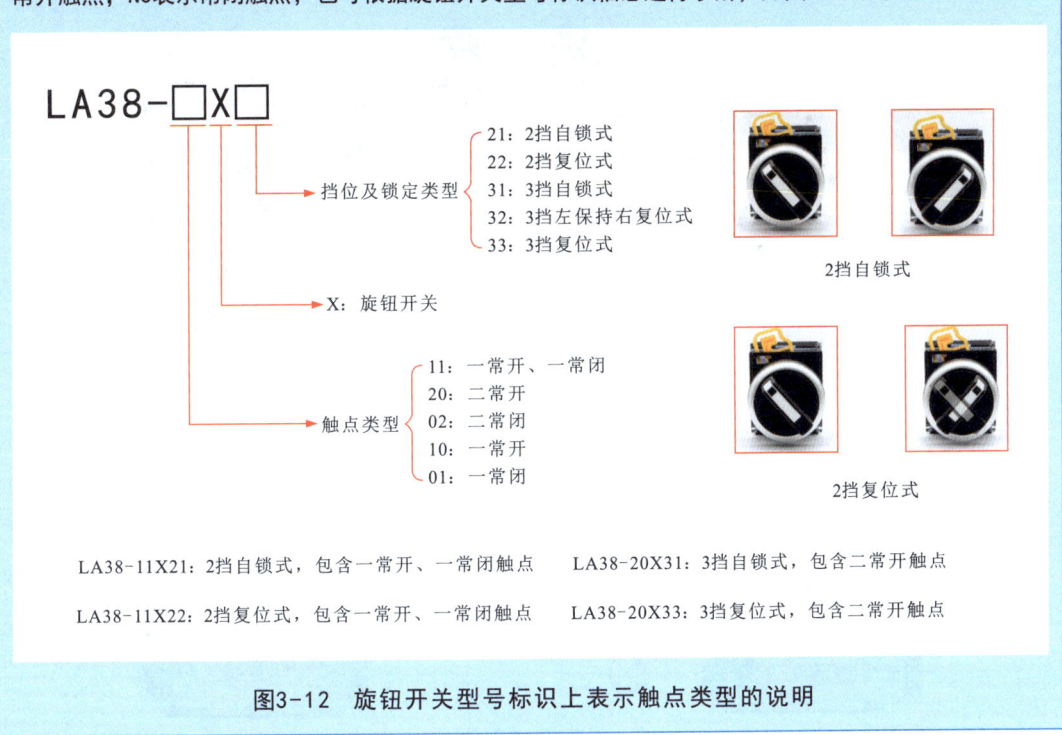

```
LA38-□X□
```

挡位及锁定类型：
- 21：2挡自锁式
- 22：2挡复位式
- 31：3挡自锁式
- 32：3挡左保持右复位式
- 33：3挡复位式

X：旋钮开关

触点类型：
- 11：一常开、一常闭
- 20：二常开
- 02：二常闭
- 10：一常开
- 01：一常闭

2挡自锁式

2挡复位式

LA38-11X21：2挡自锁式，包含一常开、一常闭触点　　LA38-20X31：3挡自锁式，包含二常开触点

LA38-11X22：2挡复位式，包含一常开、一常闭触点　　LA38-20X33：3挡复位式，包含二常开触点

图3-12　旋钮开关型号标识上表示触点类型的说明

旋钮开关主要是由旋钮、固定螺母、固定件、连杆、触点、接线端子和防尘盖等组成的。不同类型的按钮，其内部触点的初始状态也不同。

图3-13所示为旋钮开关的结构组成。

旋钮
固定螺母
固定件
连杆
触点
接线端子
防尘盖

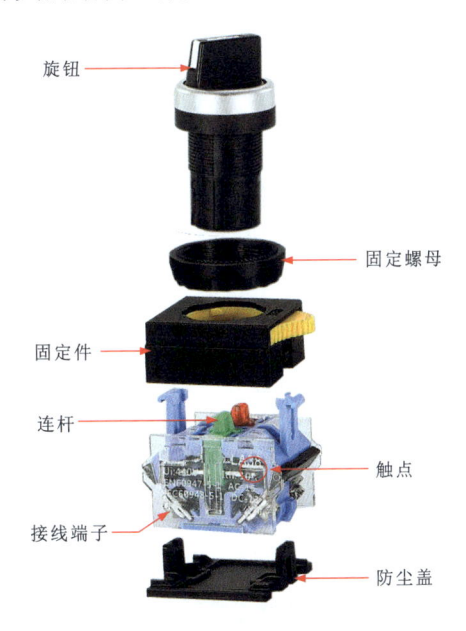

图3-13　旋钮开关的结构组成

旋钮开关的控制关系与按钮开关的控制关系相似。当转动旋钮时，内部触点动作，即常开触点闭合，常闭触点断开。常开触点闭合可接通所接线路，常闭触点断开可切断所接线路。图3-14为自锁式旋钮开关的控制关系。

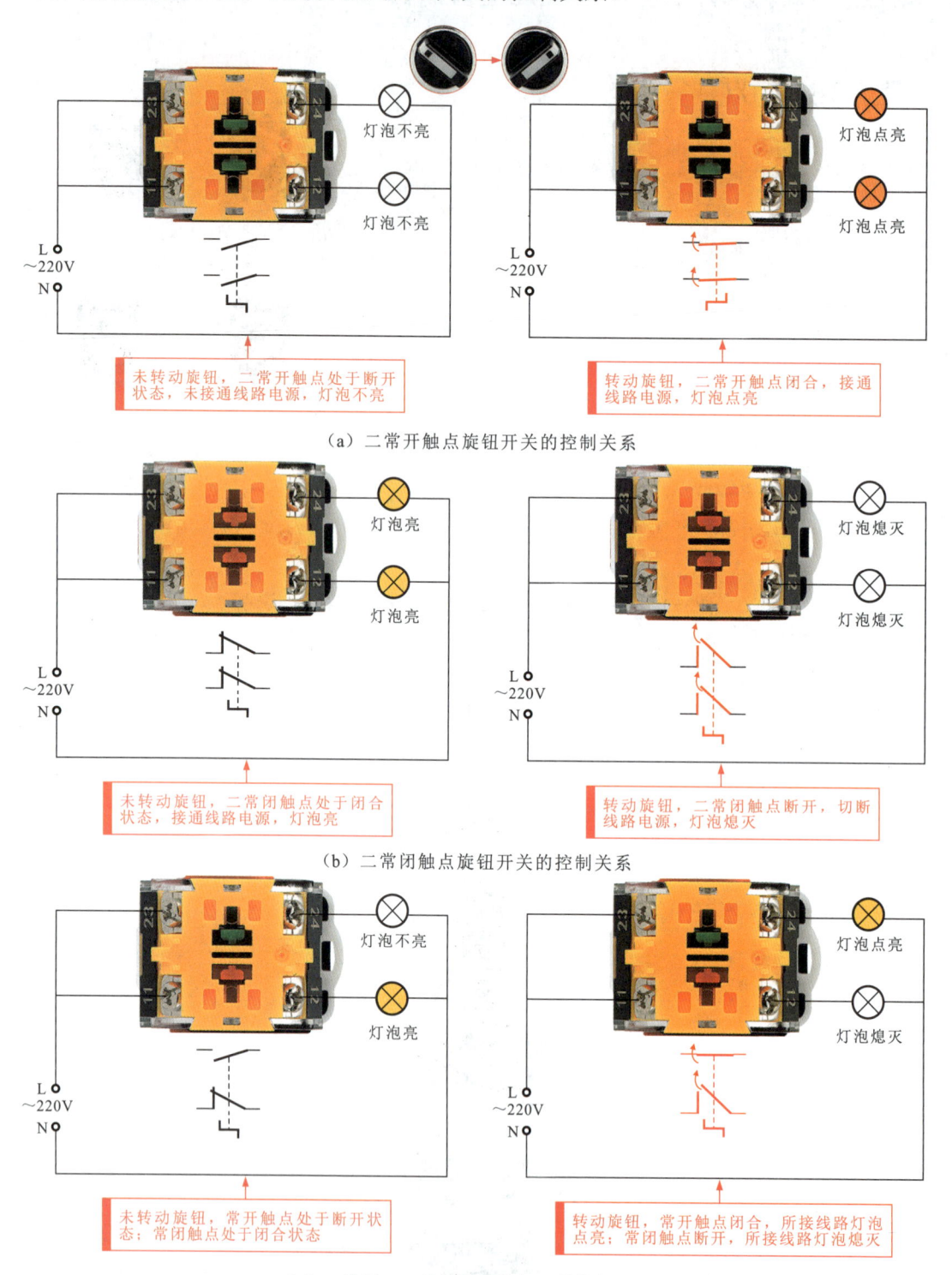

未转动旋钮，二常开触点处于断开状态，未接通线路电源，灯泡不亮

转动旋钮，二常开触点闭合，接通线路电源，灯泡点亮

（a）二常开触点旋钮开关的控制关系

未转动旋钮，二常闭触点处于闭合状态，接通线路电源，灯泡亮

转动旋钮，二常闭触点断开，切断线路电源，灯泡熄灭

（b）二常闭触点旋钮开关的控制关系

未转动旋钮，常开触点处于断开状态；常闭触点处于闭合状态

转动旋钮，常开触点闭合，所接线路灯泡点亮；常闭触点断开，所接线路灯泡熄灭

（c）一常开、一常闭触点旋钮开关的控制关系

图3-14　自锁式旋钮开关的控制关系

3.1.4 限位开关的控制特点

限位开关又称行程开关或位置检测开关,是一种小电流电气开关,可用来限制运动机械运动的行程或位置,使运动机械实现自动控制。

限位开关按结构的不同可以分为按钮式、单轮旋转式和双轮旋转式;根据内部触点不同,可以分为常开触点限位开关、常闭触点限位开关、复合限位开关,如图3-15所示。

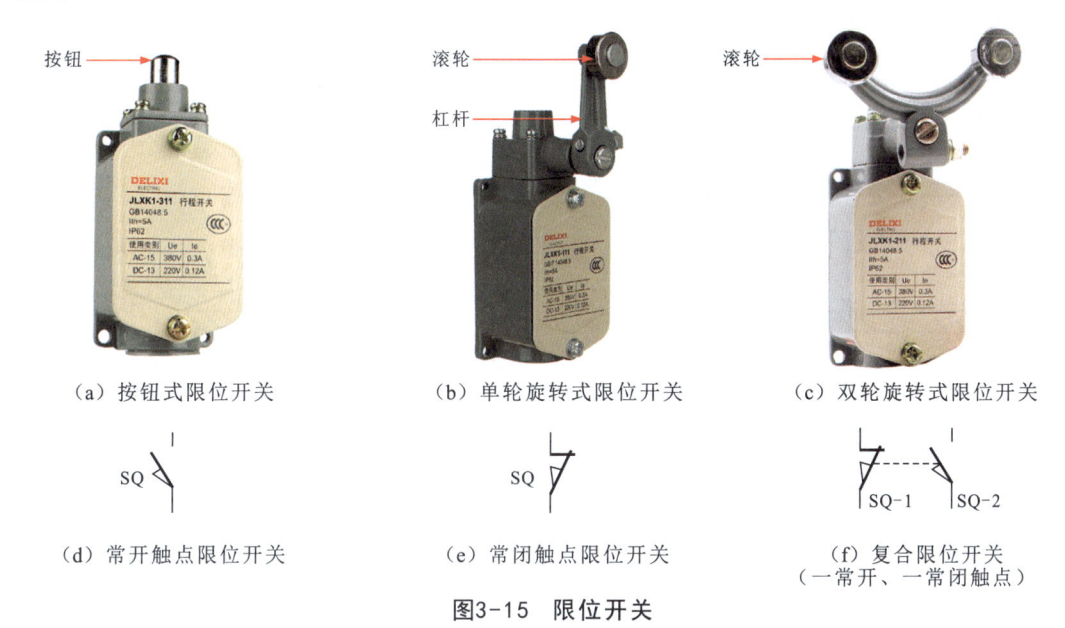

(a) 按钮式限位开关　　(b) 单轮旋转式限位开关　　(c) 双轮旋转式限位开关

(d) 常开触点限位开关　　(e) 常闭触点限位开关　　(f) 复合限位开关
（一常开、一常闭触点）

图3-15　限位开关

限位开关的类型不同,其内部结构也有所不同,但基本都是由杠杆(或滚轮及触杆)、复位弹簧、常开/常闭触点等部分构成的,如图3-16所示。

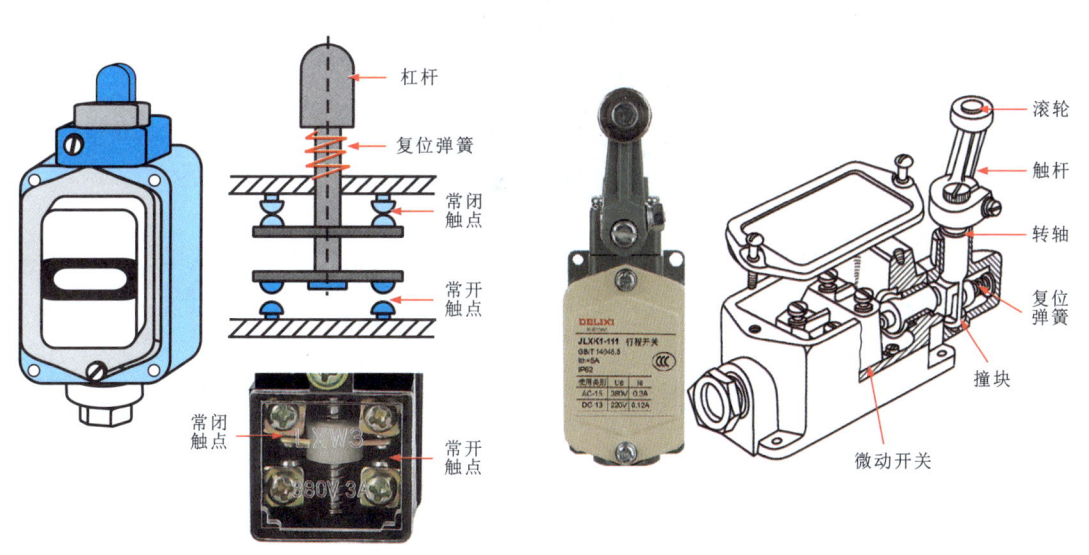

(a) 按钮式限位开关　　(b) 单轮旋转式限位开关

图3-16　限位开关的结构

按钮式限位开关由按钮触杆的按压状态控制内部常开触点和常闭触点的接通或闭合。图3-17所示为按钮式限位开关的控制过程，当撞击或按下按钮式限位开关的触杆时，触杆下移，使常闭触点断开，常开触点闭合；当运动部件离开后，在复位弹簧的作用下，触杆恢复到原来的位置，各触点恢复常态。

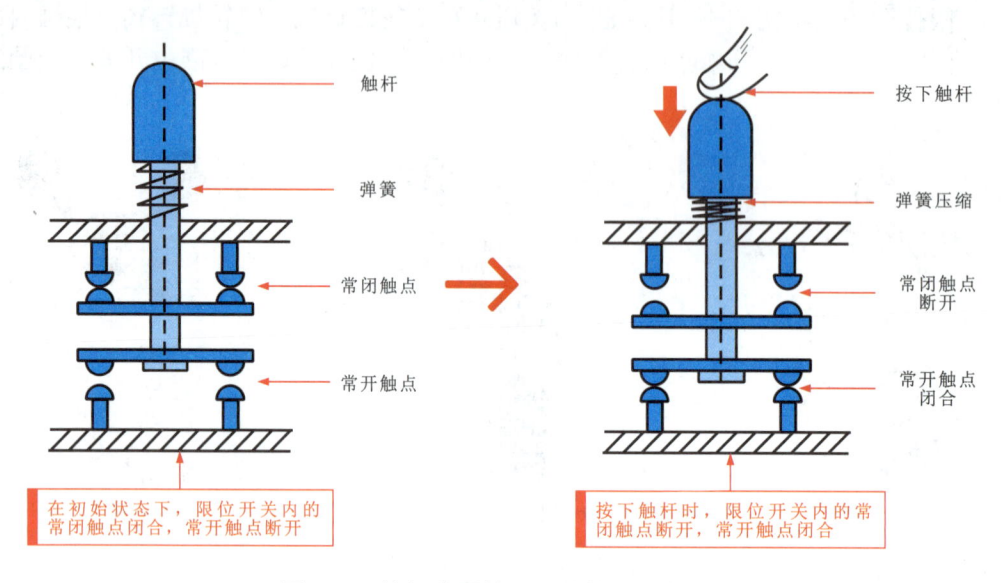

图3-17 按钮式限位开关的控制过程

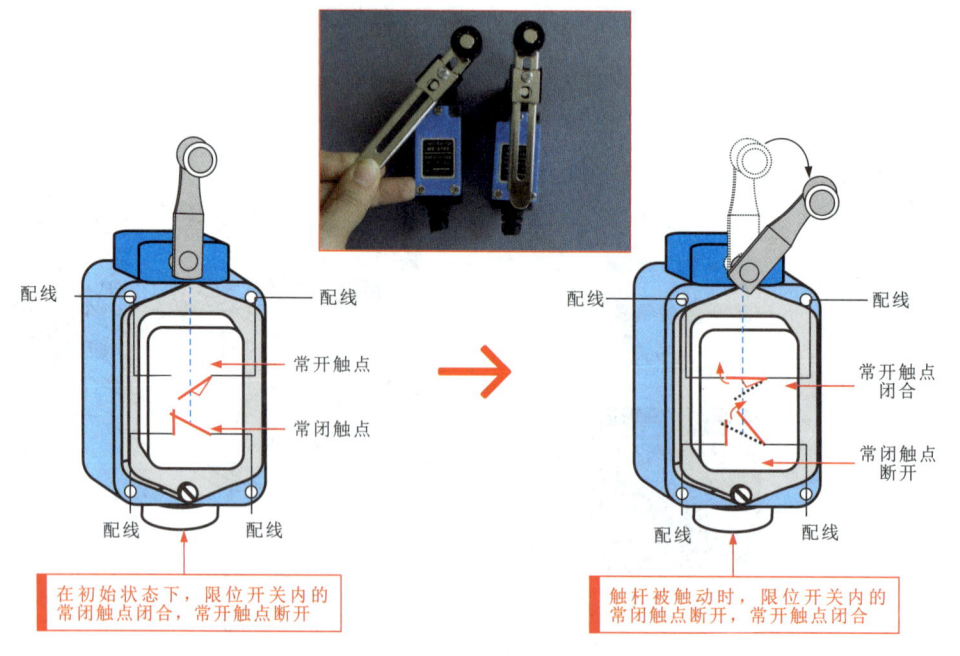

单轮旋转式限位开关与双轮旋转式限位开关的控制过程基本相同。图3-18所示为单轮旋转式限位开关的控制过程。当单轮旋转式限位开关被受控器件撞击带有滚轮的触杆时，触杆转向右边，带动凸轮转动，顶下推杆，使限位开关中的触点迅速动作。当运动机械返回时，在复位弹簧的作用下，各部分动作部件均恢复为初始状态。

图3-18 单轮旋转式限位开关的控制过程

3.2 接触器的电路控制功能

接触器是一种由电压控制的开关装置，适用于频繁接通和断开电动机或负载主电路控制系统中，属于控制类器件，是电力拖动系统、机床设备等控制电路中使用最广泛的低压电器之一。

根据所控电路类型的不同，接触器可分为直流接触器、交流接触器和直流控制交流接触器。

3.2.1 直流接触器的控制特点

直流接触器是指由直流电源供电，远距离接通与分断直流回路及负载的接触器，如图3-19所示。

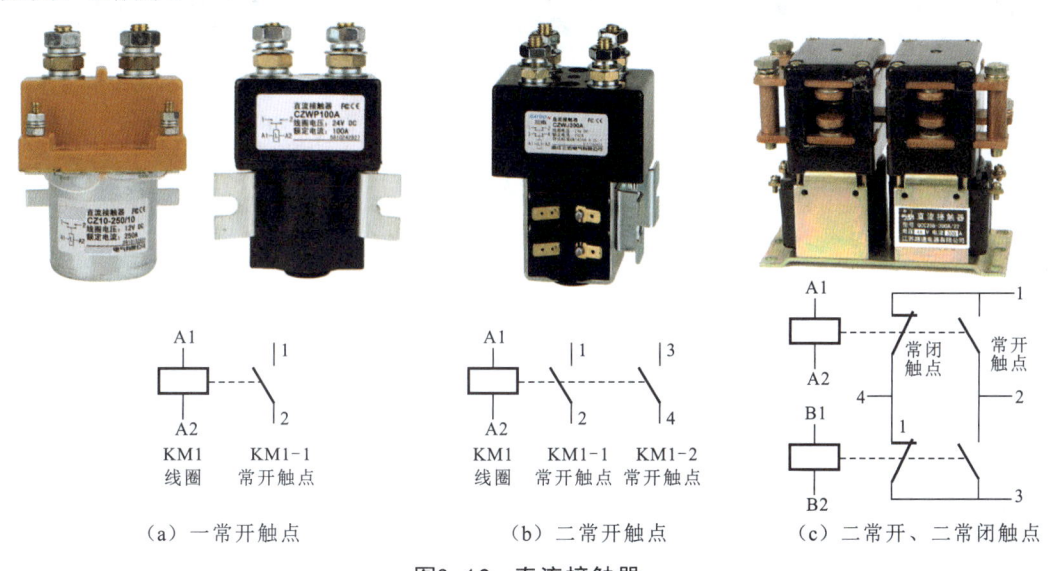

(a) 一常开触点　　(b) 二常开触点　　(c) 二常开、二常闭触点

图3-19　直流接触器

在控制电路中，直流接触器由直流电源为线圈提供工作条件，线圈得电后，从而控制触点动作，触点接通直流电路电源，负载得电，如图3-20所示。

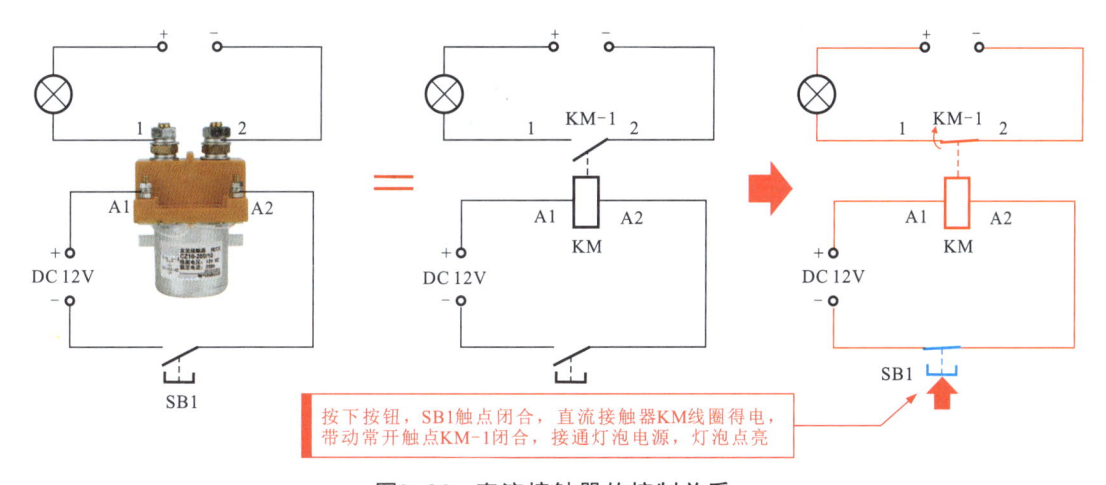

按下按钮，SB1触点闭合，直流接触器KM线圈得电，带动常开触点KM-1闭合，接通灯泡电源，灯泡点亮

图3-20　直流接触器的控制关系

3.2.2 交流接触器的控制特点

交流接触器是指由交流电源为线圈供电，远距离接通与分断交流回路及负载的接触器，如图3-21所示。

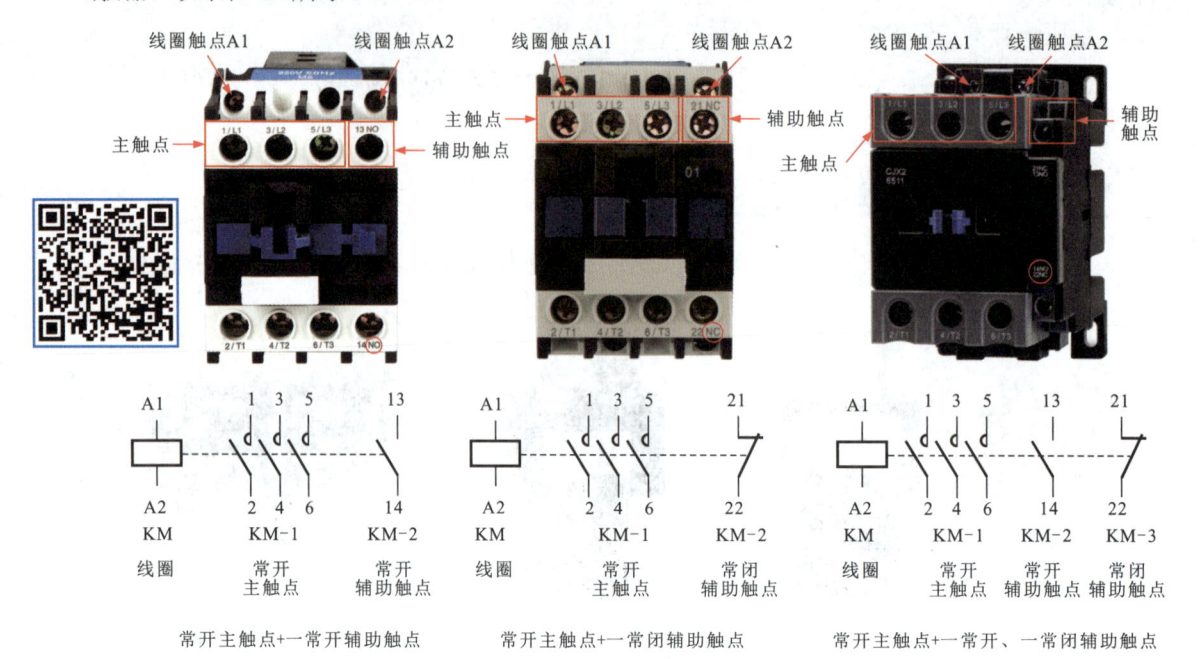

常开主触点+一常开辅助触点　　　常开主触点+一常闭辅助触点　　　常开主触点+一常开、一常闭辅助触点

图3-21 交流接触器

图3-22所示为交流接触器的外部结构及型号标识含义。

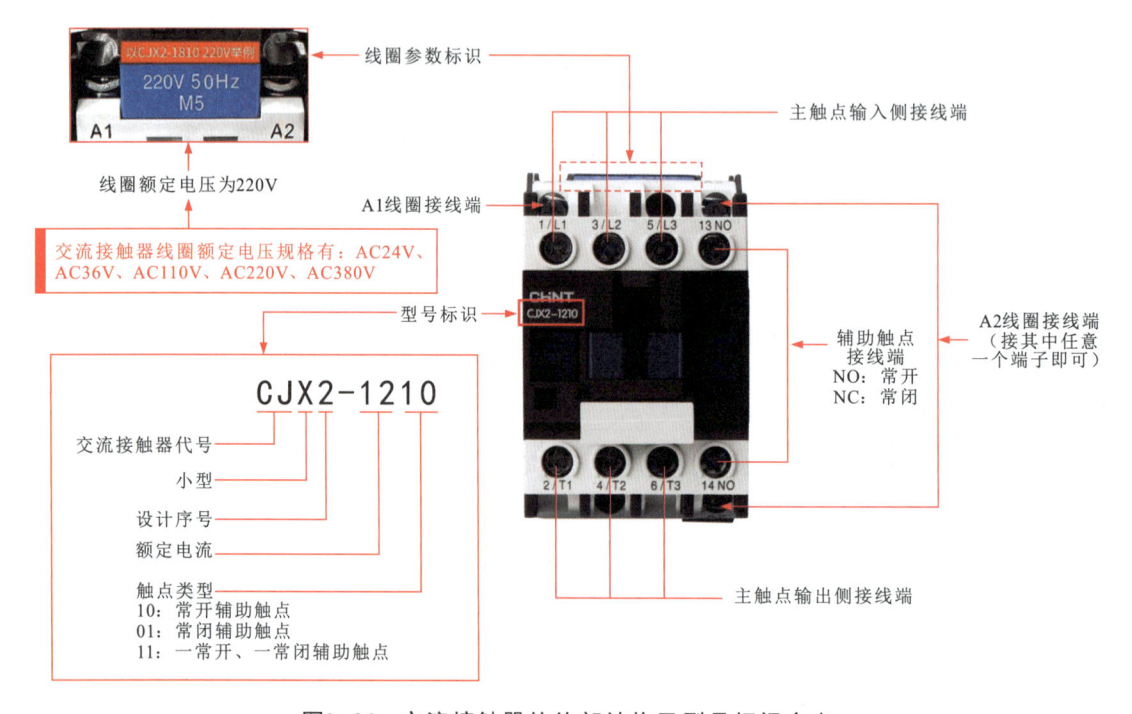

线圈额定电压为220V

交流接触器线圈额定电压规格有：AC24V、AC36V、AC110V、AC220V、AC380V

CJX2-1210
- 交流接触器代号
- 小型
- 设计序号
- 额定电流
- 触点类型
  - 10：常开辅助触点
  - 01：常闭辅助触点
  - 11：一常开、一常闭辅助触点

图3-22 交流接触器的外部结构及型号标识含义

交流接触器作为一种电磁开关，其内部主要是由触点（主触点、辅助触点）、线圈、铁芯（静铁芯、动铁芯）和弹簧等部分构成。拆开接触器的塑料外壳即可看到其内部的基本结构，如图3-23所示。

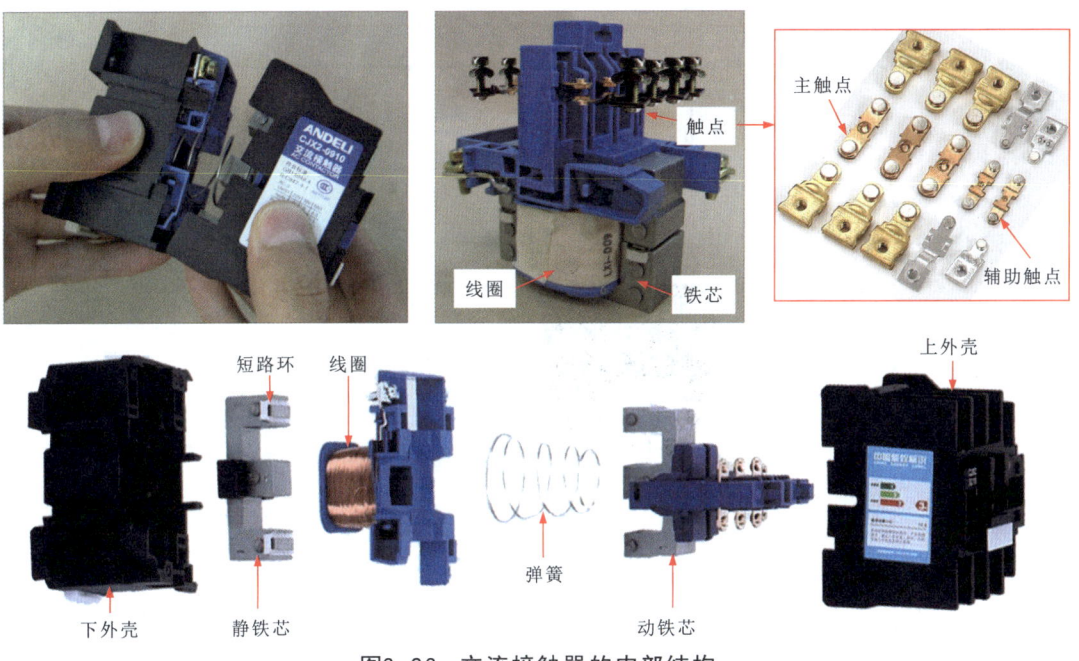

图3-23 交流接触器的内部结构

> **补充说明**
>
> 交流接触器和直流接触器区别如下。
> 交流接触器铁芯为双E形、多片绝缘叠加硅钢片；采用栅片灭弧装置；在静铁芯上嵌有短路环；线圈匝数少，电阻小；主触点连接回路电流为交流电流。
> 直流接触器铁芯为U形、整块软铁；采用磁吹灭弧装置；一般不需要短路环；线圈匝数多，电阻大；主触点连接回路电流为直流电流。直流接触器线圈中通的电是直流电，正常工作时，铁芯中不会产生涡流或磁滞损耗，铁芯不发热。因此，铁芯可用整块铸铁或铸钢制成，铁芯端面也不需要嵌装短路环。

交流接触器线圈得电后，铁芯吸合；交流接触器线圈失电后，铁芯释放。交流接触器的控制过程如图3-24所示。

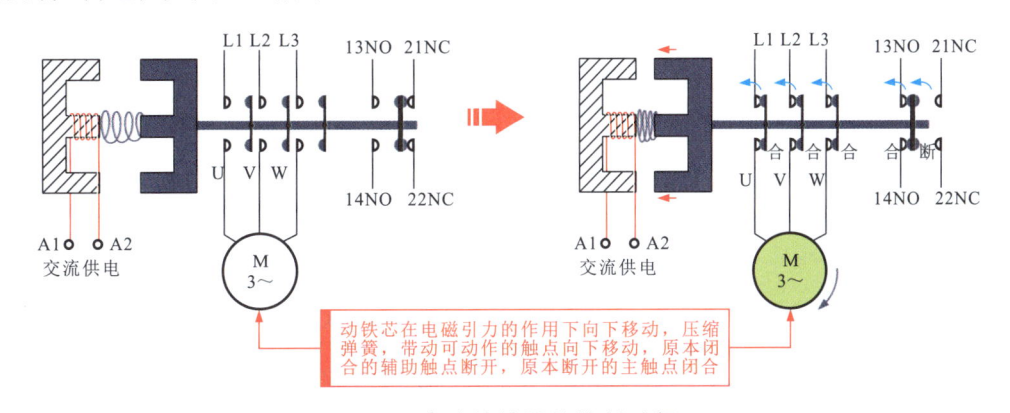

图3-24 交流接触器的控制过程

交流接触器的线圈采用交流供电；主触点连接在交流主回路中的交流电源与负载之间，用于控制交流负载的通/断电。在电工电路中，交流接触器主要有220V和380V两种接线方式，如图3-25所示。

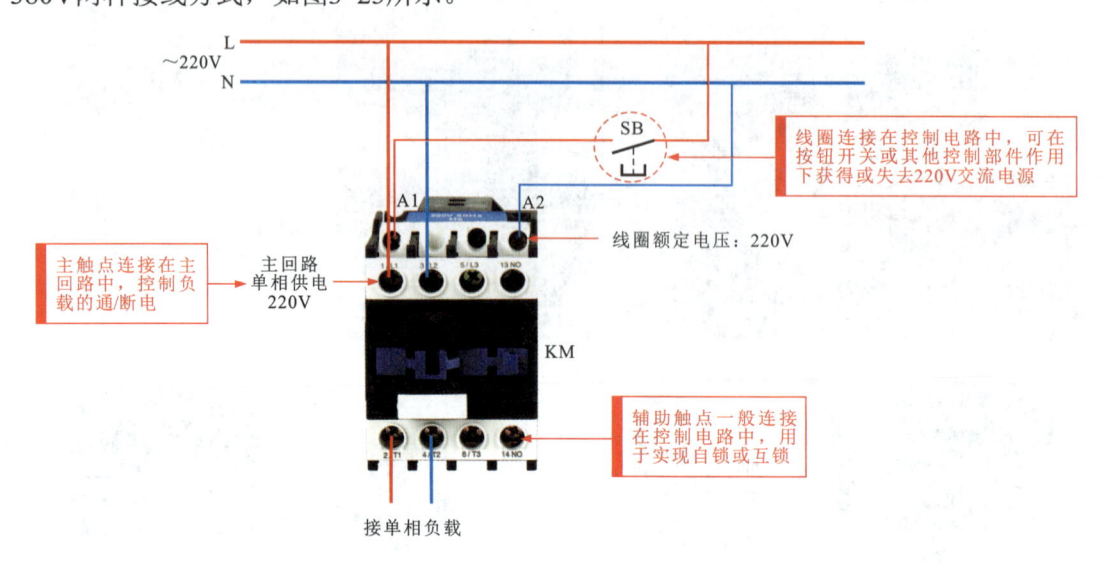

（a）交流接触器在单相交流供电线路中的接线关系

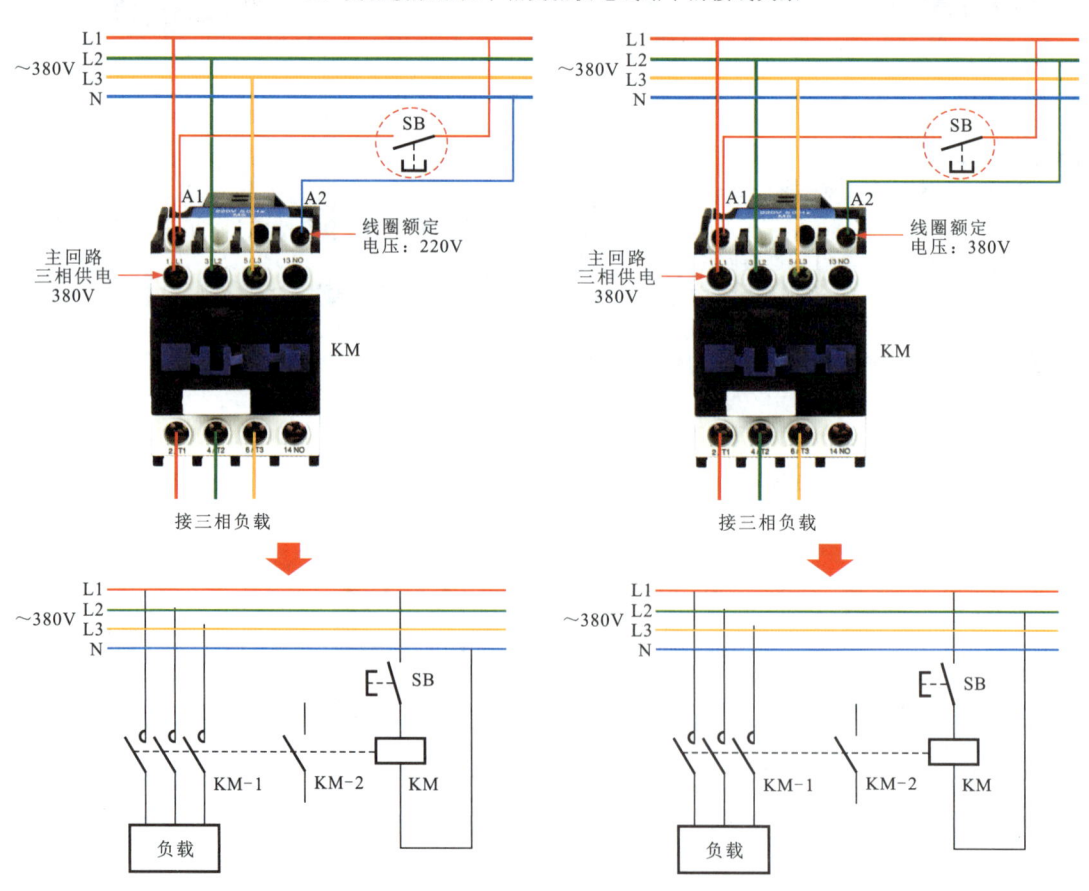

（b）交流接触器在三相交流供电线路中的接线关系

图3-25 交流接触器的接线关系

3.2.3 直流控制交流接触器的控制特点

直流控制交流接触器是一种特殊的接触器，它的线圈使用直流供电，其主触点连接交流回路，这种接触器可以在直流电源的控制下实现对交流电路的接通和分断。

从外形看，直流控制交流接触器与普通交流接触器基本相同，可从线圈供电标识上进行区分，如图3-26所示。

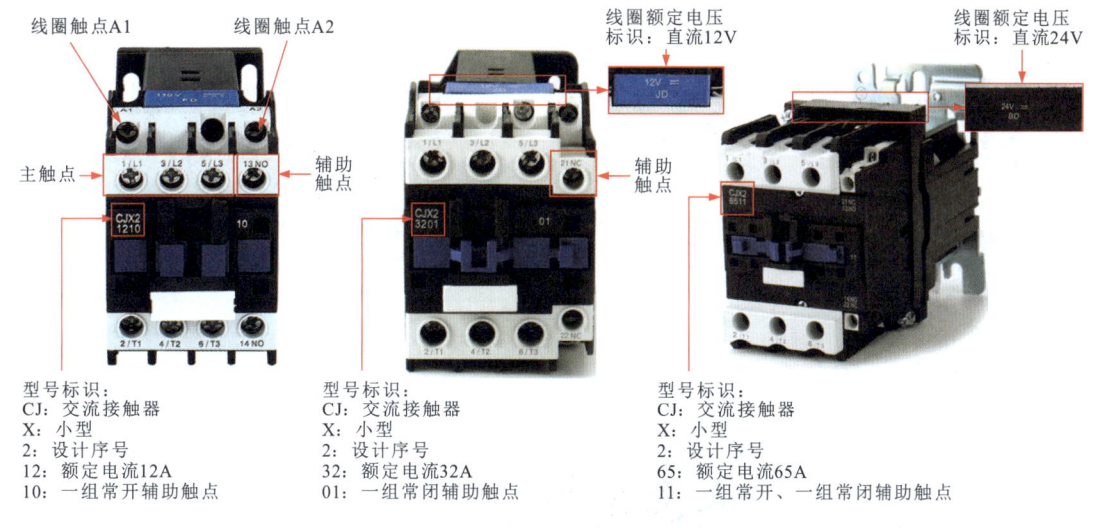

型号标识：
CJ：交流接触器
X：小型
2：设计序号
12：额定电流12A
10：一组常开辅助触点

型号标识：
CJ：交流接触器
X：小型
2：设计序号
32：额定电流32A
01：一组常闭辅助触点

型号标识：
CJ：交流接触器
X：小型
2：设计序号
65：额定电流65A
11：一组常开、一组常闭辅助触点

图3-26 直流控制交流接触器

直流控制交流接触器的工作原理及控制过程与普通交流接触器相似，不同的是线圈部分采用直流供电，如图3-27所示。

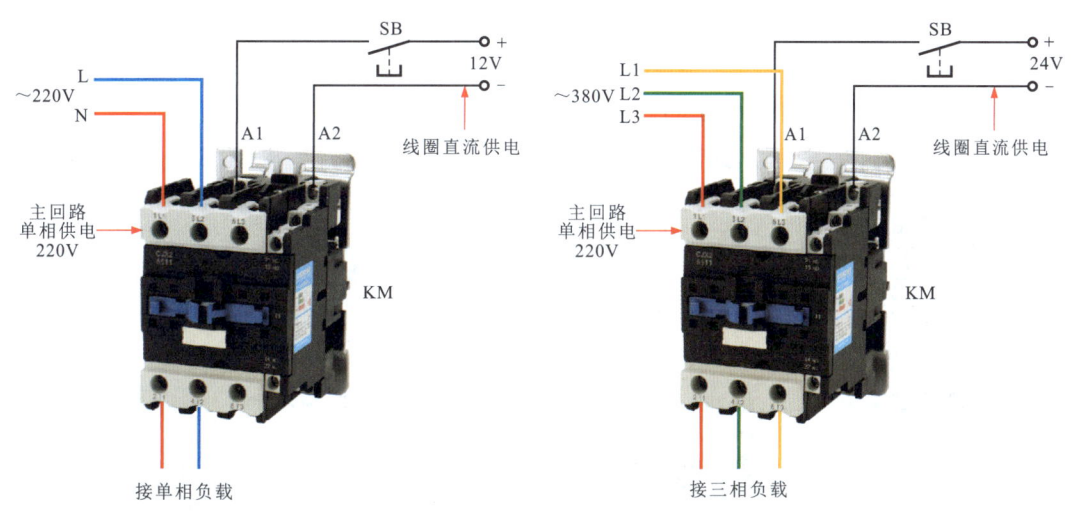

图3-27 直流控制交流接触器的控制关系

补充说明

目前，常见的直流控制交流接触器线圈供电电压规格主要有DC12V、DC24V、DC36V、DC48V、DC60V、DC72V、DC110V、DC220V。

3.3 继电器的电路控制功能

3.3.1 中间继电器的控制特点

中间继电器是电工电路中常用的电气部件，其主要用于在继电保护和自动控制电路中增加触点的数量；在控制电路中作为中间元件传递控制信号。

在电工电路中，为了便于接线，中间继电器安装在底座上，如图3-28所示。

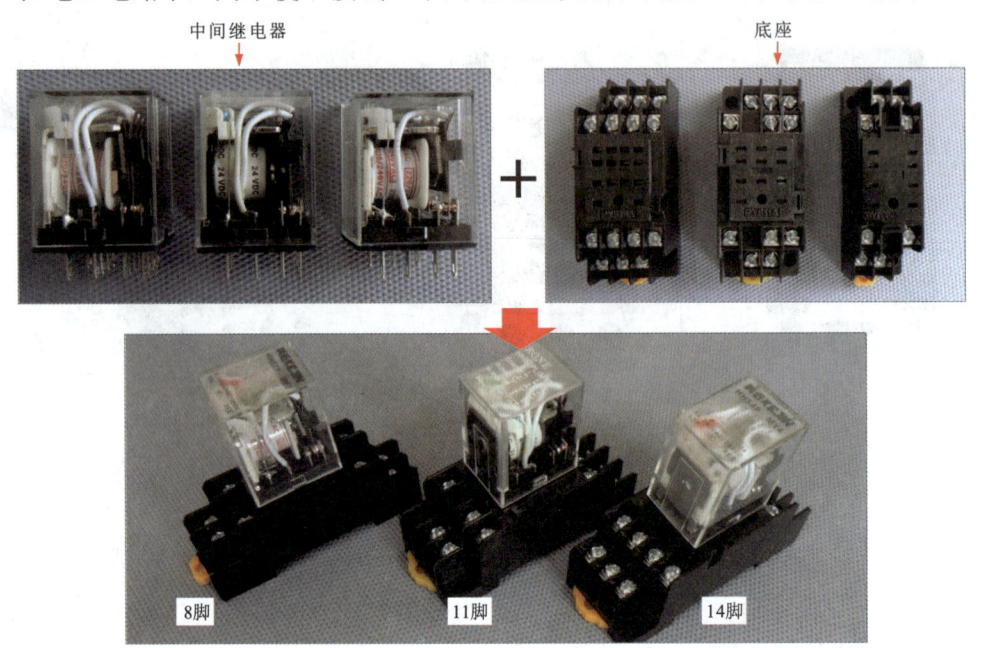

图3-28 中间继电器

目前，电工电路中常用的中间继电器主要有8脚、11脚和14脚几种，根据引脚数的不同，触点种类和数量也不相同，如图3-29所示。

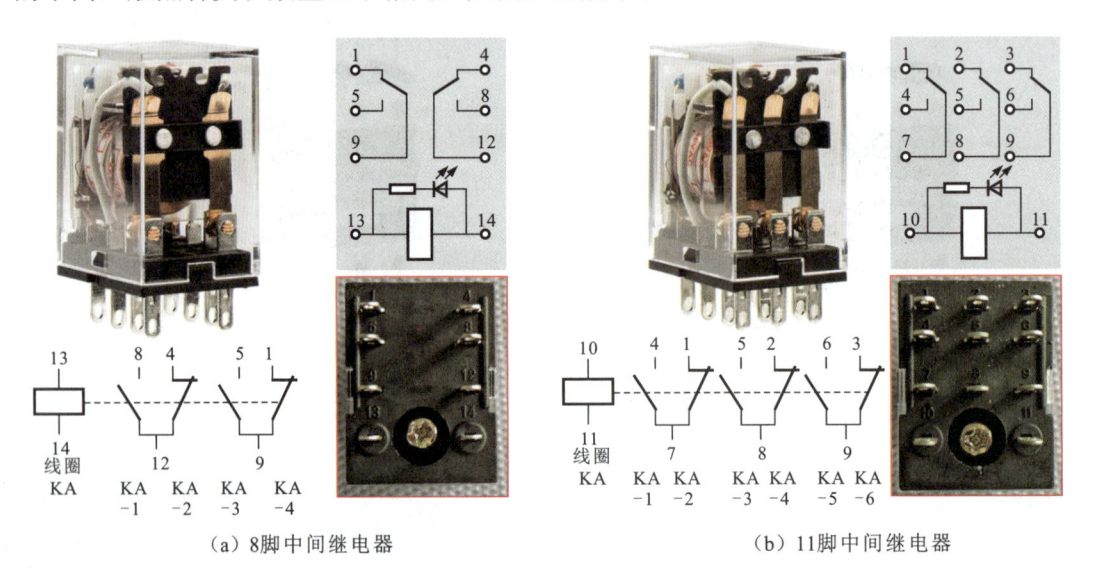

(a) 8脚中间继电器　　　　　　　(b) 11脚中间继电器

图3-29 中间继电器的引脚及触点数

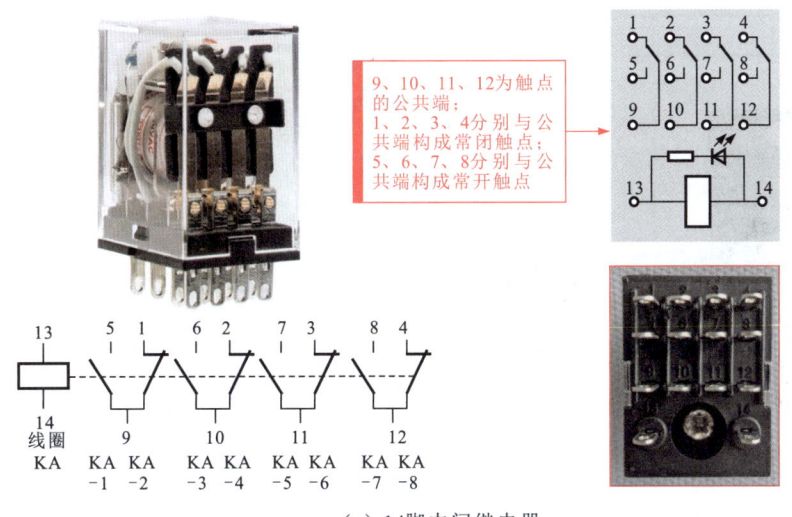

9、10、11、12为触点的公共端；
1、2、3、4分别与公共端构成常闭触点；
5、6、7、8分别与公共端构成常开触点

(c) 14脚中间继电器

图3-29 （续）

中间继电器内部主要由铁芯（动铁芯、静铁芯）、线圈、弹簧、触点、接线端子等组成。另外，其在线圈上并联了有限流电阻和状态指示发光二极管，如图3-30所示。

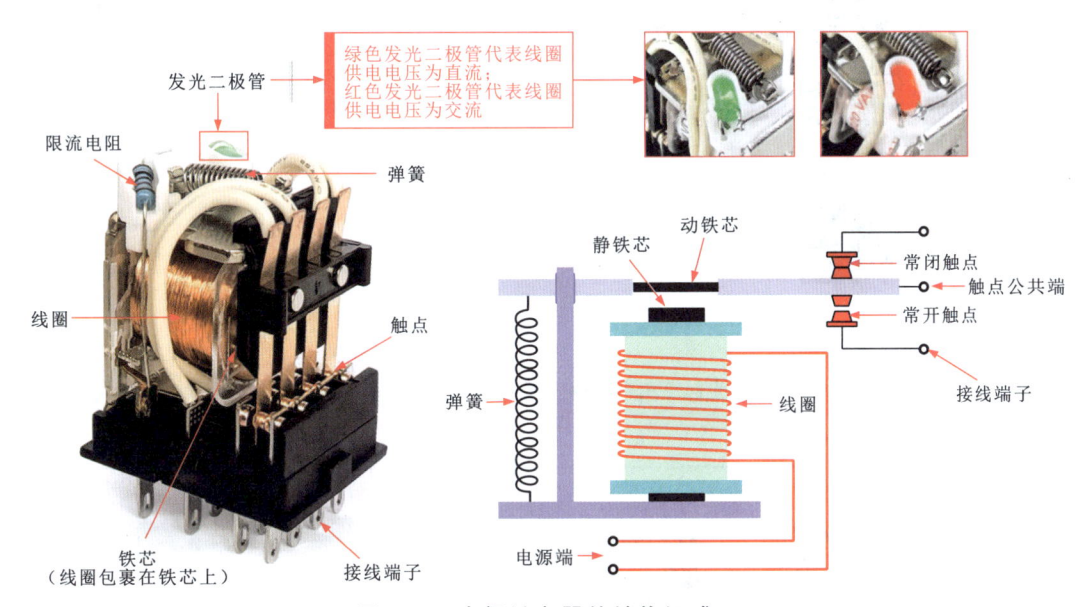

绿色发光二极管代表线圈供电电压为直流；
红色发光二极管代表线圈供电电压为交流

图3-30 中间继电器的结构组成

中间继电器的工作原理与交流接触器基本相同，即当线圈得电时，动铁芯在电磁力的作用下吸合，带动触点动作，使常开触点闭合，常闭触点断开；当线圈失电时，动铁芯在弹簧的作用下带动触点复位，使常开触点复位断开，常闭触点复位闭合。

与交流接触器不同的是，交流接触器包含主触点可通过大电流；中间继电器没有主触点，且只允许通过小电流，因此其触点只能作为控制电路中的辅助触点使用，触点数量较多，可根据实际应用需求选择接线。

在电工电路中，中间继电器的接线需要借助底座进行，其接线方法和控制过程如图3-31所示。

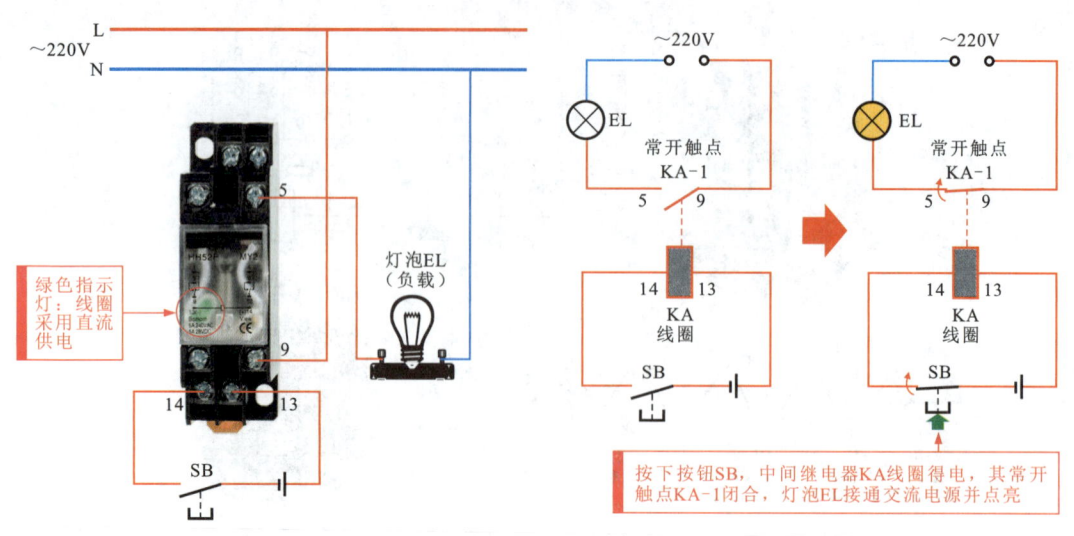

(a) 8触点中间继电器接线方法和控制关系（线圈直流供电）

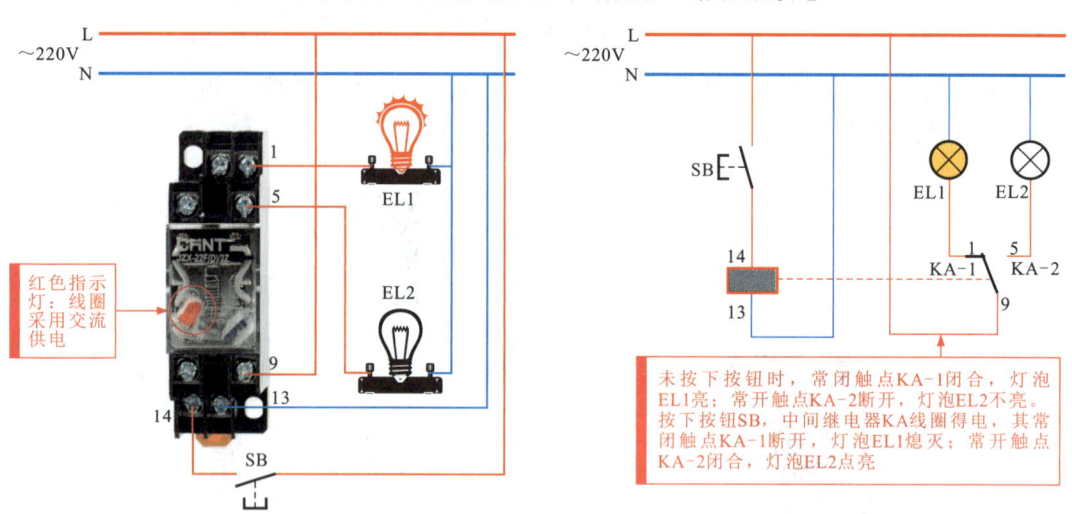

按下按钮SB，中间继电器KA线圈得电，其常开触点KA-1闭合，灯泡EL接通交流电源并点亮

绿色指示灯：线圈采用直流供电

(b) 8触点中间继电器接线方法和控制关系（线圈交流供电）

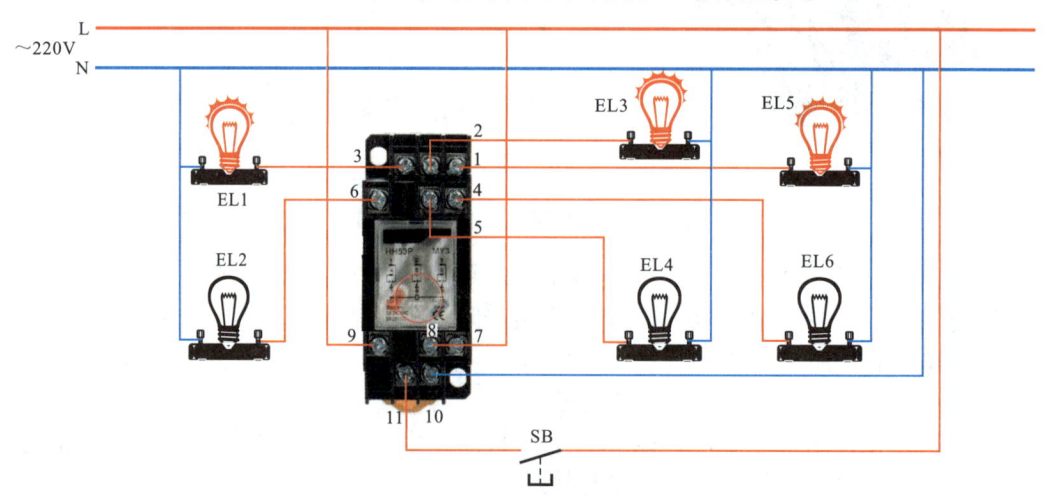

红色指示灯：线圈采用交流供电

未按下按钮时，常闭触点KA-1闭合，灯泡EL1亮；常开触点KA-2断开，灯泡EL2不亮。按下按钮SB，中间继电器KA线圈得电，其常闭触点KA-1断开，灯泡EL1熄灭；常开触点KA-2闭合，灯泡EL2点亮

(c) 11触点中间继电器接线示意图

图3-31 中间继电器的接线方法和控制关系

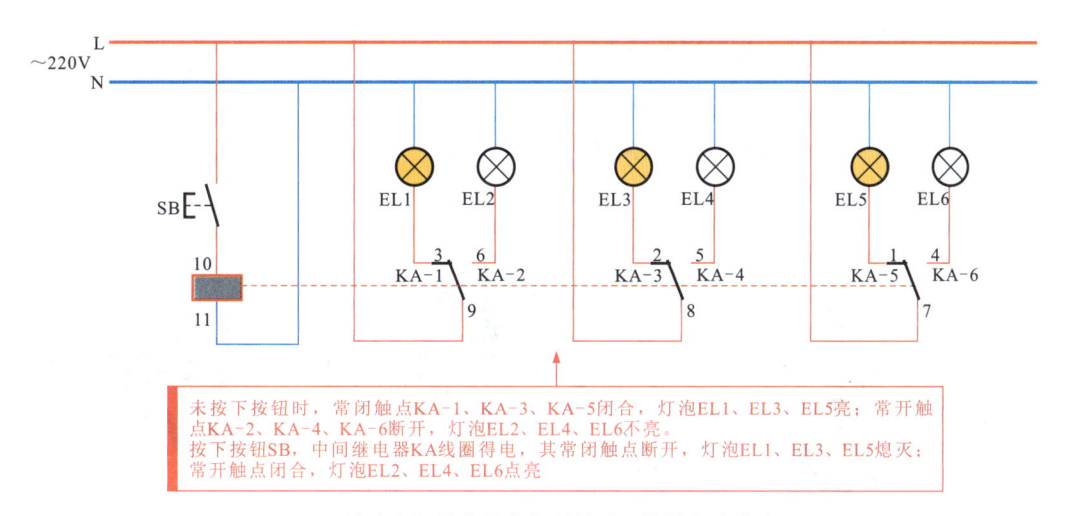

（d）11触点中间继电器的控制关系（线圈交流供电）

未按下按钮时，常闭触点KA-1、KA-3、KA-5闭合，灯泡EL1、EL3、EL5亮；常开触点KA-2、KA-4、KA-6断开，灯泡EL2、EL4、EL6不亮。
按下按钮SB，中间继电器KA线圈得电，其常闭触点断开，灯泡EL1、EL3、EL5熄灭；常开触点闭合，灯泡EL2、EL4、EL6点亮

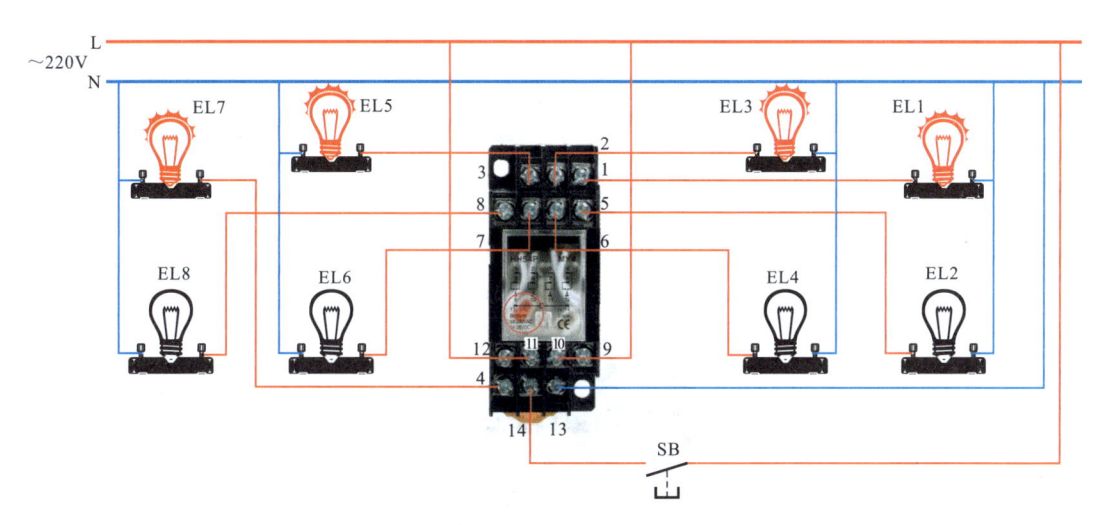

（e）14触点中间继电器的接线示意图

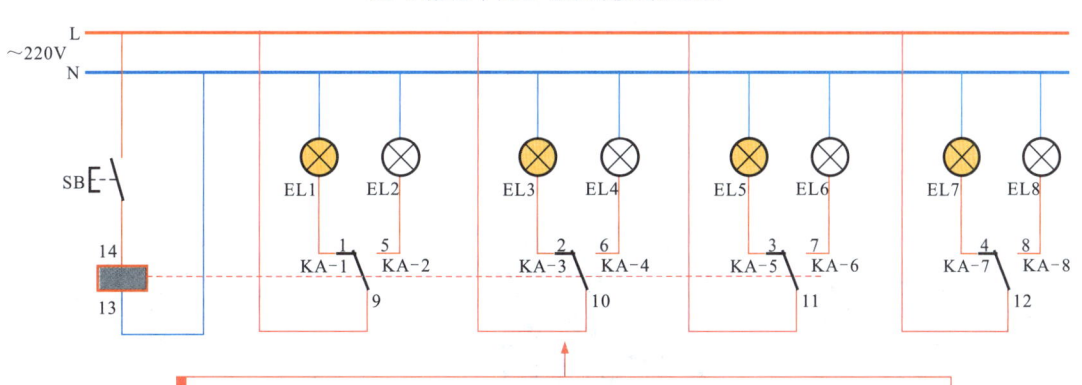

未按下按钮时，常闭触点KA-1、KA-3、KA-5、KA-7闭合，灯泡EL1、EL3、EL5、EL7亮；常开触点KA-2、KA-4、KA-6、KA-8断开，灯泡EL2、EL4、EL6、EL8不亮。
按下按钮SB，中间继电器KA线圈得电，其常闭触点断开，灯泡EL1、EL3、EL5、EL7熄灭；常开触点闭合，灯泡EL2、EL4、EL6、EL8点亮

（f）14触点中间继电器的控制关系（线圈交流供电）

图3-31（续）

3.3.2 热继电器的控制特点

热继电器是利用电流的热效应来推动动作机构使内部触点闭合或断开的,用于电动机的过载保护、断相保护、电流不平衡保护和热保护。热继电器的实物外形和电路图形符号如图3-32所示。

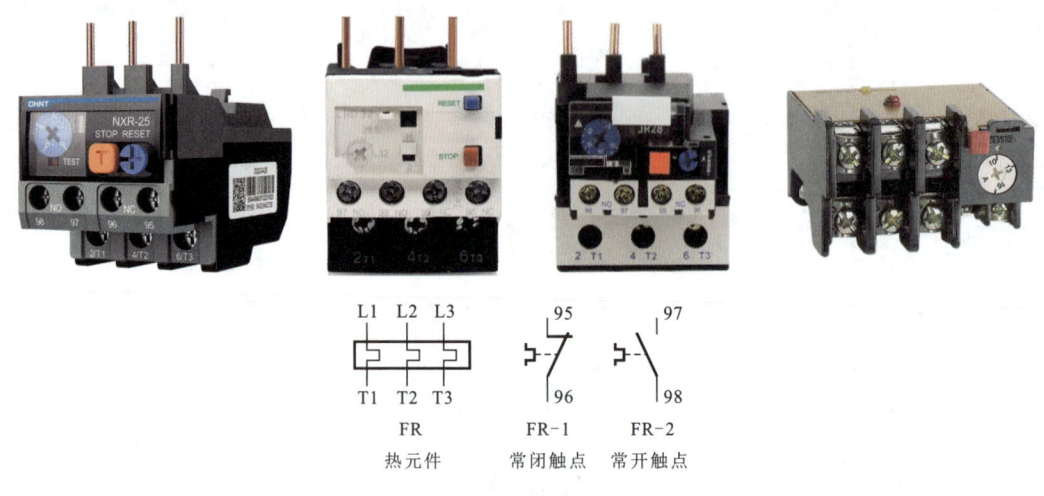

图3-32 热继电器的实物外形和电路图形符号

图3-33为两种常见热继电器的结构组成。

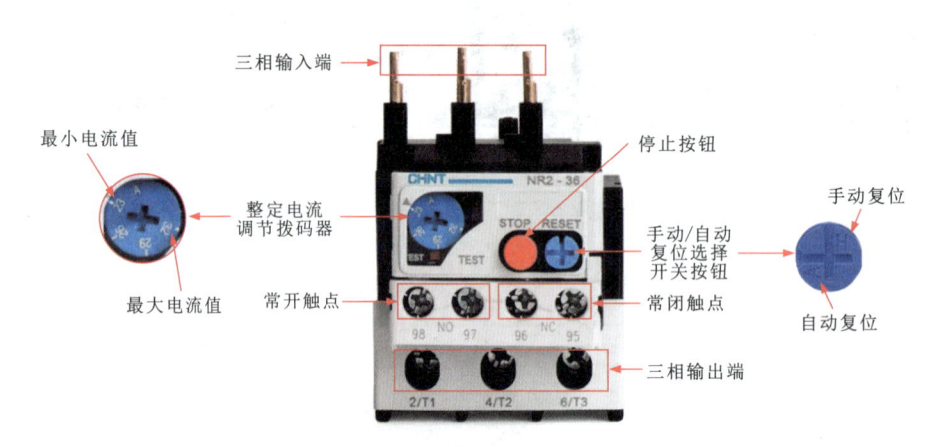

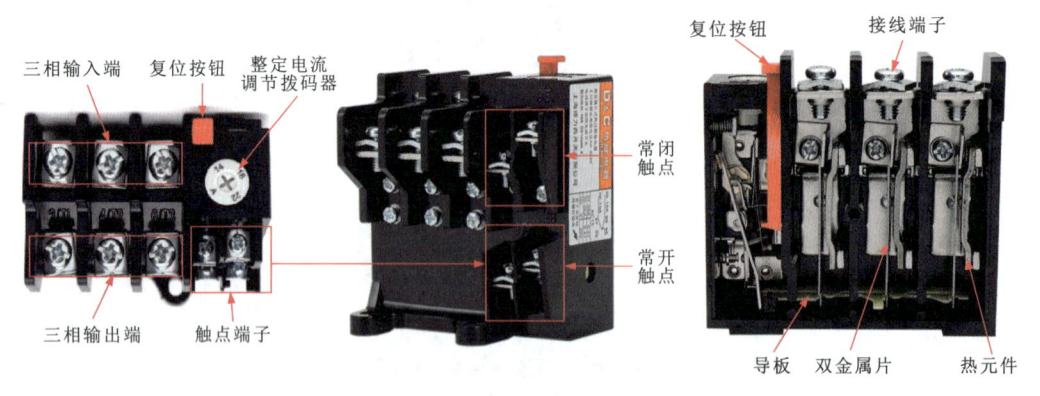

图3-33 两种常见热继电器的结构组成

补充说明

热继电器手动/自动复位选择开关按钮的功能：当选择开关按钮上的字母H为正向时，表示当前状态为手动复位状态，即当负载（如电动机）过载后，热继电器的常闭触点断开，负载断电停止工作后，触点不能复位，需按动复位按钮才能复位；当选择开关按钮上的字母A为正向时，表示当前状态为自动复位状态，即当负载（如电动机）过载后，常闭触点断开，负载断电停止工作后，热继电器双金属片冷却复位，常闭触点自动复位闭合。

热继电器一般应用于三相电动机控制电路中，用于电动机的过载、断相保护。在电工电路中，热继电器热元件与电动机定子绕组串联，热继电器常闭触点串联在电动机的控制电路部分，其接线方法和控制关系如图3-34所示。

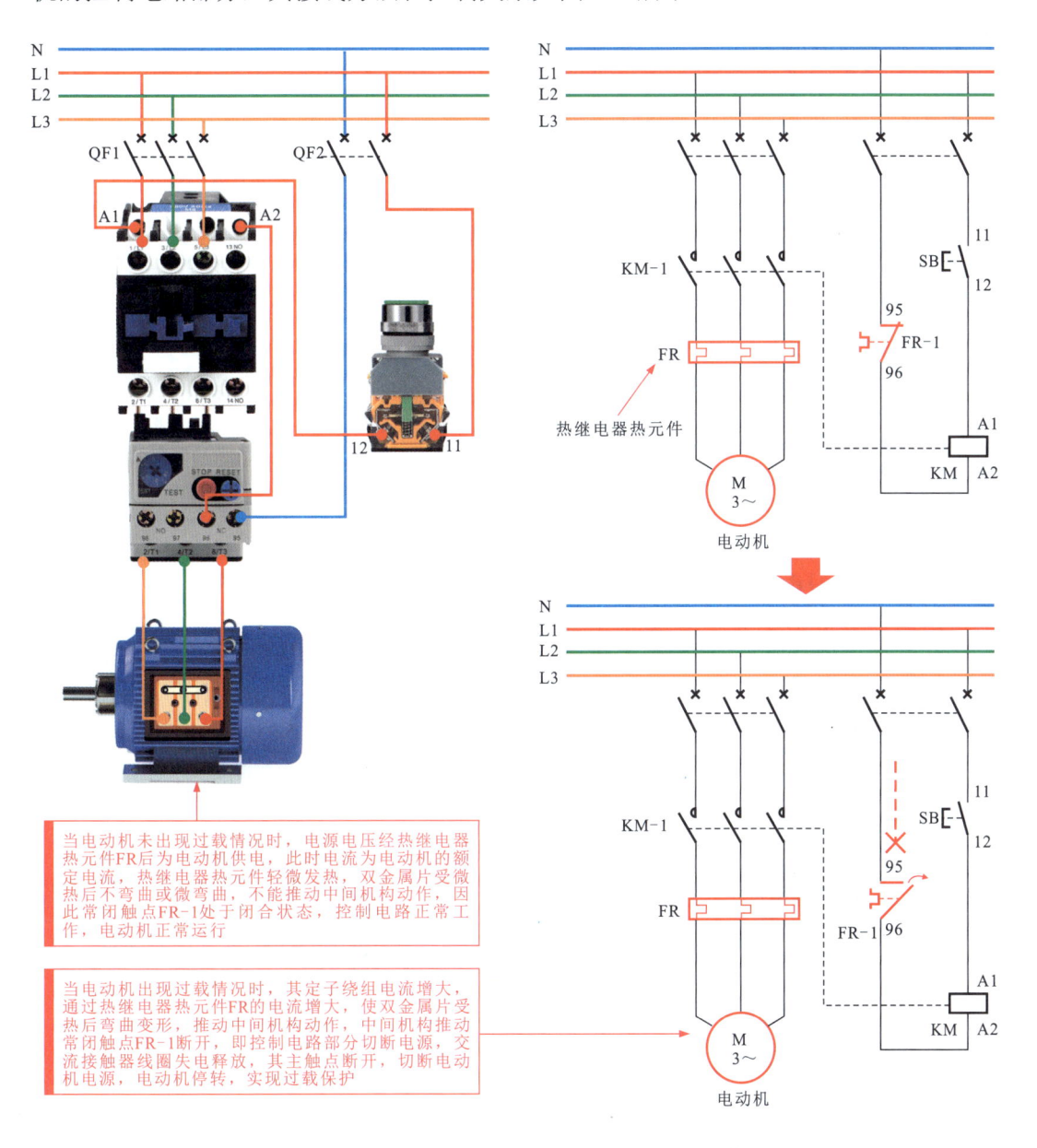

当电动机未出现过载情况时，电源电压经热继电器热元件FR后为电动机供电，此时电流为电动机的额定电流，热继电器热元件受微发热，双金属片受微热后不弯曲或微弯曲，不能推动中间机构动作，因此常闭触点FR-1处于闭合状态，控制电路正常工作，电动机正常运行。

当电动机出现过载情况时，其定子绕组电流增大，通过热继电器热元件FR的电流增大，使双金属片受热后弯曲变形，推动中间机构动作，常闭触点FR-1断开，即控制电路部分切断电源，交流接触器线圈失电释放，其主触点断开，切断电动机电源，电动机停转，实现过载保护。

图3-34 热继电器的接线方法和控制关系

3.3.3 时间继电器的控制特点

时间继电器是一种利用电磁原理或机械原理实现延时控制的电气部件。根据显示方式不同，时间继电器主要有刻度盘显示和数显两种；根据延时特点不同，时间继电器可分为通电延时和断电延时两种，如图3-35所示。

通电延时型　　　　断电延时型
（a）刻度盘显示时间继电器　　　（b）数显时间继电器

| KT 通电延时线圈 | KT-1 延时闭合的常开触点 | KT-2 延时断开的常闭触点 |

通电延时时间继电器

时间继电器的类型不同，触点数量和种类也不同。有些时间继电器除了基本的通电、断电延时触点外，还包含瞬时常开/常闭触点、延时闭合并延时断开的常开/常闭触点

瞬时常开触点　　瞬时常闭触点

延时闭合、断开的常开触点（无论吸合释放均延时）

| KT 断电延时继电器线圈 | KT-1 延时断开的常开触点 | KT-2 延时闭合的常闭触点 |

断电延时时间继电器

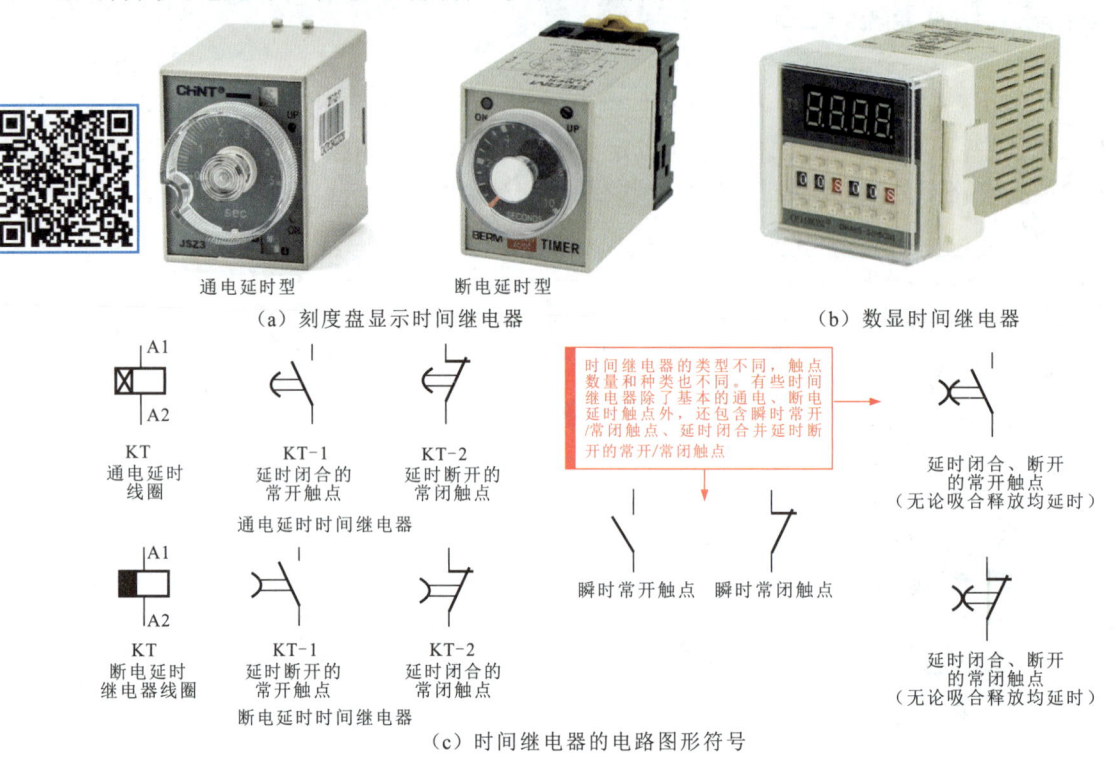

延时闭合、断开的常闭触点（无论吸合释放均延时）

（c）时间继电器的电路图形符号

图3-35　时间继电器的实物外形和电路图形符号

1 通电延时时间继电器的控制关系

通电延时时间继电器是指当线圈得电后，其触点延时一段时间后动作；线圈失电后，触点立即复位。延时时间可由面板上的拨码选择开关设定。该类时间继电器的结构及面板功能如图3-36所示。

工作电源电压

2—7：线圈
1—3、8—6：常开触点
　　线圈得电延时闭合；
　　线圈失电立即断开
1—4、8—5：常闭触点
　　线圈得电延时断开；
　　线圈失电立即闭合

工作电源参数（交流、直流）

时间设定刻度盘（旋钮式）

工作指示灯

电源指示灯

时间设定范围拨码选择开关

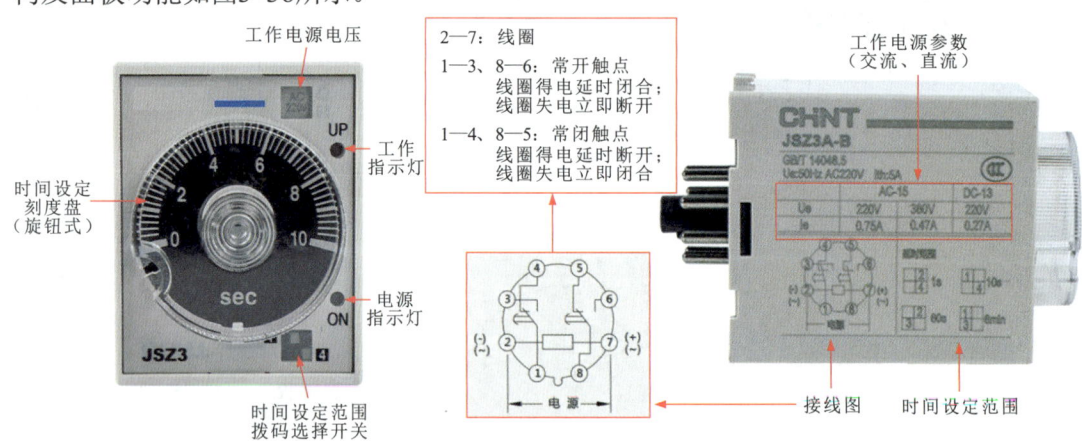

接线图　　时间设定范围

图3-36　通电延时时间继电器的结构及面板功能

补充说明

时间继电器延时时间通过面板上的刻度盘旋转设定；延时时间范围由拨码选择开关确定。拔下时间继电器面板上的透明旋钮后，一般有两个刻度盘（每个刻度盘正反两面均有刻度，即四种刻度）根据设定需要将拨码选择开关拨至需要的位置即可，如图3-37所示。

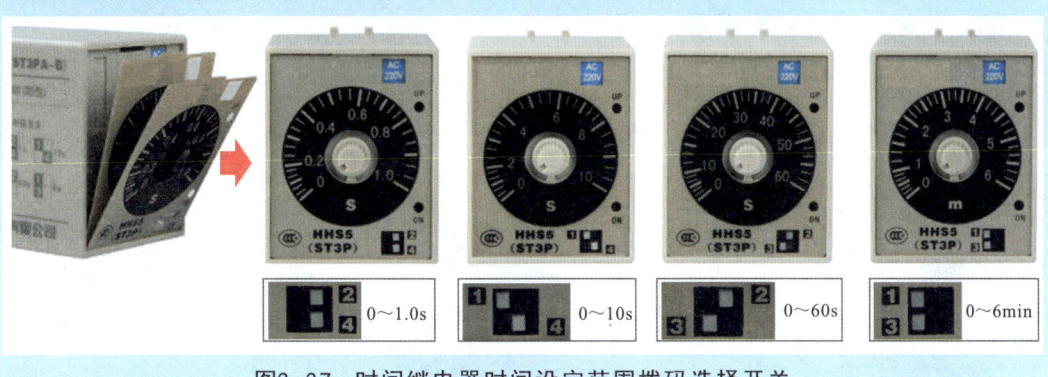

图3-37 时间继电器时间设定范围拨码选择开关

在电工电路中，通电延时时间继电器与其他部件之间通过底座进行接线，底座相应插孔连接时间继电器的线圈和触点的接线柱，其接线方法和控制关系如图3-38所示。

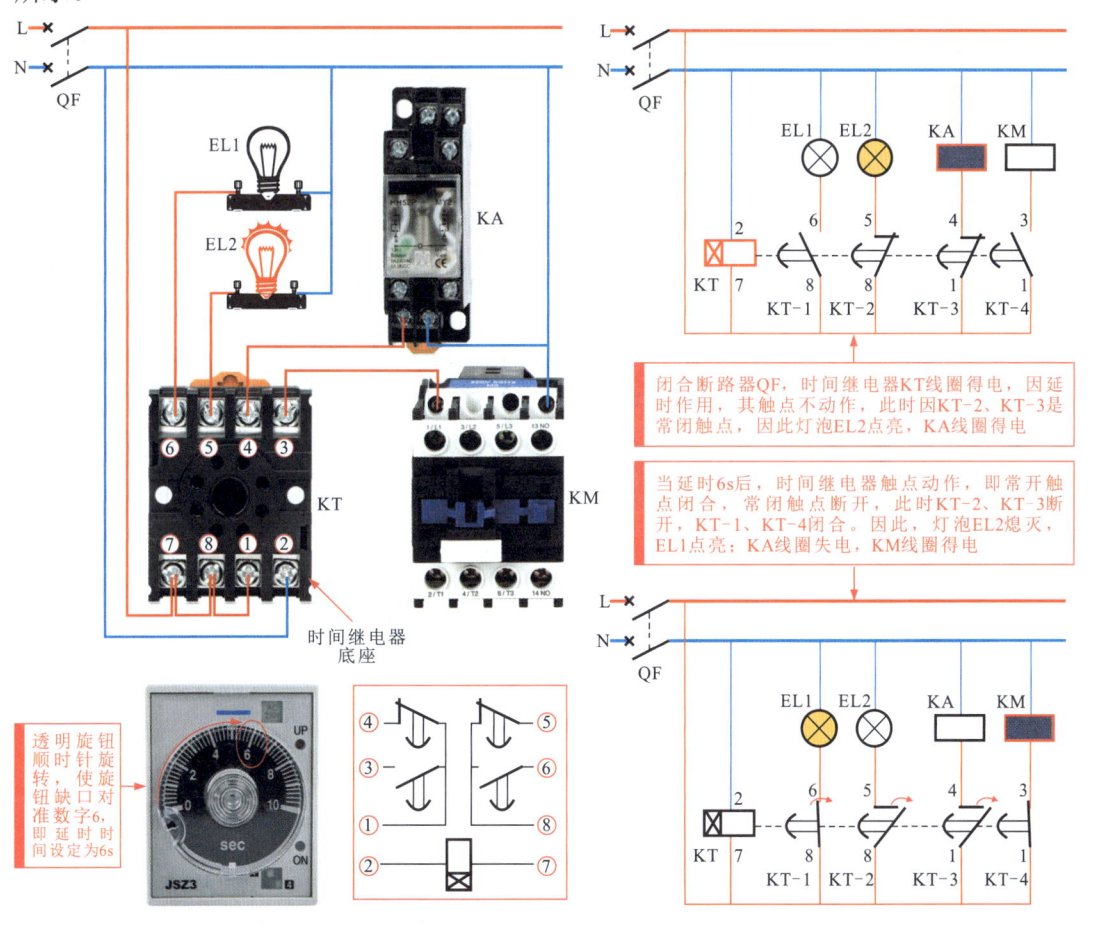

闭合断路器QF，时间继电器KT线圈得电，因延时作用，其触点不动作，此时因KT-2、KT-3是常闭触点，因此灯泡EL2点亮，KA线圈得电

当延时6s后，时间继电器触点动作，即常开触点闭合，常闭触点断开，此时KT-2、KT-3断开，KT-1、KT-4闭合。因此，灯泡EL2熄灭，EL1点亮；KA线圈失电，KM线圈得电

透明旋钮顺时针旋转，使旋钮缺口对准数字6，即延时时间设定为6s

图3-38 通电延时时间继电器的接线方法和控制关系

2 断电延时时间继电器

断电延时时间继电器是指当线圈得电后，其触点立即动作；当线圈断电时，延时一段时间后再复位。延时时间可由面板上的拨码选择开关设定。断电延时时间继电器的结构及面板功能如图3-39所示。

图3-39 断电延时时间继电器的结构及面板功能

了解断电延时时间继电器的控制过程，首先要根据接线图了解时间继电器的触点类型，如图3-40所示。注意，不同品牌、型号的时间继电器，其触点类型可能不同，需要根据外壳或说明书中标识的接线图进行分析了解。

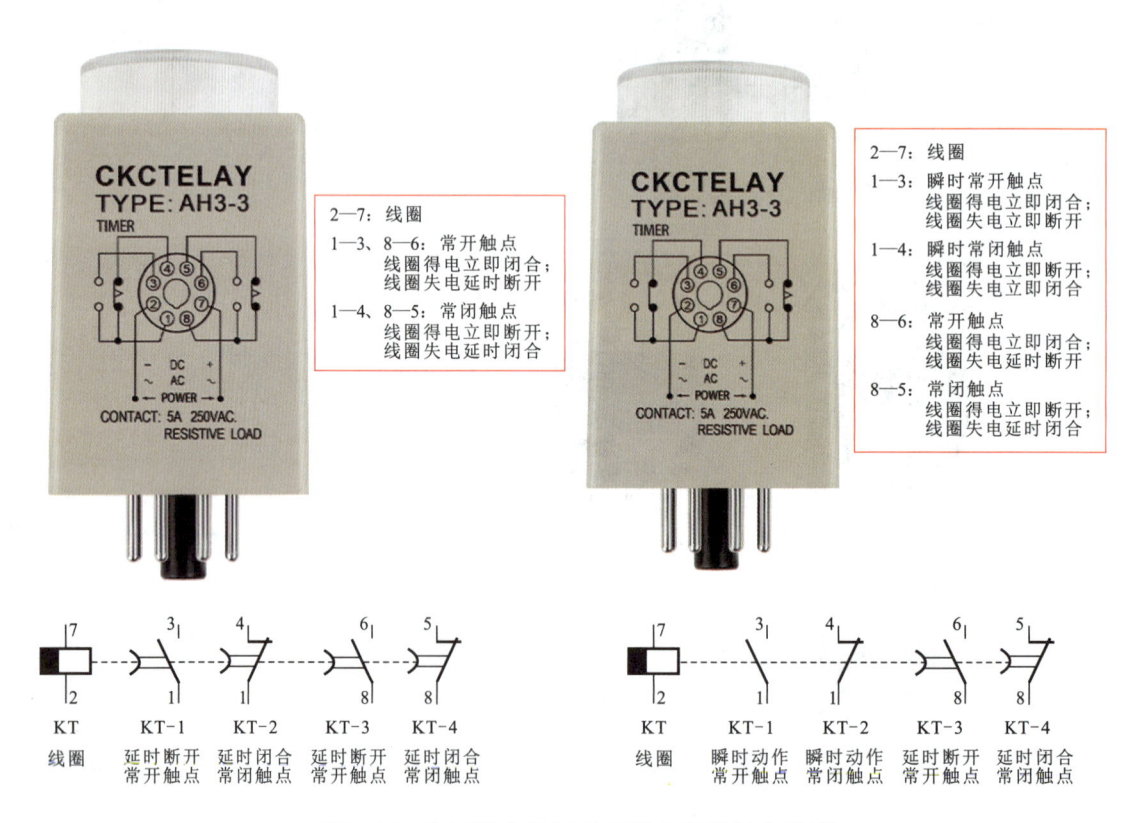

2—7：线圈
1—3、8—6：常开触点
线圈得电立即闭合；
线圈失电延时断开
1—4、8—5：常闭触点
线圈得电立即断开；
线圈失电延时闭合

2—7：线圈
1—3：瞬时常开触点
线圈得电立即闭合；
线圈失电立即断开
1—4：瞬时常闭触点
线圈得电立即断开；
线圈失电立即闭合
8—6：常开触点
线圈得电立即闭合；
线圈失电延时断开
8—5：常闭触点
线圈得电立即闭合；
线圈失电延时闭合

KT 线圈 | KT-1 延时断开常开触点 | KT-2 延时闭合常闭触点 | KT-3 延时断开常开触点 | KT-4 延时闭合常闭触点

KT 线圈 | KT-1 瞬时动作常开触点 | KT-2 瞬时动作常闭触点 | KT-3 延时断开常开触点 | KT-4 延时闭合常闭触点

图3-40 常见断电延时时间继电器的触点类型

在电工电路中，断电延时时间继电器的接线方法和控制关系如图3-41所示。

旋钮缺口对准数字为4.6，即断电延时时间设定为4.6s

闭合断路器QF，时间继电器KT线圈得电，因其断电延时特点，其触点立刻动作，此时KT-1、KT-4是常开触点，立即闭合，因此灯泡EL1点亮，KM线圈得电；KT-2、KT-3是常闭触点，立即断开，因此灯泡EL2熄灭，KA线圈失电

当QF断开，时间继电器KT线圈失电，延时4.6s后其触点才能复位，即KT-1、KT-4延时4.6s后复位断开，灯泡EL1熄灭，KM线圈失电；KT-2、KT-3延时4.6s后复位闭合，因总电源断开，灯泡EL2保持熄灭，KA线圈保持失电

（a）线圈得电，触点立即动作

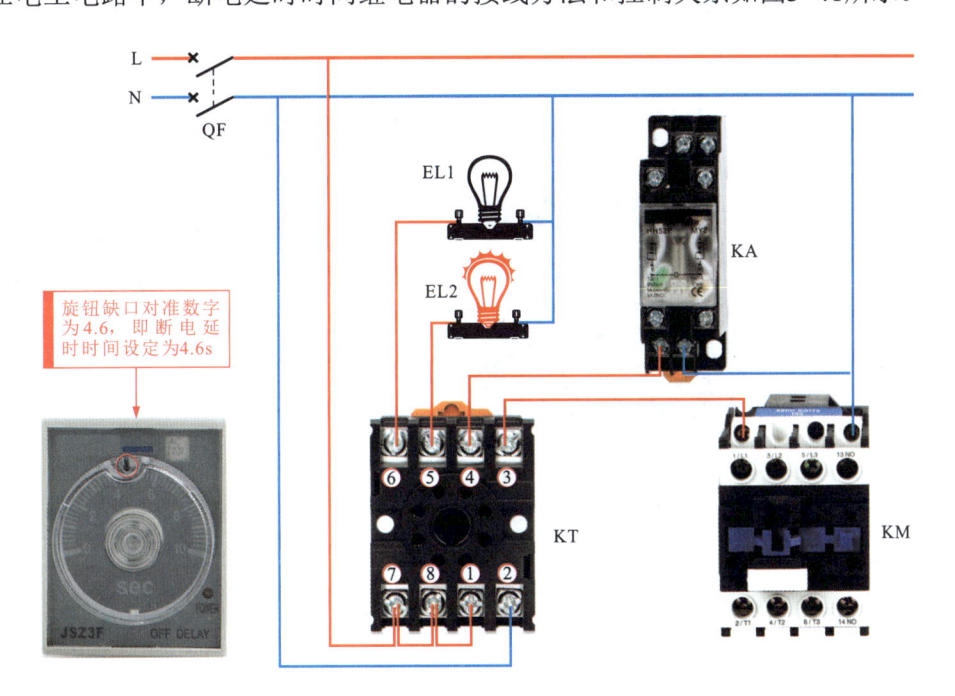

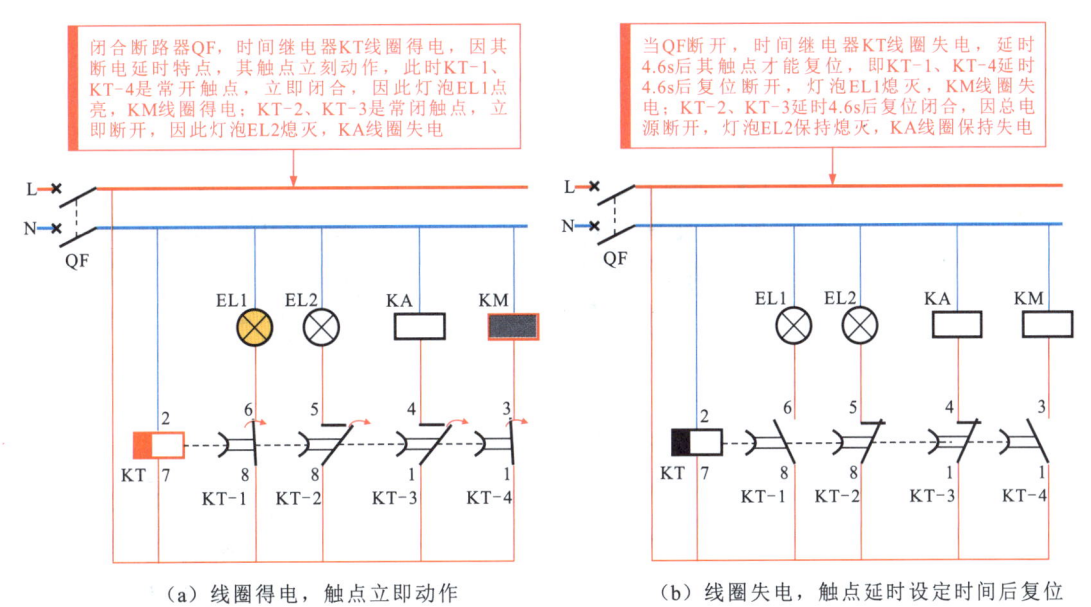

（b）线圈失电，触点延时设定时间后复位

图3-41 断电延时时间继电器的接线方法和控制关系

补充说明

时间继电器规格种类繁多，其触点类型不局限于图3-36和图3-40所示的几种形式，具体需根据实际需求和标识进行区分。相同的是触点的延时特性，当时间继电器触点符号小半圆开口朝内，则为通电延时触点；小半圆开口朝外，则为断电延时触点；无小半圆的触点为瞬时触点。

另外，时间继电器触点可直接用于控制低于800W的220V小功率设备，如图3-38和图3-41中的灯泡EL1、EL2；当控制大于800W的380V设备时，需要借助中间继电器或交流接触器后再连接负载，如图3-38和图3-41中的KA、KM。

3 数显时间继电器

数显时间继电器是指通过数码管显示时间的继电器，根据触点类型也有通电延时、断电延时之分。图3-42所示为数显时间继电器的结构及面板功能。

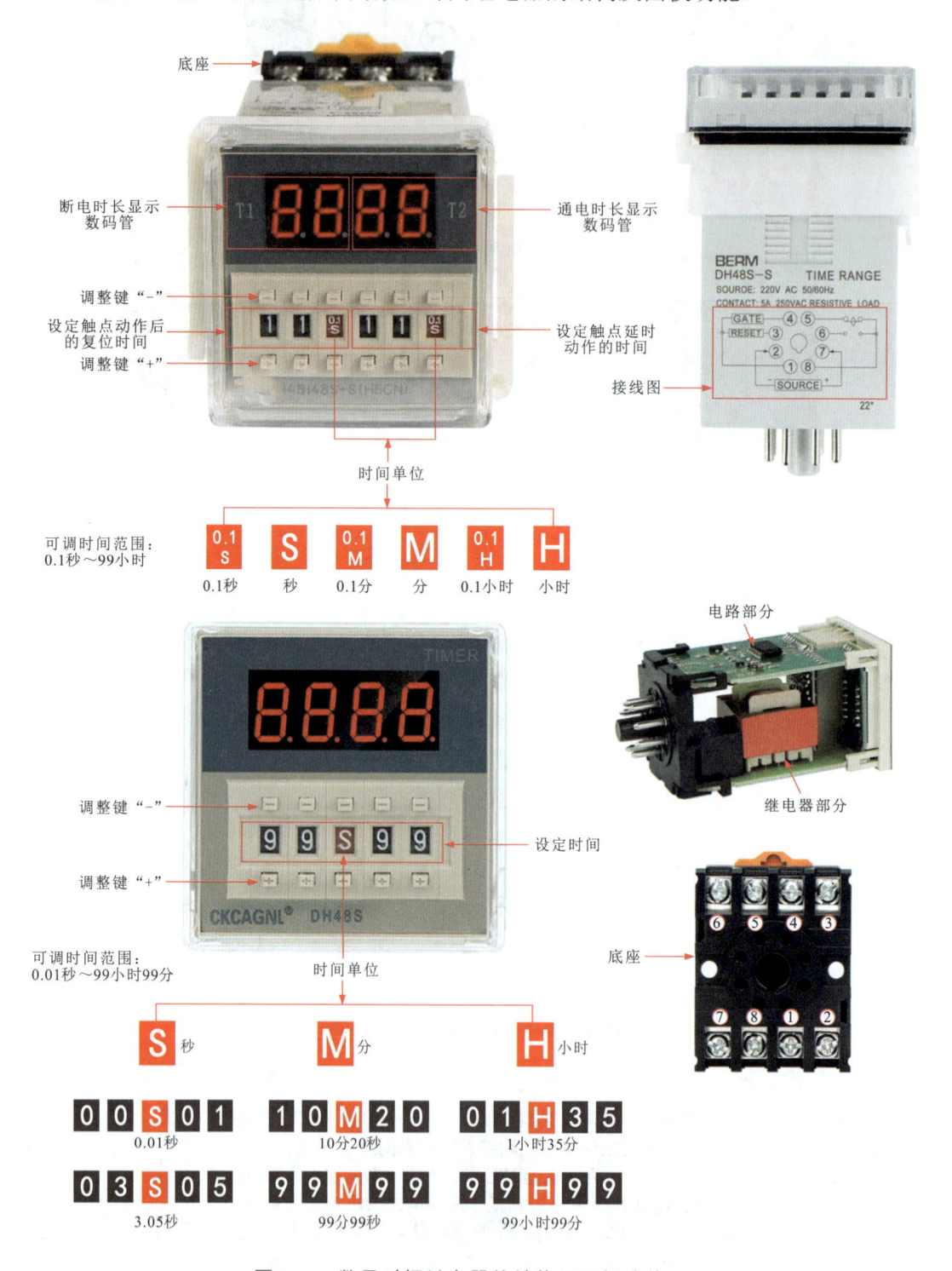

图3-42 数显时间继电器的结构及面板功能

常见数显时间继电器触点数量和类型如图3-43所示。

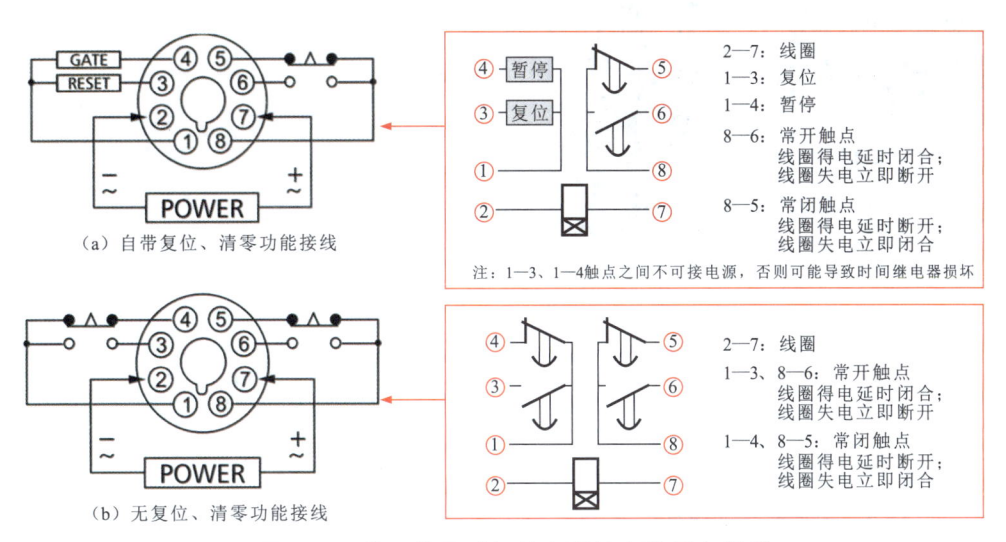

图3-43 常见数显时间继电器触点数量和类型

（a）自带复位、清零功能接线

2—7：线圈
1—3：复位
1—4：暂停
8—6：常开触点
　　线圈得电延时闭合；
　　线圈失电立即断开
8—5：常闭触点
　　线圈得电延时断开；
　　线圈失电立即闭合

注：1—3、1—4触点之间不可接电源，否则可能导致时间继电器损坏

（b）无复位、清零功能接线

2—7：线圈
1—3、8—6：常开触点
　　线圈得电延时闭合；
　　线圈失电立即断开
1—4、8—5：常闭触点
　　线圈得电延时断开；
　　线圈失电立即闭合

数显时间继电器的接线方法和控制关系如图3-44所示。

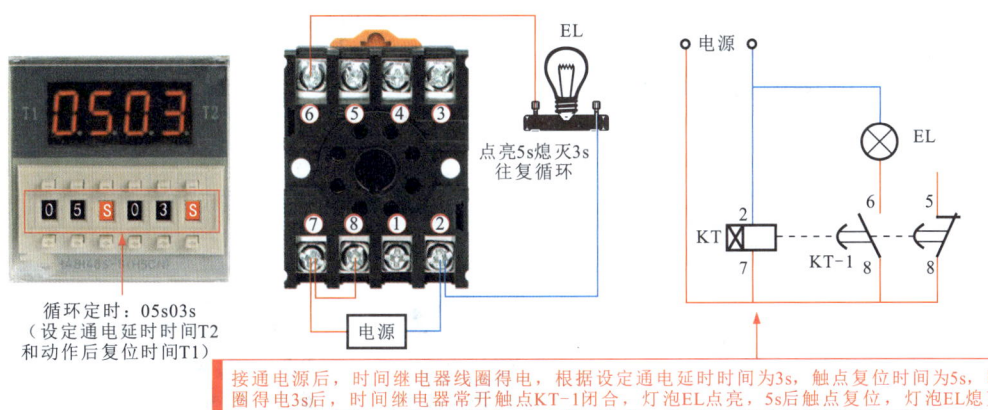

循环定时：05s03s
（设定通电延时时间T2和动作后复位时间T1）

点亮5s熄灭3s往复循环

接通电源后，时间继电器线圈得电，根据设定通电延时时间为3s，触点复位时间为5s，即线圈得电3s后，时间继电器常开触点KT-1闭合，灯泡EL点亮，5s后触点复位，灯泡EL熄灭；3s后，再次点亮，5s后再次熄灭，如此循环往复，直至时间继电器线圈断电后停止

（a）循环定时设定

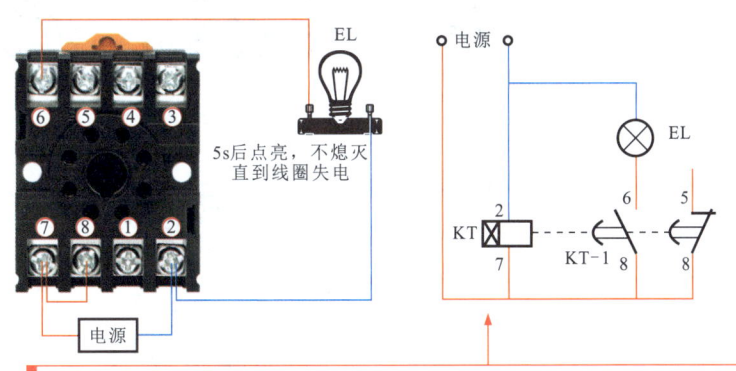

不循环定时：05s
（仅设定通电延时时间T2）

5s后点亮，不熄灭直到线圈失电

接通电源后，时间继电器线圈得电，根据设定通电延时时间为5s，即线圈得电5s后，时间继电器常开触点KT-1闭合，灯泡EL点亮，并保持常亮直到线圈失电

（b）不循环定时设定及接线（常开触点接负载）

图3-44 数显时间继电器的接线方法和控制关系

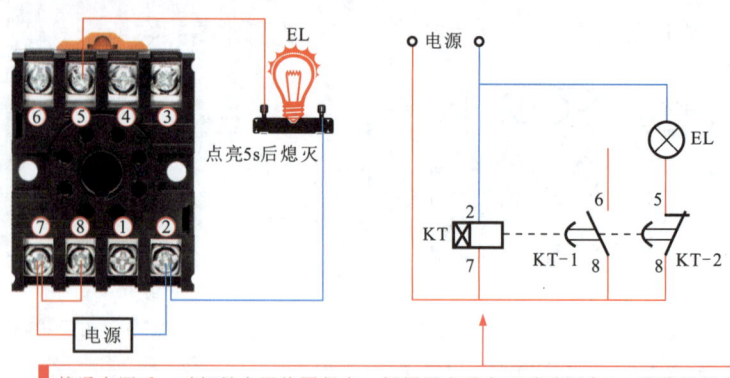

不循环定时：05s
（仅设定通电延时时间T2）

点亮5s后熄灭

接通电源后，时间继电器线圈得电，根据设定通电延时时间为5s，即线圈得电后，灯泡EL点亮，5s后时间继电器常闭触点KT-2断开，灯泡EL熄灭

（c）不循环定时设定及接线（常闭触点接负载）

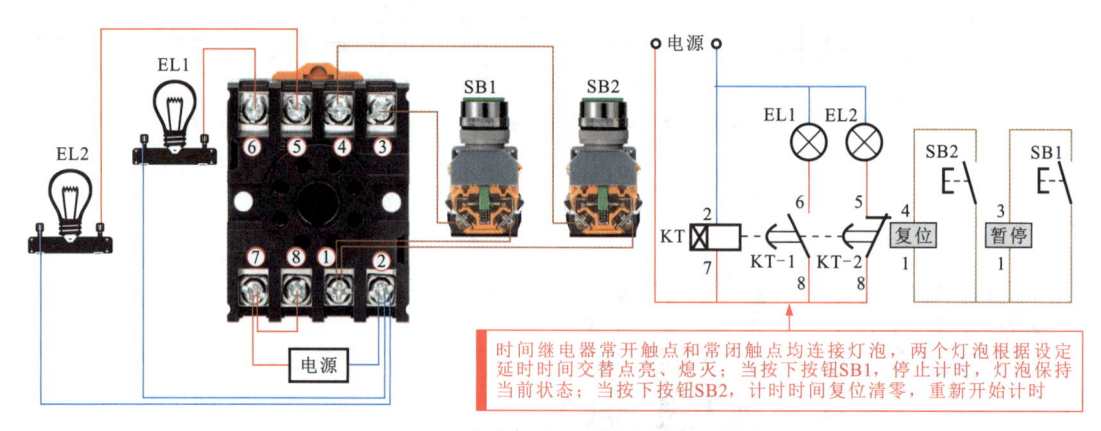

时间继电器常开触点和常闭触点均连接灯泡，两个灯泡根据设定延时时间交替点亮、熄灭；当按下按钮SB1，停止计时，灯泡保持当前状态；当按下按钮SB2，计时时间复位清零，重新开始计时

（d）暂停、复位功能接线

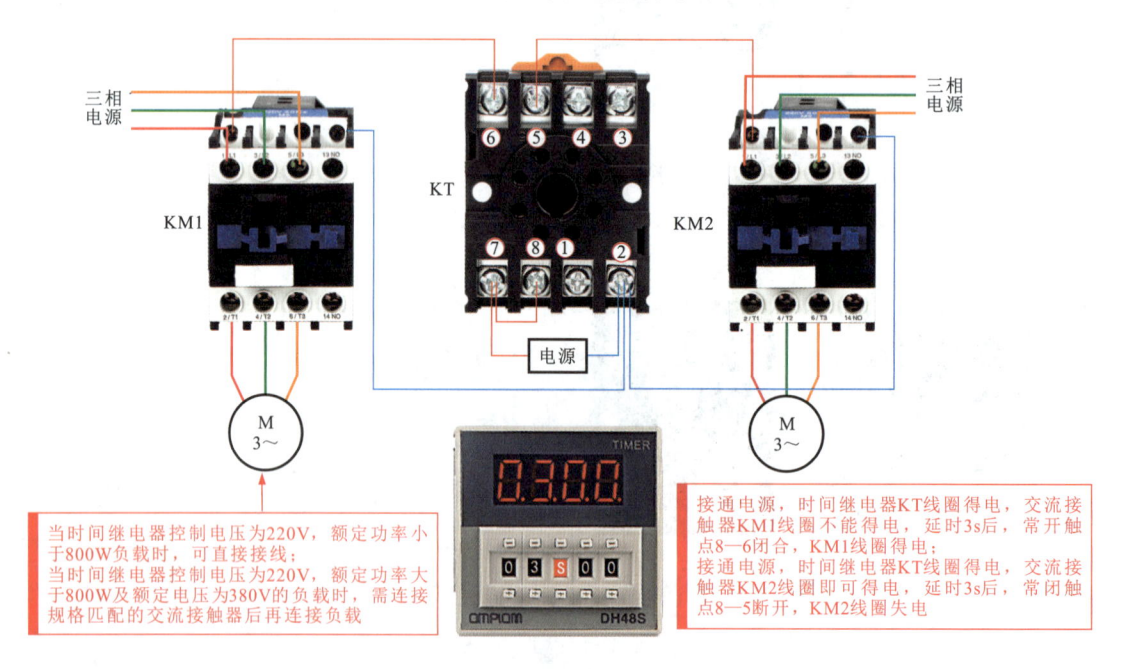

当时间继电器控制电压为220V，额定功率小于800W负载时，可直接接线；
当时间继电器控制电压为220V，额定功率大于800W及额定电压为380V的负载时，需连接规格匹配的交流接触器后再连接负载

接通电源，时间继电器KT线圈得电，交流接触器KM1线圈不能得电，延时3s后，常开触点8—6闭合，KM1线圈得电；
接通电源，时间继电器KT线圈得电，交流接触器KM2线圈即可得电，延时3s后，常闭触点8—5断开，KM2线圈失电

（e）大功率负载时时间继电器连接交流接触器进行控制的接线

图3-44（续）

3.4 保护器的电路控制功能

3.4.1 熔断器的控制特点

熔断器是一种保护电路的器件，只允许安全限制内的电流通过，当电路中的电流超过熔断器的额定电流时，熔断器会自动切断电路，对电路中的负载设备进行保护。图3-45为电工电路中常用的低压熔断器。

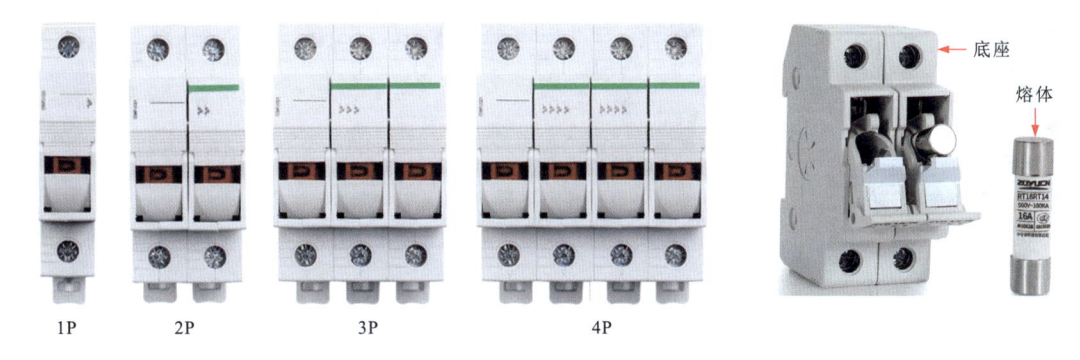

图3-45 电工电路中常用的低压熔断器

熔断器一般串联安装在电工线路中，当负载发生短路故障时，过大电流会引起熔断器熔体熔断，从而切断负载线路，实现保护。

图3-46为电工电路中熔断器的接线方法。

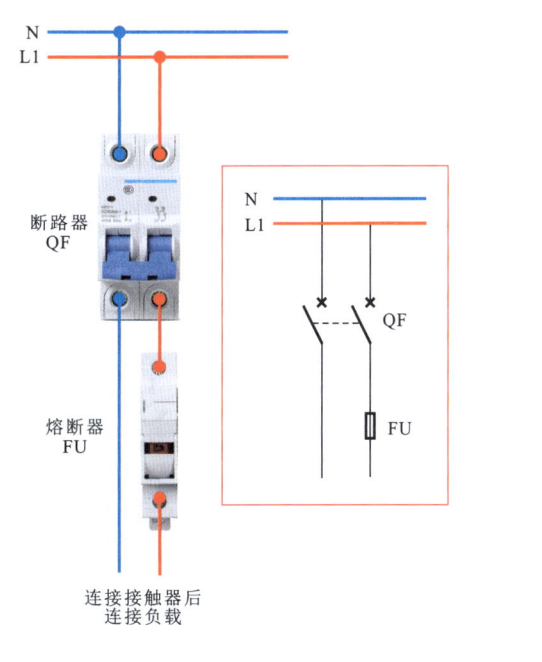

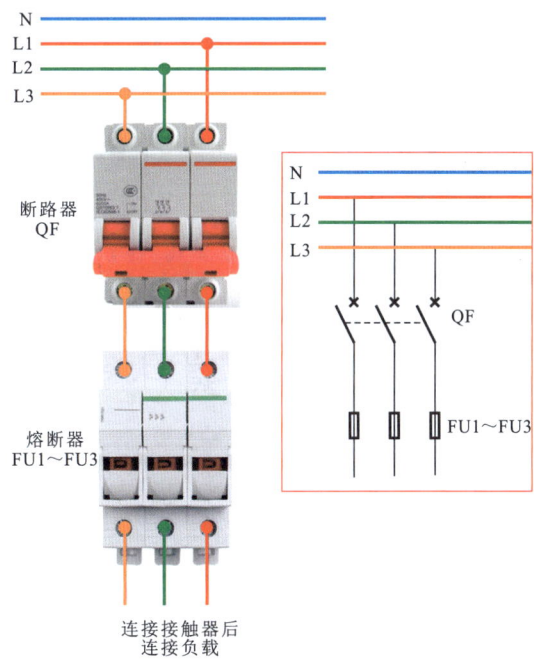

(a) 单相供电线路中熔断器的接线方法　　(b) 三相供电线路中熔断器的接线方法

图3-46 电工电路中熔断器的接线方法

3.4.2 漏电保护器的控制特点

漏电保护器是一种具有漏电、触电、过载、短路保护功能的保护器件，也称带漏电保护功能的断路器，对于防止触电伤亡事故及避免因漏电电流而引起的火灾事故具有明显的效果。图3-47为电工电路中常见的漏电保护器。

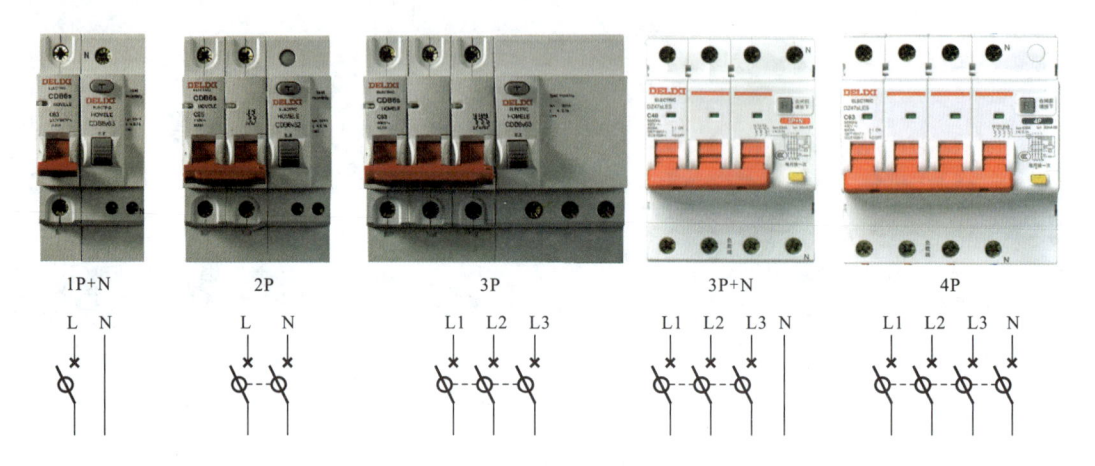

图3-47 电工电路中常用的漏电保护器

图3-48为电工电路中漏电保护器的接线方法。

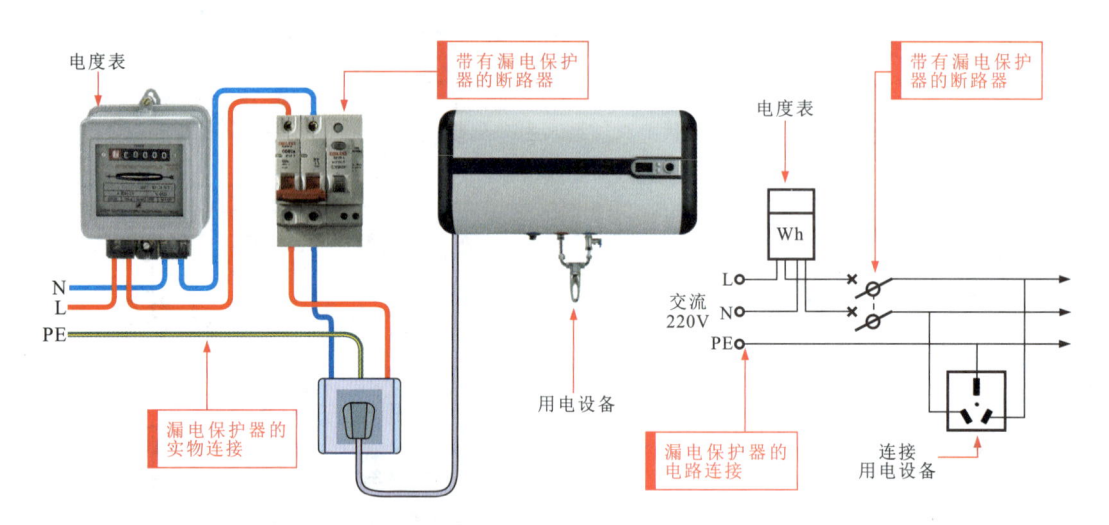

图3-48 电工电路中漏电保护器的接线方法

单相交流电经过电度表及漏电保护器后为用电设备供电，正常时，相线端L的电流与零线端N的电流相等，回路中剩余电流几乎为零。

当发生漏电或触电情况时，相线端L的一部分电流流过触电人身体到地，相线端L的电流大于零线端N的电流，回路中产生剩余的电流量，剩余的电流量驱动保护器，切断电路，进行保护。

3.5 传感器的电路控制功能

3.5.1 温度传感器的控制特点

温度传感器是将温度信号变成电信号的器件，是利用电阻值随温度变化而变化这一特性来测量温度变化的，主要用于各种需要对温度进行测量、监视、控制及补偿的场合，如图3-49所示。

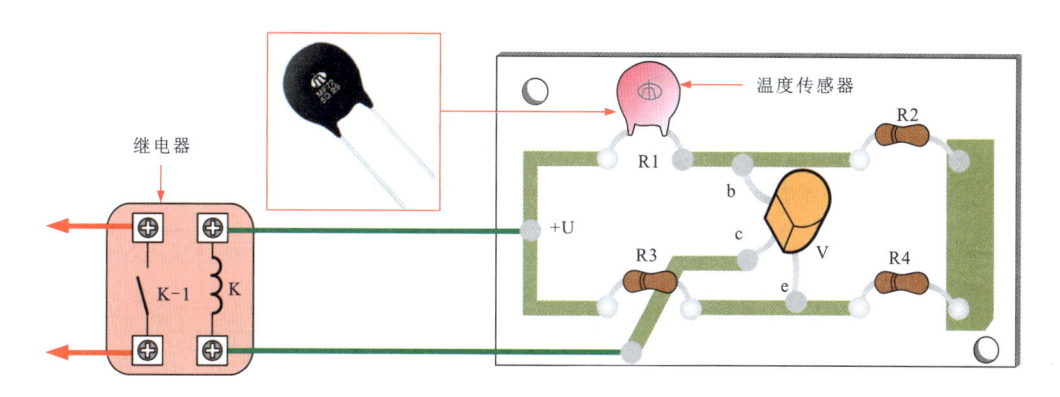

图3-49 温度传感器实物连接关系

图3-50为温度传感器在不同温度环境下的控制关系。

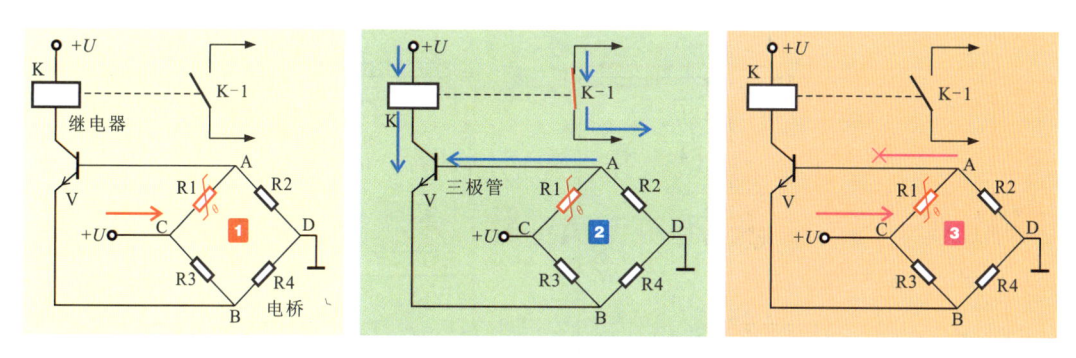

图3-50 温度传感器在不同温度环境下的控制关系

补充说明

在正常环境温度下时，电桥的电阻值R1/R2=R3/R4，电桥平衡，此时A、B两点间电位相等，输出端A与B间没有电流流过，三极管V基极b与发射极e之间的电位差为零，三极管V截止，继电器K线圈不能得电。

当环境温度逐渐上升时，温度传感器R1的阻值不断减小，电桥失去平衡，此时A点电位逐渐升高，三极管V基极b的电压逐渐增大，当基极b电压高于发射极e电压时，V导通，继电器K线圈得电，常开触点K-1闭合，接通负载设备的供电电源，负载设备即可启动。

当环境温度逐渐下降时，温度传感器R1的阻值不断增大，此时A点电位逐渐降低，三极管V基极b的电压逐渐减小，当基极b电压低于发射极e电压时，V截止，继电器K线圈失电，对应的常开触点K-1复位断开，切断负载设备的供电电源，负载设备停止工作。

3.5.2 湿度传感器的控制特点

湿度传感器是一种将湿度信号转换为电信号的器件，主要用于工业生产、天气预报、食品加工等行业中对各种湿度进行控制、测量和监视。图3-51为湿度传感器的电路连接关系。

图3-51 湿度传感器的电路连接关系

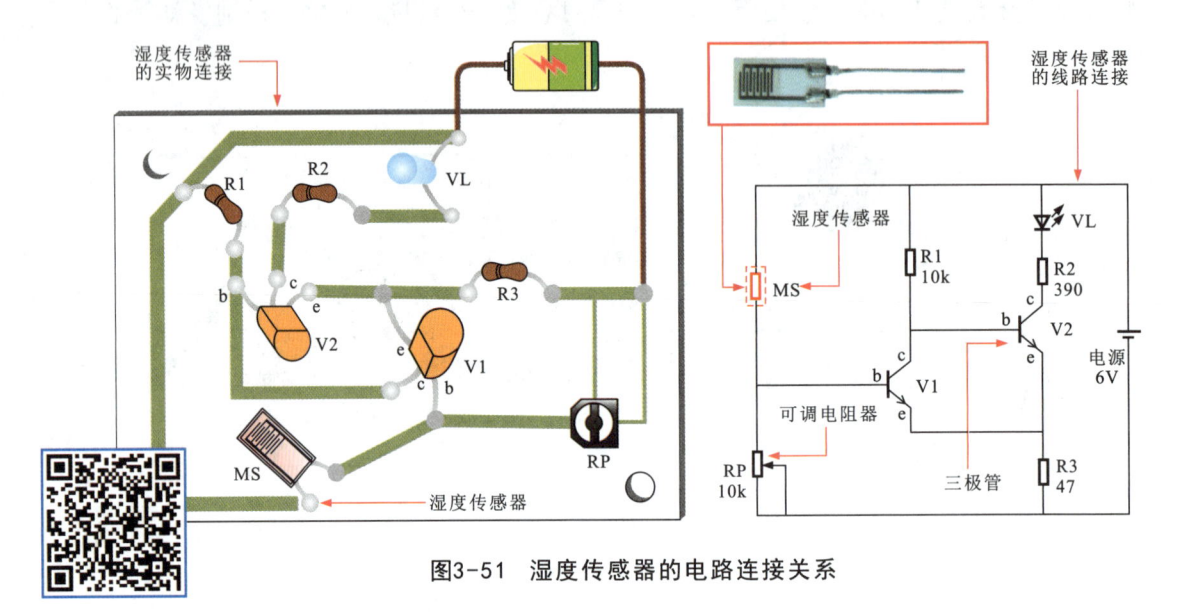

图3-52为湿度传感器在不同湿度环境下的控制关系。

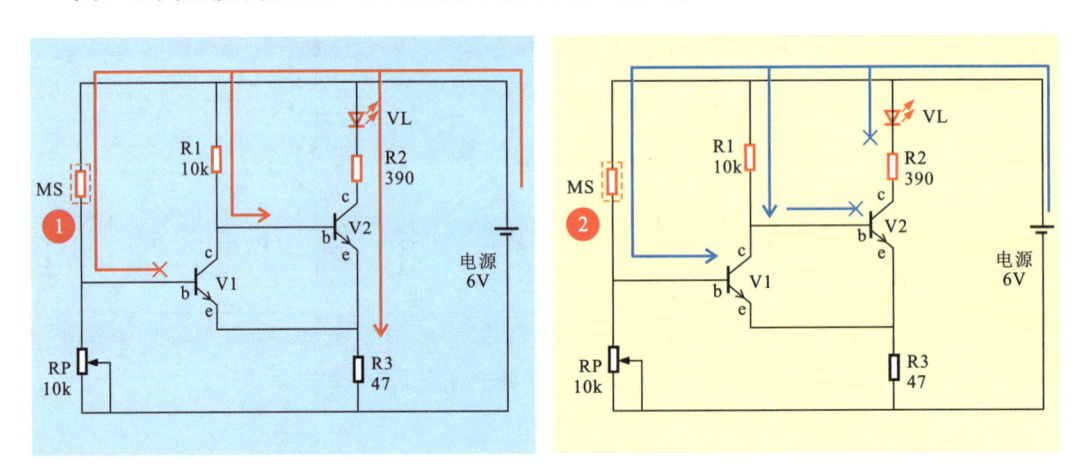

图3-52 湿度传感器在不同湿度环境下的控制关系

补充说明

❶ 当环境湿度较小时，湿度传感器MS的阻值较大，三极管V1的基极b为低电平，使基极b电压低于发射极e电压，三极管V1截止。此时，三极管V2的基极b电压升高，基极b电压高于发射极e电压，三极管V2导通，发光二极管VL点亮。

❷ 当环境湿度增加时，湿度传感器MS的阻值逐渐变小，三极管V1的基极b电压逐渐升高，使基极b电压高于发射极e电压，三极管V1导通。此时，三极管V2的基极b电压降低，三极管V2截止，发光二极管VL熄灭。

3.5.3 光电传感器的控制特点

光电传感器是一种能够将可见光信号转换为电信号的器件，也称光电器件，主要用于光控开关、光控照明、光控报警等领域中对各种可见光进行控制。图3-53为光电传感器的实物外形及在电路中的连接关系。

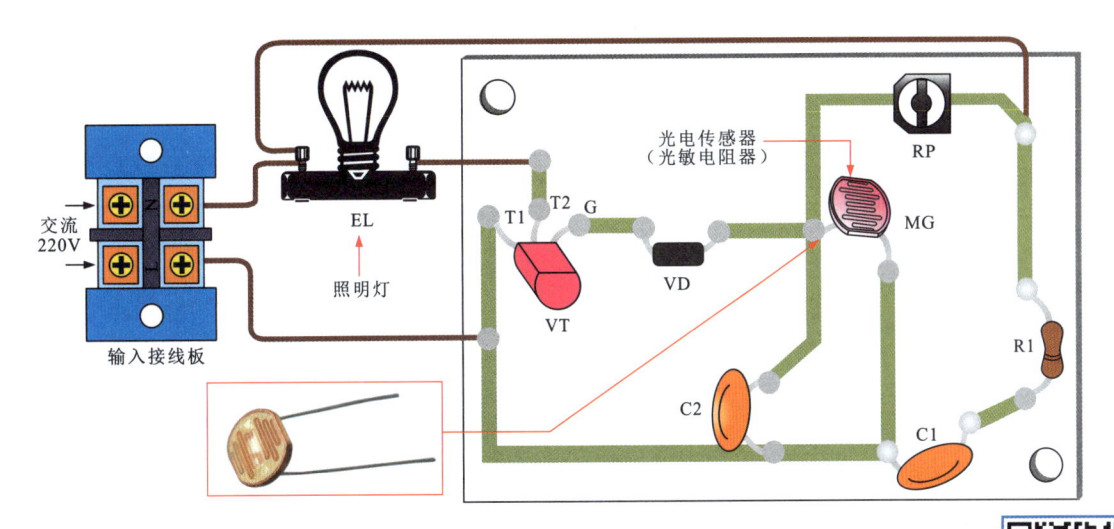

图3-53 光电传感器的实物外形及在电路中的连接关系

图3-54为光电传感器在不同光线环境下的控制关系。

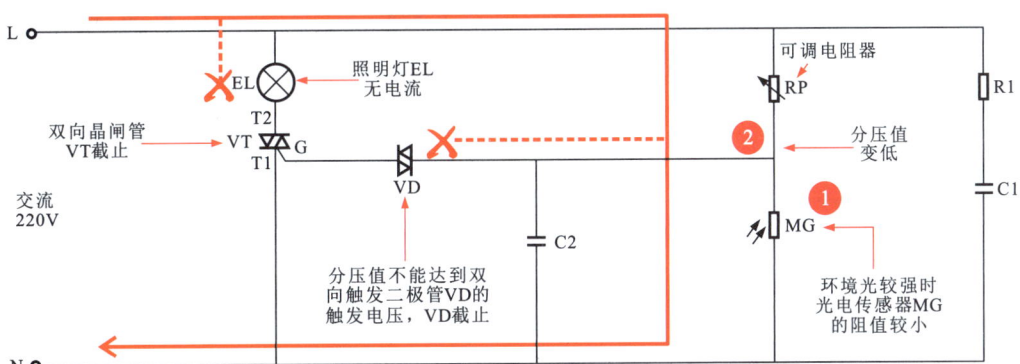

图3-54 光电传感器在不同光线环境下的控制关系

> **补充说明**
>
> ① 当环境光较强时，光电传感器MG的阻值较小，可调电阻器RP与光电传感器MG处的分压值变低，不能达到双向触发二极管VD的触发电压，双向触发二极管VD截止，进而不能触发双向晶闸管，VT处于截止状态，照明灯EL不亮。
>
> ② 当环境光较弱时，光电传感器MG的阻值变大，可调电阻器RP与光电传感器MG处的分压值变高，随着光照强度的逐渐减弱，光电传感器MG的阻值逐渐变大，当可调电阻器RP与光电传感器MG处的分压值达到双向触发二极管VD的触发电压时，双向二极管VD导通，进而触发双向晶闸管VT也导通，照明灯EL点亮。

3.6 电工电路的基本控制关系

3.6.1 点动控制

在电气控制线路中，点动控制是指通过点动按钮实现受控设备的启/停控制，即按下点动按钮，受控设备得电启动；松开启动按钮，受控设备失电停止。

图3-55为电动机点动控制电路接线图，该电路由点动按钮SB1实现电动机的点动控制。

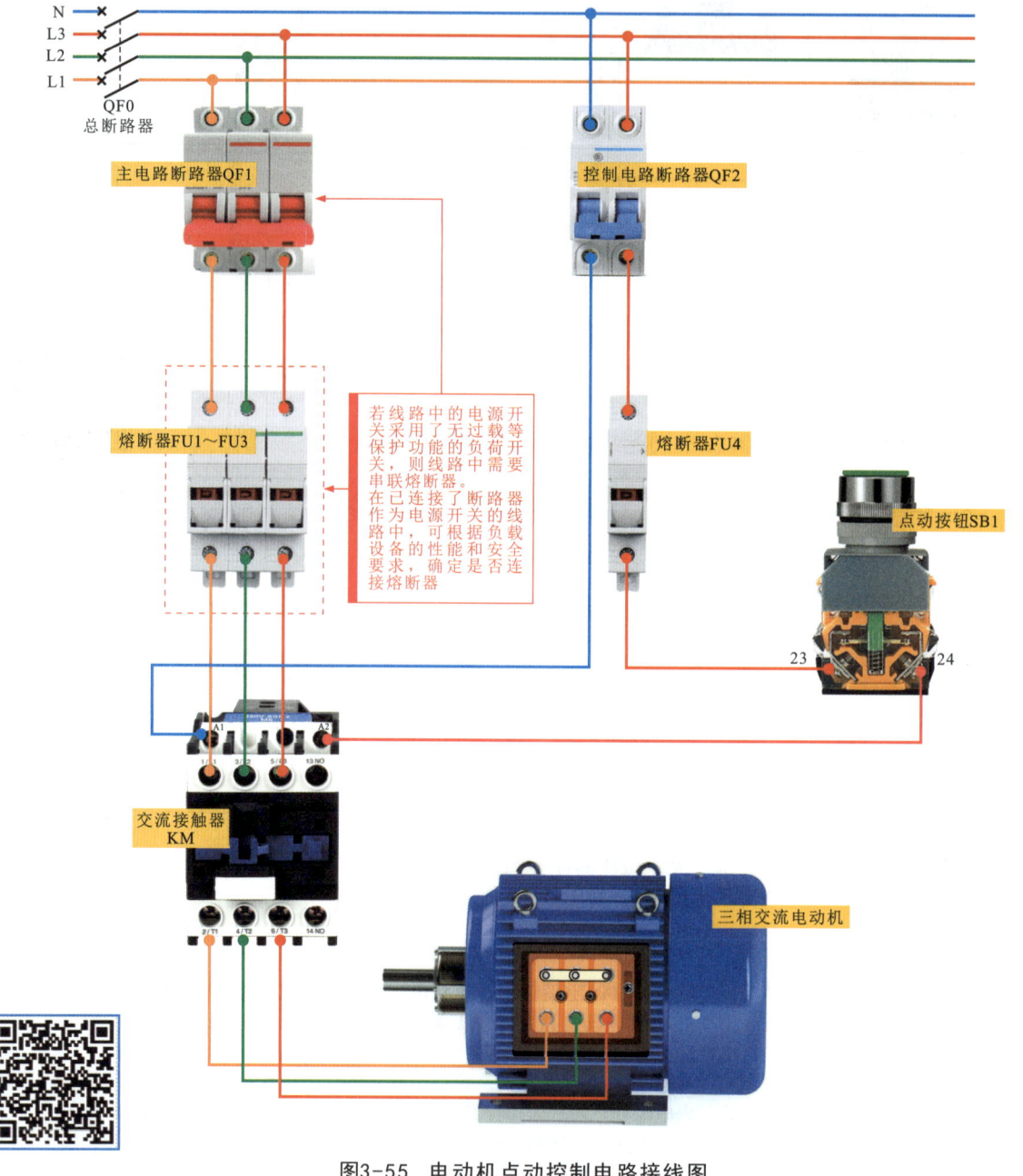

若线路中的电源开关采用了无过载等保护功能的负荷开关，则线路中需要串联熔断器。
在已连接了断路器作为电源开关的线路中，可根据负载设备的性能和安全要求，确定是否连接熔断器

图3-55 电动机点动控制电路接线图

图3-56为电动机点动控制电路图。

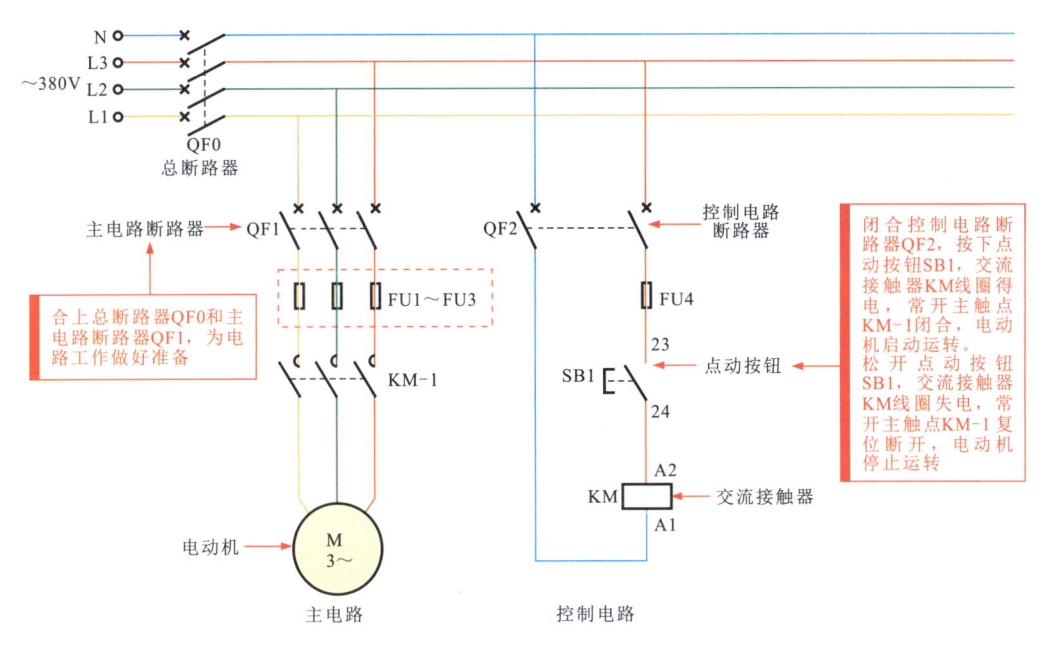

合上总断路器QF0和主电路断路器QF1，为电路工作做好准备

闭合控制电路断路器QF2，按下点动按钮SB1，交流接触器KM线圈得电，常开主触点KM-1闭合，电动机启动运转。松开点动按钮SB1，交流接触器KM线圈失电，常开主触点KM-1复位断开，电动机停止运转

图3-56 电动机点动控制电路图

补充说明

控制电路部分可根据所选用控制部件的额定电压参数选择供电方式，如图3-57所示。

当使用220V交流接触器线圈时，控制电路接入零线，相线可使用L1、L2、L3三相中的任意一相；当使用380V交流接触器线圈时，控制电路可使用L1、L2、L3三相中的任意两相；当使用48V/36V/24V低压交流接触器线圈时，控制电路中需要接入降压变压器，经降压后，再连接控制部件。

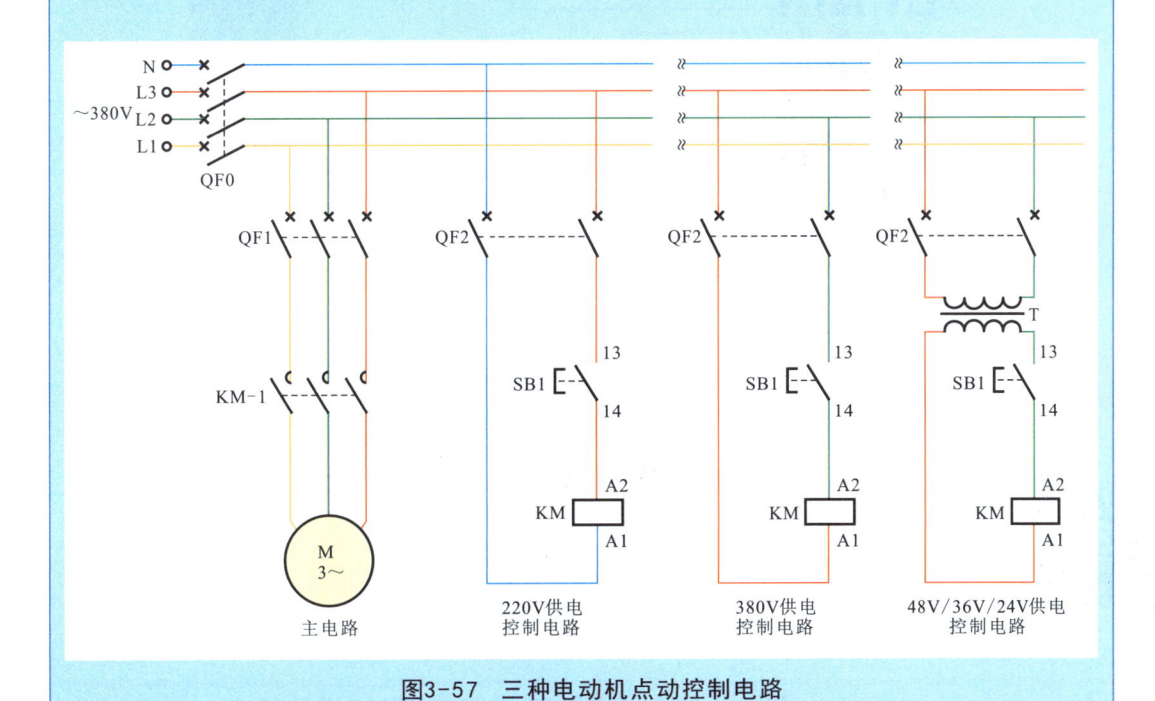

图3-57 三种电动机点动控制电路

3.6.2 自锁控制

在电动机控制电路中，按下启动按钮，电动机在交流接触器控制下得电工作；当松开启动按钮时，电动机仍可以保持连续运行的状态。这种控制方式被称为自锁控制。

自锁控制方式常将启动按钮与交流接触器的常开辅助触点并联，在交流接触器的线圈得电后，通过自身的常开辅助触点保持回路一直处于接通状态（即状态保持）。这样，即使松开启动按钮，交流接触器也不会失电断开，电动机仍可保持运行状态。

图3-58为电动机自锁控制电路接线图。

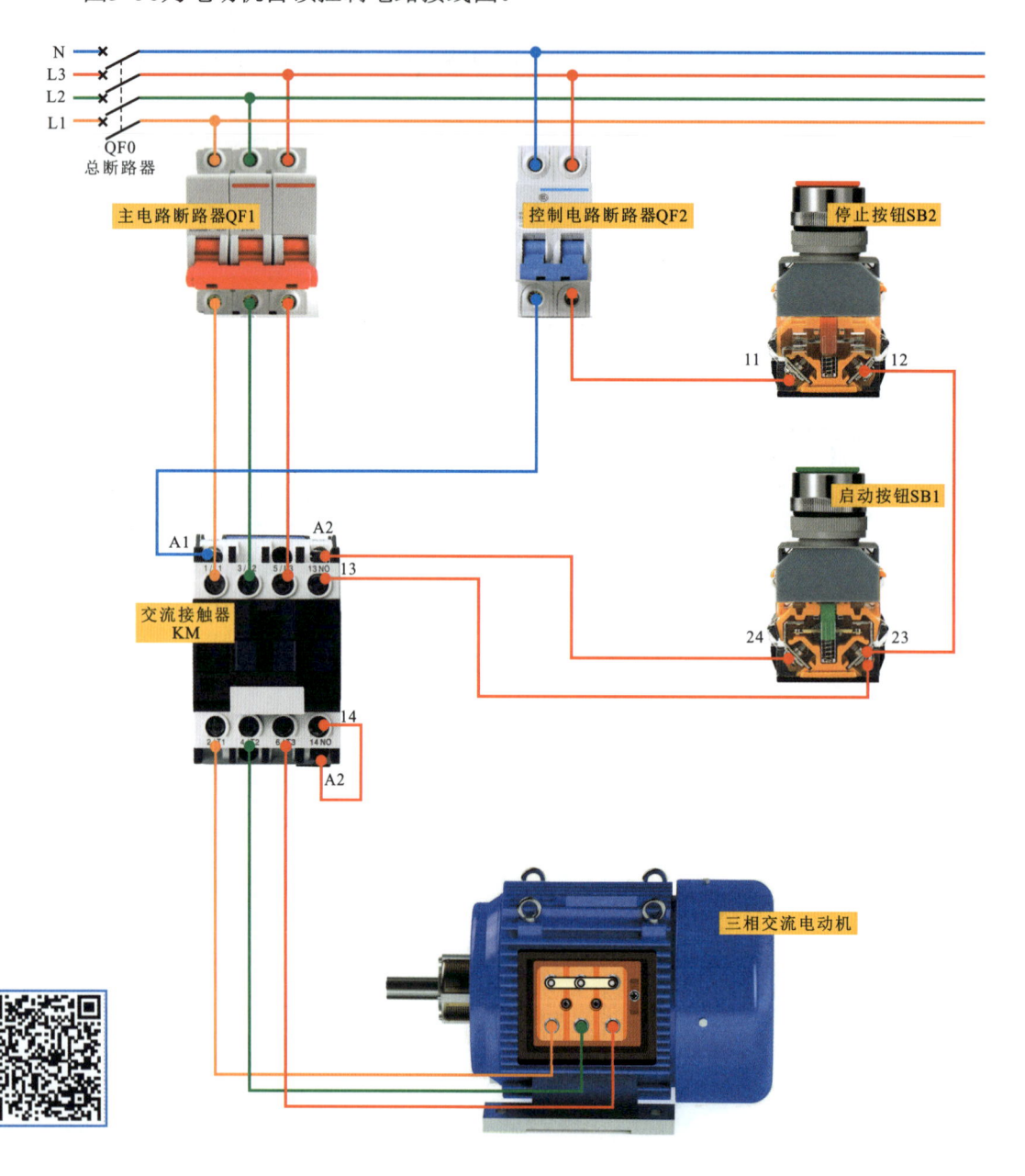

图3-58 电动机自锁控制电路接线图

图3-59为电动机自锁控制电路图。

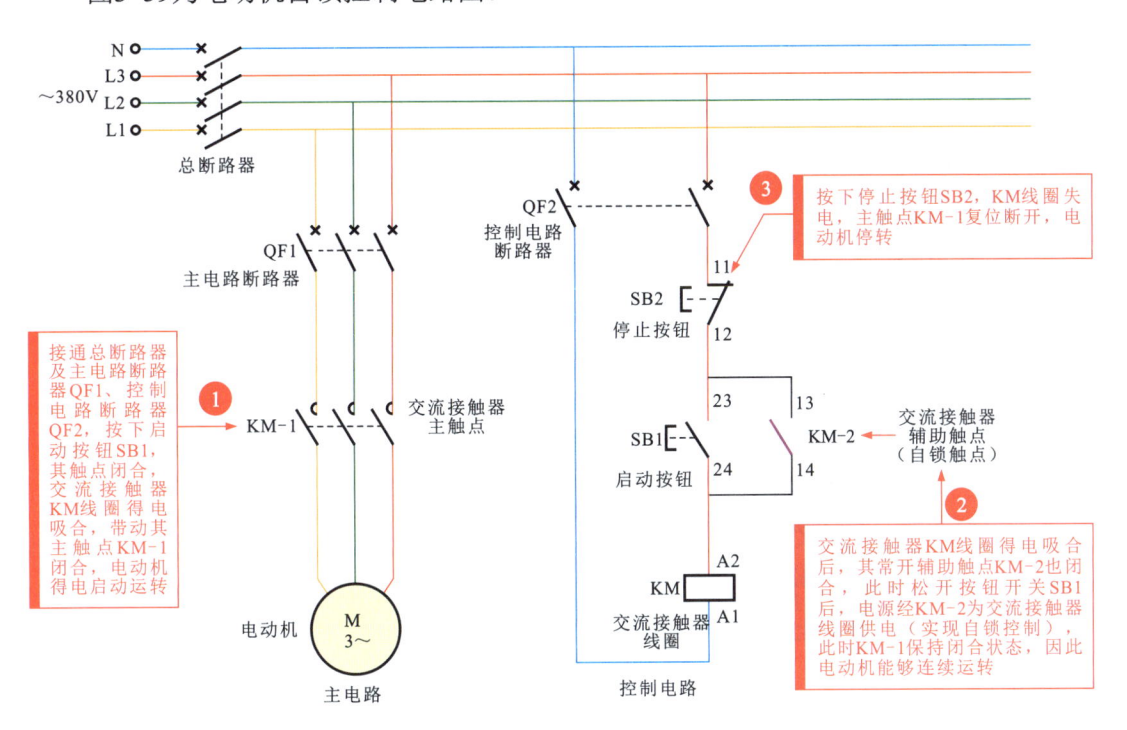

图3-59　电动机自锁控制电路图

> **补充说明**
>
> 自锁控制电路还具有欠电压和失压（零压）保护功能。
> （1）欠电压保护功能。当电气控制线路中的电源电压由于某种原因下降时，电动机的转矩将明显降低，此时也会影响电动机的正常运行，严重还会导致电动机出现堵转情况，进而损坏电动机。在采用自锁控制的电路中，当电源电压低于交流接触器线圈额定电压的85%时，交流接触器的电磁系统所产生的电磁力无法克服弹簧的反作用力，衔铁释放，主触点将断开复位，自动切断主电路，实现欠电压保护。
> 值得注意的是，电动机控制线路多为三相供电，交流接触器连接在其中一相中，只有其所连接相出现欠电压情况，才可实现保护功能。若电源欠电压出现在未连接交流接触器的相线中，则无法实现欠电压保护。
> （2）失压（零压）保护功能。采用自锁控制后，当外界原因突然断电又重新供电时，由于自锁触头因断电而断开，控制电路不会自行接通，可避免事故的发生，起到失压（零压）保护作用。

3.6.3 互锁控制

互锁控制是为保证电气安全运行而设置的控制电路，也称为联锁控制。在电气控制线路中，常见的互锁控制主要有按钮互锁和接触器（继电器）互锁两种形式。

1 按钮互锁控制

按钮互锁控制是指由按钮实现互锁控制，即当一个按钮按下接通一个线路的同时，必须断开另外一个线路。

图3-60为由复合按钮开关实现的按钮互锁控制电路接线图。

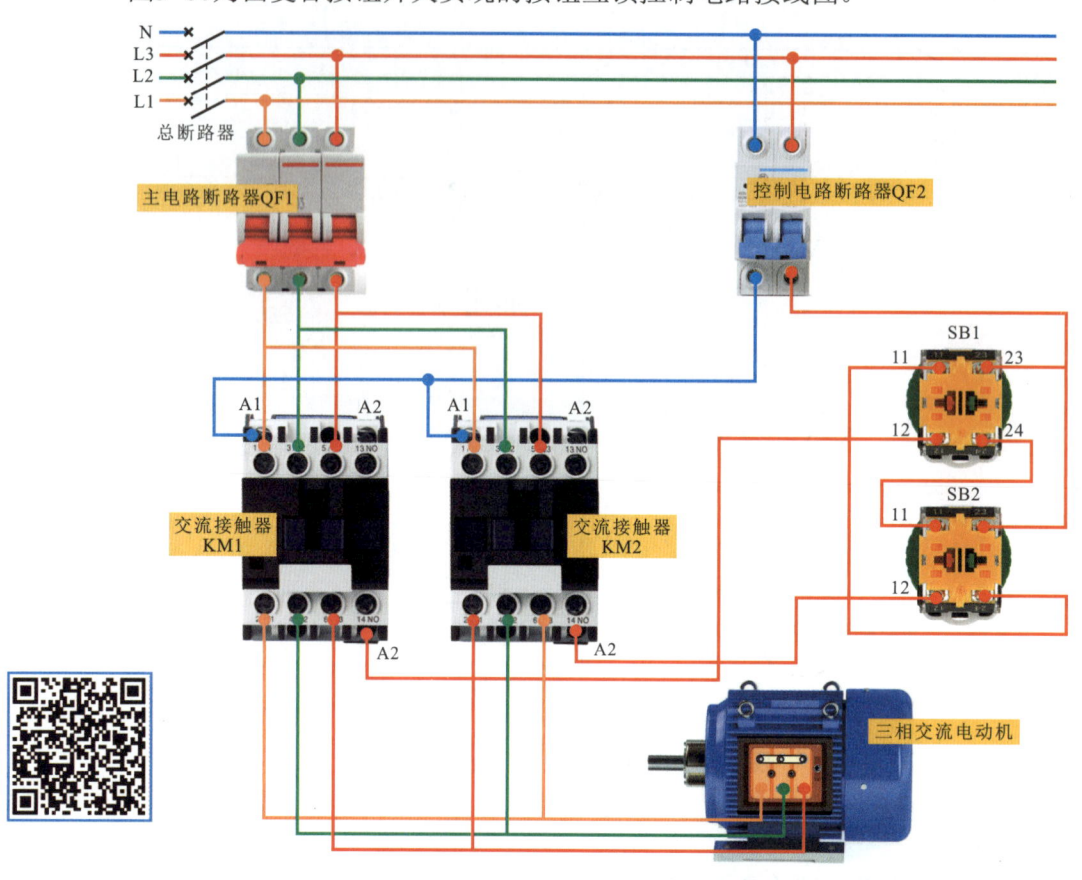

图3-60　由复合按钮开关实现的按钮互锁控制电路接线图

图3-61为由复合按钮开关实现的按钮互锁控制电路图。

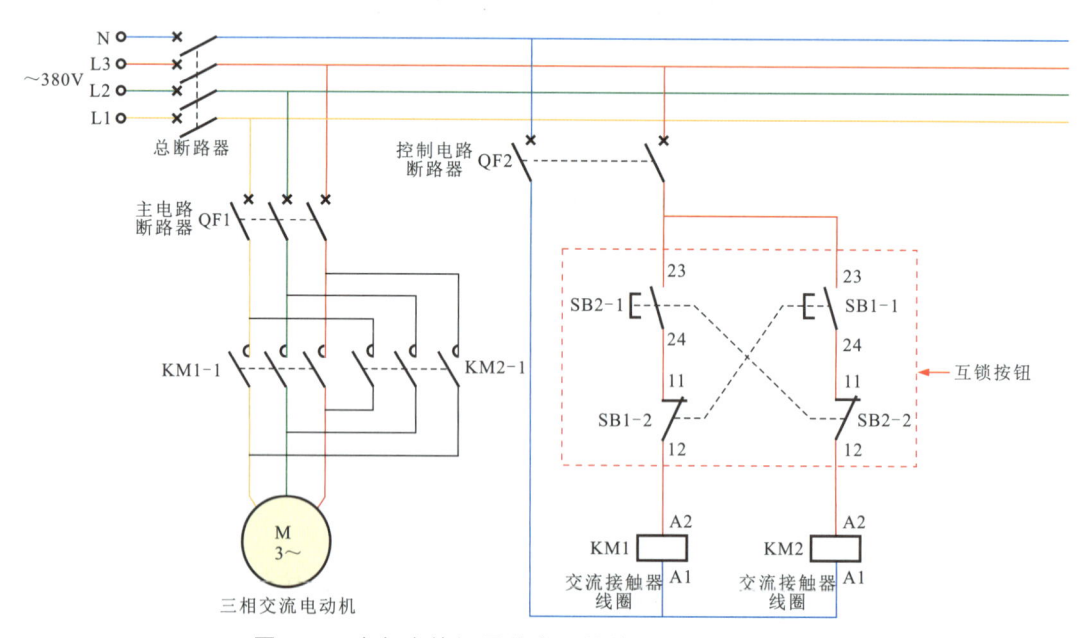

图3-61　由复合按钮开关实现的按钮互锁控制电路图

> **补充说明**
>
> 图3-61所示电路中，当按下复合按钮SB2时，其常开触点SB2-1闭合，交流接触器KM1的线圈得电；同时，其常闭触点SB2-2断开，确保KM2线圈在任何情况下不会得电，实现"锁定"功能。
>
> 当按下复合按钮SB1时，其常开触点SB1-1闭合，交流接触器KM2的线圈得电；同时，其常闭触点SB1-2断开，确保KM1线圈在任何情况下不会得电，也实现"锁定"功能。

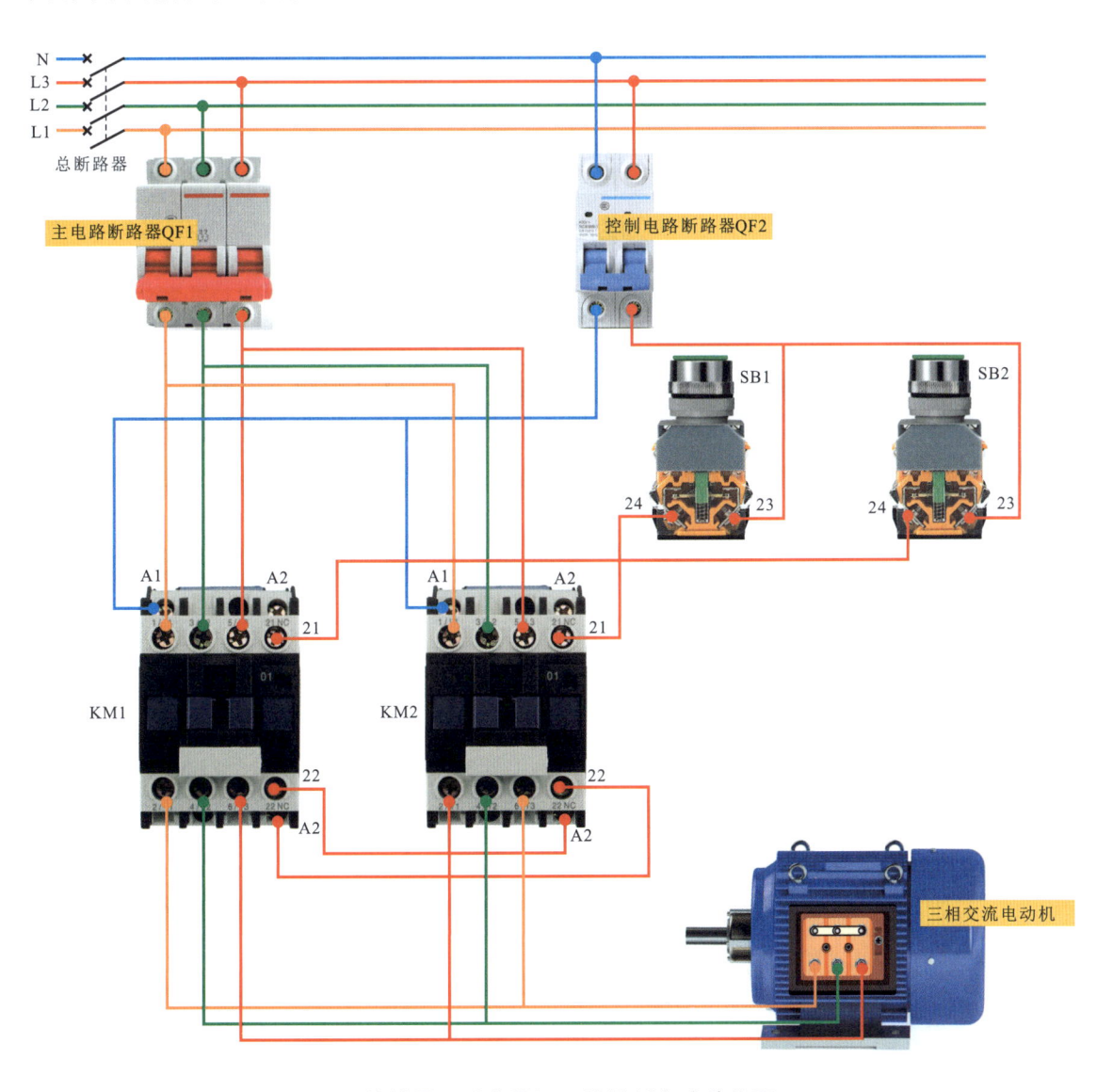

2 接触器（继电器）互锁控制

接触器（继电器）互锁控制是指两个接触器（继电器）通过自身的常闭辅助触点相互制约对方的线圈不能同时得电动作。

图3-62为接触器（继电器）互锁控制电路接线图。接触器（继电器）互锁控制通常由其常闭辅助触点实现。

图3-62 接触器（继电器）互锁控制电路接线图

图3-63为接触器（继电器）互锁控制电路图。

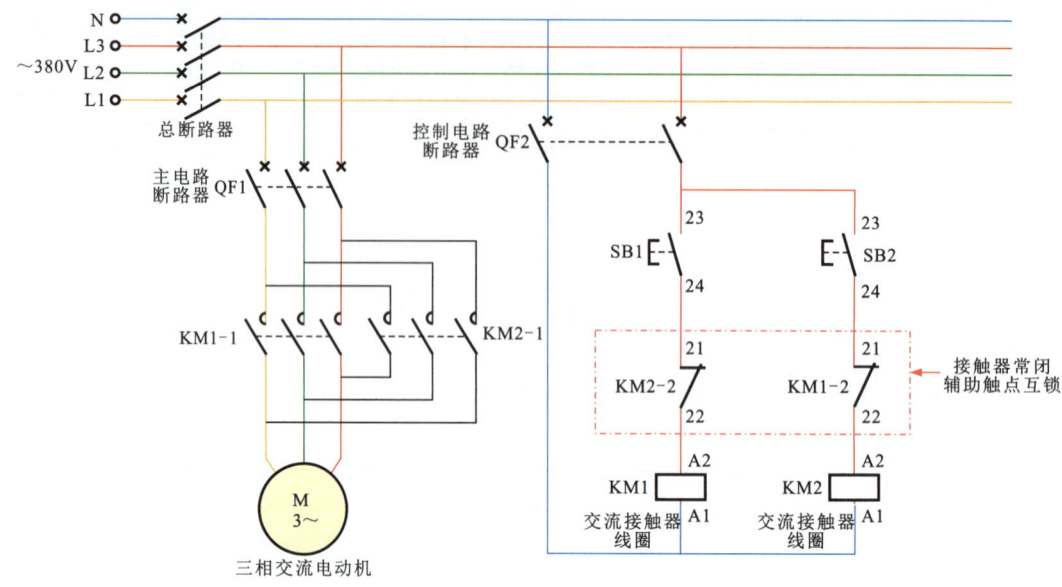

图3-63 接触器（继电器）互锁控制电路图

> **补充说明**
>
> 图3-63所示电路中，交流接触器KM1的常闭辅助触点串接在交流接触器KM2线路中。当电路接通电源，按下启动按钮SB1时，交流接触器KM1线圈得电，其主触点KM1-1得电，电动机启动正向运转；同时，KM1的常闭辅助触点KM1-2断开，确保交流接触器KM2的线圈不会得电。由此，可有效避免因误操作而使两个交流接触器同时得电，出现电源两相短路事故。
>
> 同样，交流接触器KM2的常闭辅助触点串接在交流接触器KM1线路中。当电路接通电源，按下启动按钮SB2时，交流接触器KM2的线圈得电，其主触点KM2-1得电，电动机启动反向运转；同时，KM2的常闭辅助触点KM2-2断开，确保交流接触器KM1的线圈不会得电。由此，实现交流接触器的互锁控制。

在图3-63的基础上，将接触器的常开触点分别并联在两个按钮开关两端，则可实现自锁和互锁双功能电路，如图3-64所示。

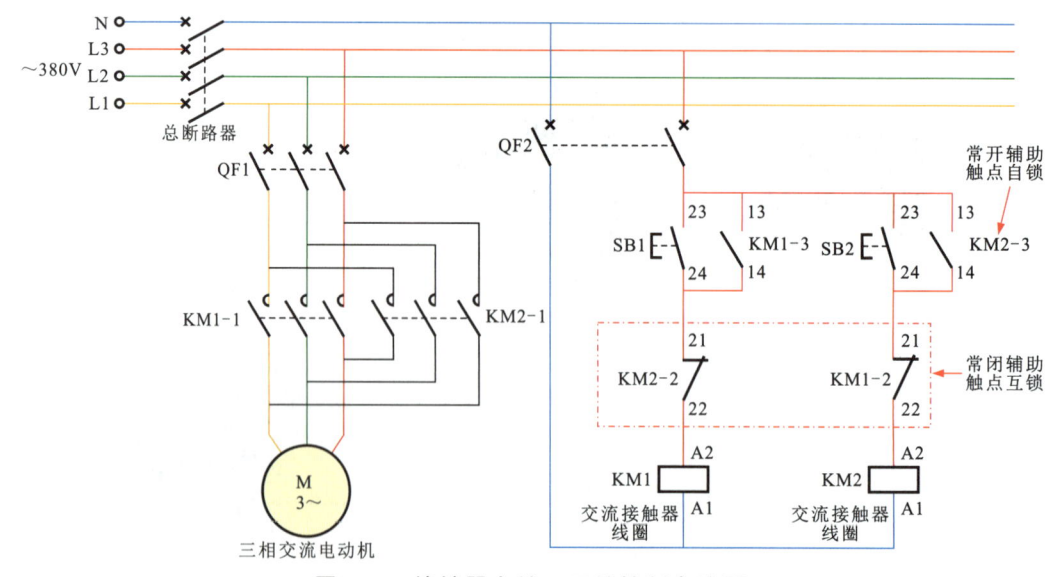

图3-64 接触器自锁、互锁控制电路图

3.6.4 多地控制

多地控制电路是指在不同的地点可以同时控制电动机运行和停止，适用于需要多地点同时控制电动机运行的场合，方便操作设备。

图3-65为电动机多地控制电路接线图。该类控制电路的重点是停止按钮串联连接，启动按钮并联连接。

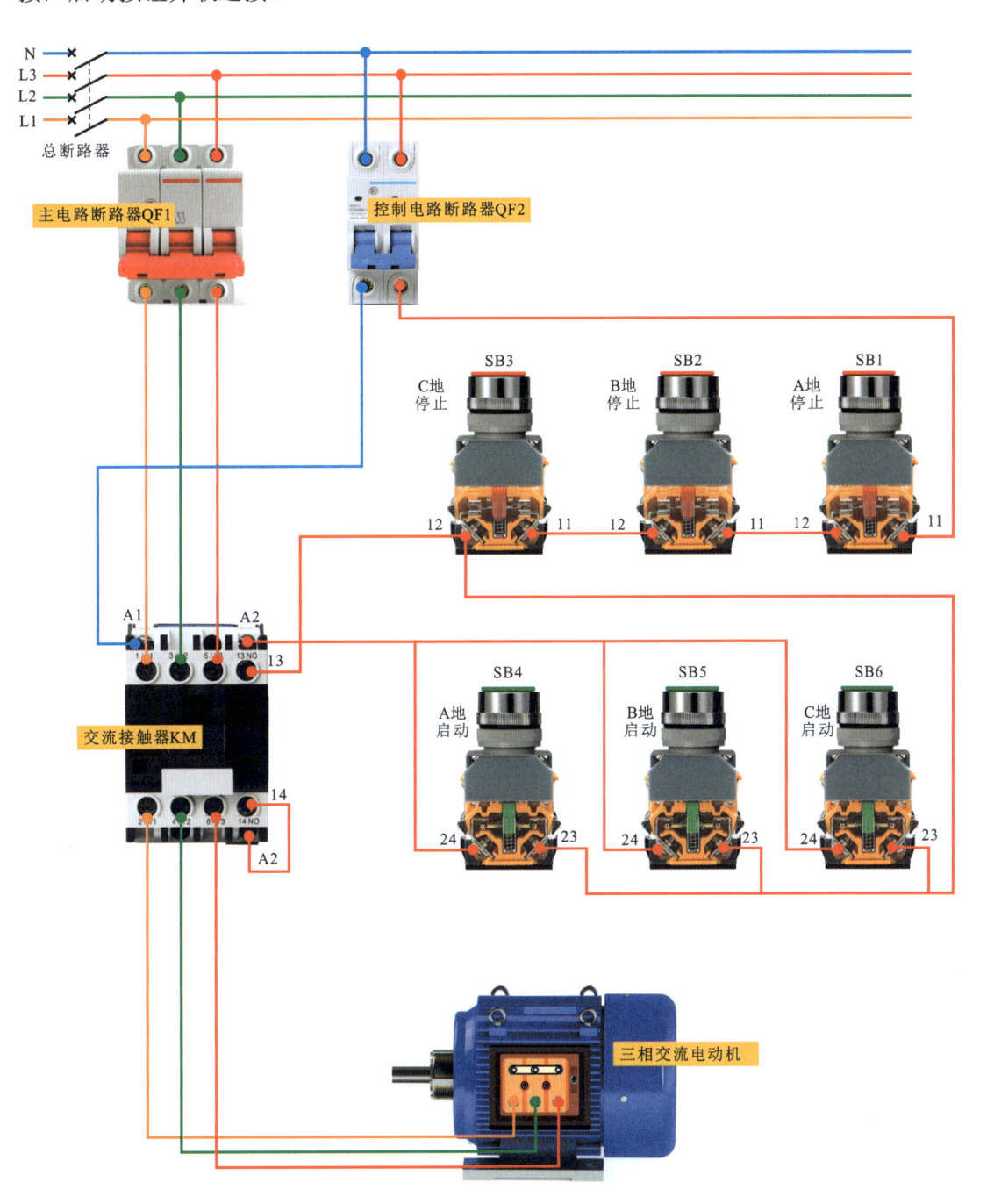

图3-65 电动机多地控制电路接线图

图3-66为电动机多地控制电路图。

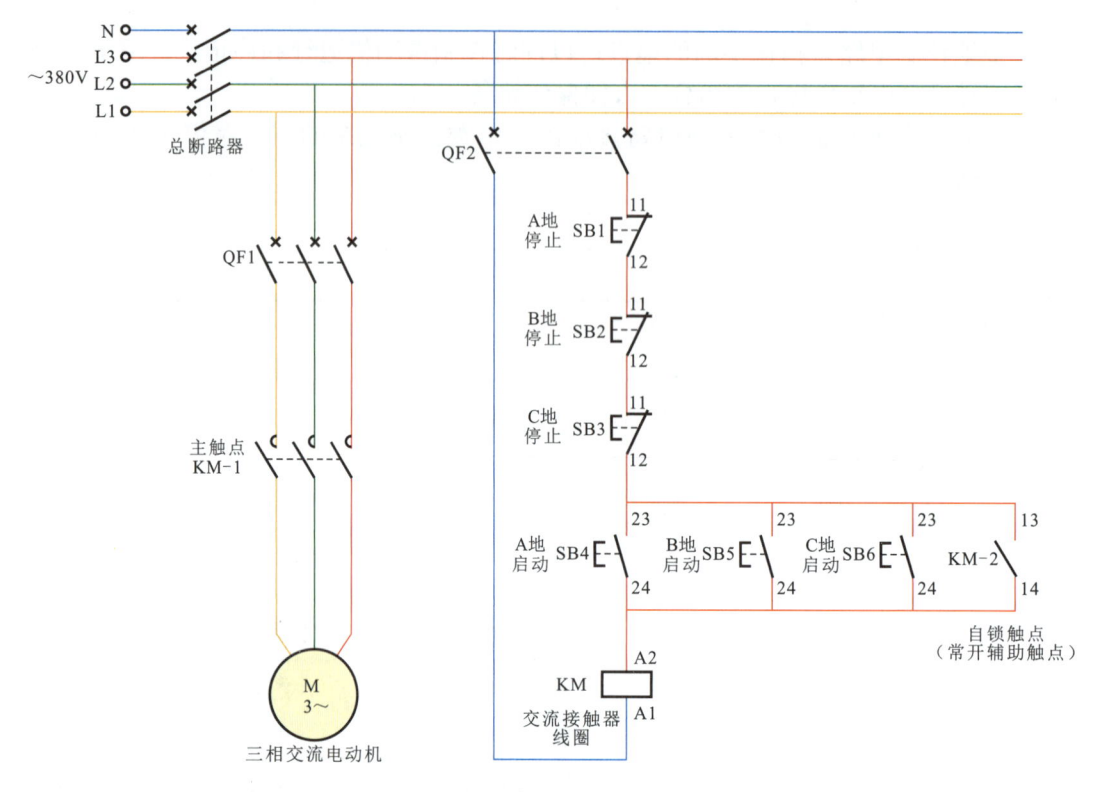

图3-66 电动机多地控制电路图

> **补充说明**
>
> 图3-66所示的电路中，闭合电路中的断路器为控制电路工作做好准备。当按下A地启动按钮SB4时，交流接触器KM线圈（A1、A2）得电，主触点KM-1闭合，同时常开辅助触点KM-2闭合，三相交流电动机启动运行。
>
> 松开按钮SB4，因常开辅助触点KM-2已闭合，则电源经KM-2自锁触点为KM线圈供电，KM-1保持闭合，电动机持续运转。
>
> 当按下A地停止按钮SB1，交流接触器KM线圈失电，主触点KM-1复位断开，电动机停转。
>
> B地和C地的控制过程与上述过程相同，即可在A地、B地和C地多地对电动机进行控制。

3.6.5 顺序控制

在电气控制线路中，顺序控制是指受控设备在电路的作用下按一定的先后顺序一个接一个地顺序启动，一个接一个地顺序停止或全部同时停止。

图3-67为电动机的顺序启动和反顺序停机控制电路接线图。

> **补充说明**
>
> 顺序控制电路的特点：若电路需要实现A接触器工作后才允许B接触器工作，则在B接触器线圈电路中串入A接触器的动合触点。
>
> 若电路需要实现B接触器线圈断电后方可允许A接触器线圈断电，则应将B接触器的动合触点并联在A接触器的停止按钮两端。

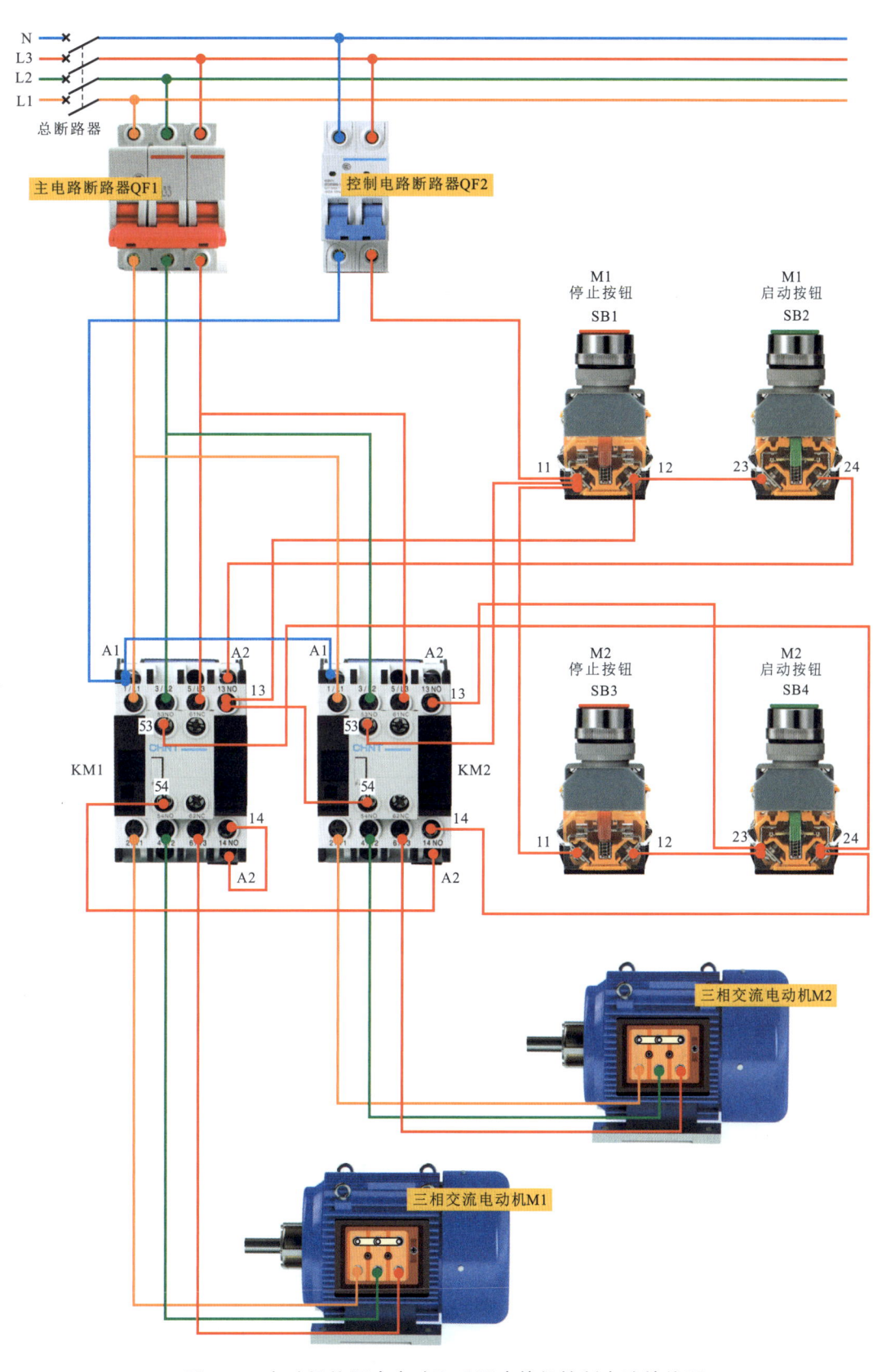

图3-67 电动机的顺序启动和反顺序停机控制电路接线图

图3-68为电动机的顺序启动和反顺序停机控制电路图。

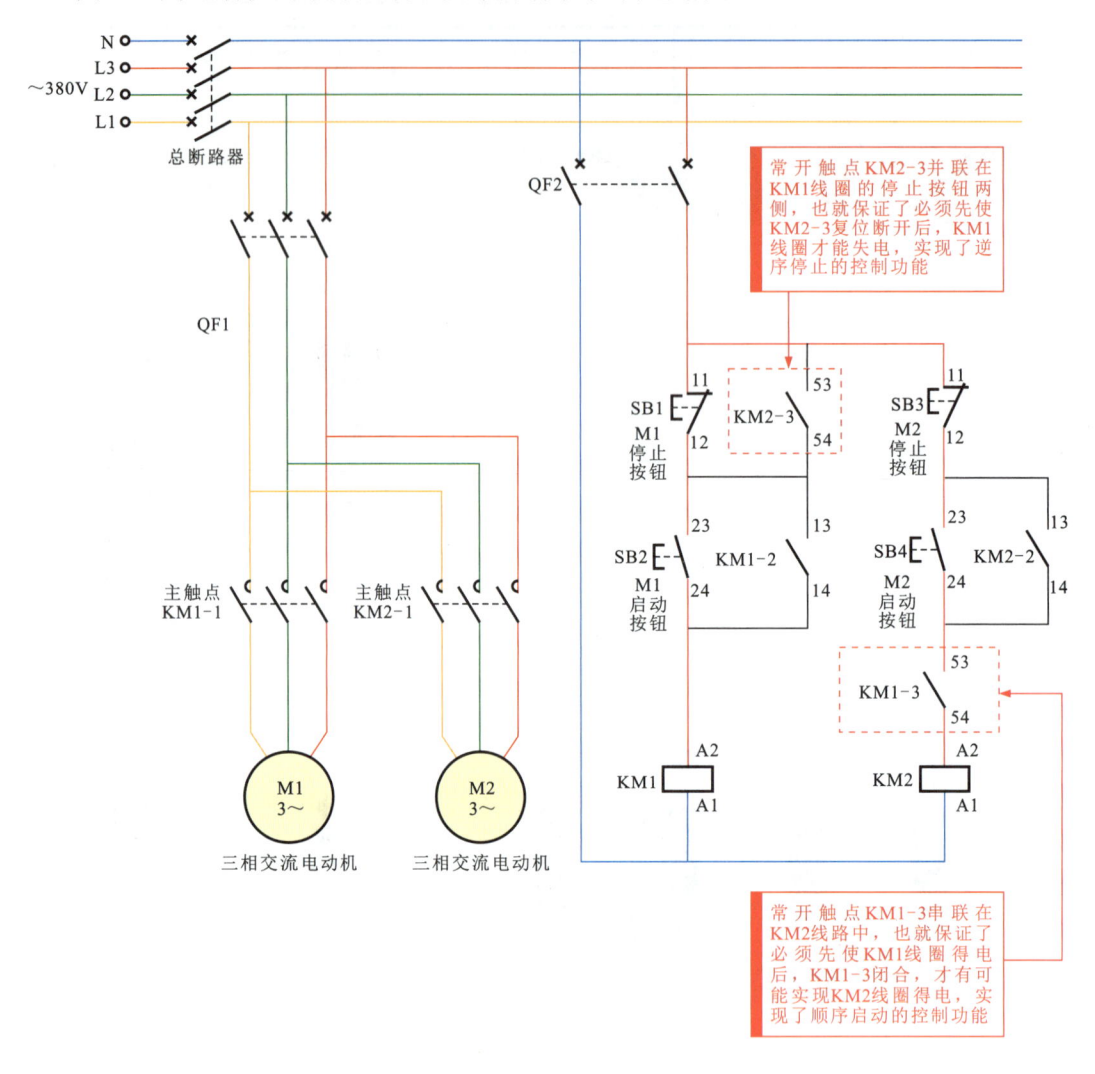

图3-68 电动机的顺序启动和反顺序停机控制电路图

图中标注：
- 常开触点KM2-3并联在KM1线圈的停止按钮两侧，也就保证了必须先使KM2-3复位断开后，KM1线圈才能失电，实现了逆序停止的控制功能
- 常开触点KM1-3串联在KM2线路中，也就保证了必须先使KM1线圈得电后，KM1-3闭合，才有可能实现KM2线圈得电，实现了顺序启动的控制功能

补充说明

图3-68所示电路中，闭合所有断路器为电路工作做好准备。

按下启动按钮SB2，交流接触器KM1线圈得电，其常开主触点KM1-1接通，电动机M1开始运转；常开辅助触点KM1-2接通，实现自锁功能；常开辅助触点KM1-3接通，为电动机M2启动做好准备，也用于防止接触器KM2线圈先得电而使电动机M2先运转，起到顺序启动的作用。

当需要电动机M2启动时，按下启动按钮SB3，交流接触器KM2线圈得电，其常开主触点KM2-1接通，电动机M2开始运转；常开辅助触点KM2-1接通，实现自锁功能；常开辅助触点KM2-3接通，锁定停机按钮SB1，防止当启动电动机M2时，按动电动机M1的停止按钮SB1，而关断电动机M1，确保反顺序停机功能。

当需要电动机停转时，需要M2先停止后，M1再停止。即直接按SB1无效，需要先按下M2停止按钮SB3，交流接触器KM2线圈失电，其所有触点复位，电动机M2停转；再按下SB1，交流接触器KM1线圈失电，其所有触点复位，电动机M1停转。

3.6.6 启动延时控制

启动延时控制电路是指在电动机控制电路中,按下启动按钮后,电动机延迟一段时间后再启动。

图3-69为电动机延时启动控制电路接线图。

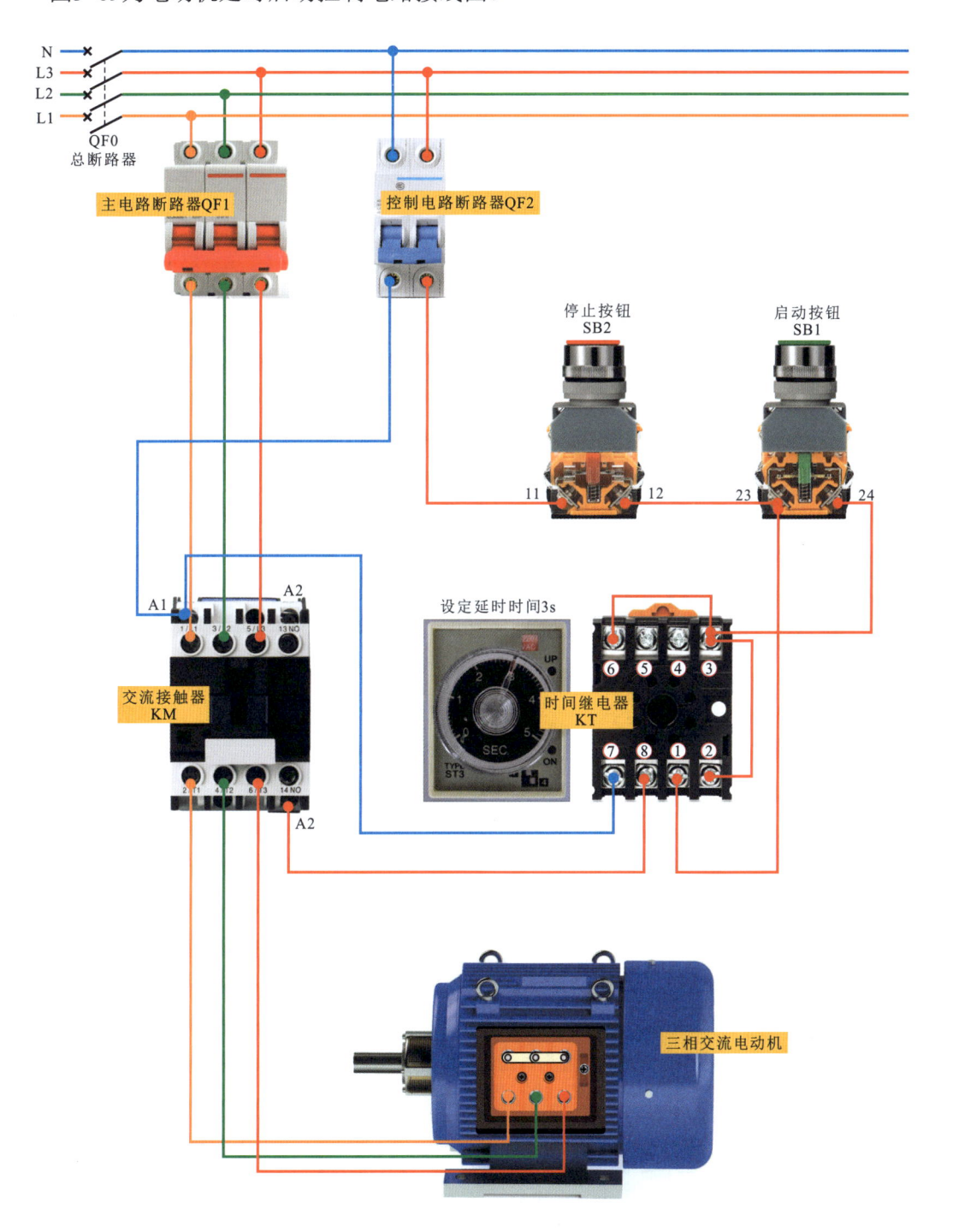

图3-69 电动机延时启动控制电路接线图

图3-70为电动机延时启动控制电路图。

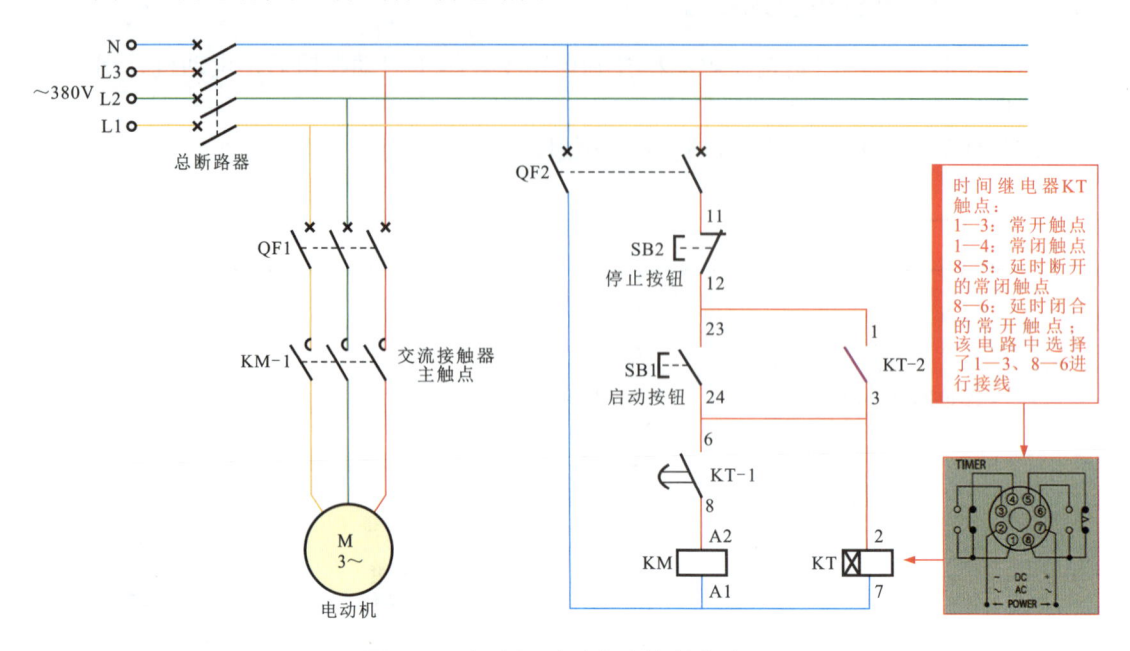

图3-70 电动机延时启动控制电路图

> **补充说明**
>
> 图3-70所示的电路中，闭合断路器为电路工作做好准备。
>
> 按下启动按钮SB1，时间继电器KT线圈得电，常开辅助触点KT-2闭合，同时时间继电器开始计时（设定的延时时间为3s），3s后，延时闭合的常开触点KT-1闭合，交流接触器KM线圈得电，常开主触点KM-1闭合，电动机启动运行。
>
> 松开启动按钮SB1，时间继电器KT线圈通过并联在SB1两端的辅助触点KT-2（自锁触点）保持得电。
>
> 按下停止按钮SB2，时间继电器KT线圈失电，其触点全部复位；交流接触器KM线圈失电，其主触点KM-1复位断开，电动机停止运行。

3.6.7 停止延时控制

停止延时控制电路是指在电动机控制电路中，按下启动按钮后，电动机启动；按下停止按钮后，延迟一段时间后再停止。

图3-71为电动机延时停止控制电路接线图。

图3-72为电动机延时停止控制电路图。

> **补充说明**
>
> 图3-72所示的电路中，闭合断路器为电路工作做好准备。
>
> 按下启动按钮SB1，时间继电器KT线圈、交流接触器KM线圈同时得电。时间继电器开始计时（设定的延时时间为20s）；交流接触器常开主触点KM-1闭合，电动机启动运行；常开辅助触点KM-2闭合自锁，松开SB1后，KT、KM线圈保持得电。
>
> 20s后，时间继电器KT延时断开的常闭触点KT-1断开，KT和KM线圈失电，其触点全部复位；交流接触器的主触点KM-1复位断开，电动机停止运行。若在计时过程中按下停止按钮SB2，KT和KM线圈立刻失电，电动机停止运行。

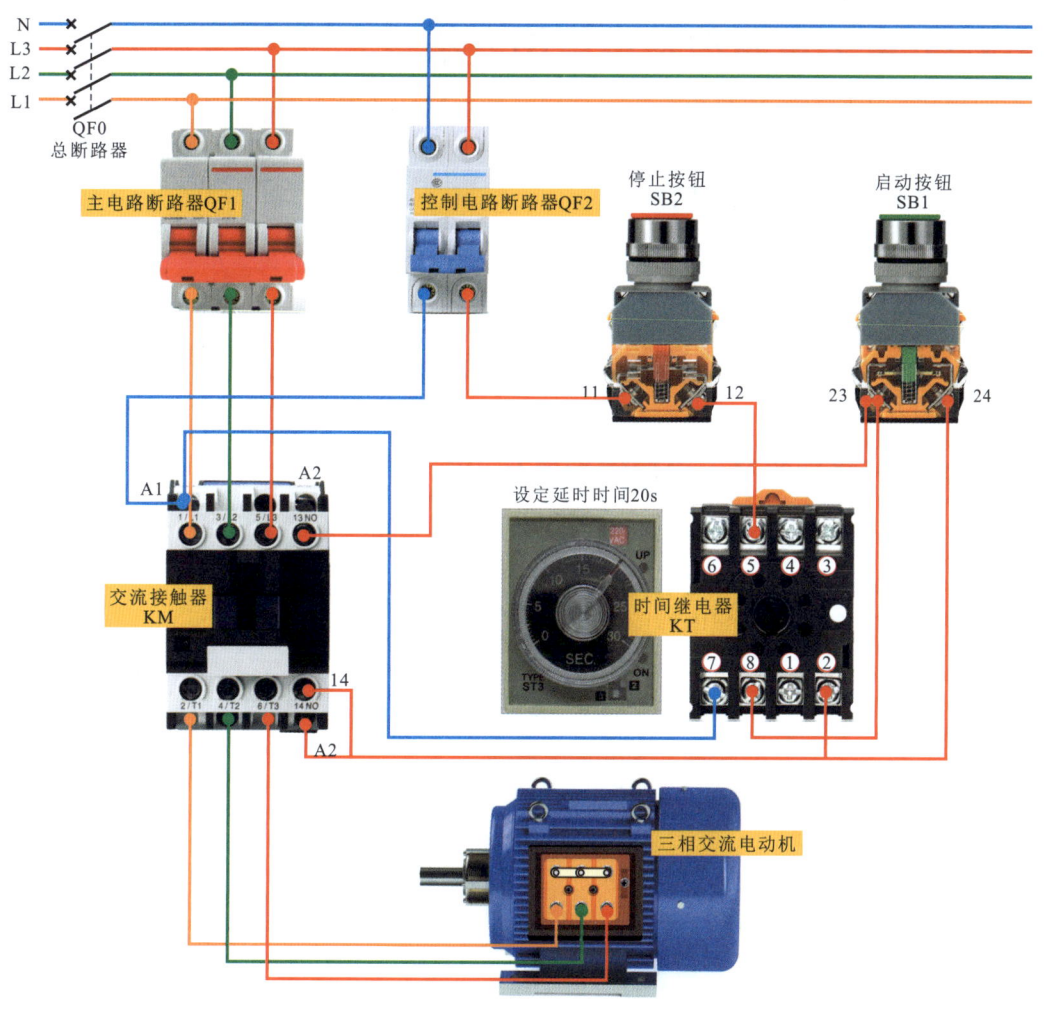

图3-71 电动机延时停止控制电路接线图

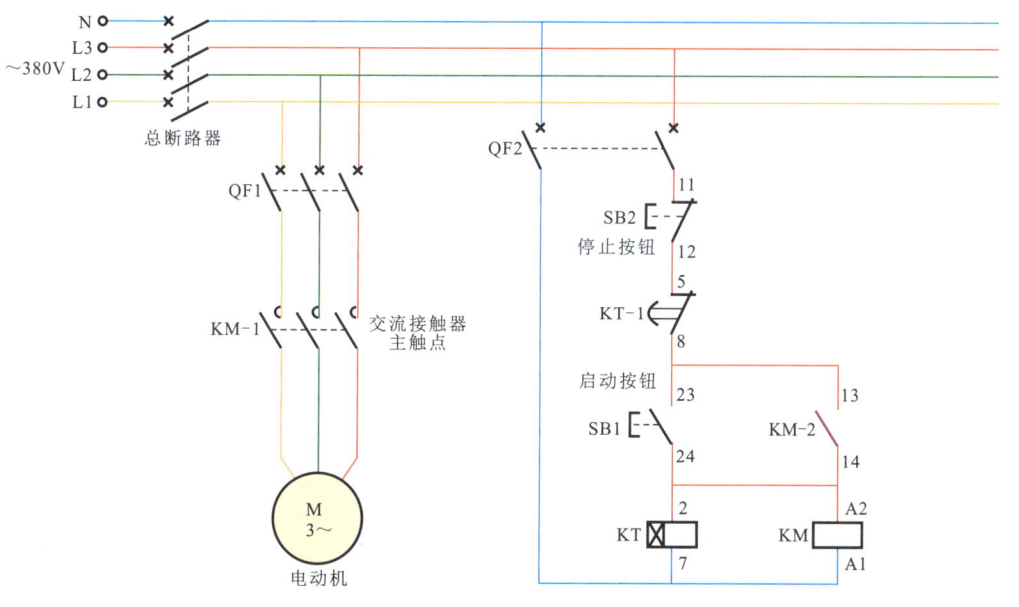

图3-72 电动机延时停止控制电路图

3.7　电工电路的基本识图方法

学习电工电路的识图是进入电工领域最基础的技能。识图前，首先需要了解电工电路识图的一些基本要求和原则，并在此基础上掌握好识图的基本方法和步骤，才可有效提高识图的技能水平和准确性。

3.7.1　识图要领

学习识图，首先需要掌握正确的方式方法，学习和参照他人的一些经验，并在此基础上发现规律，是快速掌握识图技能的有效途径。下面介绍几种基本的快速识读电气电路图的方法和技巧。

1　结合电气文字符号、电路图形符号识图

电工电路主要是利用各种电路图形符号表示结构和工作原理。因此，结合电路图形符号识图可快速了解和确定电工电路的结构和功能。

图3-73为某车间的供配电线路图。

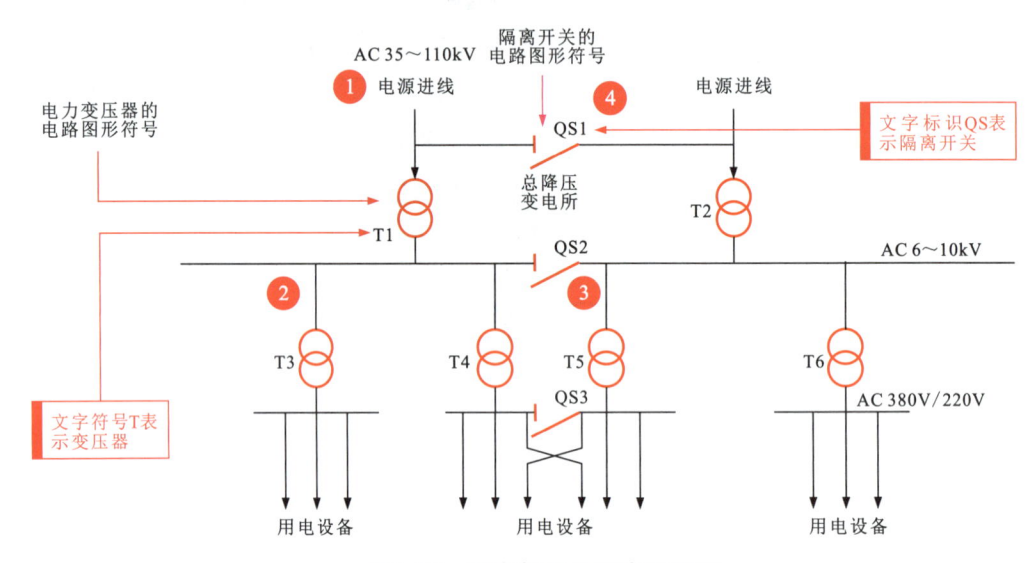

图3-73　某车间的供配电线路图

图3-73中看起来除了线、圆圈外只有简单的文字标识，而当了解了"⦵"表示变压器、"╱"表示隔离开关时，则识图就容易多了。

> **补充说明**
>
> 结合电路图形符号和文字标识可知：
> ❶ 电源进线为交流35～110kV，经总降压变电所输出6～10kV交流高压。
> ❷ 6～10kV交流高压再由车间变电所降压为交流380V/220V后为各用电设备供电。
> ❸ 隔离开关QS1、QS2、QS3分别起到接通电路的作用。
> ❹ 若电源进线中左侧电路故障，则QS1闭合后，可由右侧的电源进线为后级的电力变压器T1等线路供电，保证线路安全运行。

2 结合电工电子技术的基础知识识图

在电工领域中,如输变配电、照明、电子电路、仪器仪表和家电产品等电路都是建立在电工电子技术基础之上的,所以要想看懂电路图,必须具备一定的电工电子技术方面的基础知识。

3 注意总结和掌握各种电工电路的原理,并在此基础上灵活扩展

电工电路是电气图中最基本也是最常见的电路,既可以单独应用,也可以作为其他电路的关键组件进行扩展。许多电气图都是由很多基础电路组成的。

电动机的启动/制动、正/反转、过载保护电路等,供配电系统电气主接线常用的单母线主接线等均为基础电路。识图过程中,应抓准基础电路,注意总结并完全掌握基础电路的原理。

4 结合电气或电子元器件的结构和工作原理识图

各种电工电路图都是由各种电气元器件或电子元器件和配线等组成的,只有了解各种元器件的结构、工作原理、性能及相互之间的控制关系,电工技术人员才能尽快读懂电路图。

5 对照学习识图

初学者很难直接识读一张没有任何文字解说的电路图,因此可以先参照一些技术资料、报纸或杂志等找到一些与所要识读的电路图相近或相似的图纸,根据这些带有详细解说的图纸,理解电路的含义和原理,找到不同点和相同点,把相同点弄清楚,再有针对性地突破不同点,或再参照其他与该不同点相似的图纸,把所有的问题一一解决之后,便可完成电路图的识读。

3.7.2 识图步骤

简单来说,识图可分为七个步骤,即区分电路类型;明确用途;建立对应关系,划分电路;寻找工作条件;寻找控制部件;确立控制关系;厘清信号流程,最终掌握控制机理和电路功能。

1 区分电路类型

电工电路的类型有很多种,根据所表达内容、包含信息和组成元素的不同,一般可分为电工接线图和电工原理图。不同类型电路图的识读原则和重点不相同,识图时,首先要区分该图属于哪种电路。

图3-74为简单的电工接线图。图3-74用文字符号和电路图形符号标识出了所使用的基本物理部件，用连接线和连接端子标识出了物理部件之间的实际连接关系和接线位置，属于接线图。

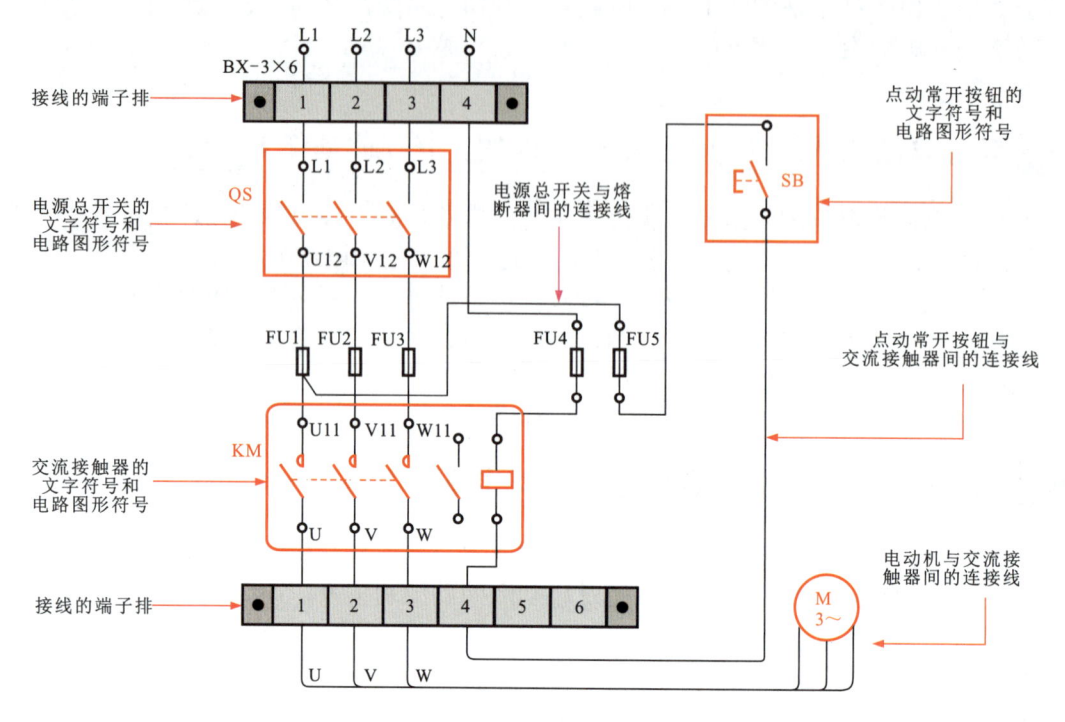

图3-74　简单的电工接线图

接线图的特点是体现各组成物理部件的实际位置关系，并通过导线连接体现安装和接线关系，可用于安装接线、线路检查、线路维修和故障处理等场合。

图3-75为简单的电工原理图。

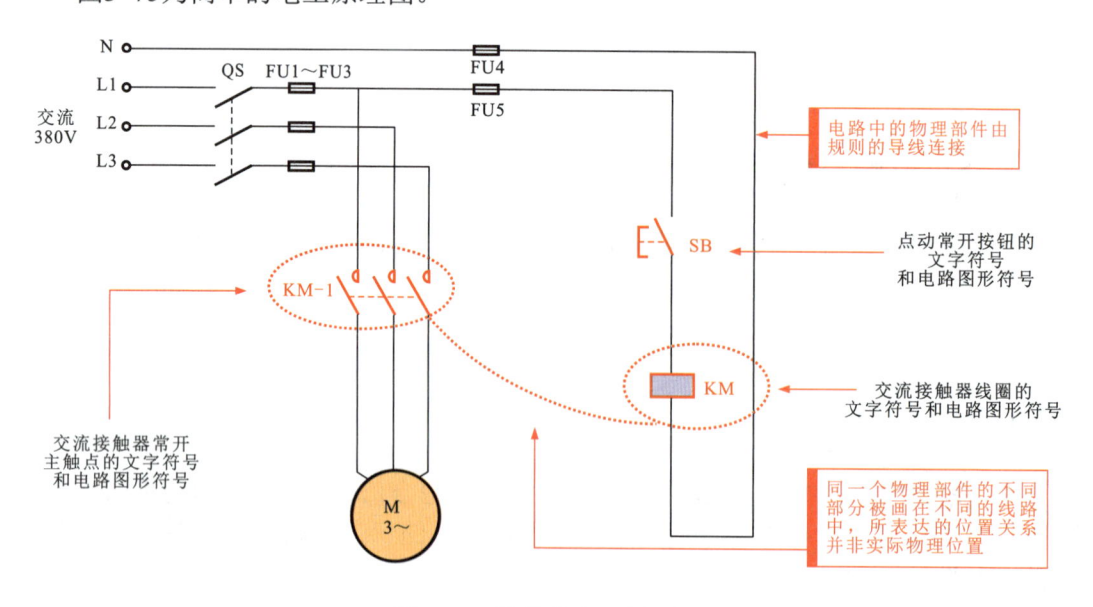

图3-75　简单的电工原理图

图3-75也用文字符号和电路图形符号标识出了所使用的基本物理部件，并使用规则的导线连接，除了标准的符号标识和连接线外，没有画出其他不必要的部件，属于电工原理图。其特点完整体现了电路特性和电气作用原理。

由此可知，通过识别图纸所示电路元素的信息可以准确区分电路的类型。当区分出电路类型后，便可根据所对应类型电路的特点进行识读，一般识读电工接线图的重点应放在各种物理部件的位置和接线关系上；识读电工原理图的重点应放在各物理部件之间的电气关系上，如控制关系等。

2 明确用途

明确电路的用途是指导识图的总纲领，即先从整体上把握电路的用途，明确电路最终实现的结果，以此作为指导识图的总体思路。例如，根据电路中的元素信息可以看到该图为一种电动机的点动控制电路，以此抓住其中的"点动""控制""电动机"等关键信息作为识图时的重要信息。

3 建立对应关系，划分电路

将电路中的文字符号和电路图形符号标识与实际物理部件一一建立对应关系，进一步明确电路所表达的含义，对识读电路关系十分重要。图3-76为电工电路中符号与实物的对应关系。

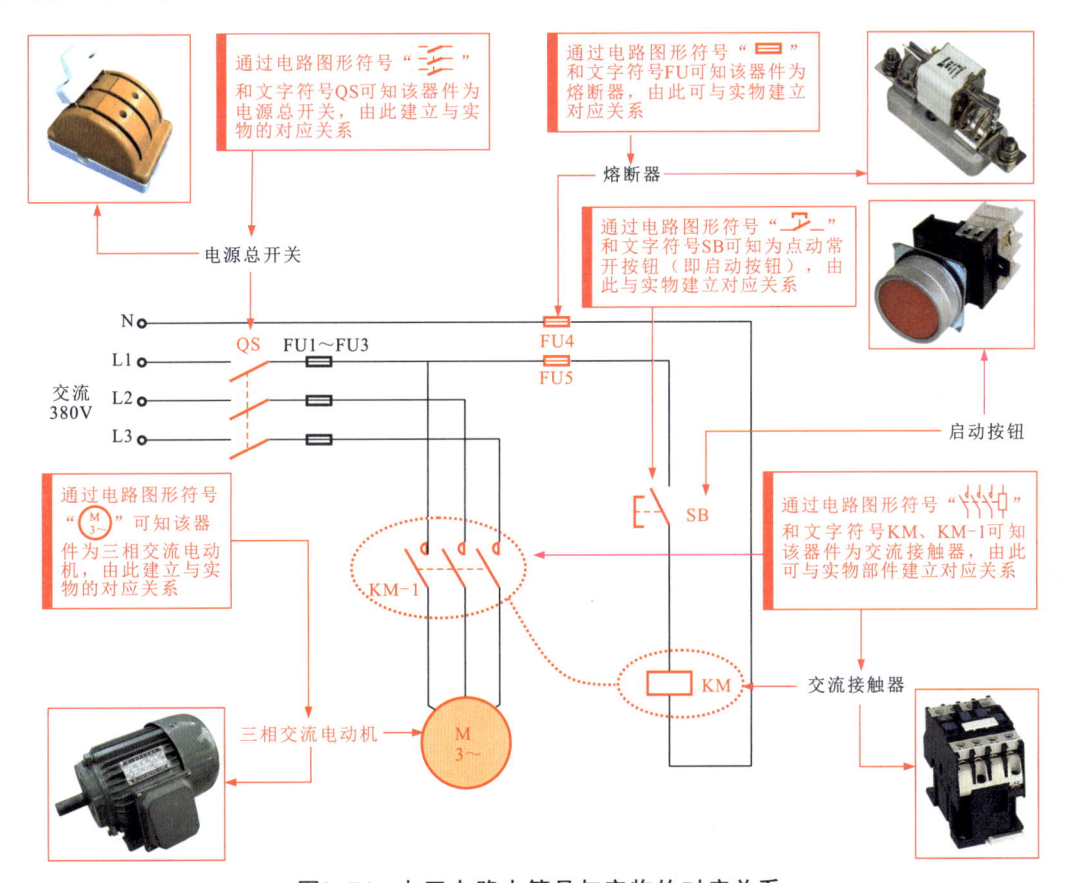

图3-76 电工电路中符号与实物的对应关系

> **补充说明**
>
> 电源总开关：用字母QS标识，在电路中用于接通三相电源。
> 熔断器：用字母FU标识，在电路中用于过载、短路保护。
> 交流接触器：用字母KM标识，通过线圈的得电，触点动作，接通电动机的三相电源，启动电动机工作。
> 启动按钮（点动常开按钮）：用字母SB标识，用于电动机的启动控制。
> 三相交流电动机：简称电动机，用字母M标识，在电路中通过控制部件控制，接通电源启动运转，为不同的机械设备提供动力。

通常，当通过建立对应关系了解各符号所代表物理部件的含义后，还可以根据物理部件的自身特点和功能对电路进行模块划分，如图3-77所示，特别是对于一些较复杂的电工电路，通过对电路进行模块划分，可十分明确地了解电路的结构。

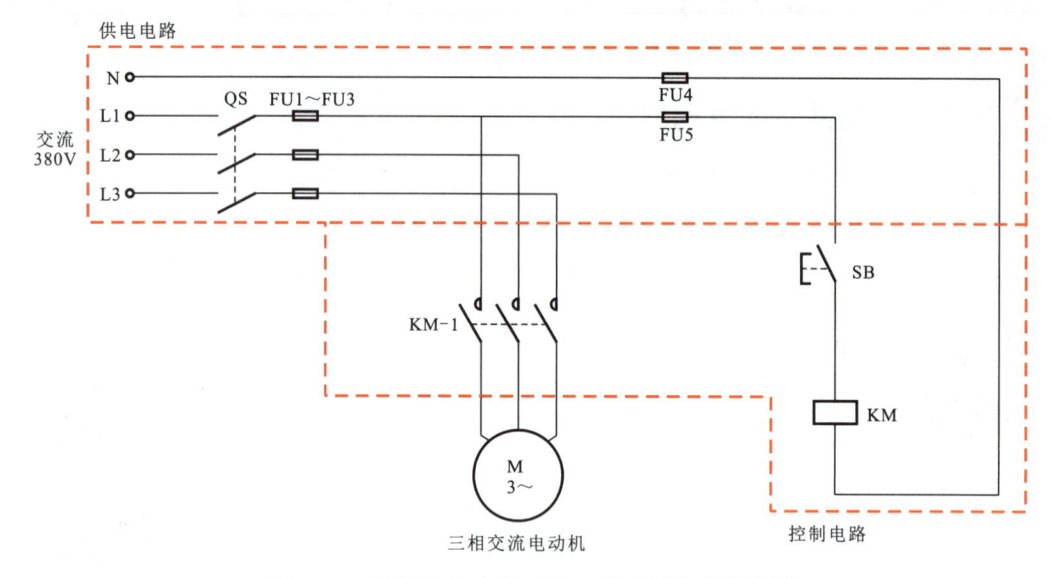

图3-77 根据电路功能对电工电路进行模块划分

4 寻找工作条件

当建立好电路中各种符号与实物的对应关系后，可通过所了解部件的功能寻找电路中的工作条件。工作条件具备时，电路中的物理部件才可进入工作状态。

5 寻找控制部件

控制部件通常也称操作部件。电工电路就是通过操作部件对电路进行控制的，是电路中的关键部件，也是控制电路中是否将工作条件接入电路中或控制电路中的被控部件是否执行所需要动作的核心部件。

6 确立控制关系

找到控制部件后，根据线路连接情况，确立控制部件与被控制部件之间的控制关系，并将控制关系作为厘清信号流程的主线，如图3-78所示。

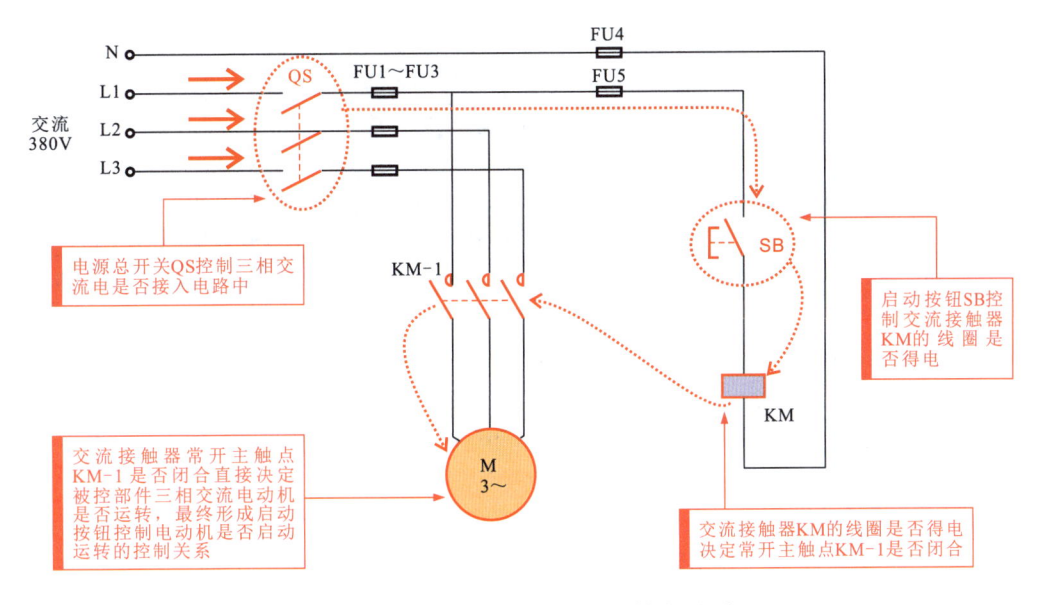

图3-78 确立电工电路中的控制关系

7 厘清信号流程，最终掌握控制机理和电路功能

确立控制关系后，可操作控制部件实现控制功能，同时弄清每操作一个控制部件后被控部件所执行的动作或结果，厘清整个电路的信号流程，最终掌握控制机理和电路功能，如图3-79所示。

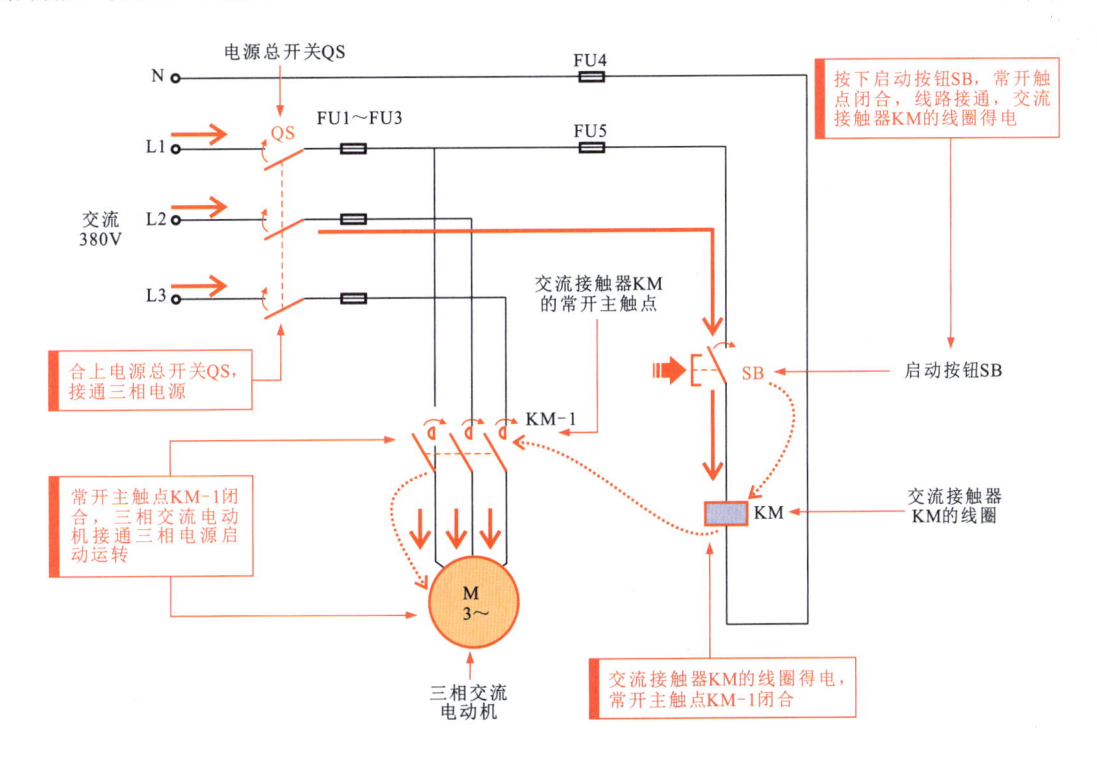

图3-79 厘清电工电路的信号流程

第4章 电子元器件与电路识图

4.1 电子电路中的电子元器件

4.1.1 电阻器

电阻器简称电阻，是利用物体对所通过的电流产生阻碍作用制成的电子元器件，是电子产品中最基本、最常用的电子元器件之一。

图4-1为典型电阻器的外形特点与电路标识方法。

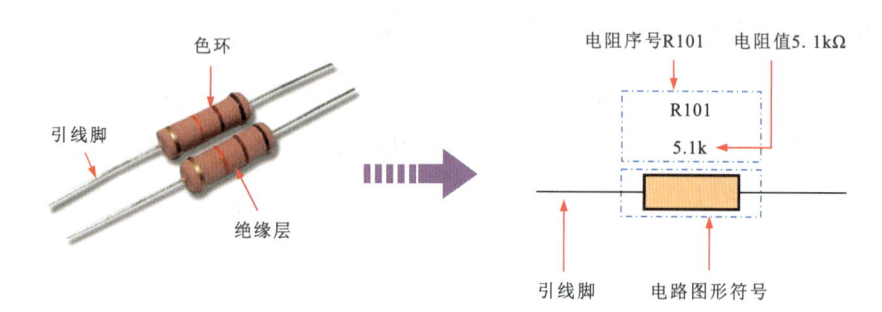

图4-1 典型电阻器的外形特点与电路标识方法

电路图形符号表明了电阻器的类型；标识信息通常提供电阻器的类别、在该电路图中的序号及电阻值等参数信息。

1 普通电阻器

普通电阻器与电路图形符号对照如图4-2所示。

图4-2 普通电阻器与电路图形符号对照

2 熔断电阻器

熔断电阻器又称保险丝电阻器,具有电阻器和过电流保护熔断丝的双重作用,在电流较大的情况下可熔化断裂,从而保护整个设备不受损坏。

熔断电阻器与电路图形符号对照如图4-3所示。

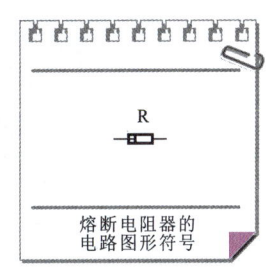

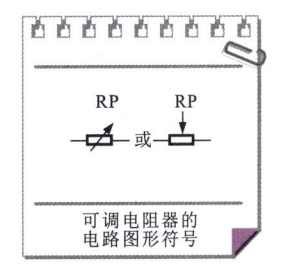

图4-3 熔断电阻器与电路图形符号对照

3 熔断器

熔断器又称保险丝,阻值接近于0,是一种安装在电路中保证电路安全运行的电子元器件。它会在电流异常升高到一定的强度时,自身熔断切断电路,从而起到保护电路安全运行的作用。

熔断器与电路图形符号对照如图4-4所示。

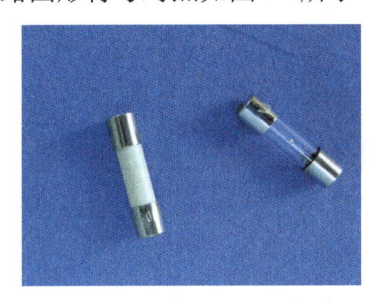

图4-4 熔断器与电路图形符号对照

4 可调电阻器

可调电阻器也称电位器。其阻值可以在人为作用下在一定范围内变化,从而使其在电路中的相关参数发生变化,起到调整作用。

可调电阻器与电路图形符号对照如图4-5所示。

图4-5 可调电阻器与电路图形符号对照

5 热敏电阻器

热敏电阻器有正温度系数（PTC）和负温度系数（NTC）两种。它是一种阻值会随温度的变化而自动发生变化的电阻器。

热敏电阻器与电路图形符号对照如图4-6所示。

图4-6　热敏电阻器与电路图形符号对照

6 光敏电阻器

光敏电阻器是一种对光敏感的元器件。它的阻值会随光照强度的变化而自动发生变化。在一般情况下，当入射光线增强时，它的阻值会明显减小；当入射光线减弱时，它的阻值会显著增大。

光敏电阻器与电路图形符号对照如图4-7所示。

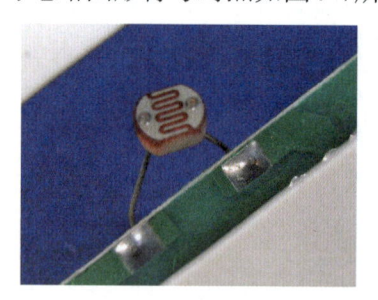

图4-7　光敏电阻器与电路图形符号对照

7 湿敏电阻器

湿敏电阻器的阻值随周围环境湿度的变化而发生变化（一般为湿度越高，阻值越小）。常用于湿度检测电路。

湿敏电阻器与电路图形符号对照如图4-8所示。

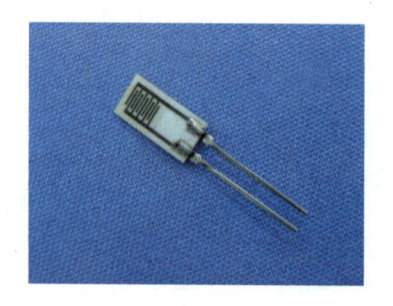

图4-8　湿敏电阻器与电路图形符号对照

8 气敏电阻器

气敏电阻器是利用金属氧化物半导体表面吸收某种气体分子时，会发生氧化反应或还原反应使电阻值改变的特性制成的电阻器。

气敏电阻器与电路图形符号对照如图4-9所示。

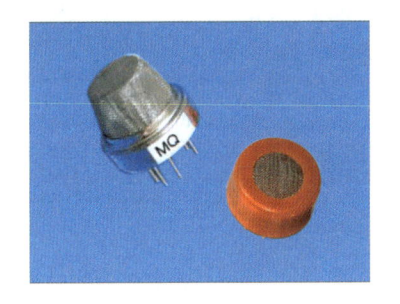

图4-9　气敏电阻器与电路图形符号对照

9 压敏电阻器

压敏电阻器是一种当外加电压施加到某一临界值时，阻值急剧变小的电阻器。在实际应用中，压敏电阻器常用作过电压保护器件。

压敏电阻器与电路图形符号对照如图4-10所示。

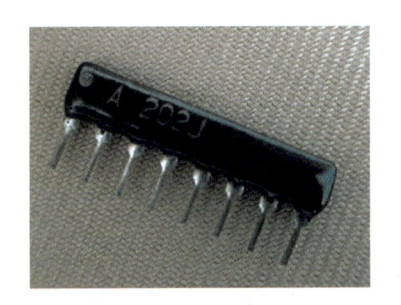

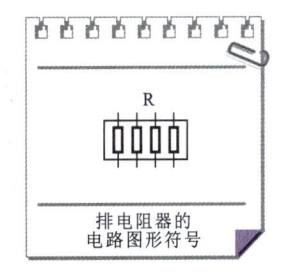

图4-10　压敏电阻器与电路图形符号对照

10 排电阻器

排电阻器（简称排阻）是一种将多个分立电阻器按照一定规律排列集成为一个组合型电阻器，也称集成电阻器或电阻器网络。

排电阻器与电路图形符号对照如图4-11所示。

图4-11　排电阻器与电路图形符号对照

4.1.2 电容器

电容器简称电容,是一种可存储电能的元器件(储能元器件),与电阻器一样,几乎每种电子产品中都应用有电容器,是十分常见的电子元器件之一。

图4-12为典型电容器的外形特点与电路标识方法。

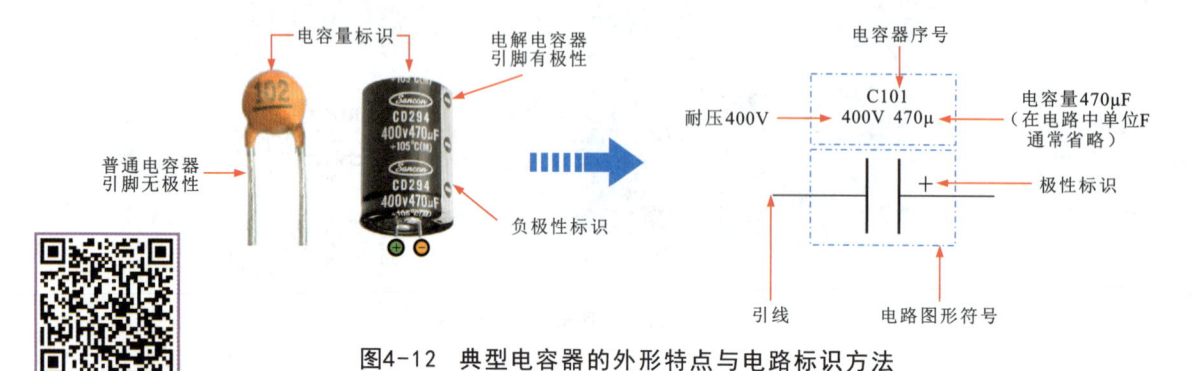

图4-12 典型电容器的外形特点与电路标识方法

1 无极性电容器

无极性电容器是指电容器的两引脚没有正、负极性之分,其电容量固定。

无极性电容器与电路图形符号对照如图4-13所示。

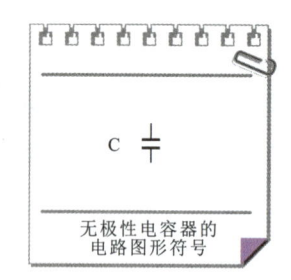

图4-13 无极性电容器与电路图形符号对照

2 有极性电容器

有极性电容器(电解电容器)是指电容器的两引脚有明确的正、负极性之分,使用时,两引脚极性不可接反。

有极性电容器与电路图形符号对照如图4-14所示。

图4-14 有极性电容器与电路图形符号对照

3 微调电容器

微调电容器又称半可调电容器。这种电容器的电容量调整范围小,主要功能是微调和调谐回路中的谐振频率,主要用于收音机的调谐电路中。

微调电容器与电路图形符号对照如图4-15所示。

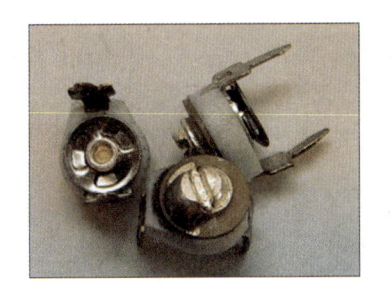

图4-15 微调电容器与电路图形符号对照

4 单联可调电容器

单联可调电容器是用相互绝缘的两组金属铝片对应组成的。其中,一组为动片,一组为定片,中间以空气为介质(因此也称为空气可调电容器)。

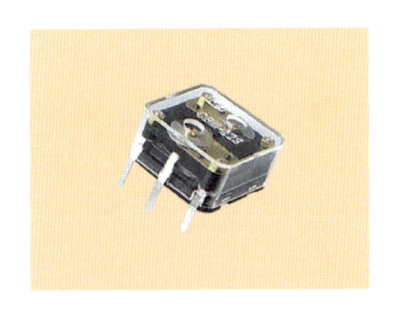

单联可调电容器与电路图形符号对照如图4-16所示。

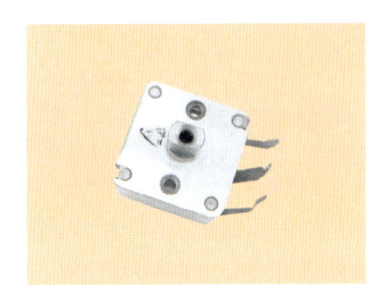

图4-16 单联可调电容器与电路图形符号对照

5 双联可调电容器

双联可调电容器可以简单理解为由两个单联可调电容器组合而成,调整时,双联电容同步变化。该电容器也多应用于调谐电路中。

双联可调电容器与电路图形符号对照如图4-17所示。

图4-17 双联可调电容器与电路图形符号对照

6 四联可调电容器

四联可调电容器的内部包含四个单联可同步调整的电容器,每个电容器都各自附带一个用于微调的补偿电容,一般从可调电容器的背部可以看到。

四联可调电容器与电路图形符号对照如图4-18所示。

图4-18 四联可调电容器与电路图形符号对照

4.1.3 电感器

电感器也称电感,属于一种储能元器件,可以把电能转换成磁能并存储起来。图4-19为典型电感器的外形特点与电路标识方法。

图4-19 典型电感器的外形特点与电路标识方法

1 普通电感器

普通电感器又称固定电感器,主要有色环电感器和色码电感器,其主要功能是分频、滤波和谐振。

普通电感器与电路图形符号对照如图4-20所示。

图4-20 普通电感器与电路图形符号对照

2 带磁芯电感器

带磁芯电感器包括磁棒电感器和磁环电感器，其主要功能是分频、滤波和谐振。带磁芯电感器与电路图形符号对照如图4-21所示。

图4-21　带磁芯电感器与电路图形符号对照

3 可调电感器

可调电感器就是可以对电感量进行细微调整的电感器，具有滤波、谐振功能。可调电感器与电路图形符号对照如图4-22所示。

图4-22　可调电感器与电路图形符号对照

4.2 电子电路中的半导体器件

4.2.1 二极管

二极管是一种常用的半导体器件，是由一个P型半导体和N型半导体形成PN结，并在PN结两端引出相应的电极引线，再加上管壳密封制成的。

图4-23为典型二极管的外形特点与电路标识方法。

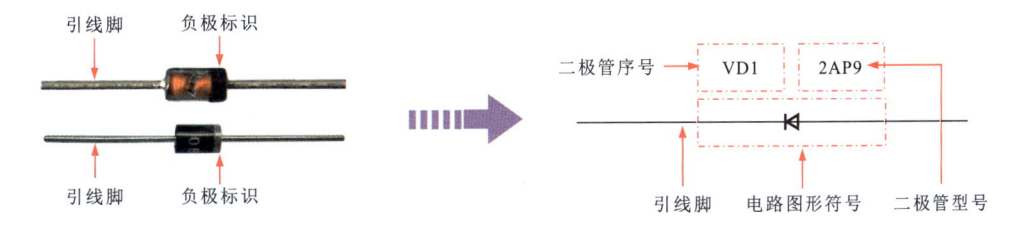

图4-23　典型二极管的外形特点与电路标识方法

1 整流二极管

整流二极管（普通二极管）是一种具有整流作用的二极管，即可将交流整流成直流，主要用于整流电路中。

整流二极管与电路图形符号对照如图4-24所示。

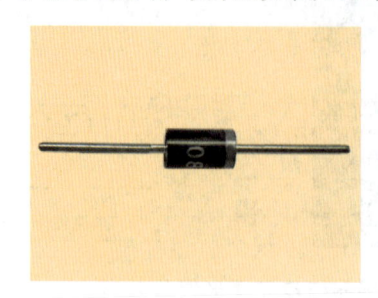

图4-24 整流二极管与电路图形符号对照

2 稳压二极管

稳压二极管是一种单向击穿二极管，利用PN结反向击穿时，两端电压固定在某一数值，基本上不随电流大小变化而变化的特点进行工作，因此可达到稳压的目的。

稳压二极管与电路图形符号对照如图4-25所示。

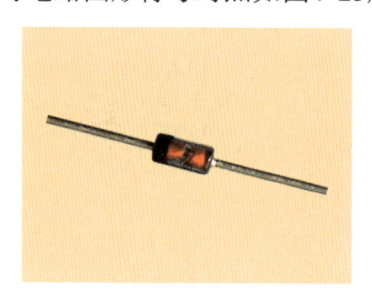

图4-25 稳压二极管与电路图形符号对照

3 发光二极管

发光二极管是一种利用正向偏置时PN结两侧的多数载流子直接复合释放出光能的发射器件。发光二极管简称LED，常用于显示器件或光电控制电路中的光源。

发光二极管与电路图形符号对照如图4-26所示。

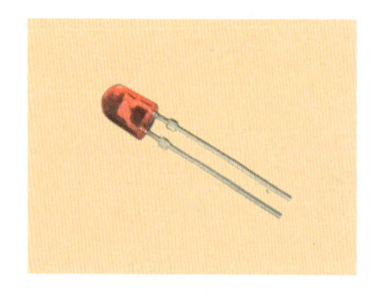

图4-26 发光二极管与电路图形符号对照

4 光敏二极管

光敏二极管又称光电二极管，当受到光照射时，二极管反向阻抗会随之变化（随着光照射的增强，反向阻抗会由大到小），利用这一特性，光敏二极管常用作光电传感器件。

光敏二极管与电路图形符号对照如图4-27所示。

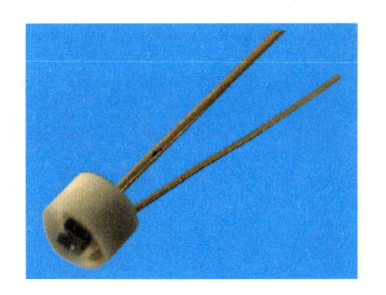

图4-27　光敏二极管与电路图形符号对照

5 双向二极管

双向二极管又称二端交流器件（DIAC），是一种具有三层结构的两端对称半导体器件，常用来触发晶闸管或用于过电压保护、定时和移相电路。

双向二极管与电路图形符号对照如图4-28所示。

图4-28　双向二极管与电路图形符号对照

6 变容二极管

变容二极管在电路中起电容器的作用，多用于超高频电路中的参量放大器、电子调谐器及倍频器等高频电路和微波电路中。

变容二极管与电路图形符号对照如图4-29所示。

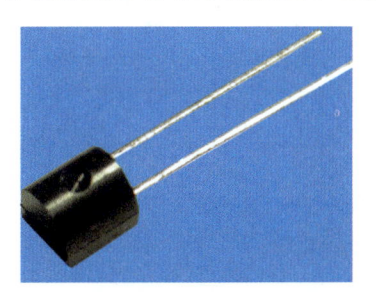

图4-29　变容二极管与电路图形符号对照

7 热敏二极管

热敏二极管属于温度感应器件，当周围温度正常时，电路接通；当受外界影响时，温度升高，达到热敏二极管工作温度后截止，电路断开，起保护作用。

热敏二极管与电路图形符号对照如图4-30所示。

图4-30 热敏二极管与电路图形符号对照

4.2.2 三极管

三极管又称晶体管，是在一块半导体基片上制作两个距离很近的PN结，这两个PN结把整块半导体分成三部分，中间部分为基极（b），两侧部分为集电极（c）和发射极（e）。

图4-31为典型三极管的外形特点与电路标识方法。

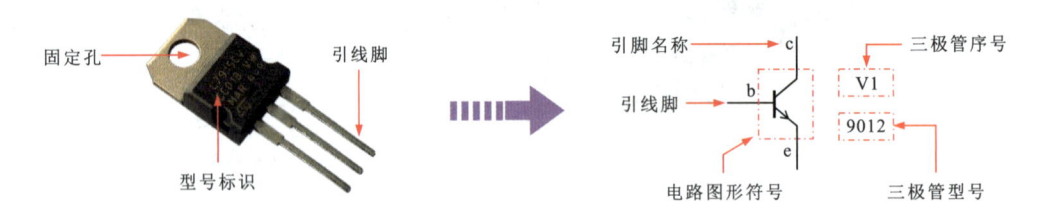

图4-31 典型三极管的外形特点与电路标识方法

1 NPN型三极管

NPN型三极管与电路图形符号对照如图4-32所示。

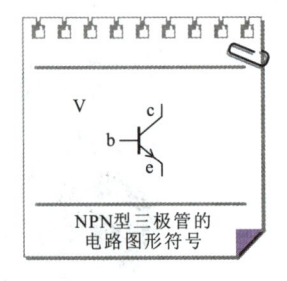

图4-32 NPN型三极管与电路图形符号对照

2 PNP型三极管

PNP型三极管与电路图形符号对照如图4-33所示。

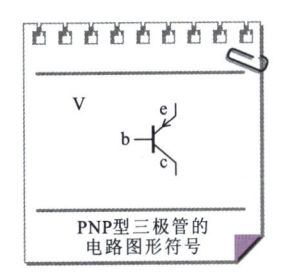

图4-33　PNP型三极管与电路图形符号对照

3 光敏三极管

光敏三极管是一种具有放大能力的光-电转换器件，相比光敏二极管具有更高的灵敏度。

光敏三极管与电路图形符号对照如图4-34所示。

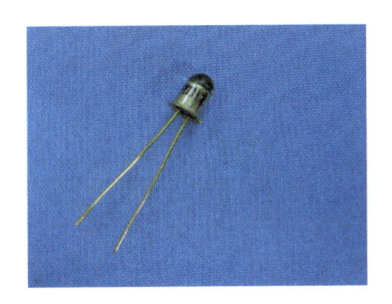

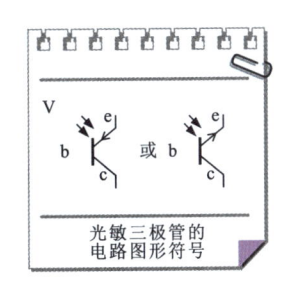

图4-34　光敏三极管与电路图形符号对照

4.2.3 场效应晶体管

场效应晶体管简称场效应管（Field Effect Transistor，FET），是一种利用电场效应控制电流大小的电压型半导体器件，具有PN结结构。

图4-35为典型场效应晶体管的外形特点与电路标识方法。

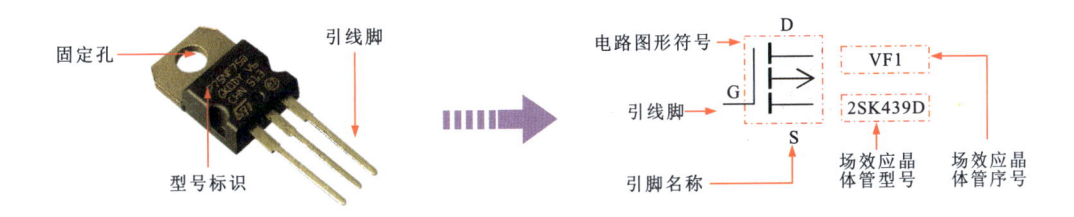

图4-35　典型场效应晶体管的外形特点与电路标识方法

1 结型场效应晶体管

结型场效应晶体管（JFET）可用来制作信号放大器、振荡器和调制器等。
结型场效应晶体管与电路图形符号对照如图4-36所示。

图4-36 结型场效应晶体管与电路图形符号对照

2 绝缘栅型场效应晶体管

绝缘栅型场效应晶体管（MOSFET）一般用于音频功率放大、开关电源、逆变器、镇流器、电动机驱动、继电器驱动等电路中。
绝缘栅型场效应晶体管与电路图形符号对照如图4-37所示。

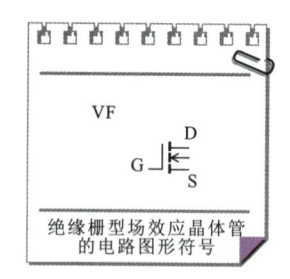

图4-37 绝缘栅型场效应晶体管与电路图形符号对照

4.2.4 晶闸管

晶闸管是一种可控整流器件，也称可控硅。
图4-38为典型晶闸管的外形特点与电路标识方法。

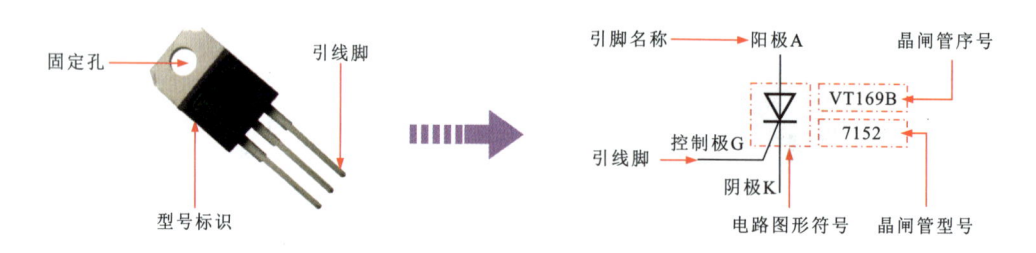

图4-38 典型晶闸管的外形特点与电路标识方法

1 单向晶闸管

单向晶闸管（SCR）是指触发后只允许一个方向的电流流过的半导体器件，相当于一个可控的整流二极管。广泛应用于可控整流、交流调压、逆变器等电路中。

单向晶闸管与电路图形符号对照如图4-39所示。

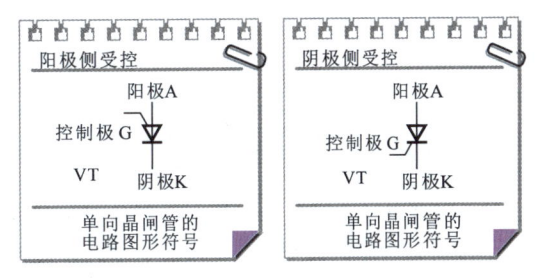

图4-39 单向晶闸管与电路图形符号对照

2 双向晶闸管

双向晶闸管又称双向可控硅。在结构上相当于两个单向晶闸管反极性并联。双向晶闸管可双向导通，允许两个方向有电流流过，常用在交流电路调节电压、电流。

双向晶闸管与电路图形符号对照如图4-40所示。

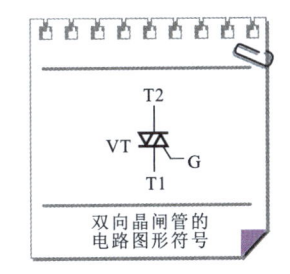

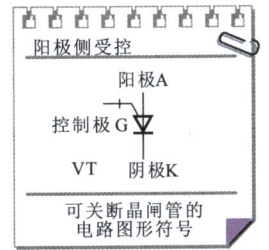

图4-40 双向晶闸管与电路图形符号对照

3 可关断晶闸管

可关断晶闸管（GTO）也称门控晶闸管、门极关断晶闸管。其主要特点是当门极加负向触发信号时，晶闸管能自行关断。

可关断晶闸管与电路图形符号对照如图4-41所示。

图4-41 可关断晶闸管与电路图形符号对照

4.3 电子电路识图技巧

4.3.1 从元器件入手识读电路

如图4-42所示，在电子产品的电路板上有不同外形、不同种类的电子元器件，电子元器件所对应的文字标识、电路图形符号及相关参数都标注在元器件的旁边。

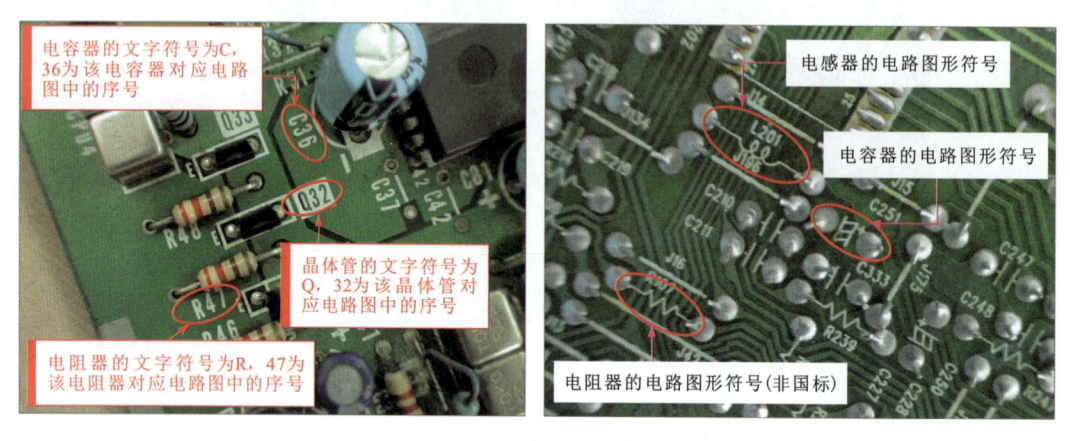

标注说明：
- 电容器的文字符号为C，36为该电容器对应电路图中的序号
- 晶体管的文字符号为Q，32为该晶体管对应电路图中的序号
- 电阻器的文字符号为R，47为该电阻器对应电路图中的序号
- 电感器的电路图形符号
- 电容器的电路图形符号
- 电阻器的电路图形符号（非国标）

图4-42 电路板上电子元器件的标注和电路图形符号

电子元器件是构成电子产品的基础，换句话说，任何电子产品都是由不同的电子元器件按照电路规则组合而成的。因此，了解电子元器件的基本知识，掌握不同元器件在电路图中的电路图形符号及各元器件的基本功能特点是学习电路识图的第一步。

以电阻器为例，图4-43为实际电路中电阻器的识读。结合电路，电阻器的图形符号体现出电阻器的基本类型；文字标识通常提供电阻器的名称、序号及电阻值等参数信息。

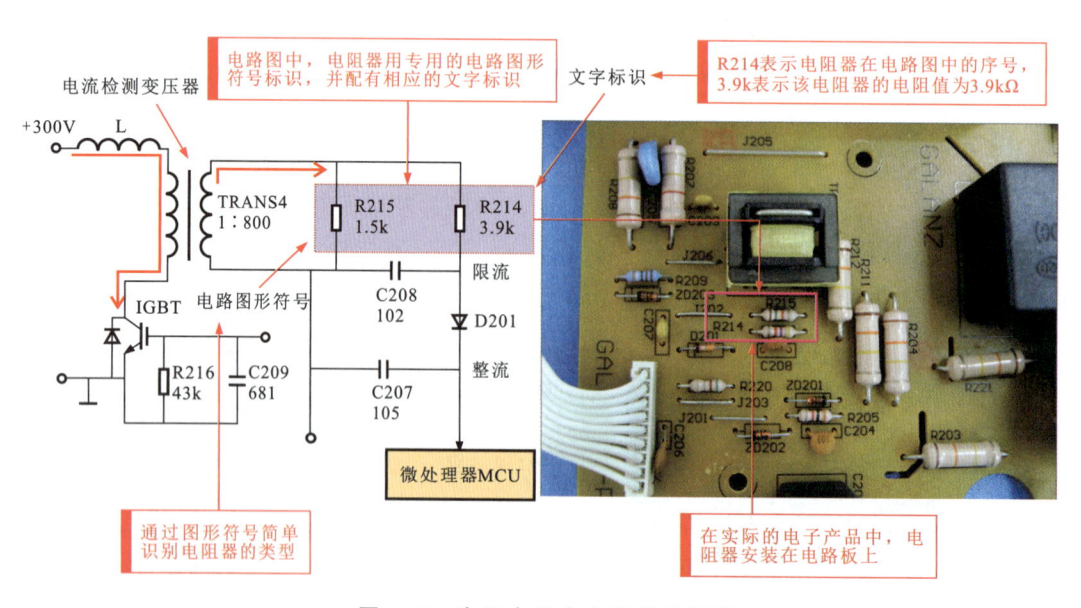

标注说明：
- 电流检测变压器
- +300V
- TRANS4 1:800
- 电路图中，电阻器用专用的电路图形符号标识，并配有相应的文字标识
- 文字标识
- R215 1.5k
- R214 3.9k — R214表示电阻器在电路图中的序号，3.9k表示该电阻器的电阻值为3.9kΩ
- IGBT
- 电路图形符号
- C208 102
- D201 限流
- C207 105 整流
- R216 43k
- C209 681
- 微处理器MCU
- 通过图形符号简单识别电阻器的类型
- 在实际的电子产品中，电阻器安装在电路板上

图4-43 实际电路中电阻器的识读

4.3.2 从单元电路入手识读电路

单元电路是由常用元器件、简单电路及基本放大电路构成的可以实现一些基本功能的电路，是整机电路中的单元模块，如串并联电路、RC电路、LC电路、放大器、振荡器等。在识读复杂的电子电路时，通常可从单元电路入手。

图4-44为超外差调幅（AM）收音机整机电路的划分。

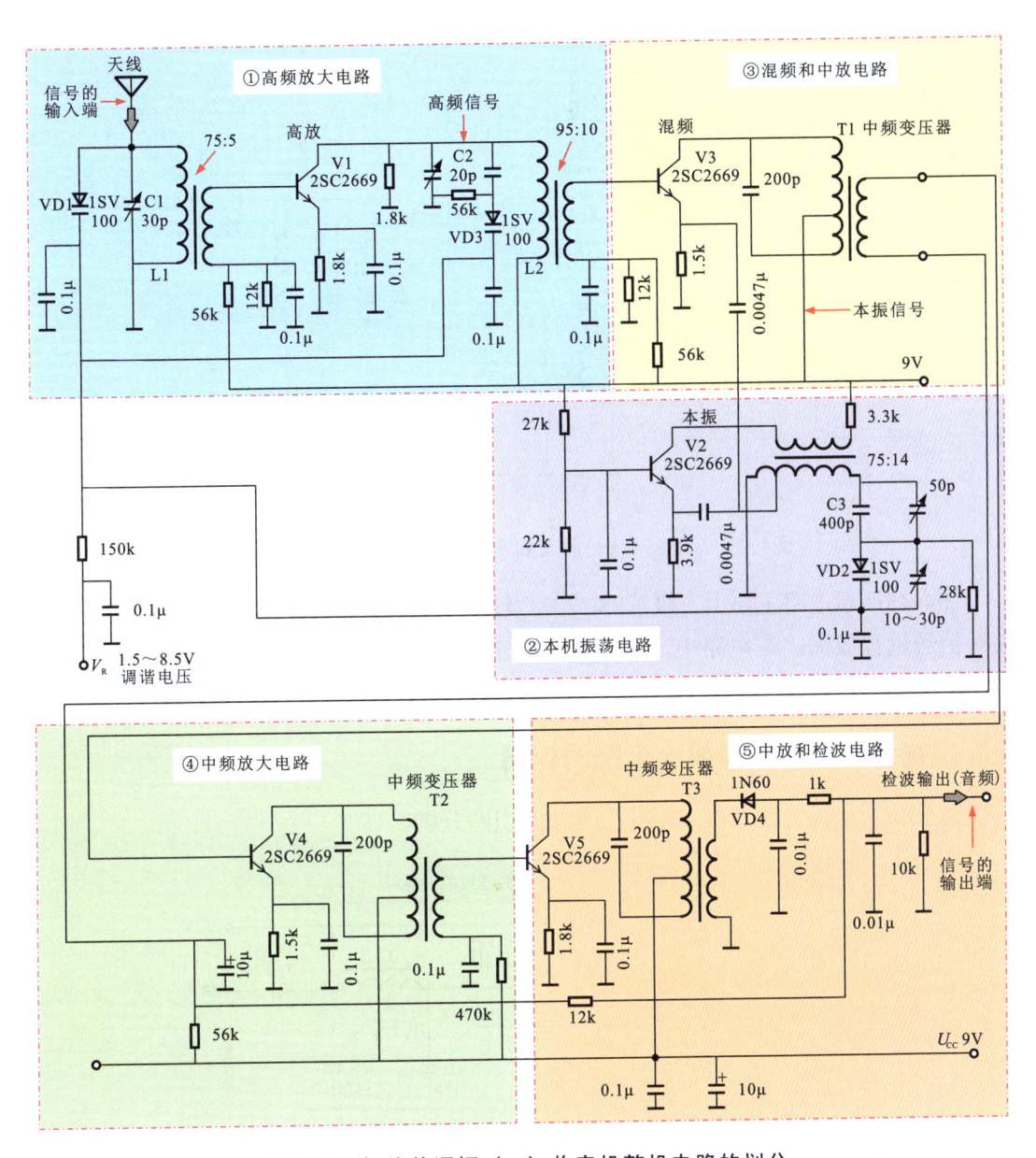

图4-44 超外差调幅（AM）收音机整机电路的划分

根据电路功能找到天线端为信号接收端，即输入端，最后输出声音的右侧音频信号为输出端，根据电路中的几个核心元器件划分为五个单元电路模块。

4.4 电子电路识图案例

4.4.1 基本放大电路识图案例

1 调频（FM）收音机高频放大电路的识图

图4-45为调频（FM）收音机高频放大电路的识图分析。

- 天线主要用来接收高频信号，并送往收音机内部
- 天线接收的高频信号（约为100MHz）经LC并联谐振电路调谐后，选出所需的高频信号
- LC并联谐振电路，主要可以起到选频的作用
- 信号经耦合电容C1后送入三极管的发射极，放大后，由集电极输出
- 调频（FM）收音机高频放大电路是典型的共基极放大电路
- 在信号输出电路中也设有LC谐振电路，用于再次选频
- 可调电容器
- 该电路中使用了两个可调电容器，主要是对电容量进行微调，通常应用在收音机电路中，与外围元器件构成调谐电路

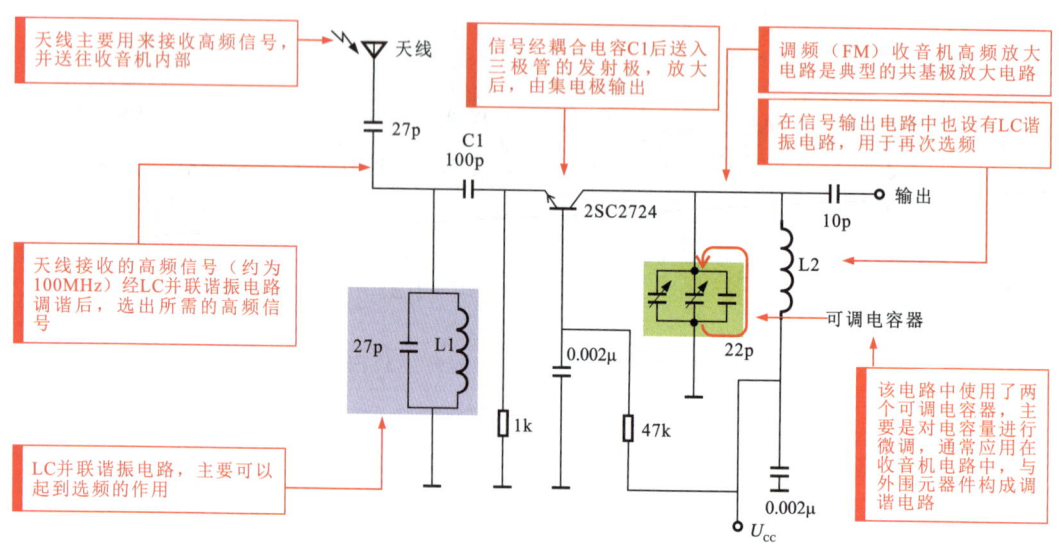

图4-45 调频（FM）收音机高频放大电路的识图分析

图4-45所示电路主要由三极管2SC2724及输入端的LC并联谐振电路等组成，主要用来对信号进行放大。在电路中，天线接收天空中的信号后，经LC并联谐振电路调谐后输出所需的高频信号，经耦合电容C1后送入三极管的发射极；放大后，由集电极输出。

2 电视机调谐器中频放大电路的识图

图4-46为电视机调谐器中频放大电路的识图分析。

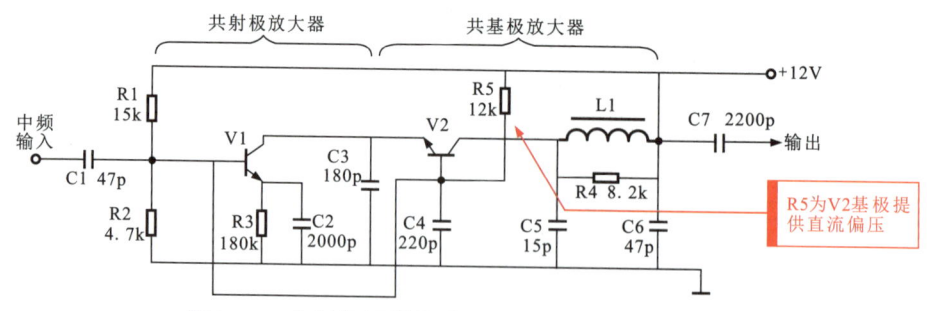

- R5为V2基极提供直流偏压

图4-46 电视机调谐器中频放大电路的识图分析

V2与偏置元器件构成共基极放大器。工作时，中频信号（38MHz）先经电容C1耦合到V1；放大后，由V1集电极输出，直接送到V2的发射极；V2的发射极输出放大后的中频信号，再经LC滤波后送到输出端。

3 单电源音频放大电路的识图

图4-47为典型低功耗单电源音频放大电路的识图分析。

MAX4165/MAX4166是一种典型的运算放大电路，常应用于音频放大电路中

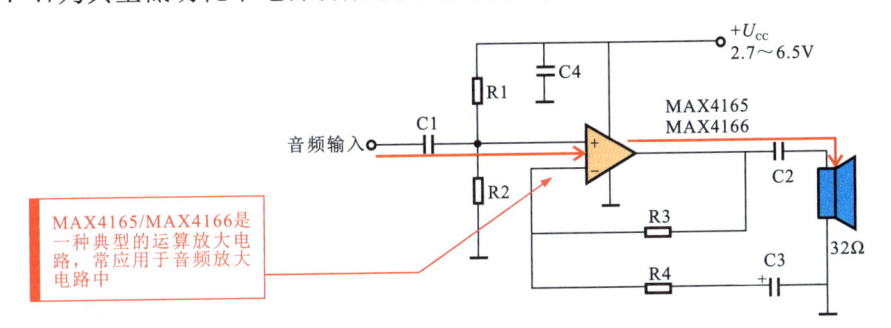

图4-47 典型低功耗单电源音频放大电路的识图分析

图4-47所示电路主要是由运算放大电路构成的音频放大电路。工作时，来自输入端或前级电路的音频信号经耦合电容器C1后，送入运算放大电路MAX4165/MAX4166的正向输入端。

送入运算放大电路中的音频信号经内部运算放大处理后输出，再经耦合电容器C2驱动扬声器发声。

4 水位指示电路的识图

图4-48为典型水位指示电路的识图分析。它是由运算放大电路控制显示的水位指示电路，主要是由水箱内的水位检测电极和运算放大电路构成的。

水位上升至D时，水的电阻将D、E两个电极连接在一起

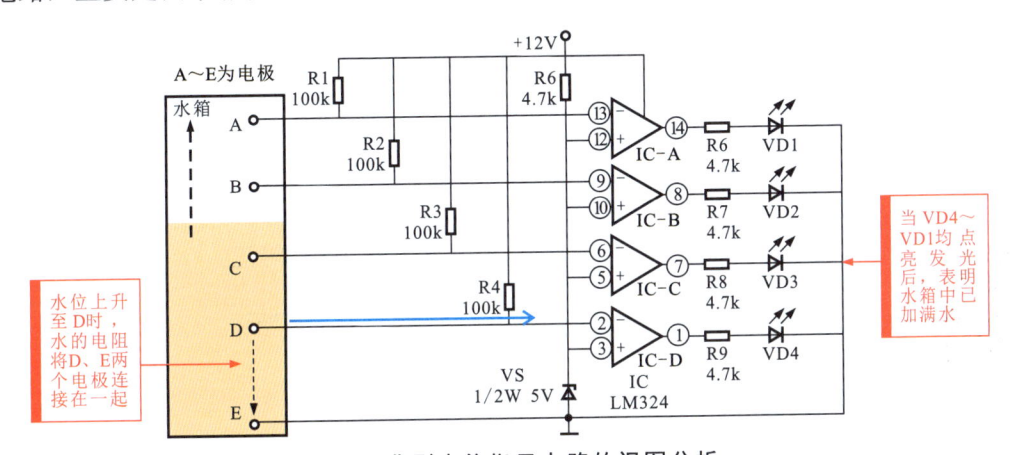

当VD4~VD1均点亮发光后，表明水箱中已加满水

图4-48 典型水位指示电路的识图分析

工作过程中，当向水箱中注入水使水位上升至D电极时，水的电阻将D、E两个电极连接在一起。

运算放大电路IC-D的反向输入端2脚电压低于+5V，1脚输出高电平，使发光二极管VD4正向导通而发光，指示水位已达到D电极处。

随着水位的不断提高，水箱中的检测电极C、B、A依次接入电路中。

使运算放大电路IC-C、IC-B、IC-A逐次输出高电平，由此依次点亮二极管VD3、VD2、VD1。当四只二极管均点亮发光后，表明水箱已满。

4.4.2 电源电路识图案例

1 线性电源电路的识图

图4-49为典型线性稳压电源电路的识图分析。该线性稳压电源电路主要是由降压变压器、桥式整流堆、滤波电容及稳压调整晶体管、稳压二极管等元器件组成的。

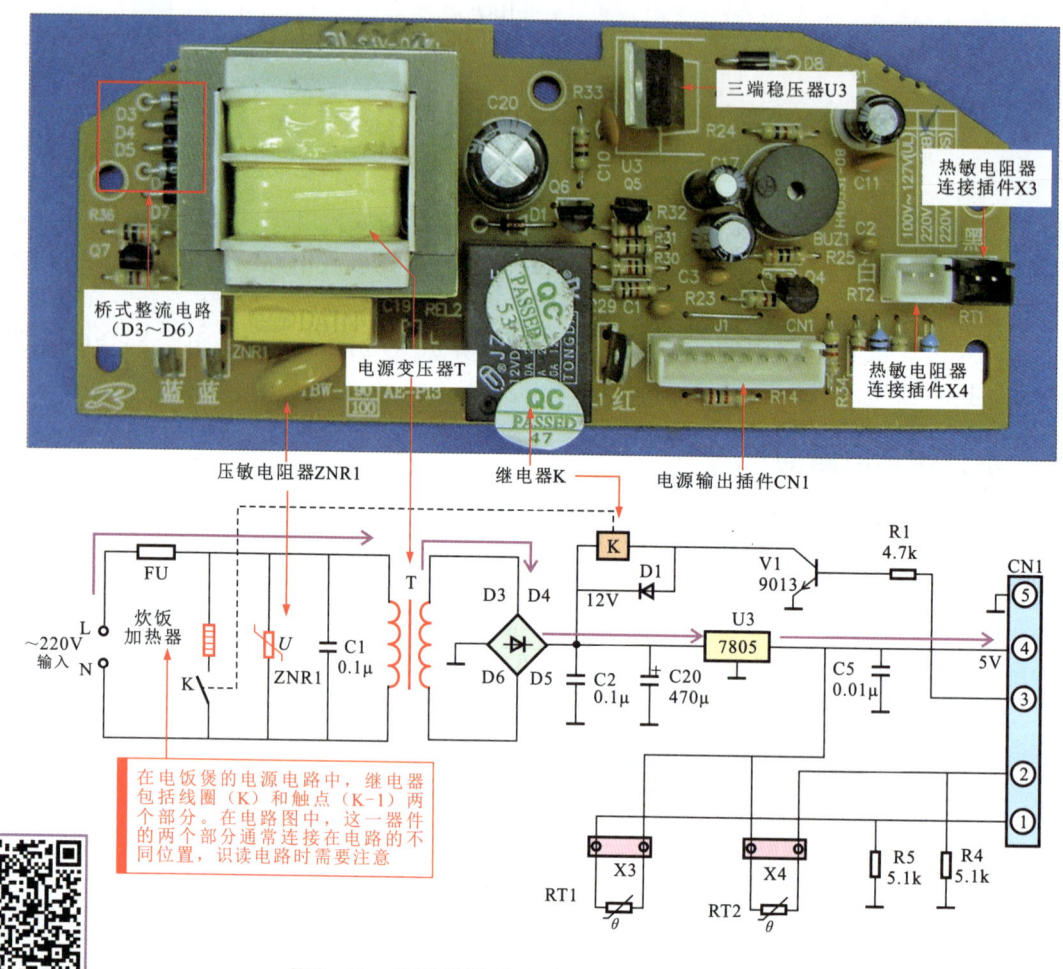

图4-49 典型线性稳压电源电路的识图分析

工作时，AC 220V市电送入电路后，通过FU（热熔断器）将交流电输送到电源电路中。热熔断器主要起保护电路的作用，当电饭煲中的电流过大或电饭煲中的温度过高时，热熔断器熔断，切断电饭煲的供电。

交流220V进入电源电路中，经降压变压器降压后，输出交流低压。

交流低压经过桥式整流电路和滤波电容整流滤波后，变为直流低压，输送到三端稳压器中。

三端稳压器对整流电路输出的直流电压进行稳压后，输出+5V的稳定直流电压，为微电脑控制电路提供工作电压。

2 开关电源电路的识图

图4-50为典型液晶电视机开关电源电路的识图分析。

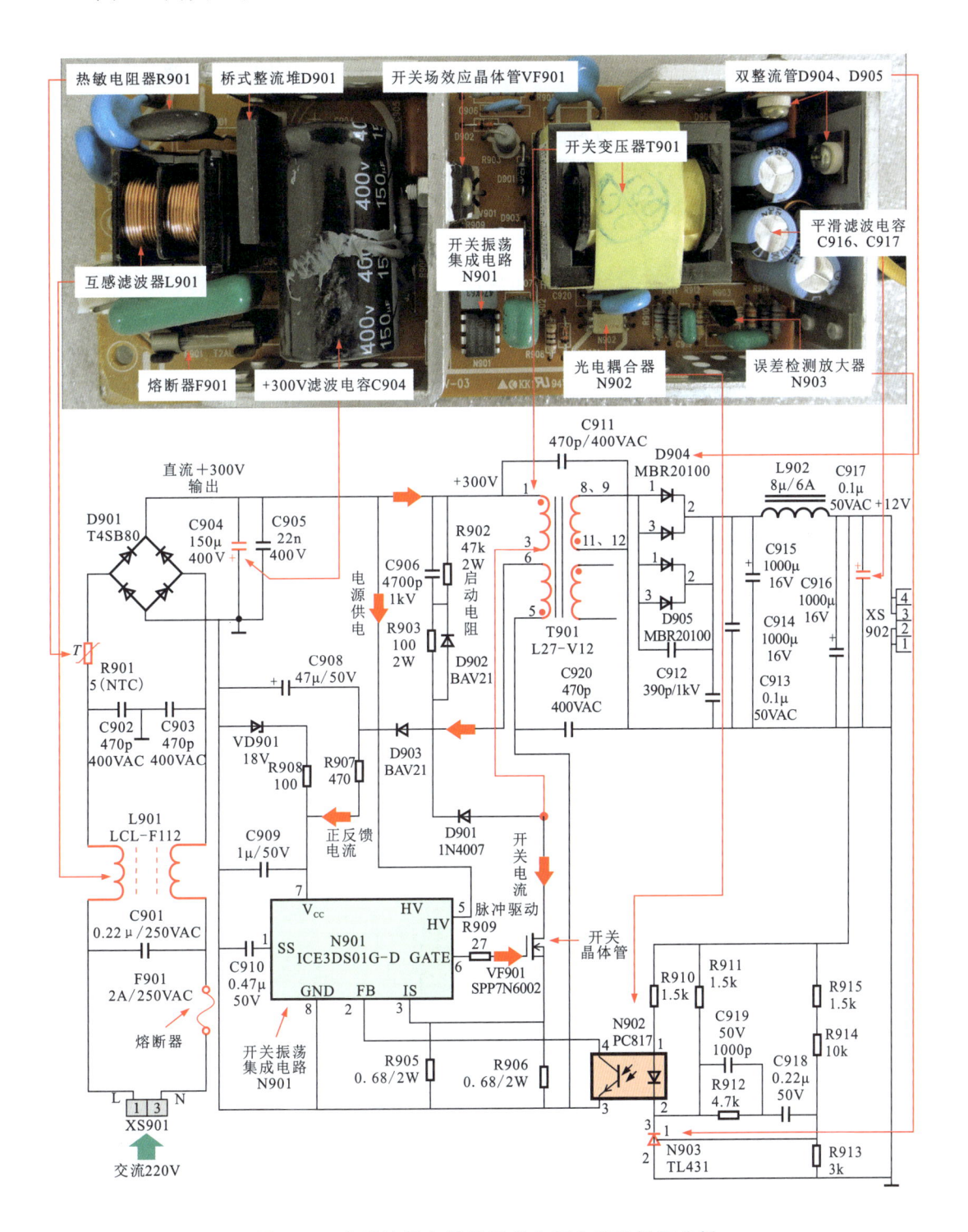

图4-50 典型液晶电视机开关电源电路的识图分析

交流220V电压经互感滤波器L901和桥式整流堆D901后变成约+300V的直流电压。

+300V直流电压经开关变压器T901的初级绕组1～3脚为开关场效应晶体管漏极提供偏压，同时为开关、振荡、稳压控制集成电路N901的5脚提供启动电压。

开机后，启动电压使N901内的振荡电路开始工作，由N901的6脚输出驱动脉冲，使开关场效应晶体管VF901工作在开关状态，驱动场效应晶体管漏极、源极之间形成开关电流。

开关变压器次级绕组5～6脚为正反馈绕组，6脚输出经整流二极管D903将正反馈电压加到N901的7脚，维持N901的振荡。

开关变压器次级8脚、9～11脚、12脚输出经D904、D905（双整流管）整流、滤波形成+12V电压。

误差取样电路由接在次级输出电路的+12 V电压经R915、R914、R913形成分压电路，在R913上作为取样点为N903（TL431）提供误差取样电压。

误差放大器N903（TL431）的输出控制光电耦合器N902中的发光二极管，+12V电压的波动会使光电耦合器中的发光二极管发光强度有变化，这种变化经光电耦合器中的晶体管反馈到N901的2脚形成负反馈环路，对N901产生的PWM信号进行稳压控制。

4.4.3 音频电路识图案例

1 音量控制电路的识图

图4-51为典型音量控制电路的识图分析。

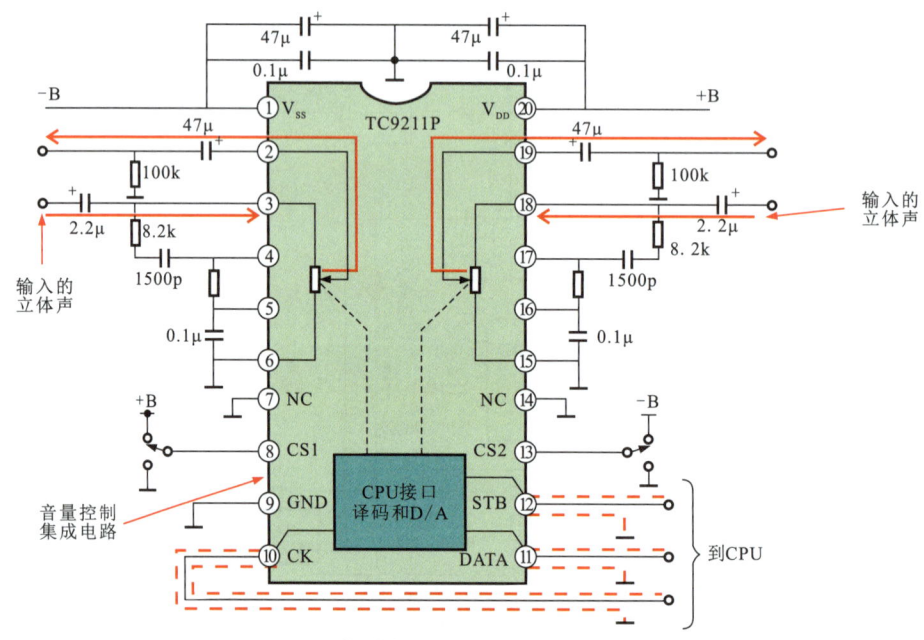

图4-51 典型音量控制电路的识图分析

TC9211P是音量控制集成电路。输入的立体声信号分别由TC9211P的3脚、18脚输入。在外部CPU的控制下对输入信号进行音量调整和控制后，由2脚、19脚输出。

CPU的控制信号（时钟、数据和待机）从10～12脚送入TC9211P中，经接口电路译码和D/A变换，变成模拟电压控制音频信号的幅度，以达到控制音量的目的。

2 彩色电视机音频电路的识图

图4-52为典型彩色电视机音频电路的识图分析。

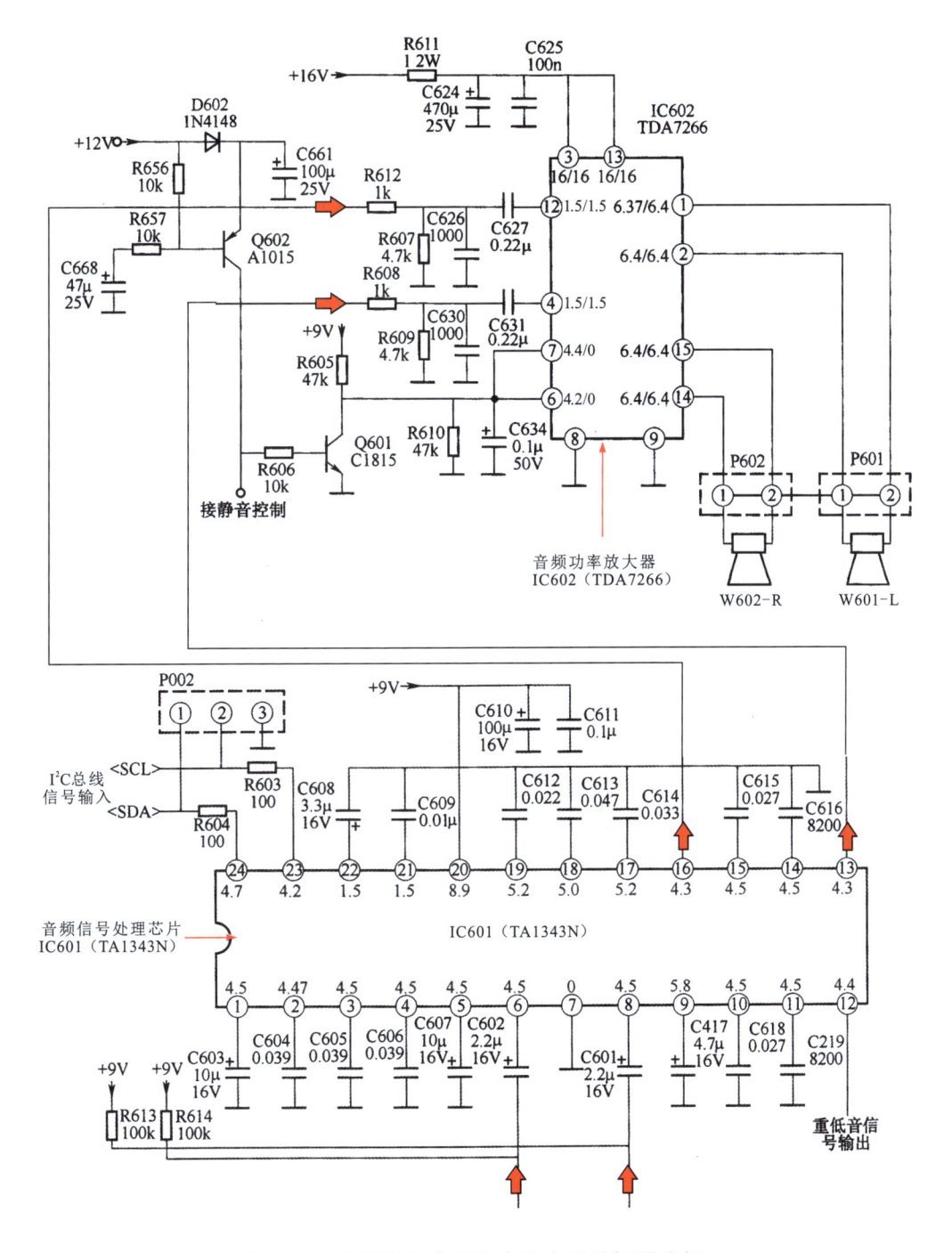

图4-52 典型彩色电视机音频电路的识图分析

图6-52所示音频电路主要由音频信号处理芯片IC601（TA1343N）、音频功率放大器IC602（TDA7266）及外围元器件构成。

由前级电视信号接收电路送来的TV音频信号分别送到音频信号处理芯片IC601（TA1343N）的6脚、8脚作为备选信号。

若AV接口电路连接外部设备，则外部音频信号也送到音频信号处理芯片IC601（TA1343N）的6脚、8脚作为备选信号。

音频信号处理芯片IC601（TA1343N）在微处理器的控制下，根据用户需求对输入的音频信号进行选择处理后，由音频信号处理芯片IC601（TA1343N）的16脚输出L声道音频信号，13脚输出R声道音频信号，12脚输出重低音信号，送往后级音频功率放大器IC602（TDA7266）中进行放大处理。

来自音频信号处理芯片IC601（TA1343N）的L、R信号分别送入音频功率放大器IC602（TDA7266）的4脚、12脚，在芯片内部放大处理后由1脚、2脚和14脚、15脚输出，经接插件P601、P602驱动扬声器W601-L、W602-R发声。

需要注意的是，在实际使用中，一般不会同时使用所有的TV或AV接口为电视机送入信号。若电视机未通过AV接口连接任何外部设备，只通过调谐器接口连接有线电视信号，则此时音频信号处理芯片IC601（TA1343N）的6脚、8脚只输入TV音频信号；若电视机通过AV接口连接DVD等设备时，则音频信号处理芯片IC601（TA1343N）的6脚、8脚只输入AV音频信号，以此类推，即只有相关接口连接设备时才会有信号输入。

4.4.4 遥控电路识图案例

1 遥控接收电路的识图

图4-53为典型空调器遥控接收电路的识图分析。

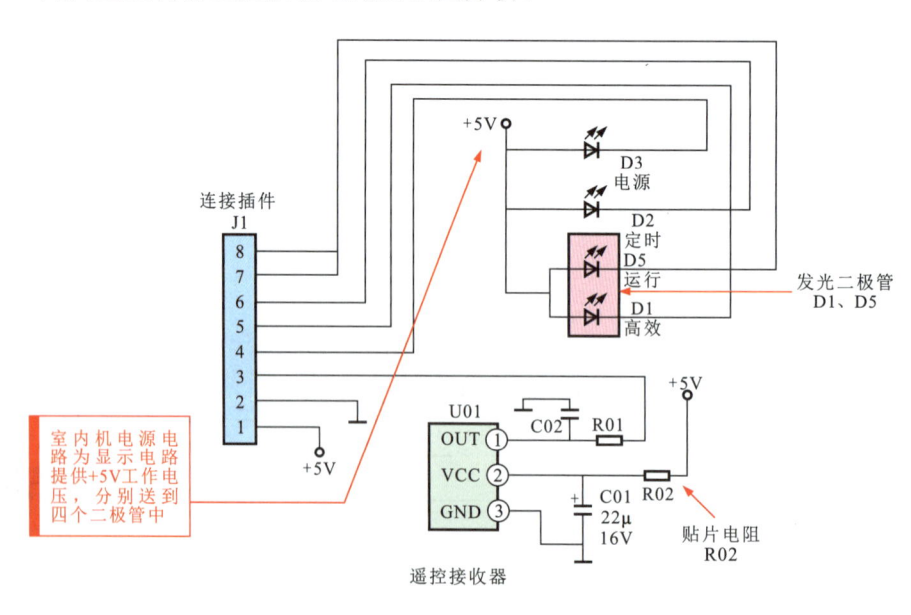

图4-53 典型空调器遥控接收电路的识图分析

遥控接收器的2脚为5V工作电压端,1脚为遥控信号输出端,3脚为接地端。

操作人员通过遥控器发送人工指令时,由遥控接收器接收该信号,经放大、滤波、整形等一系列处理变成控制信号,由1脚输出遥控信号并送往微处理器中,即为控制电路输入人工指令信号,同时控制电路输出显示驱动信号送往发光二极管中,显示变频空调器的工作状态。

发光二极管D3用来显示空调器的电源状态,D2用来显示空调器的定时状态,D5和D1分别用来显示空调器的正常运行和高效运行状态。

2 遥控发射电路的识图

图4-54为典型空调器遥控发射电路的识图分析。

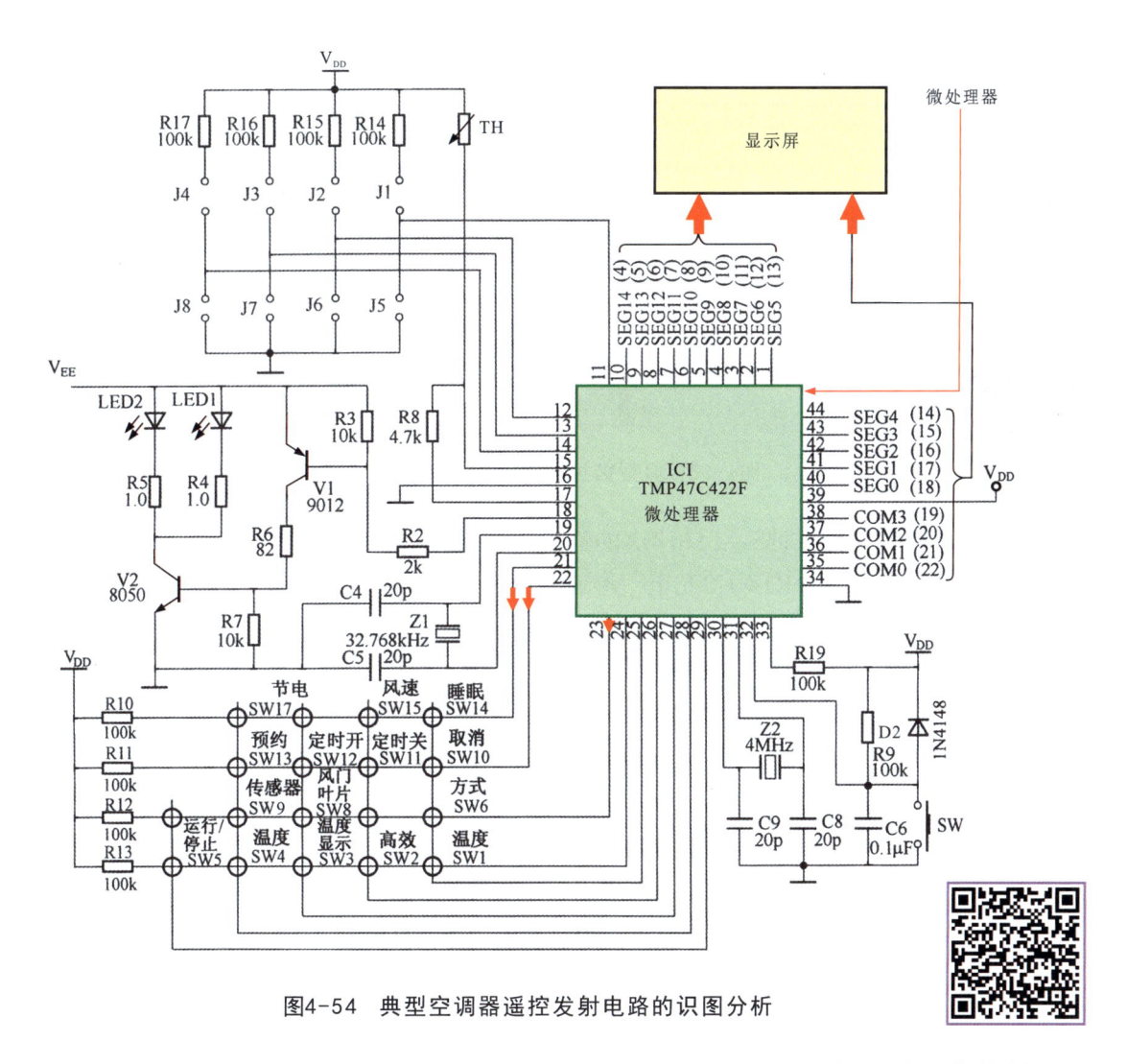

图4-54 典型空调器遥控发射电路的识图分析

遥控发射电路(遥控器)通电后,内部电路开始工作,用户通过操作按键(SW1~SW19)输入对应的人工指令。

由操作按钮输出的人工指令经微处理器处理后形成控制指令，经数字编码和调制后由19脚输出，由晶体管V1、V2放大后驱动红外发光二极管LED1和LED2，红外发光二极管LED1和LED2通过辐射窗口将控制信号发射出去，并由遥控接收电路接收信号。

4.4.5 脉冲电路识图案例

1 键控脉冲产生电路的识图

图4-55为典型键控脉冲产生电路的识图分析。

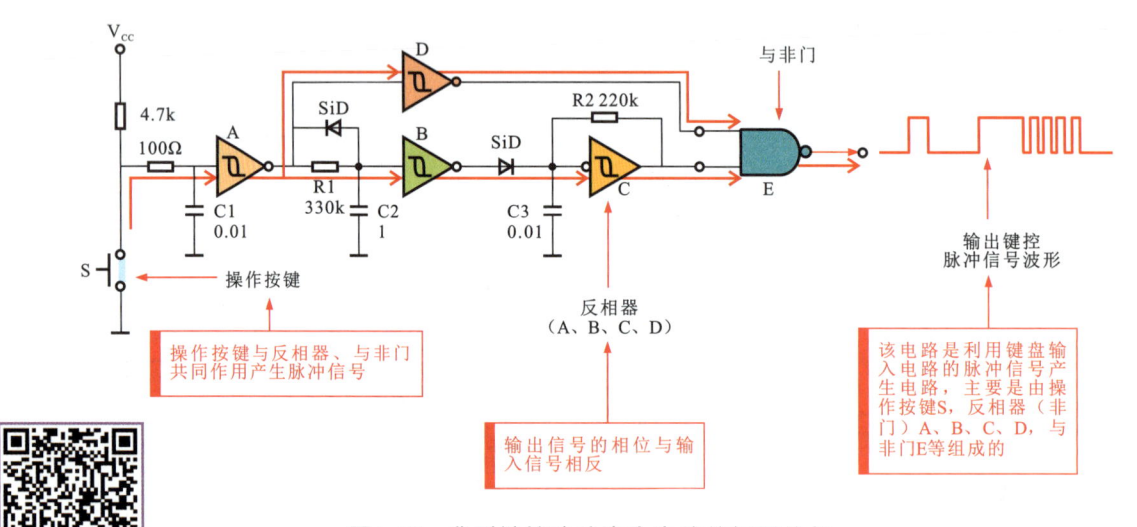

图4-55 典型键控脉冲产生电路的识图分析

按动一下操作按键S，反相器A的输出端会形成启动脉冲。

启动脉冲信号经R1对C2充电，形成积分信号。

当电容器C2充电电压达到一定电压值时，反相器C开始振荡，输出端输出振荡脉冲信号，加到与非门E下端的输入引脚上。

同时，启动脉冲经反相器D后，直接加到与非门E的上端引脚上。

经与非门进行"与""非"处理后，由输出端输出键控信号。

2 脉冲延迟电路的识图

图4-56为典型脉冲延迟电路的识图分析。

在电路输入端输入一个脉冲信号，经反相器A1反相放大后输出。

该反向放大后的脉冲信号经RC积分电路产生延迟。

延迟后的脉冲信号再经反相器A2反相放大后输出，在输出端得到一个经延迟的脉冲信号。

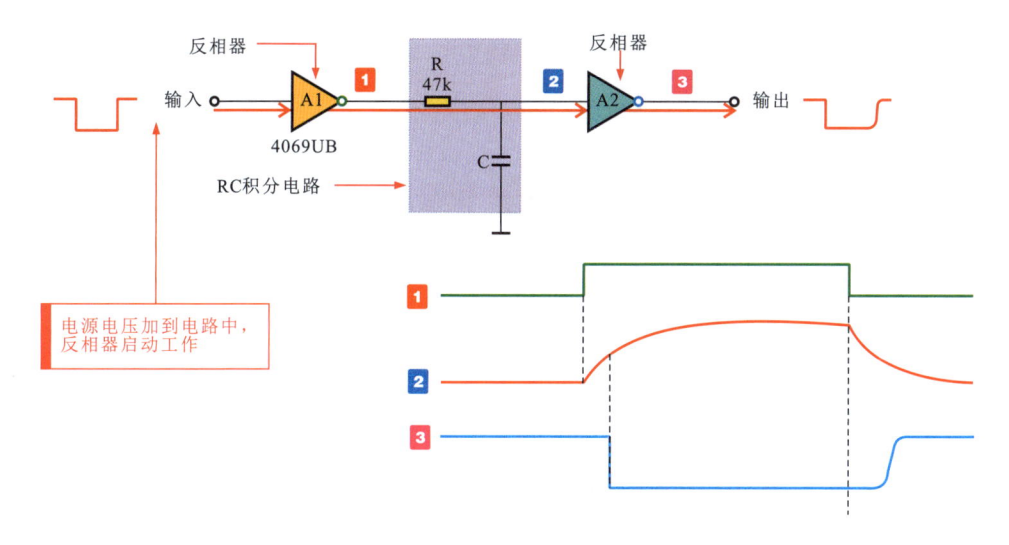

图4-56 典型脉冲延迟电路的识图分析

3 警笛信号发生器电路的识图

图4-57为典型警笛信号发生器电路的识图分析。

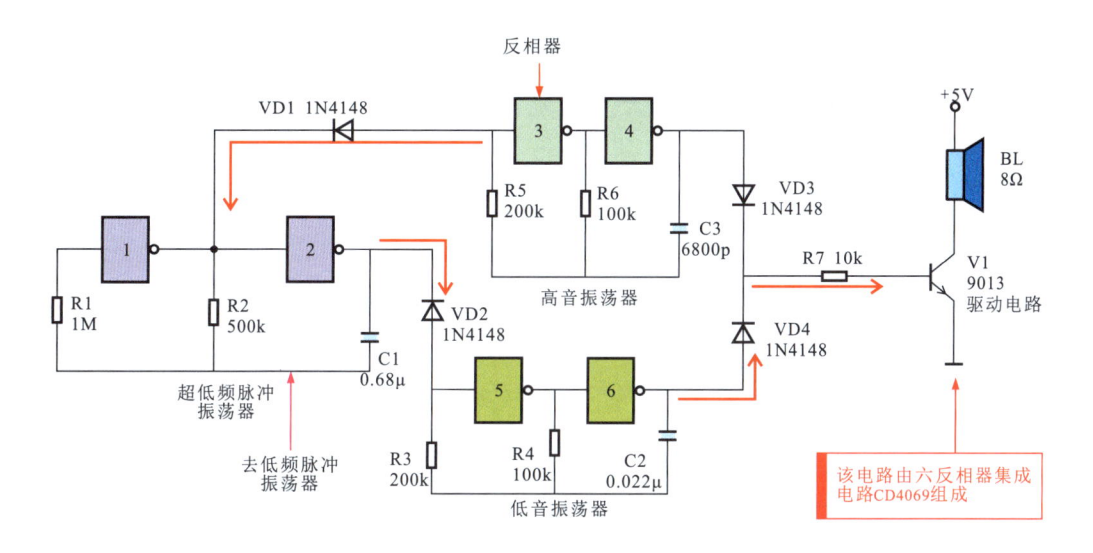

图4-57 典型警笛信号发生器电路的识图分析

在电路中，反相器1、2组成超低频脉冲振荡器，非门3、4组成高音振荡器，非门5、6组成低音振荡器。

超低频脉冲振荡器的输出通过二极管VD1、VD2控制高、低音振荡器轮流振荡，振荡信号分别经VD3、VD4后由三极管V1放大，推动扬声器发出警笛声响。

第5章 识读供配电电路

5.1 供配电电路的特点与识读方法

5.1.1 低压供配电电路的特点与识读方法

图5-1为典型低压供配电电路的结构。低压供配电电路是指380/220V的供电和配电电路,主要实现对交流低压的传输和分配。

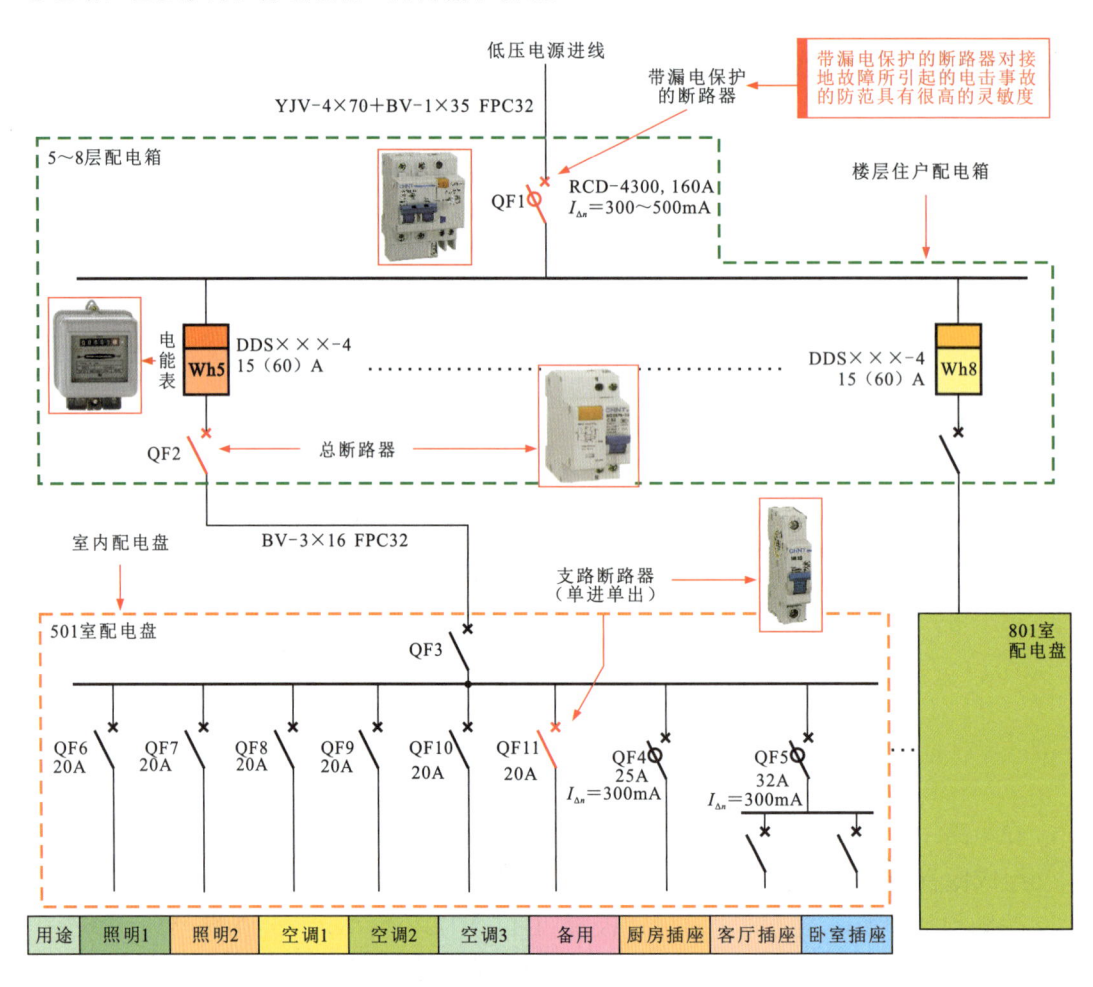

图5-1 典型低压供配电电路的结构

图5-2为典型低压供配电电路的控制关系。低压供配电电路是各种低压供配电设备按照一定的供配电控制关系连接而成,具有将供电电源向后级层层传递的特点。

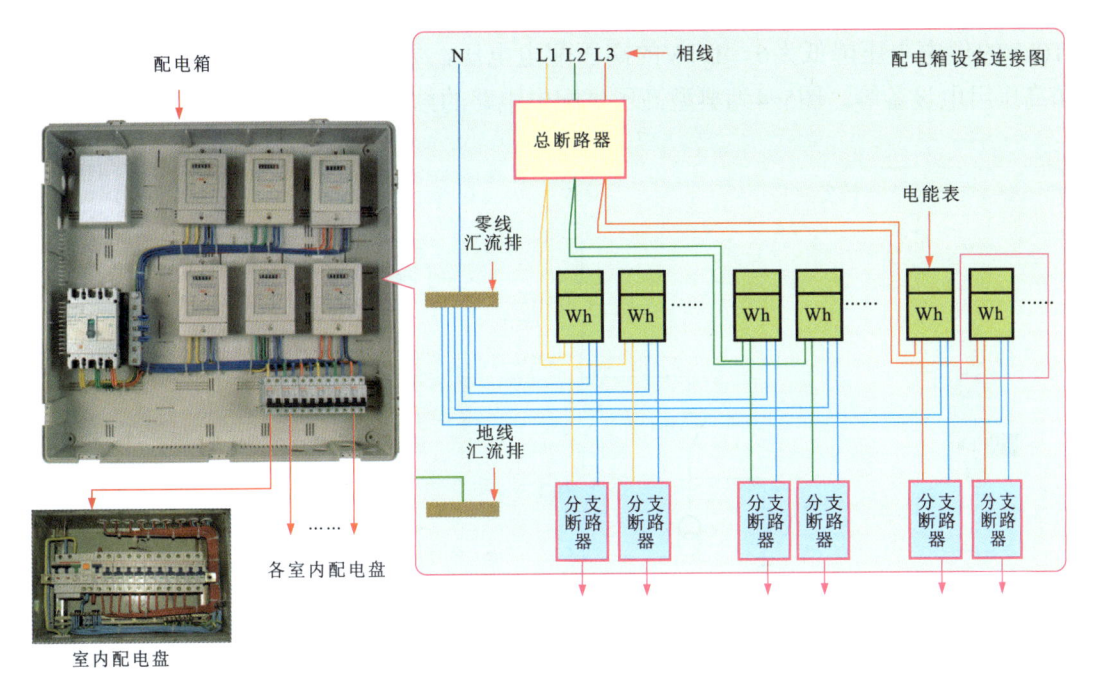

图5-2 典型低压供配电电路的控制关系

图5-3为典型入户低压供配电电路的结构。入户低压供配电电路主要用来对送入户内低电压进行传输和分配,为家庭低压用电设备供电。

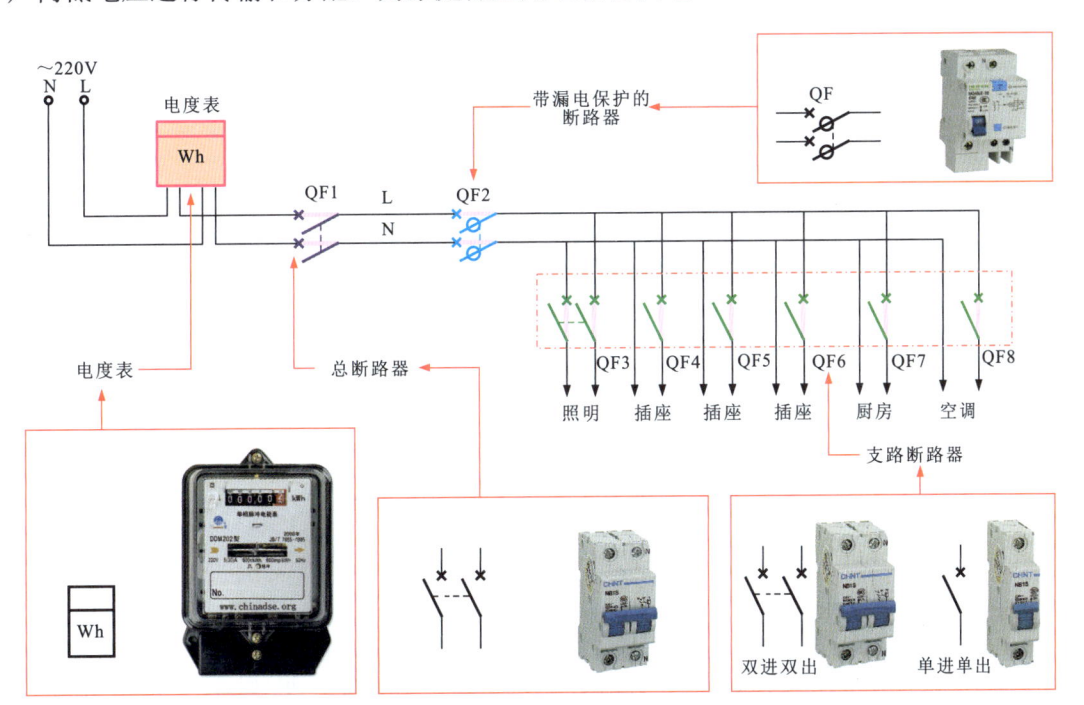

图5-3 典型入户低压供配电电路的结构

5.1.2 高压供配电电路的特点与识读方法

高压供配电电路是指6~10kV的供电和配电电路，主要实现将电力系统中35~110kV的供电电压降低为6~10kV的高压配电电压，并供给高压配电所、车间变电所和高压用电设备等。图5-4为典型高压供配电电路的结构。

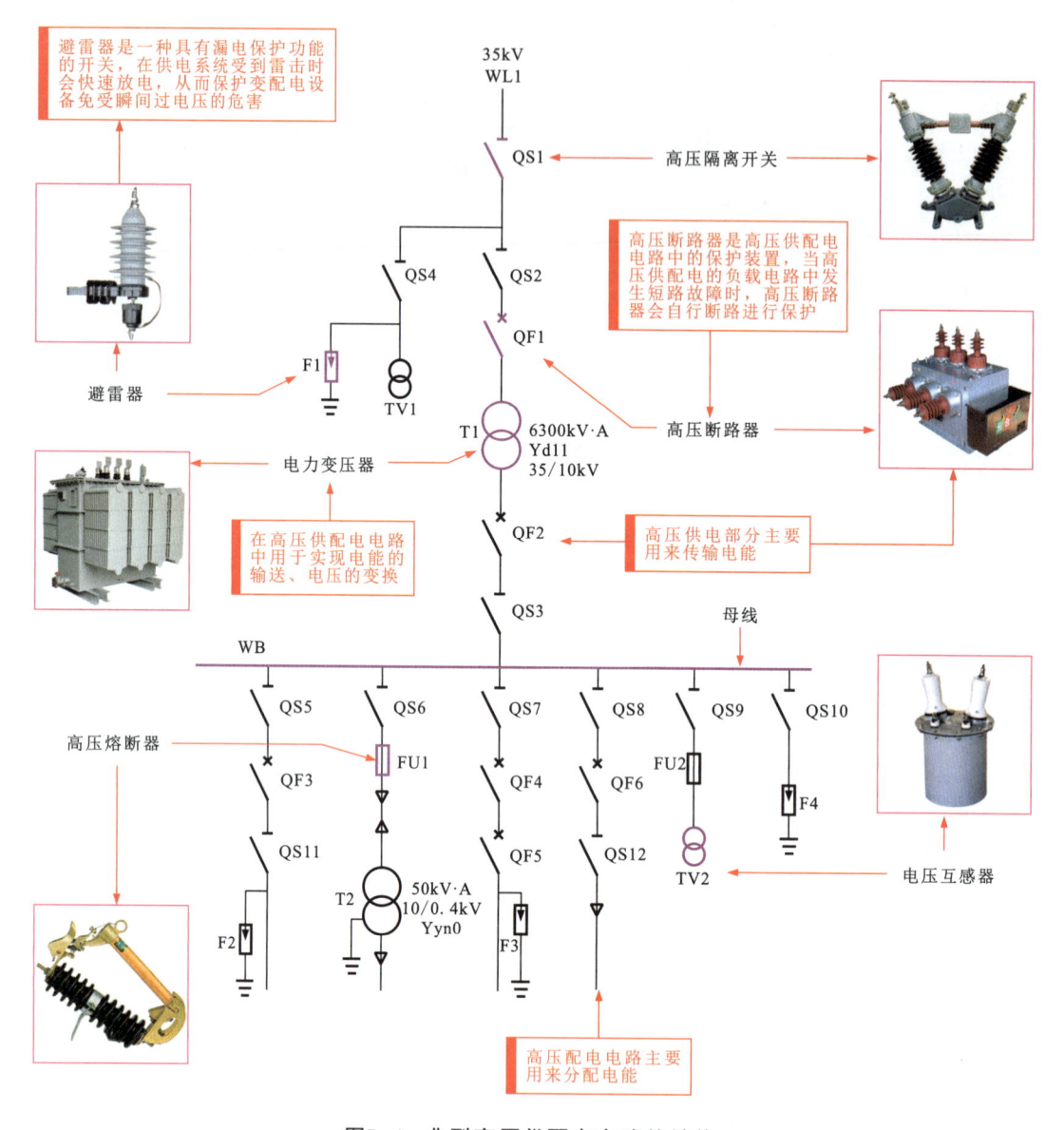

避雷器是一种具有漏电保护功能的开关，在供电系统受到雷击时会快速放电，从而保护变配电设备免受瞬间过电压的危害

避雷器

电力变压器

在高压供配电电路中用于实现电能的输送、电压的变换

高压熔断器

高压断路器是高压供配电电路中的保护装置，当高压供配电的负载电路中发生短路故障时，高压断路器会自行断路进行保护

高压隔离开关

高压断路器

高压供电部分主要用来传输电能

高压配电电路主要用来分配电能

电压互感器

图5-4 典型高压供配电电路的结构

> **补充说明**
>
> 单线连接表示高压电气设备的一相连接方式，而另外两相则被省略，这是因为三相高压电气设备中三相接线方式相同，即其他两相接线与这一相接线相同。这种高压供配电电路的单线电路图主要用于供配电电路的规划与设计以及有关电气数据的计算、选用、日常维护、切换回路等的参考，了解一相电路，就等同于知道了三相电路的结构组成等信息。

5.2 供配电电路识读案例

5.2.1 低压动力线供配电电路的识图

低压动力线供配电电路是用于为低压动力用电设备提供380V交流电源的电路。图5-5为低压动力线供配电电路的识图分析。

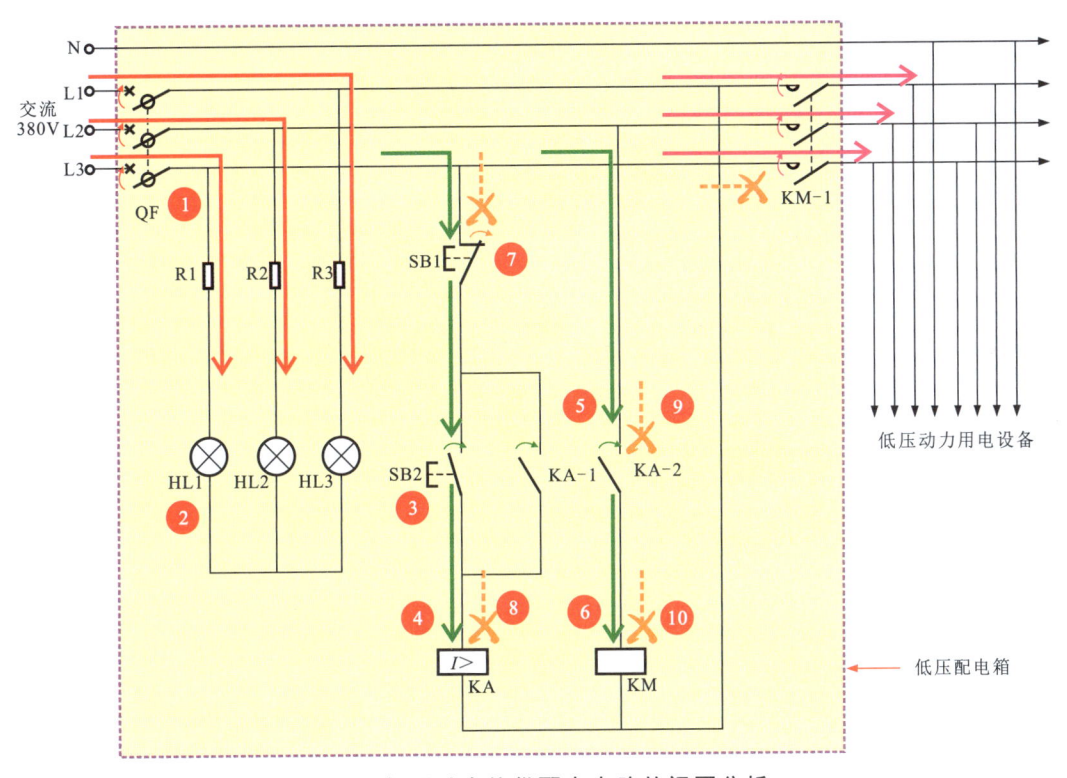

图5-5 低压动力线供配电电路的识图分析

【1】闭合总断路器QF,380V三相交流电接入电路中。

【2】三相电源分别经电阻器R1～R3为指示灯HL1～HL3供电,指示灯全部点亮。指示灯HL1～HL3具有断相指示功能,任何一相电压不正常,其对应的指示灯熄灭。

【3】按下启动按钮SB2,其常开触点闭合。

【3】→【4】过电流保护继电器KA的线圈得电。

【4】→【5】常开触点KA-1闭合,实现自锁功能。同时,常开触点KA-2闭合,接通交流接触器KM的线圈供电电路。

【5】→【6】交流接触器KM的线圈得电,常开主触点KM-1闭合,电路接通,为低压用电设备接通交流380V电源。

【7】当不需要为动力设备提供交流供电电压时,可按下停止按钮SB1。

【7】→【8】过电流保护继电器KA的线圈失电。

【8】→【9】常开触点KA-1复位断开,解除自锁。常开触点KA-2复位断开。

【9】→【10】交流接触器KM的线圈失电,常开主触点KM-1复位断开,切断交流380V低压供电。此时,该低压配电电路中的配电箱处于准备工作状态,指示灯仍点亮,为下一次启动做好准备。

5.2.2 低压配电柜供配电电路的识图

低压配电柜供配电电路主要用来对低电压进行传输和分配，为低压用电设备供电。在该电路中，一路作为常用电源，另一路则作为备用电源，当两路电源均正常时，黄色指示灯HL1、HL2均点亮，若指示灯HL1不能正常点亮，则说明常用电源出现故障或停电，此时需要使用备用电源进行供电，使该低压配电柜能够维持正常工作。图5-6为低压配电柜供配电电路的识图分析。

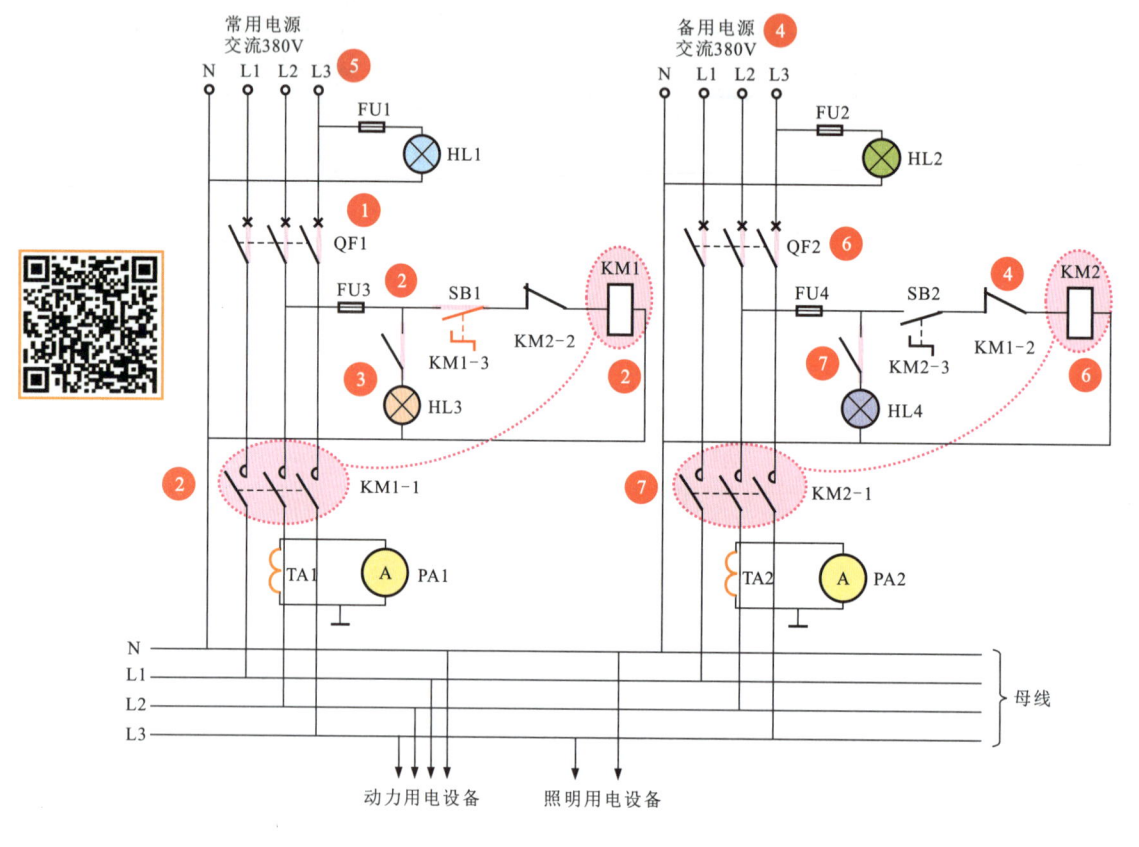

图5-6 低压配电柜供配电电路的识图分析

【1】HL1亮，常用电源正常。合上断路器QF1，接通三相电源。

【2】接通开关SB1，交流接触器KM1的线圈得电。

【3】KM1的常开触点KM1-1接通，向母线供电；常闭触点KM1-2断开，防止备用电源接通，起联锁保护作用；常开触点KM1-3接通，红色指示灯HL3点亮。

【4】常用电源供电电路正常工作时，KM1的常闭触点KM1-2处于断开状态，因此备用电源不能接入母线。

【5】当常用电源出现故障或停电时，交流接触器KM1的线圈失电，常开、常闭触点复位。

【6】此时接通断路器QF2、开关SB2，交流接触器KM2的线圈得电。

【7】KM2的常开触点KM2-1接通，向母线供电；常闭触点KM2-2断开，防止常用电源接通，起联锁保护作用；常开触点KM2-3接通，红色指示灯HL4点亮。

5.2.3 楼宇变电所高压供配电电路的识图

楼宇变电所高压供配电电路应用在高层住宅小区或办公楼中，其内部采用多个高压开关设备对线路的通、断进行控制，从而为高层的各个楼层供电。图5-7为楼宇变电所高压供配电电路的识图分析。

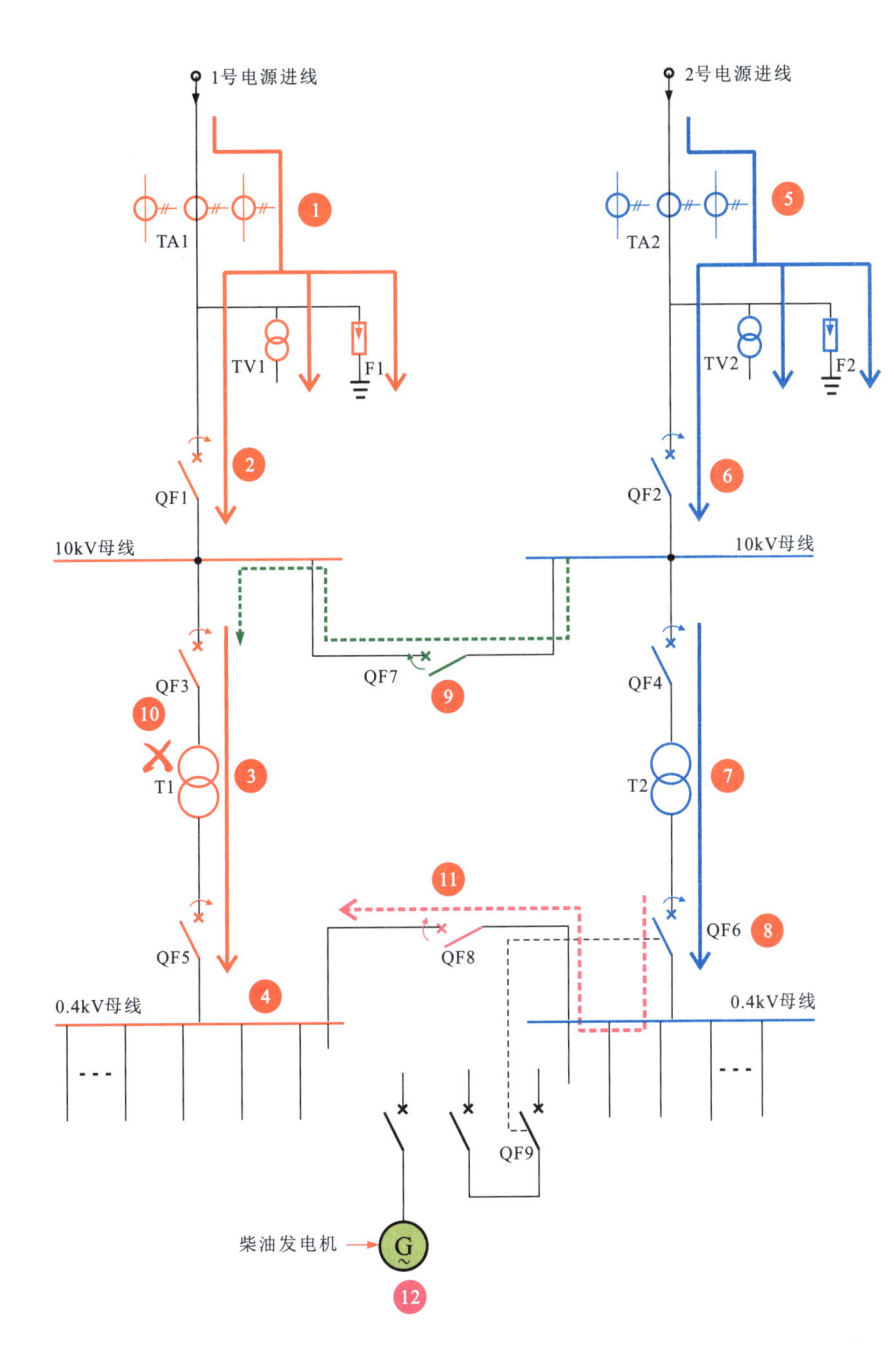

图5-7 楼宇变电所高压供配电电路的识图分析

【1】10kV高压经电流互感器TA1送入，在进线处安装有电压互感器TV1和避雷器F1。

【2】合上高压断路器QF1和QF3，10kV高压经母线后送入电力变压器T1的输入端。

【3】电力变压器T1输出端输出0.4kV低压。

【4】合上低压断路器QF5后，0.4kV低压为用电设备进行供电。

【5】10kV高压经电流互感器TA2送入，在进线处安装有电压互感器TV2和避雷器F2。

【6】合上高压断路器QF2和QF4，10kV高压经母线后送入电力变压器T2的输入端。

【7】电力变压器T2输出端输出0.4kV低压。

【8】合上低压断路器QF6后，0.4kV低压为用电设备进行供电。

【9】若1号电源电路出现问题，可闭合QF7，由2号电源电路进行供电。

【10】当1号电源电路中的电力变压器T1出现故障后，1号电源电路停止工作。

【11】合上低压断路器QF8，由2号电源电路输出的0.4kV电压便会经QF8为1号电源电路中的负载设备供电，以维持其正常工作。

【12】该电路设有柴油发电机G。在两路电源均出现故障后，则可启动柴油发电机，进行临时供电。

5.2.4 深井高压供配电电路的识图

深井高压供配电电路是一种应用在矿井、深井等工作环境下的高压供配电电路，在电路中使用高压隔离开关、高压断路器等对电路的通断进行控制，母线可以将电源分为多路，为各设备提供工作电压。图5-8为深井高压供配电电路的识图分析。

【1】1号电源进线中，合上QS1和QS3，接着闭合高压断路器QF1，再合上高压隔离开关QS6，35～110kV电源电压送入电力变压器T1的输入端。

【2】2号电源进线中，合上QS2和QS4，接着闭合高压断路器QF2，再合上高压隔离开关QS9，35～110kV电源电压送入电力变压器T2的输入端。

【3】1号电源进线中，电力变压器T1的输出端输出6～10kV的高压。

【4】合上高压隔离开关QS11、高压断路器QF4后，6～10kV高压送入6～10kV母线中。

【5】经母线后，该电压分为多路，分别为主/副提升机、通风机、空压机、变压器和避雷器等设备供电，每个分支中都设有控制开关（变压隔离开关），便于进行供电控制。

【6】最后一路经高压隔离开关QS19、高压断路器QF11以及电抗器L1后，送入井下主变电所中。

【7】2号电源进线中，电力变压器T2的输出端输出6～10kV的高压。合上高压隔离开关QS12和高压断路器QF5后，6～10kV高压送入6～10kV母线中。该母线的电源分配方式与前述的1号电源的分配方式相同。

【8】经高压隔离开关QS22、高压断路器QF13以及电抗器L2后，为井下主变电所供电。

【9】由6～10kV母线送来的高压，再送入6～10kV子线中，再由子线对主水泵和低压设备供电。其中一路直接为主水泵进行供电，另一路作为备用电源。还有一路经电力变压器T4后，变为0.4kV（380V）低压，为低压动力设备进行供电。最后一路经高压断路器QF19和电力变压器T5后，变为0.69kV低压，为开采区低压负载设备进行供电。

第5章 识读供配电电路

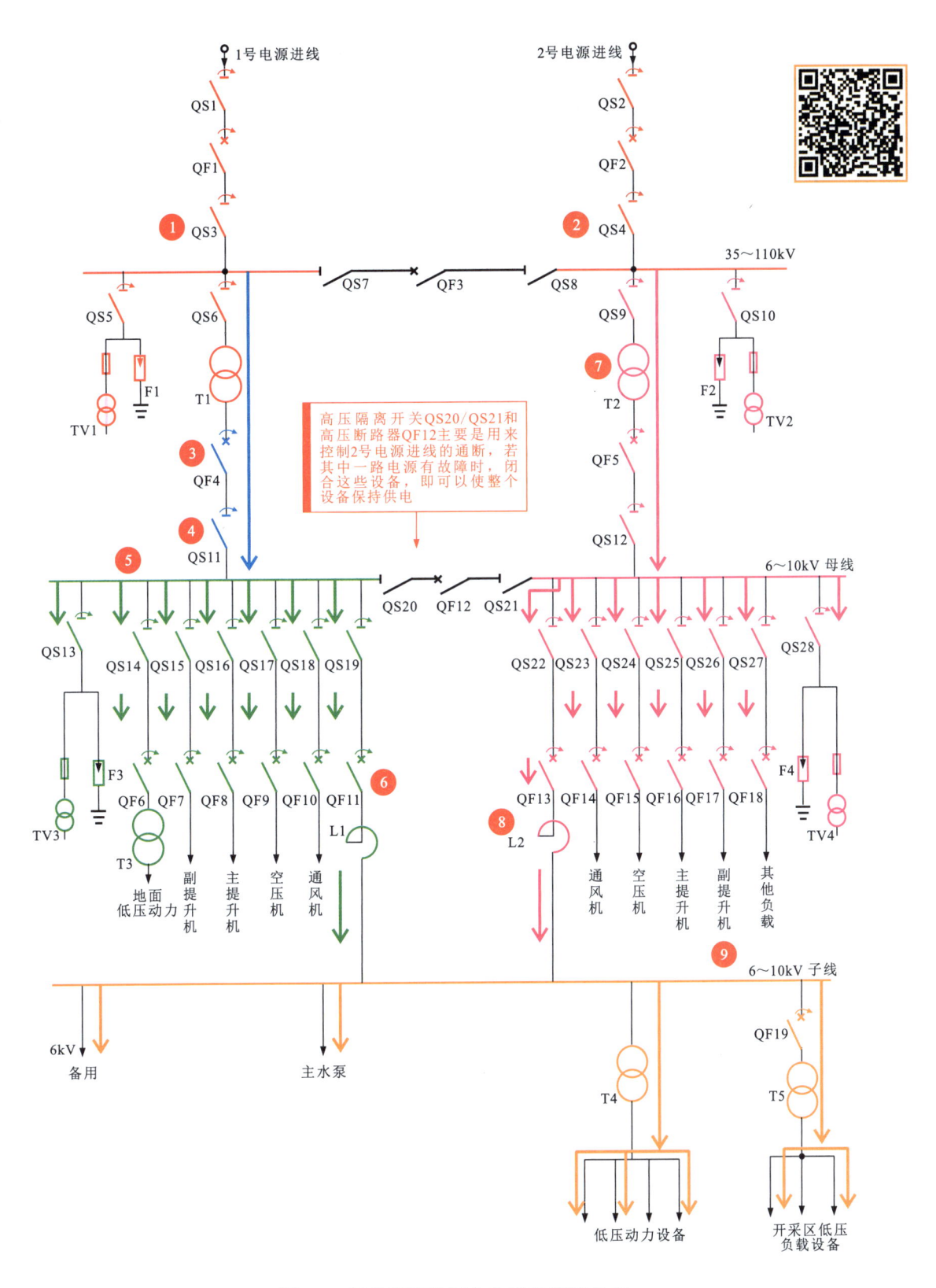

图5-8 深井高压供配电电路的识图分析

第6章 识读灯控照明电路

6.1 灯控照明电路的特点与识读方法

6.1.1 室内灯控照明电路的特点与识读方法

图6-1为典型室内灯控照明电路的结构。室内灯控电路一般应用在室内自然光线不足的情况下，主要由控制开关和照明灯具等构成。

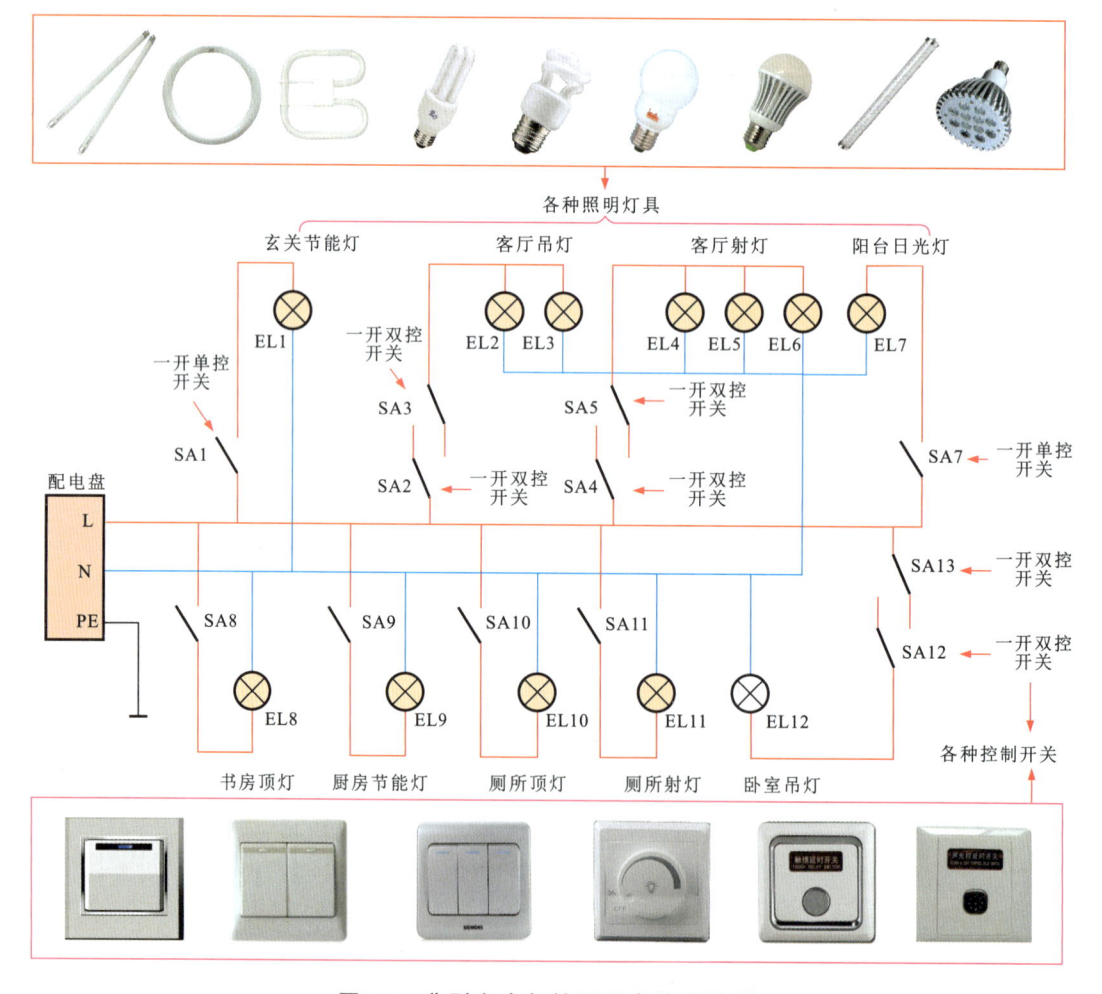

图6-1 典型室内灯控照明电路的结构

图6-2为典型室内灯控照明电路的控制关系。室内灯控照明电路主要由各种照明控制开关控制照明灯具的亮、灭；控制开关闭合或接通，照明灯点亮；控制开关断开，照明灯熄灭。

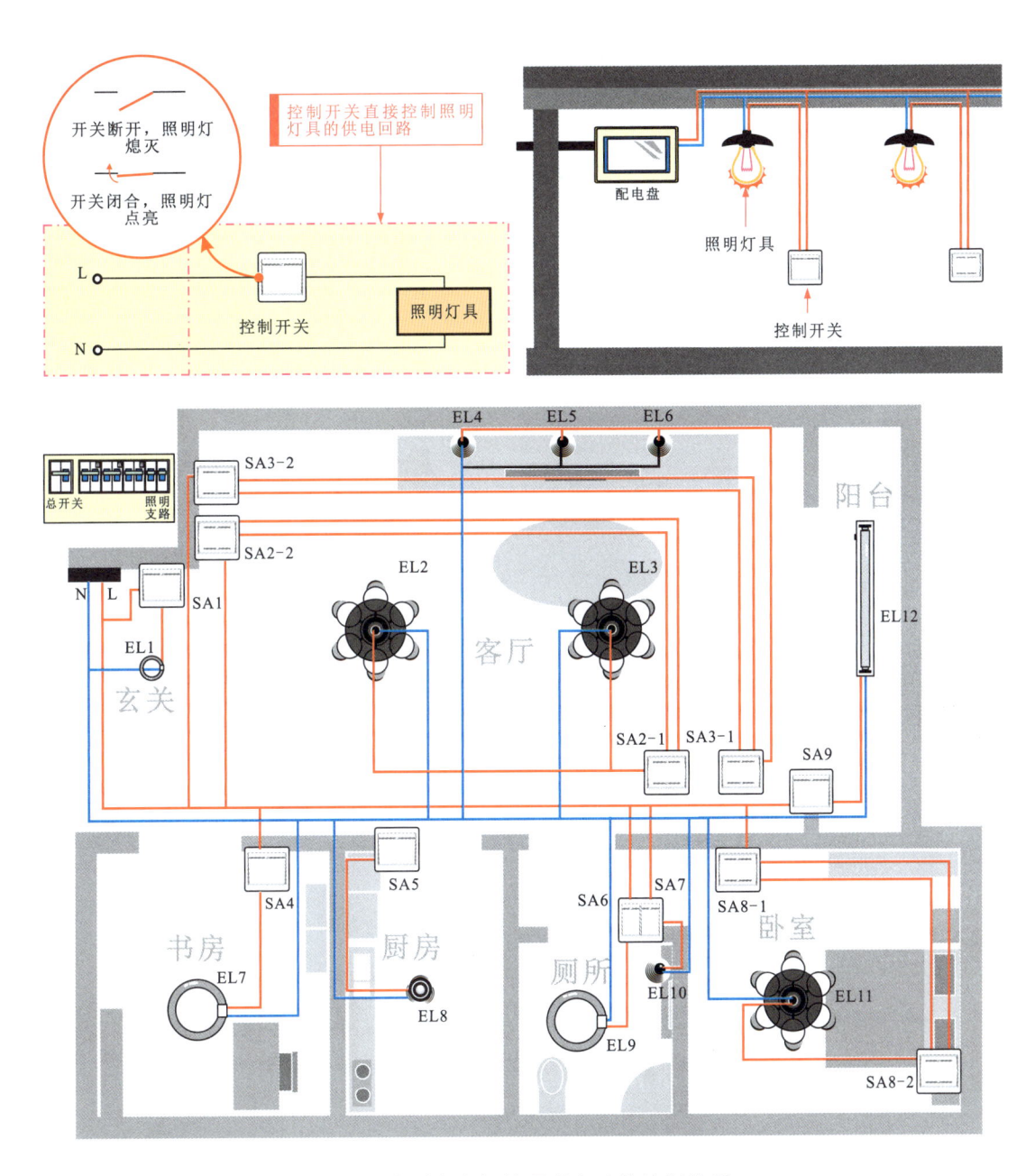

图6-2 典型室内灯控照明电路的控制关系

> **补充说明**
>
> 电路中，每一盏或每一组照明灯具均由相应的照明控制开关控制。当操作控制开关闭合时，照明灯具接通电源点亮。例如，书房顶灯EL7受控制开关SA4控制，当SA4断开时，照明灯具无电源供电，处于熄灭状态；当按动SA4，其内部触点闭合，书房顶灯EL7接通供电电源点亮。

6.1.2 公共灯控照明电路的特点与识读方法

图6-3为典型公共灯控照明电路的结构。公共灯控照明电路一般应用在公共环境下,如室外景观、路灯、楼道照明等。这类照明控制线路的结构组成较室内照明控制电路复杂,通常由小型集成电路负责电路控制,具备一定的智能化特点。

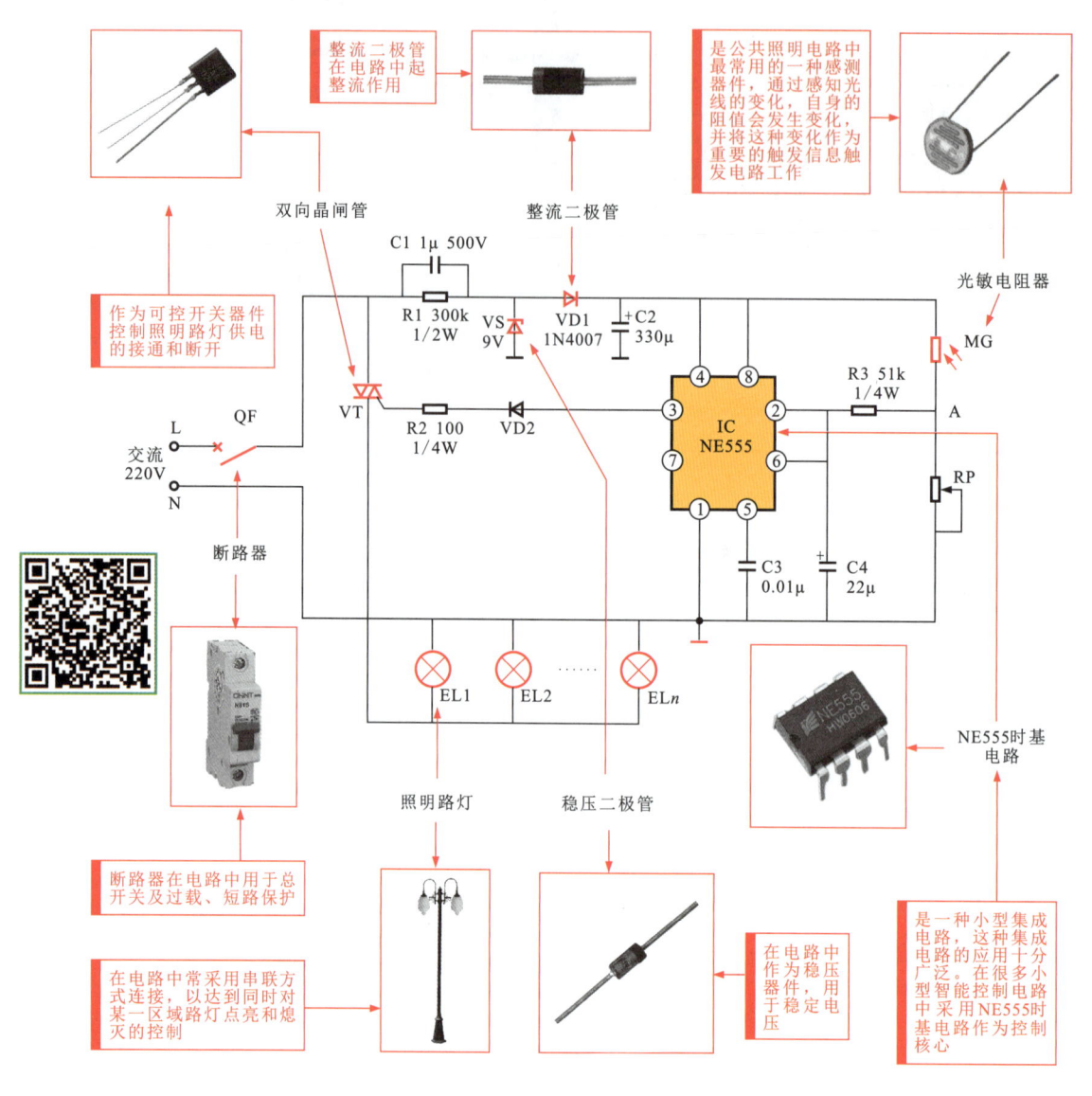

图6-3 典型公共灯控照明电路的结构

补充说明

图6-3所示公共灯控照明电路是由多盏路灯、总断路器QF、双向晶闸管VT、控制芯片(NE555时基电路)、光敏电阻器MG等构成的。

公共灯控照明电路大多是依靠由自动感应部件、触发控制部件等组成的触发控制电路进行控制的。其中,控制核心多采用NE555时基电路。NE555时基电路有多个引脚,可将输入的信号进行处理后输出。

图6-4为公共灯控照明电路的控制关系。公共照明电路中照明灯具的状态直接由控制电路板或控制开关控制。当控制电路板动作或控制开关闭合时，照明灯具接入供电回路，点亮；当控制电路板无动作或控制开关断开时，照明灯具与供电回路断开，熄灭。

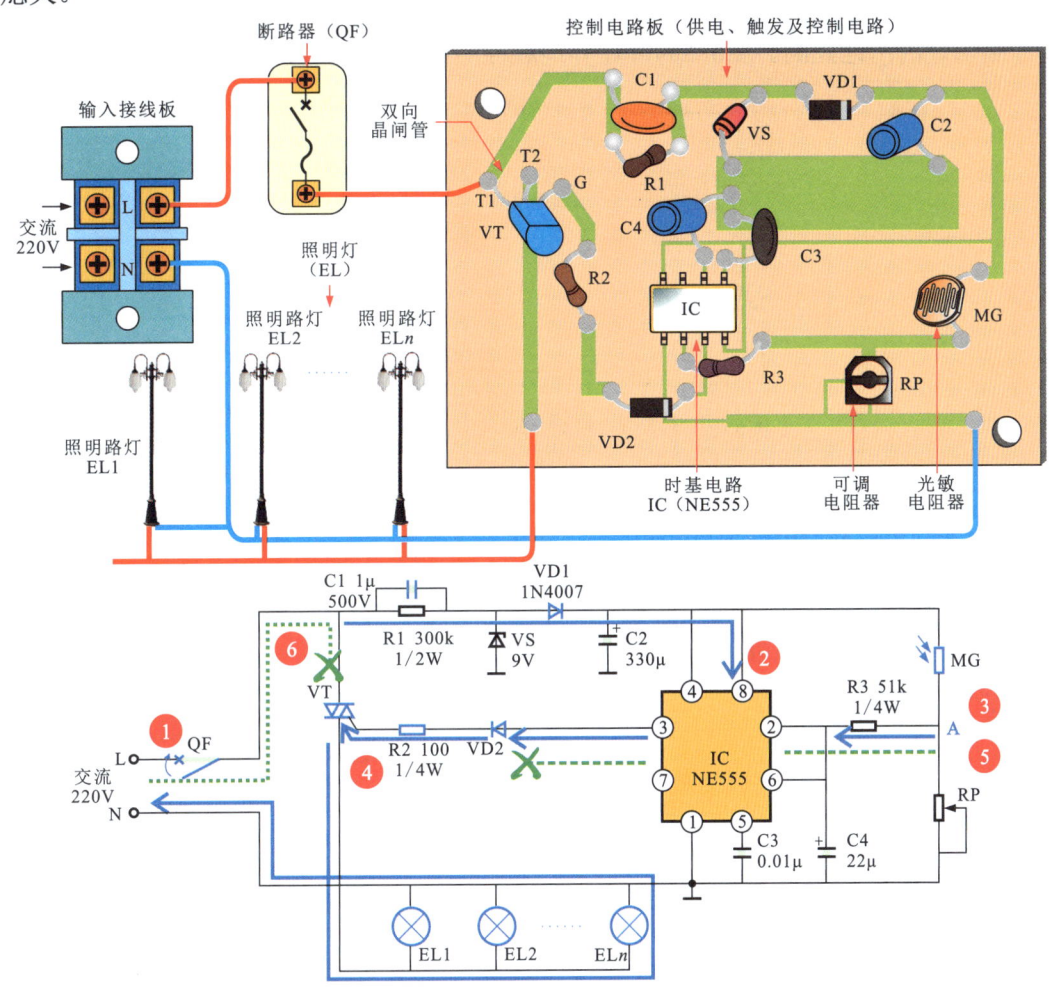

图6-4 公共灯控照明电路的控制关系

【1】合上供电线路中的断路器QF，接通交流220V电源。该电压经整流和滤波电路后，输出直流电压为电路时基集成电路IC（NE555）供电，进入准备工作状态。

【2】当夜晚来临时，光照强度逐渐减弱，光敏电阻器MG的阻值逐渐增大。其压降升高，分压点A点电压降低，加到时基集成电路IC的2、6脚的电压变为低电平。

【3】时基集成电路IC的2、6脚为低电平（低于$1/3V_{DD}$）时，内部触发器翻转，其3脚输出高电平，二极管VD2导通，并触发晶闸管VT导通，照明路灯形成供电回路，照明路灯EL1～ELn同时点亮。

【4】当第二天黎明来临时，光照强度越来越高，光敏电阻器MG的阻值逐渐减小。光敏电阻器MG分压后，加到时基集成电路IC的2、6脚上的电压又逐渐升高。

【5】当IC的2脚电压上升至大于$2/3V_{DD}$，6脚电压也大于$2/3V_{DD}$时，IC内部触发器再次翻转，IC的3脚输出低电平，二极管VD2截止，晶闸管VT截止。

【6】晶闸管VT截止，照明路灯EL1～ELn供电回路被切断，所有照明路灯同时熄灭。

6.2 灯控照明电路识读案例

6.2.1 客厅异地联控照明电路的识图

客厅异地联控照明电路主要由两个一开双控开关和一盏照明灯构成，可实现家庭客厅照明灯的两地控制。图6-5为客厅异地联控照明电路的识读分析。

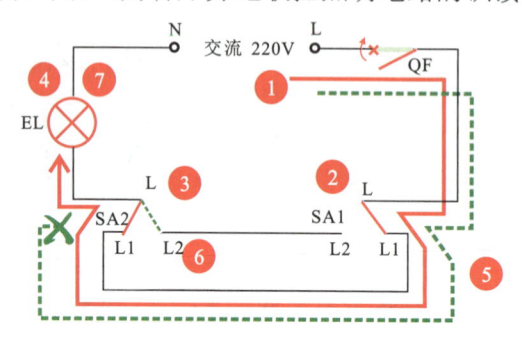

图6-5 客厅异地联控照明电路的识读分析

【1】合上断路器QF，接通220V电源。
【2】按动开关SA1，内部触点L-L1接通。
【3】开关SA2内部触点L-L1已经处于接通状态。
【4】照明灯EL点亮，为室内提供照明。
【5】当需要照明灯熄灭时，按动任意开关（以SA2为例）。
【6】按动开关SA2，内部触点L-L2接通、L-L1断开。
【7】照明灯EL熄灭，停止为室内提供照明。

图6-6为客厅异地联控照明电路的实物接线图。

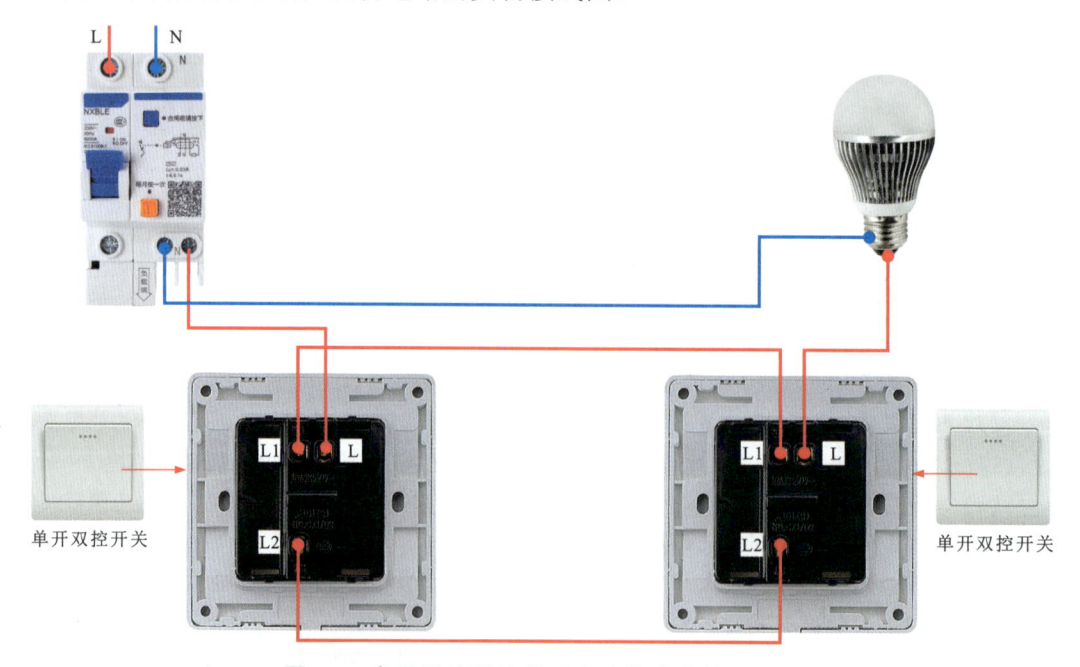

图6-6 客厅异地联控照明电路的实物接线图

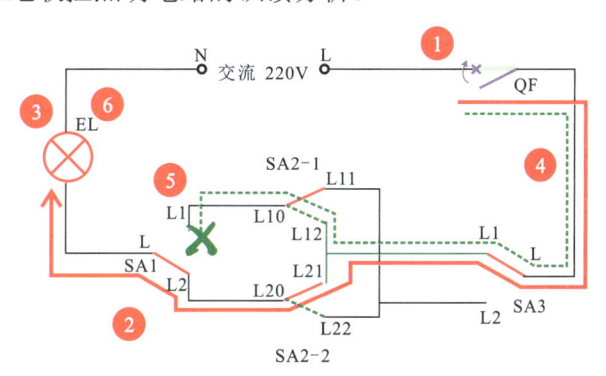

6.2.2 卧室三地联控照明电路的识图

卧室三地联控照明电路主要由两个一开双控开关、一个双控联动开关和一盏照明灯构成，可实现卧室内照明灯床头两侧和进门处的三地控制。图6-7为卧室三地联控照明电路的实物接线图。

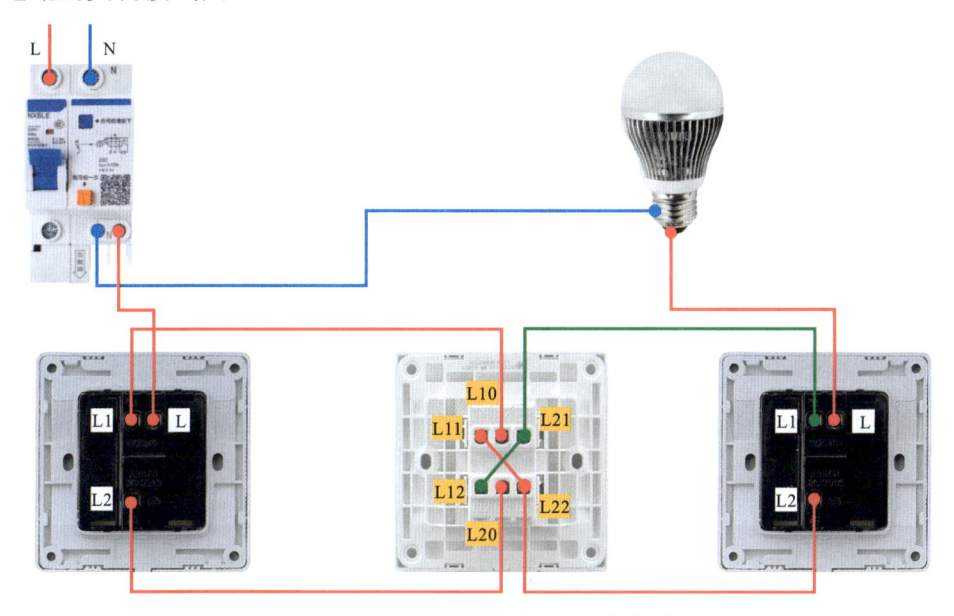

图6-7 卧室三地联控照明电路的实物接线图

图6-8为卧室三地联控照明电路的识读分析。

图6-8 卧室三地联控照明电路的识读分析

【1】合上断路器QF，接通220V电源。

【2】按动开关，以SA1为例，L-L2触点接通。

【3】电源经SA3的L-L1触点、SA2-2的L21-L20触点和SA1的L-L2触点后与照明灯EL形成回路，照明灯点亮。

【4】当需要照明灯熄灭时，按动任意开关（以SA2为例）。

【5】按动双控联动开关SA2，内部SA2-1触点L10-L12接通、L10-L11断开；SA2-2触点L20-L22接通、L20-L21断开。

【6】照明灯EL熄灭，停止为室内提供照明。

6.2.3 卫生间门控照明电路的识图

卫生间门控照明电路主要由各种电子元器件构成的控制电路和照明灯构成，该电路是一种自动控制照明灯工作的电路。在有人开门进入卫生间时，照明灯自动点亮；当有人走出卫生间时，照明灯自动熄灭。图6-9为卫生间门控照明电路的识读分析。

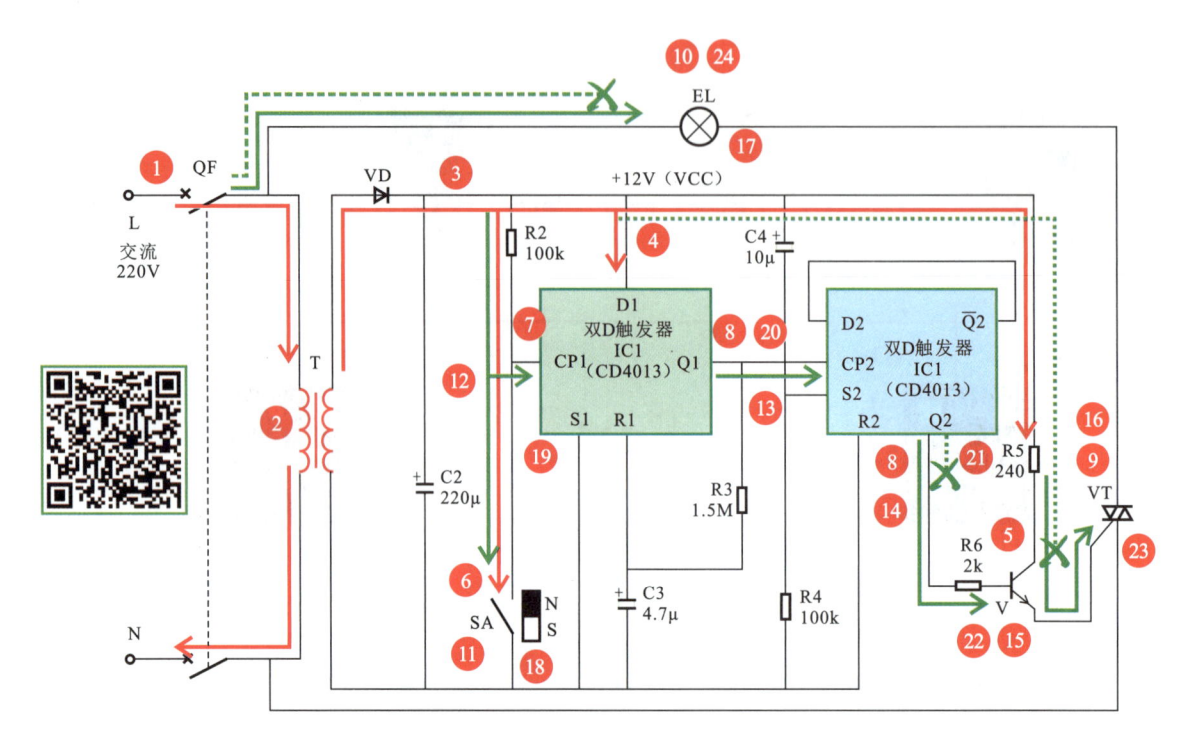

图6-9 卫生间门控照明电路的识读分析

【1】合上断路器QF，接通220V电源。

【2】交流220V电压经变压器T进行降压。

【3】降压后的交流电压经整流二极管VD整流和滤波电容器C2滤波后，变为12V左右的直流电压。

【3】→【4】+12V的直流电压为双D触发器IC1的D1端供电。

【3】→【5】12V的直流电压为三极管V的集电极进行供电。

【6】门在关闭时，磁控开关SA处于闭合的状态。

【7】双D触发器IC1的CP1端为低电平。

【4】+【7】→【8】双D触发器IC1的Q1和Q2端输出低电平。

【9】三极管V和双向晶闸管VT均处于截止状态。

【10】照明灯EL不亮。

【11】当有人进入卫生间时，门被打开并关闭，磁控开关SA断开后又接通。

【12】双D触发器IC1的CP1端产生一个高电平的触发信号。

【13】双D触发器IC1的Q1端输出高电平送入CP2端。

【14】双D触发器IC1内部受触发而翻转，Q2端也输出高电平。

【15】三极管V导通为双向晶闸管VT门极提供启动信号。

【16】双向晶闸管VT导通。

【17】照明灯EL点亮。

【18】当有人走出卫生间时，门被打开并关闭，磁控开关SA断开后又接通。

【19】双D触发器IC1的CP1端产生一个高电平的触发信号。

【20】双D触发器IC1的Q1端输出高电平送入CP2端。

【21】双D触发器IC1内部受触发而翻转，Q2端输出低电平。

【22】三极管V截止。

【23】双向晶闸管VT截止。

【24】照明灯EL熄灭。

6.2.4 楼道声控照明电路的识图

声控照明电路主要由声音感应元器件、控制电路和照明灯等构成，通过声音和控制电路控制照明灯具的点亮和延时自动熄灭。图6-10为楼道声控照明电路的识读分析。

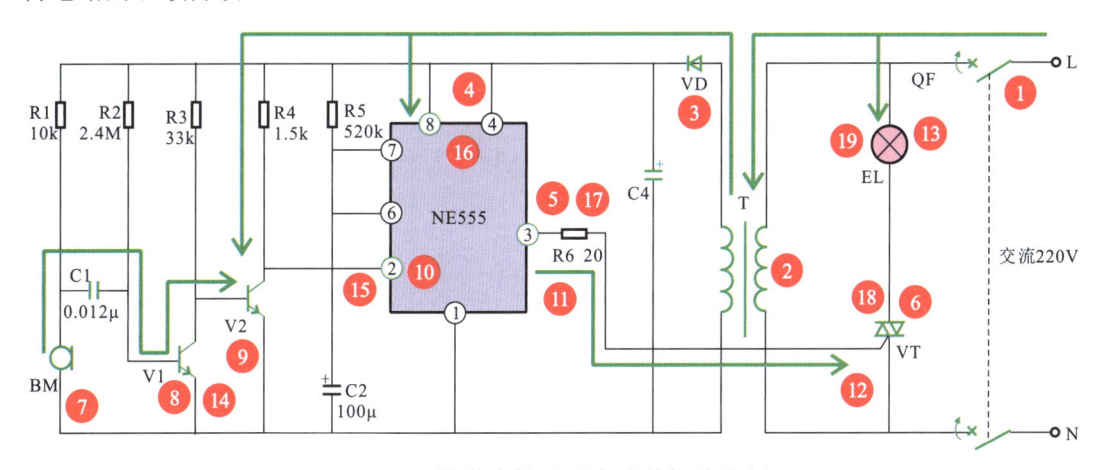

图6-10 楼道声控照明电路的识读分析

【1】合上断路器QF，接通220V电源。

【2】交流220V电压经变压器T进行降压。

【3】低压交流电压经VD整流和C4滤波后变为直流电压。

【4】直流电压为NE555时基电路的8脚提供工作电压。

【5】无声音时，NE555时基电路的2脚为高电平、3脚输出低电平。

【6】双向晶闸管VT截止。

【7】有声音时，传声器BM将声音信号转换为电信号。

【8】该信号送往V1,由V1对信号进行放大。
【9】放大信号再送往V2,输出放大后的音频信号。
【10】V2将音频信号加到NE555时基电路的2脚。
【11】NE555时基电路的3脚输出高电平。
【12】VT导通。
【13】照明灯EL点亮。
【14】声音停止后,晶体管V1和V2处于放大等待状态。
【15】由于电容器C2的充电过程,NE555时基电路的6脚电压逐渐升高。
【16】当电压升高到一定值后(8V以上,2/3供电电压),NE555时基电路内部复位。
【17】复位后,NE555时基电路的3脚输出低电平。
【18】双向晶闸管VT截止。
【19】照明灯EL熄灭。

6.2.5 光控路灯照明电路的识图

光控路灯照明电路主要由光敏电阻器及外围电子元器件构成的控制电路和路灯构成。该电路可自动控制路灯的工作状态。白天光照较强时,路灯不工作;夜晚降临或光照较弱时,路灯自动点亮。图6-11为光控路灯照明电路的识读分析。

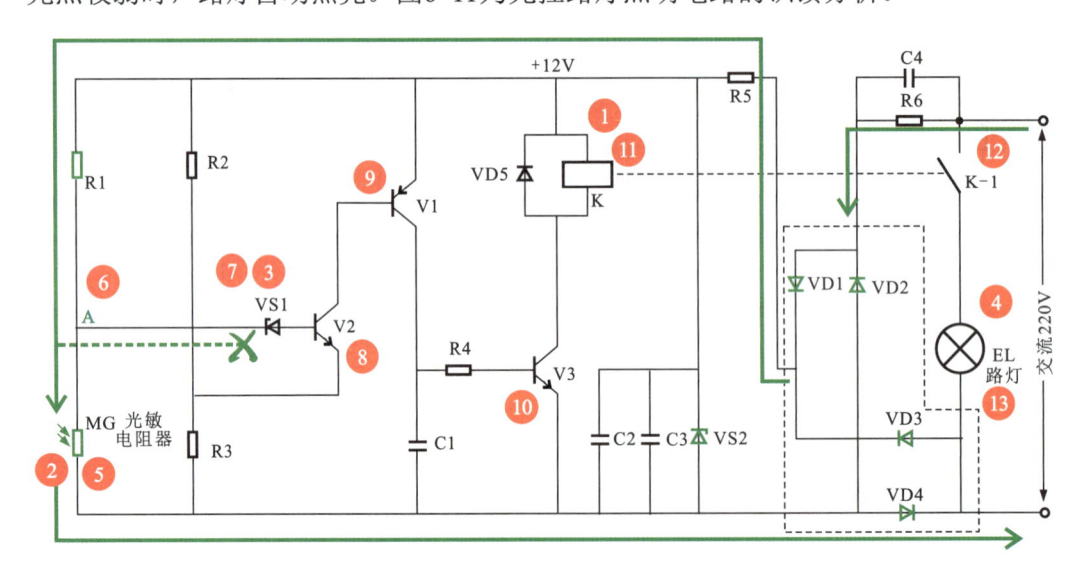

图6-11 光控路灯照明电路的识读分析

【1】交流220V电压经桥式整流电路VD1～VD4整流、稳压二极管VS2稳压后,输出+12V直流电压。
【2】白天时,光敏电阻器MG受强光照射呈低阻状态。
【3】由光敏电阻器MG、电阻器R1形成分压电路,电阻器R1上的压降较高,分压点A点电压偏低。
【4】稳压二极管VS1无法导通,晶体管V2、V1、V3均截止,继电器K不吸合,路灯EL不亮。
【5】夜晚时,光照强度减弱,光敏电阻器MG阻值增大。

【6】MG阻值增大，电阻器R1上的压降降低，分压点A点电压升高。

【7】稳压二极管VS1导通。

【8】晶体管V2导通。

【9】晶体管V1导通。

【10】晶体管V3导通。

【11】继电器K的线圈得电。

【12】常开触点K-1闭合。

【13】路灯EL点亮。

6.2.6 楼道应急照明电路的识图

楼道应急照明电路主要由应急灯和控制电路构成。该电路是指在市电断电时自动为应急照明灯供电的控制电路。当市电供电正常时，应急照明灯自动控制电路中的蓄电池充电；当市电停止供电时，蓄电池为应急照明灯供电，应急照明灯点亮，进行应急照明。图6-12为楼道应急照明电路的识读分析。

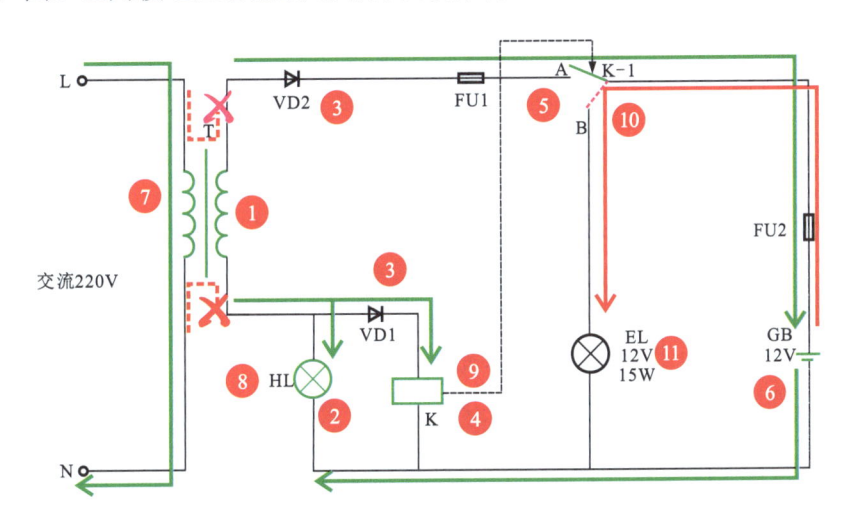

图6-12 楼道应急照明电路的识读分析

【1】交流220V电压经变压器T降压后输出交流低压。

【2】正常状态下，待机指示灯HL点亮。

【3】交流低压经整流二极管VD1、VD2变为直流电压，为后级电路供电。

【4】继电器K的线圈得电。

【5】继电器的触点K-1与A点接通。

【6】蓄电池GB充电。

【7】当交流220V电源断开后，变压器T无感应电压。

【7】→【8】待机指示灯HL熄灭。

【7】→【9】继电器K的线圈失电。

【10】继电器的触点K-1与B点接通。

【11】蓄电池GB为应急照明灯EL供电，EL点亮。

6.2.7 景观照明电路的识图

景观照明电路是指应用在一些观赏景点或广告牌上，或者用在一些比较显著的位置上，用来设置观赏或提示功能的公共用电电路。图6-13为景观照明电路的识读分析。

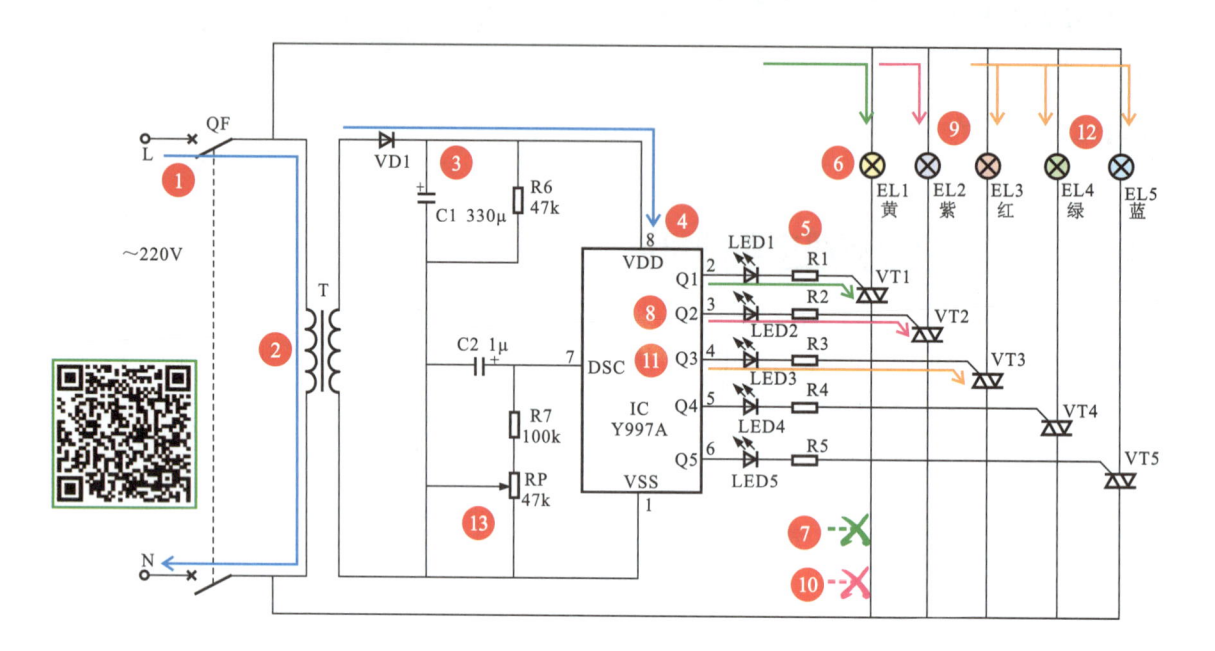

图6-13 景观照明电路的识读分析

【1】合上总断路器QF，接通交流220V市电电源。

【2】交流220V市电电压经变压器T变压后变为交流低压。

【3】交流低压再经整流二极管VD1整流、滤波电容器C1滤波后，变为直流电压。

【4】直流电压加到IC（Y997A）的8脚上为其提供工作电压。

【5】IC的8脚有供电电压后，内部电路开始工作。IC的2脚输出高电平脉冲信号，使LED1点亮。

【6】同时，高电平信号经电阻器R1后，加到双向晶闸管VT1的控制极上，VT1导通，彩色灯EL1（黄色）点亮。

【7】此时，IC的输出端3~6脚输出低电平脉冲信号，外接的晶闸管处于截止状态，LED2~LED5和彩色灯EL2~EL5不亮。

【8】一段时间后，IC的3脚输出高电平脉冲信号，LED2点亮。

【9】同时，高电平信号经电阻器R2后，加到双向晶闸管VT2的控制极上，VT2导通，彩色灯EL2（紫色）点亮。

【10】此时，IC的2脚和3脚输出高电平脉冲信号，LED1~LED2和彩色灯EL1~EL2被点亮，而4脚、5脚和6脚输出低电平脉冲信号，外接晶闸管处于截止状态，LED3~LED5和彩色灯EL3~EL5不亮。

【11】以此类推，当IC的输出端2~6脚输出高电平脉冲信号时，LED1~LED5和彩色灯EL1~EL5便会被点亮。

【12】由于2~6脚输出脉冲的间隔和持续时间不同，双向晶闸管触发的时间也不同，因而5个彩灯便会按驱动脉冲的规律发光和熄灭。

【13】IC内的振荡频率取决于7脚外的时间常数电路，微调RP的阻值可改变其振荡频率。

第7章 识读直流电动机控制电路

7.1 直流电动机控制电路的特点与识读方法

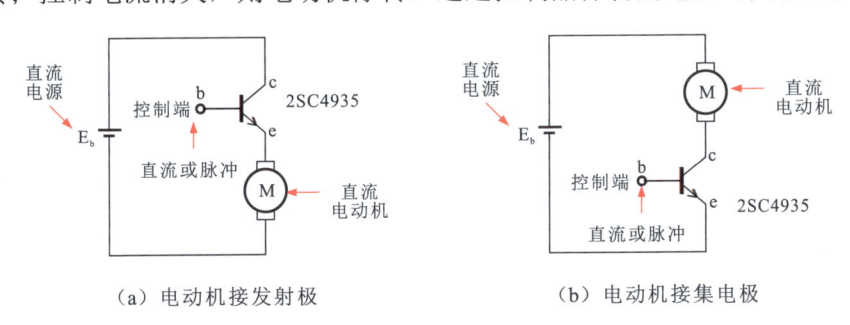

7.1.1 直流电动机驱动控制

1 直流电动机晶体管驱动电路

晶体管作为一种无触点电子开关，常用于电动机驱动控制电路中，最简单的驱动电路如图7-1所示。直流电动机可接在晶体管发射极电路中（射极跟随器），也可接在集电极电路中作为集电极负载。当给晶体管基极施加控制电流时，晶体管导通，则电动机旋转；控制电流消失，则电动机停转。通过控制晶体管的电流可实现速度控制。

（a）电动机接发射极　　　（b）电动机接集电极

图7-1　直流电动机晶体管驱动电路

> **补充说明**
>
> 图7-1（a）是恒压晶体管电动机驱动电路，所谓恒压控制是指晶体管的发射极电压受基极电压控制，基极电压恒定则发射极输出电压恒定。该电路采用发射极连接负载的方式，电路为射极跟随器。该电路具有电流增益高（电压增益为1），输出阻抗小的特点，但电源的效率不好。该电路的控制信号为直流或脉冲。
>
> 图7-1（b）是恒流晶体管电动机驱动电路，所谓恒流是指晶体管的电流受基极控制，基极控制电流恒定则集电极电流恒定。该电路采用集电极接负载的方式，具有电流/电压增益高，输出阻抗高的特点，电源效率比较高。该电路的控制信号为直流或脉冲。

2 直流电动机外加电压的控制电路

图7-2为直流电动机外加电压的控制电路，对电动机的供电电压进行控制，以实现对电动机的速度控制。

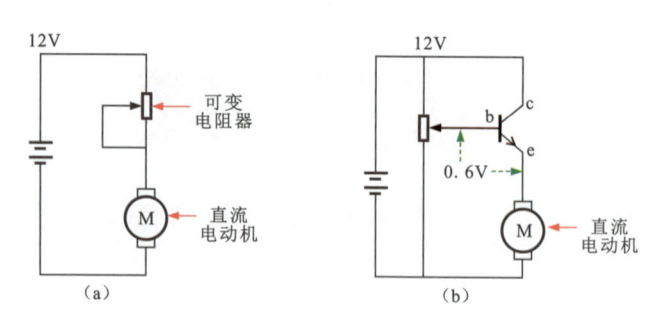

图7-2 直流电动机外加电压的控制电路

> **补充说明**
>
> 图7-2（a）是改变串联电阻的方式，这种方式的可变电阻消耗的功率较大，只适用于小功率电动机。图7-2（b）是用晶体管代替电阻串接在电动机电路中，通过改变晶体管的基极电压就可以控制晶体管的输出电压，通过基极小电流就可以控制晶体管输出的大电流。

图7-3为晶体管控制电动机供电电压的工作过程分析。

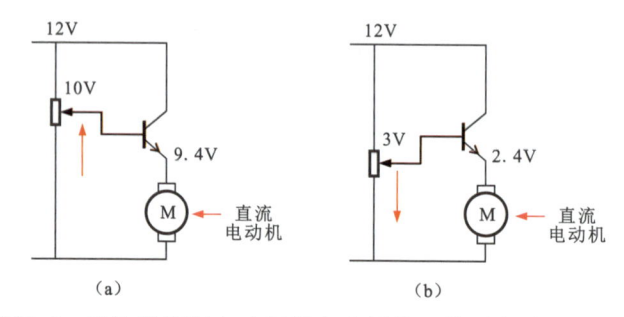

图7-3 晶体管控制电动机供电电压的工作过程分析

> **补充说明**
>
> 图7-3（a）中，调整晶体管的基极偏压使之达到10V，由于晶体管导通后基极—发射极电压会保持在0.6V，于是晶体管输出9.4V，为电动机供电。
>
> 图7-3（b）中，调整晶体管基极偏压，使之达到3V，于是晶体管发射极输出2.4V（3V-0.6V=2.4V）。

7.1.2 直流电动机调速控制

在电动机的机械负载不变的条件下改变电动机的转速称为调速。

1 直流电动机的调速方法

直流电动机常用的调速方法主要有改变端电压调速法、改变电枢回路串联电阻调速法和改变主磁通调速法。

（1）改变端电压调速法。改变电枢的端电压U，可相应地提高或降低直流电动机的转速。由于电动机的电压不得超过额定电压，因而这种调速方法只能把转速调低，而不能调高。

（2）改变电枢回路串联电阻调速法。电动机制成以后，其电枢电阻r_a是一定的。但可以在电枢回路中串联一个可变电阻来实现调速，如图7-4所示。这种方法增加了串联电阻上的损耗，使电动机的效率降低。如果负载稍有变动，电动机的转速就会有较大的变化，因而对要求恒速的负载不利。

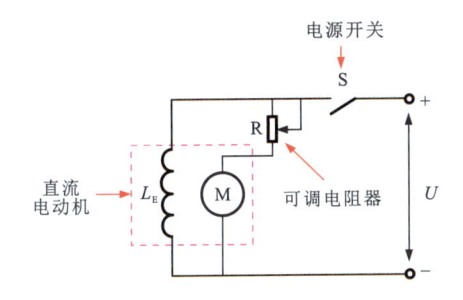

图7-4 电枢电路中串联电阻器的调速电路

（3）改变主磁通调速法。为了改变主磁通Φ，在励磁电路中串联一只调速电阻R，如图7-5所示。改变调速电阻R的大小，就可以改变励磁电流，进而使主磁通Φ得以改变，从而实现调速。这种调速方法只能减小磁通使转速上升。

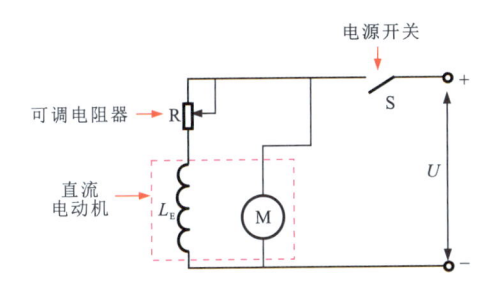

图7-5 励磁回路中串联电阻器的调速电路

2 变阻式电动机速度控制电路

图7-6为变阻式电动机速度控制电路。在电路中，晶体管相当于一个可变的电阻，改变晶体管基极的偏置电压就会改变晶体管的内阻，它串接在电源与电动机的电路中。晶体管的阻抗减少，电动机的电流则会增加，电动机转速也会增加；反之，则降低。

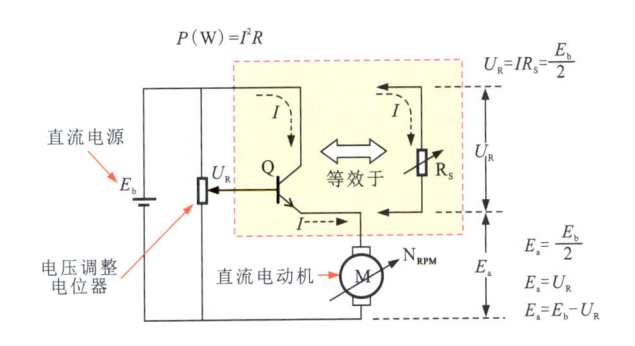

图7-6 变阻式电动机速度控制电路

3 脉冲式电动机转速控制电路

图7-7为脉冲式电动机转速控制电路。串接在电动机电路中的晶体管受脉冲信号的控制，晶体管工作在开关状态，其转速与平均电压成正比。当脉冲信号的频率较低时，晶体管的电流会有波动，因而电动机的转速也会有波动。

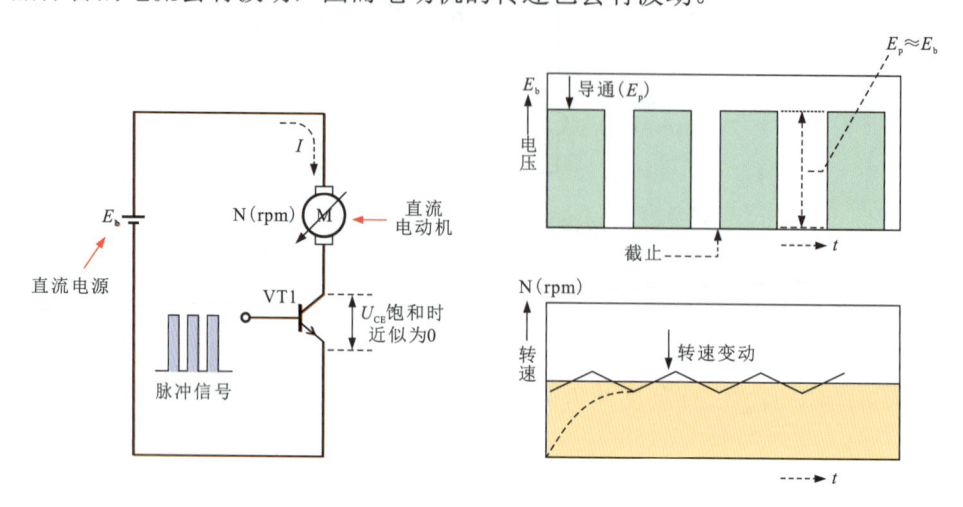

图7-7 脉冲式电动机转速控制电路

4 由电位器调速的直流电动机驱动电路

图7-8为由电位器调速的直流电动机驱动电路。从图中可见，交流220 V电压变压器变成较低的交流电压再经二极管整流、电容滤波后变成直流电压为直流电动机供电，通过调整电位器可以调整供电电压，从而控制电动机的转速。

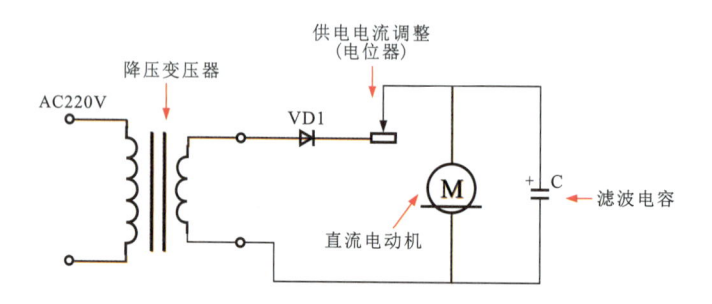

图7-8 由电位器调速的直流电动机驱动电路

7.1.3 直流电动机正/反转控制

1 直流电动机的正/反转切换控制电路

图7-9为直流电动机的正/反转切换控制电路。该控制电路采用双电源和两个互补晶体管（NPN/PNP）的驱动方式，电动机的正/反转由切换开关控制。

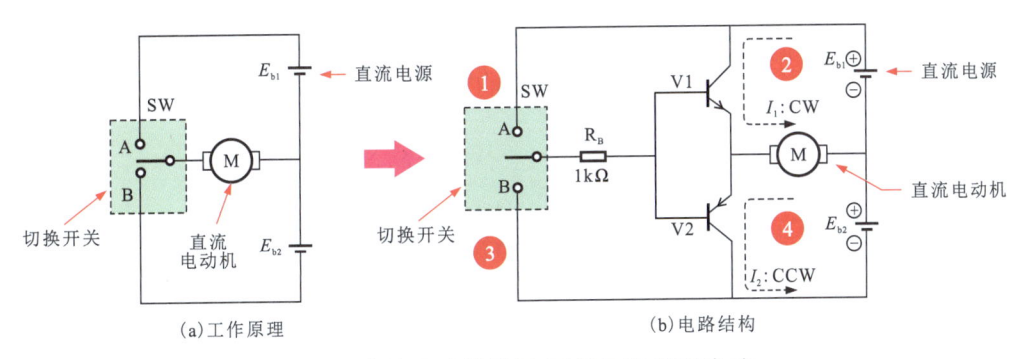

图7-9 直流电动机的正/反转切换控制电路

（a）工作原理　（b）电路结构

【1】当切换开关SW置于A时，正极性控制电压加到两个三极管的基极。

【2】NPN型三极管V1导通，PNP型三极管V2截止，电源E_{b1}为电动机供电，电流从左至右，电动机顺时针（CW）旋转。

【3】当切换开关SW置于B时，负极性控制电压加到两个三极管的基极。

【4】PNP型三极管V2导通，NPN型三极管V1截止，电源E_{b2}为电动机供电，电流从右至左，电动机逆时针（CCW）旋转。

2 由模拟电压控制的直流电动机正/反转驱动控制电路

图7-10为由模拟电压控制的直流电动机正/反转驱动控制电路。该控制电路是由双电源和两个互补三极管V1、V2构成的。

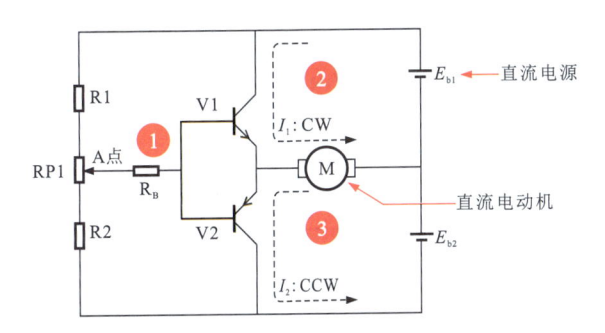

图7-10 由模拟电压控制的直流电动机正/反转驱动控制电路

【1】三极管V1、V2的基极由电位器提供控制信号。

【2】当电位器向上调整时，电位器的输出为正极性，NPN型三极管V1导通，PNP型三极管V2截止，电源E_{b1}为电动机供电，则电动机顺时针旋转。

【3】当电位器向下调整时，电位器的输出变为负极性，NPN型三极管V1截止，PNP型三极管V2导通，电源E_{b2}为电动机供电，则电动机逆时针旋转。

3 运放控制的直流电动机正/反转控制电路

图7-11为运放控制的直流电动机正/反转控制电路。该控制电路利用运算放大器LM358构成同相放大器，即输出信号的相位与输入信号的相位相同。将电位器设置在

在运算放大器的输入端，电位器上下做微调时，运放的输出会在正负极性之间变化。当加到运放接入端的信号为正极性时，运放的输出为正极性信号，于是V1导通，电动机顺时针旋转；反之，则逆时针旋转。

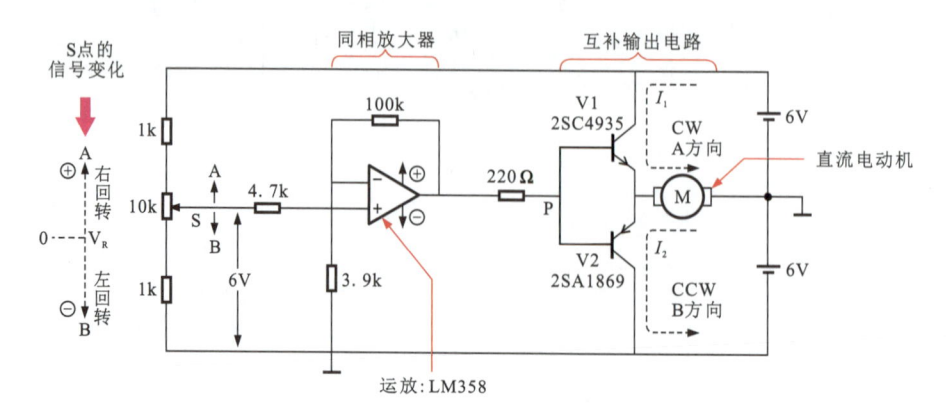

图7-11 运放控制的直流电动机正/反转控制电路

4 直流电动机正/反转控制电路

改变电枢绕组的电流方向，或者改变定子磁场的方向，都可以改变电动机的转向。但对于永磁式直流电动机来说，则只能通过改变电流方向来改变电动机的转向。

图7-12为直流电动机正/反转控制电路。图中，R1和R2是可调电阻器。改变R1的阻值，可以改变励磁绕组的电流，起到调节磁场强弱的作用；而改变R2的阻值，可以改变电动机的转速。图中的双刀双掷开关S是用来改变电动机旋转方向的控制开关。

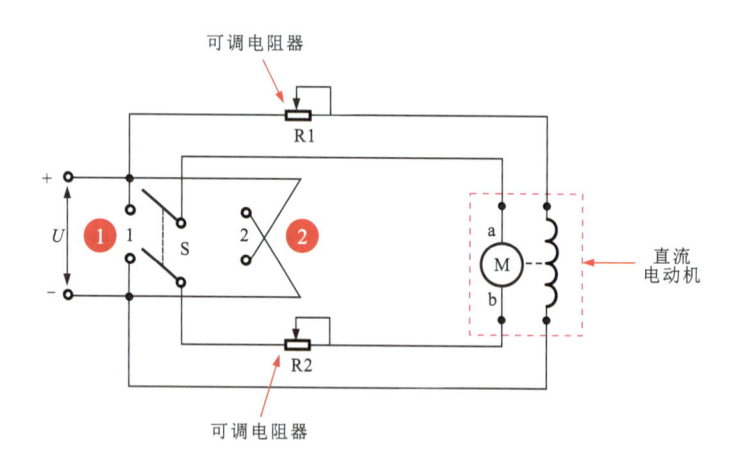

图7-12 直流电动机正/反转控制电路

【1】当将开关S拨向"1"位置时，电流从a电刷流入，从b电刷流出。
【2】当将开关S拨向"2"位置时，电流从b电刷流入，从a电刷流出。可见，改变开关S的状态，就能改变电枢绕组的电流方向，从而实现改变电动机转向的目的。

7.2 直流电动机控制电路识读案例

7.2.1 直流电动机的降压启动控制电路的识图

图7-13为直流电动机降压启动控制电路。该电路是指直流电动机启动时，将启动电阻RP串入直流电动机中，限制启动电流；当直流电动机低速旋转一段时间后，再把启动变阻器从电路中消除（使之短路），使直流电动机正常运转。

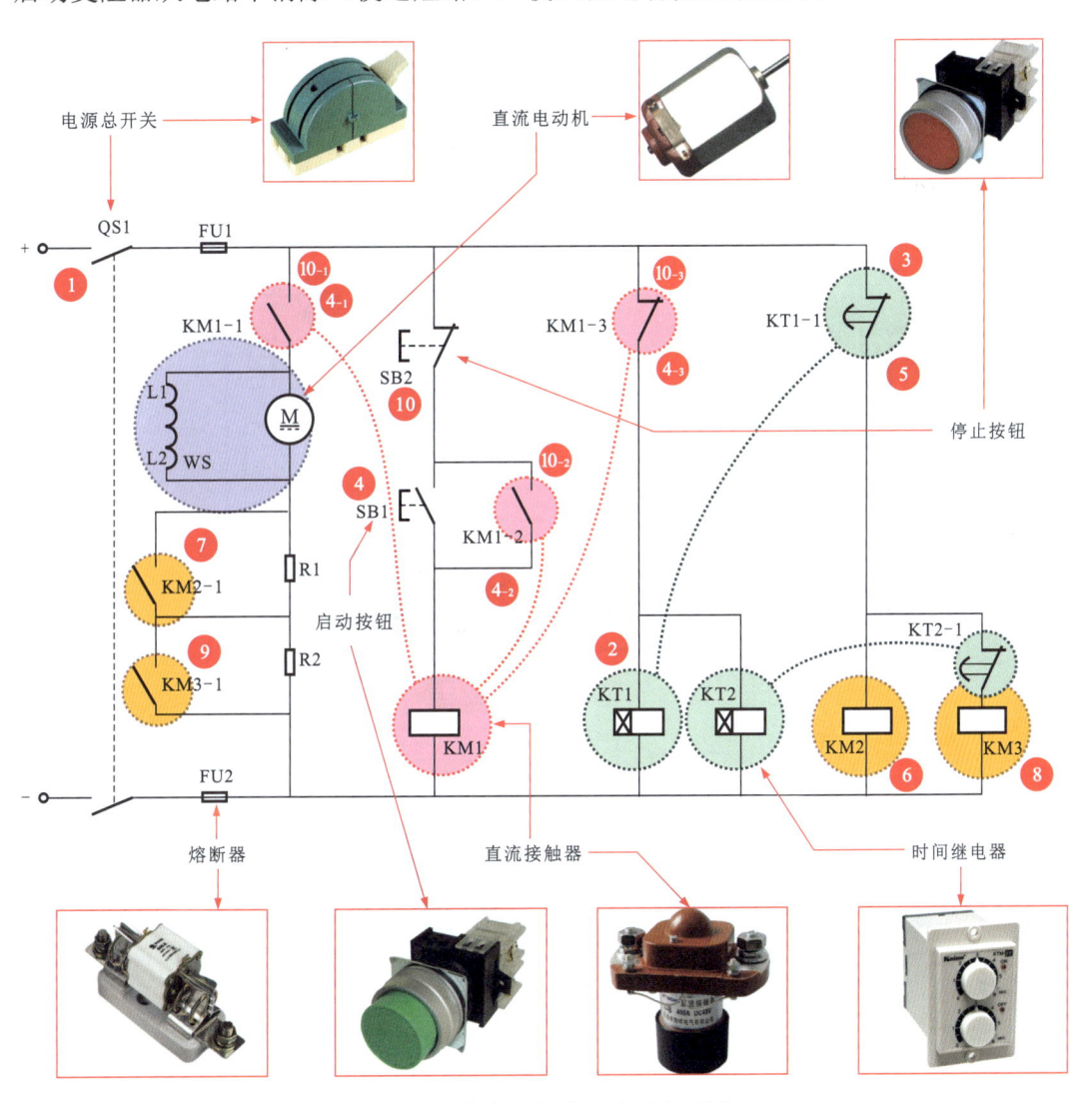

图7-13 直流电动机降压启动控制电路

图7-14为直流电动机降压启动控制电路的接线图。该电路主要由启动按钮SB1，停止按钮SB2，直流接触器KM1、KM2、KM3，时间继电器KT1、KT2，启动电阻器R1、R2等构成。通过启停按钮开关控制直流接触器触点的闭合与断开，通过触点的闭合与断开来改变串接在电枢回路中启动电阻器的数量，用于控制直流电动机的转速，从而实现对直流电动机工作状态的控制。

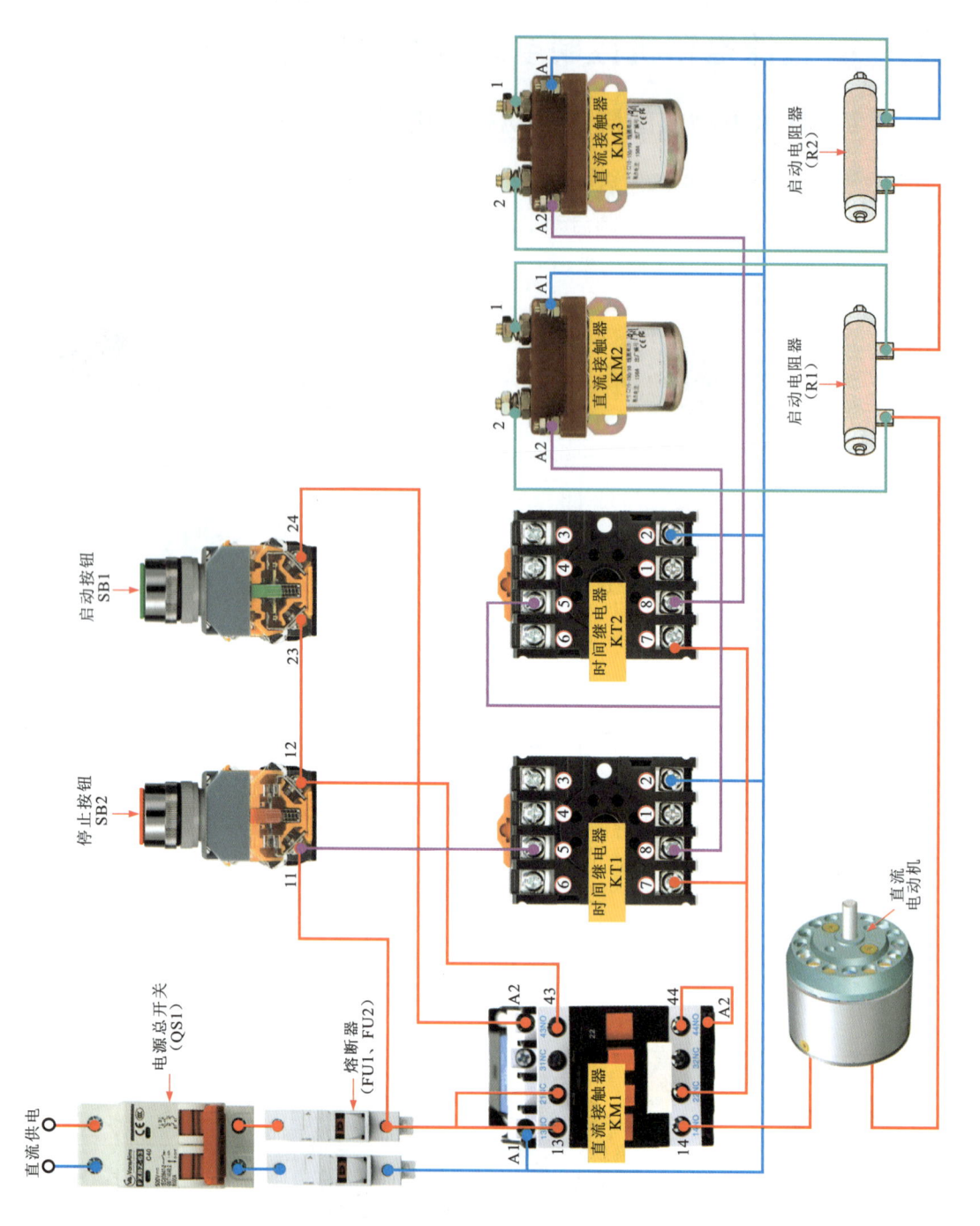

图7-14 直流电动机降压启动控制电路的接线图

在图7-13中，【1】合上电源总开关QS1，接通直流电源。
【2】时间继电器KT1、KT2线圈得电。
【3】时间继电器KT1、KT2的触点KT1-1、KT2-1瞬间断开，防止直流接触器KM2、KM3线圈得电。
【4】按下启动按钮SB1，直流接触器KM1线圈得电。
　　【4-1】KM1的常开主触点KM1-1闭合，电动机接通电源，低速启动运转。
　　【4-2】KM1的常开辅助触点KM1-2闭合，实现自锁功能。
　　【4-3】KM1的常开辅助触点KM1-3断开，KT1、KT2线圈失电，开始延时计时。

【4-1】→【5】达到时间继电器KT1预设的复位时间时，常闭触点KT1-1复位闭合。

【6】直流接触器KM2线圈得电。

【7】KM2-1闭合，电动机串联R2运转，转速提升。

【8】当达到KT2预设时间时，触点KT2-1复位闭合，KM3线圈得电。

【9】KM3-1闭合，短接R2，电动机在全压额定电压下开始运转。

【10】需要直流电动机停机时，按下控制电路中的停止按钮SB2。直流接触器KM1线圈失电。

【10-1】KM1-1断开，切断电源，电动机停止运转。

【10-2】触点KM1-2复位断开，解除自锁功能。

【10-3】常闭触点KM1-3复位闭合，为直流电动机的下一次启动做好准备。

7.2.2 光控直流电动机驱动及控制电路的识图

光控直流电动机驱动及控制电路是由光敏晶体管控制的直流电动机电路，通过光照的变化可以控制直流电动机的启动、停止等状态。图7-15为光控直流电动机驱动及控制电路的识读分析。

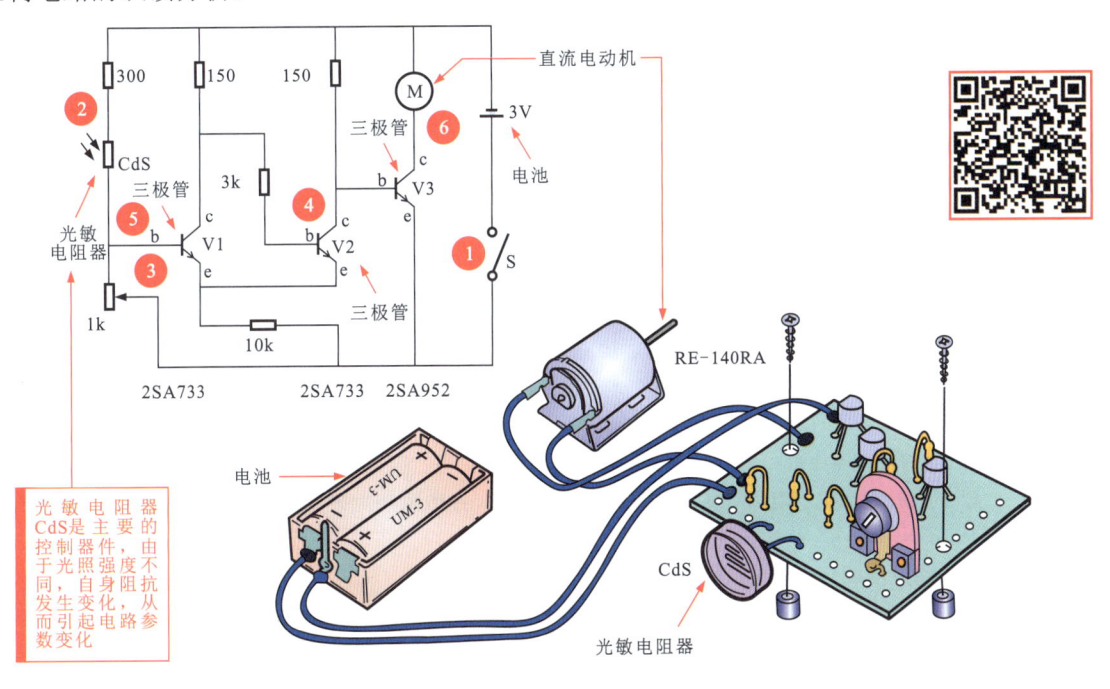

光敏电阻器CdS是主要的控制器件，由于光照强度不同，自身阻抗发生变化，从而引起电路参数变化

图7-15 光控直流电动机驱动及控制电路的识读分析

【1】闭合开关S，在该电路中，3V直流电压为电路和直流电动机进行供电。

【2】光敏电阻器连接在控制三极管V1的基极电路中。

【3】当光照强度较高时，光敏电阻器阻值较小，分压点（三极管V1基极）电压升高。

【4】当三极管V1基极电压与集电极偏压满足导通条件时，V1导通。触发信号经V2、V3放大后驱动直流电动机启动运转。

【5】当光照强度较低时，光敏电阻器阻值较大，分压点电压较小，三极管V1基极电压不足以驱动其导通。

【6】三极管V1、V2、V3截止，直流电动机M的供电电路断开，电动机停止运转。

7.2.3 直流电动机调速控制电路的识图

直流电动机调速控制电路是一种可在负载不变的情况下控制直流电动机的旋转速度的电路。图7-16为直流电动机调速控制电路的识读分析。

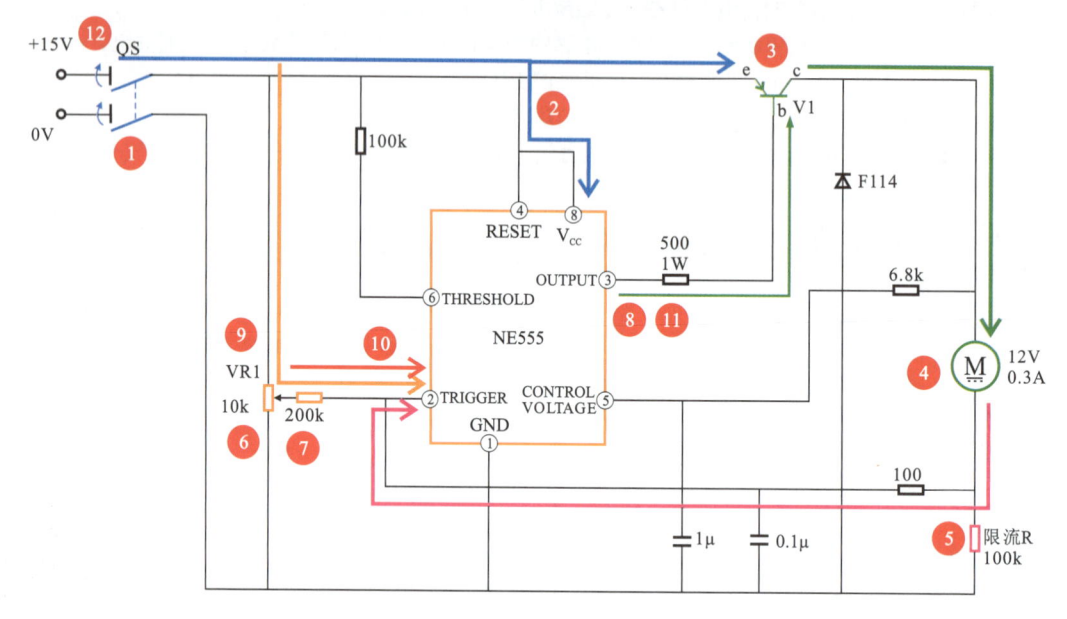

图7-16 直流电动机调速控制电路的识读分析

【1】合上电源总开关QS，接直流15V电源。
【2】15V直流为NE555时基电路的8脚提供工作电源，NE555时基电路开始工作。
【3】NE555时基电路的3脚输出驱动脉冲信号，送往驱动三极管V1的基极，经放大后，其集电极输出脉冲电压。
【4】15V直流电压经V1变成脉冲电流为直流电动机供电，电动机开始运转。
【5】直流电动机的电流在限流电阻R上产生压降，经电阻器反馈到NE555时基电路的2脚，并由3脚输出脉冲信号的宽度，对电动机稳速控制。
【6】将速度调整电阻器VR1的阻值调至最下端。
【7】15V直流电压经过VR1和200kΩ电阻器串联电路后送入NE555时基电路的2脚。
【8】NE555时基电路的3脚输出的脉冲信号宽度最小，直流电动机转速达到最低。
【9】将速度调整电阻器VR1的阻值调至最上端。
【10】15V直流电压则只经过200kΩ的电阻器后送入NE555时基电路的2脚。
【11】NE555时基电路的3脚输出的脉冲信号宽度最大，直流电动机转速达到最高。
【12】若需要直流电动机停机时，只需断开电源总开关QS即可切断控制电路和直流电动机的供电回路，直流电动机停转。

7.2.4 直流电动机正/反转控制电路的识图

直流电动机正/反转控制电路是指通过控制电路改变加给直流电动机电源的极性，从而实现旋转方向。图7-17为直流电动机正/反转控制电路的识图分析。

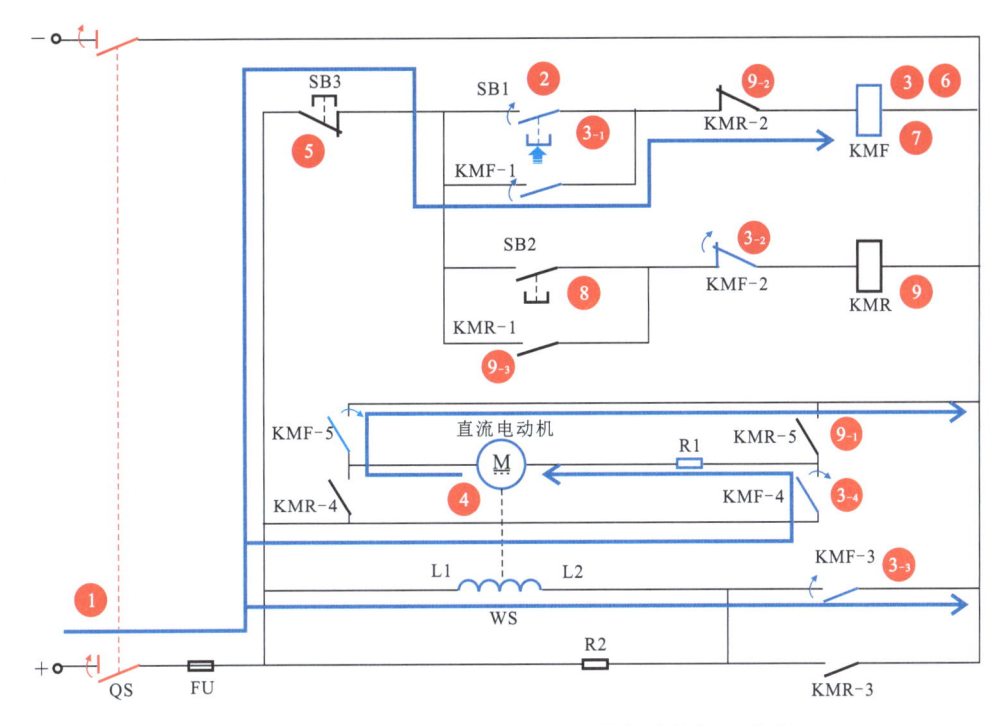

图7-17 直流电动机正/反转控制电路的识图分析

【1】合上电源总开关QS,接通直流电源。
【2】按下正转启动按钮SB1,正转直流接触器的线圈得电。
【3】正转直流接触器KMF的线圈得电,其触点全部动作。
　　【3-1】常开触点KMF-1闭合实现自锁功能。
　　【3-2】常闭触点KMF-2断开,防止反转直流接触器KMR的线圈得电。
　　【3-3】常开触点KMF-3闭合,直流电动机励磁绕组WS得电。
　　【3-4】常开触点KMF-4、KMF-5闭合,直流电动机得电。
【3-4】→【4】电动机串联启动电阻器R1正向启动运转。
【5】需要电动机正转停机时,按下停止按钮SB3。
【6】正转直流接触器KMF的线圈失电,其触点全部复位。
【7】切断直流电动机供电电源,直流电动机停止正向运转。
【8】需要直流电动机进行反转启动时,按下反转启动按钮SB2。
【9】反转直流接触器KMR的线圈得电,其触点全部动作。
　　【9-1】常开触点KMR-3、KMR-4、KMR-5闭合,电动机得电,反向运转。
　　【9-2】常闭触点KMR-2断开,防止正转直流接触器的线圈得电。
　　【9-3】常开触点KMR-1闭合实现自锁功能。

补充说明

当需要直流电动机反转停机时,按下停止按钮SB3。反转直流接触器KMR的线圈失电,其常开触点KMR-1复位断开,解除自锁功能;常闭触点KMR-2复位闭合,为直流电动机正转启动做好准备;常开触点KMR-3复位断开,直流电动机励磁绕组WS失电;常开触点KMR-4、KMR-5复位断开,切断直流电动机供电电源,直流电动机停止反向运转。

7.2.5 直流电动机能耗制动控制电路的识图

直流电动机能耗制动控制电路由直流电动机和能耗制动控制电路构成。该电路主要是维持直流电动机的励磁不变，把正在接通电源并具有较高转速的直流电动机电枢绕组从电源上断开，使直流电动机变为发电机，并与外加电阻器连接为闭合回路，利用此电路中产生的电流及制动转矩使直流电动机快速停车。在制动过程中，将系统的动能转化为电能并以热能的形式消耗在电枢电路的电阻器上。

图7-18为直流电动机能耗制动控制电路的识读分析。

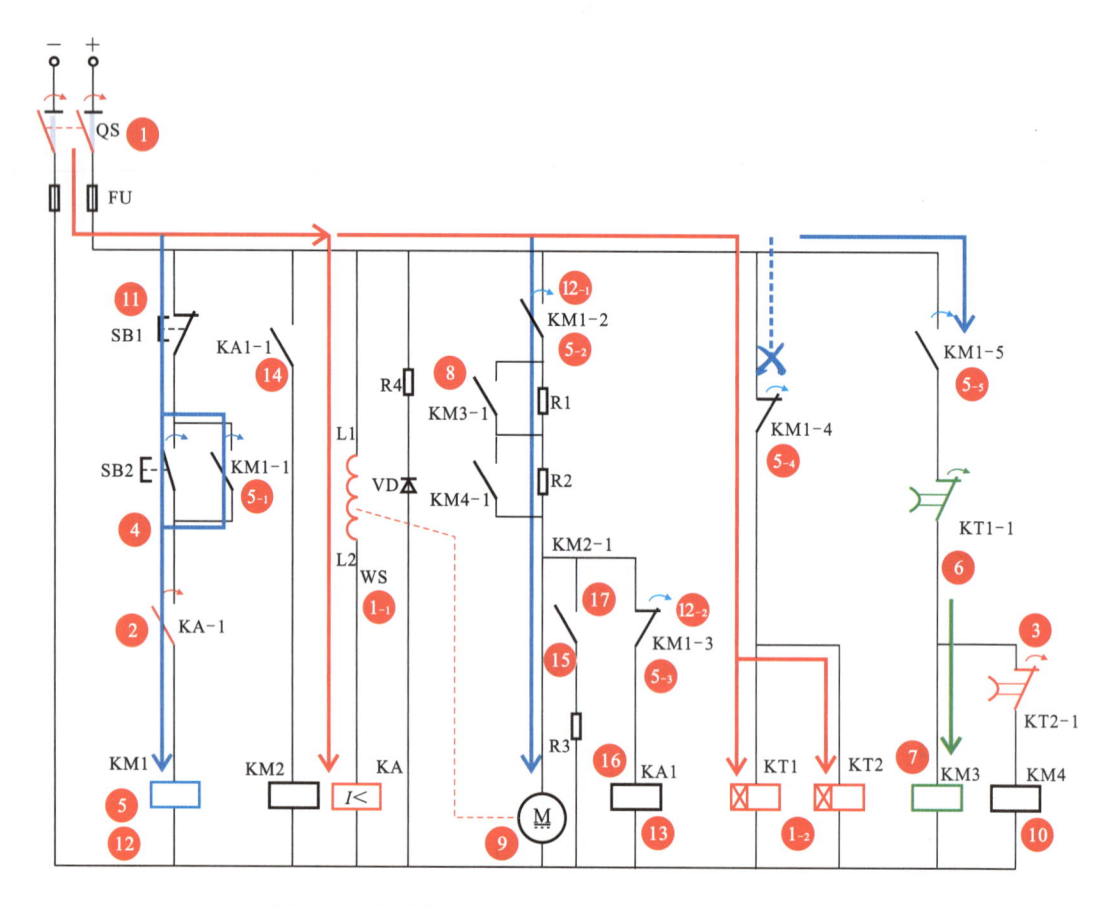

图7-18 直流电动机能耗制动控制电路的识读分析

【1】合上电源总开关QS，接通直流电源。
　　【1-1】励磁绕组WS和欠电流继电器KA的线圈得电。
　　【1-2】时间继电器KT1、KT2的线圈得电。
【1-1】→【2】常开触点KA-1闭合，为直流接触器KM1的线圈得电做好准备。
【1-2】→【3】常闭触点KT1-1、KT2-1瞬间断开，防止KM3、KM4的线圈得电。
【4】按下启动按钮SB2，接通电路电源。
【5】直流接触器KM1的线圈得电，相应触点动作。
　　【5-1】常开触点KM1-1闭合，实现自锁功能。

【5-2】常开触点KM1-2闭合，电源经电阻R1、R2为电动机供电，电动机低速启动运转。

【5-3】常闭触点KM1-3断开，防止中间继电器KA1的线圈得电。

【5-4】常闭触点KM1-4断开，时间继电器KT1、KT2的线圈均失电，进入延时复位闭合计时状态。

【5-5】常开触点KM1-5闭合，为直流接触器KM3、KM4的线圈得电做好准备。

【6】时间继电器KT1、KT2的线圈失电后，经一段时间后，常闭触点KT1-1先复位闭合。

【7】时间继电器KT1的常闭触点KT1-1闭合后，直流接触器KM3的线圈得电。

【8】常开触点KM3-1闭合，短接启动电阻器R1。

【9】电源经R2为电动机供电，速度提升。

【10】同样地，当到达时间继电器KT2的延时复位时间时，常闭触点KT2-1复位闭合。直流接触器KM4的线圈得电，常开触点KM4-1闭合，短接启动电阻器R2。电压直接为直流电动机供电，直流电动机工作在额定电压下，进入正常运转状态。

【11】按下停止按钮SB1，断开电路电源。

【12】直流接触器KM1的线圈失电，其触点全部复位。

【12-1】常开触点KM1-2断开，切断电动机电源，电动机惯性运转。

【12-2】常闭触点KM1-3复位闭合，为中间继电器KA1的线圈得电做好准备。

【12-2】→【13】惯性运转的电枢切割磁力线，在电枢绕组中产生感应电动势，使电枢两端的继电器KA1的线圈得电。

【14】中间继电器KA1的常开触点KA1-1闭合，直流接触器KM2的线圈得电。

【15】常开触点KM2-1闭合，接通制动电阻器R3回路，电枢的感应电流方向与原来的方向相反，电枢产生制动转矩，使电动机迅速停止转动。

【16】直流电动机转速降低到一定程度时，电枢绕组的感应反电动势降低，中间继电器KA1的线圈失电，常开触点KA1-1断开，直流接触器KM2的线圈失电。

【17】直流接触器KM2的常开触点KM2-1复位断开，切断制动电阻器R3回路，停止能耗制动，整个系统停止工作。

补充说明

如图7-19所示，直流电动机制动时，励磁绕组L1、L2两端电压极性不变，因而励磁的大小和方向不变。

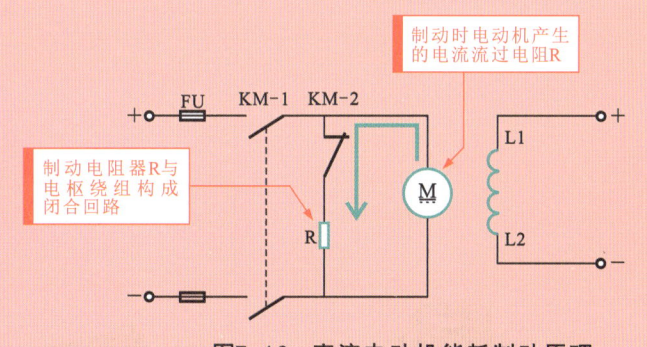

图7-19 直流电动机能耗制动原理

由于直流电动机存在惯性，仍会按照原来的方向继续旋转，所以电枢反电动势的方向也不变，并且成为电枢回路的电源，这就使得制动电流的方向同原来供电的方向相反，电磁转矩的方向也随之改变，成为制动转矩，从而促使直流电动机迅速减速直至停止。

第8章 识读单相交流电动机控制电路

8.1 单相交流电动机控制电路的特点与识读方法

8.1.1 单相交流电动机控制电路的特点

单相交流电动机控制电路可实现启动、运转、变速、制动、反转和停机等多种控制功能。图8-1为典型单相交流电动机控制电路的结构。

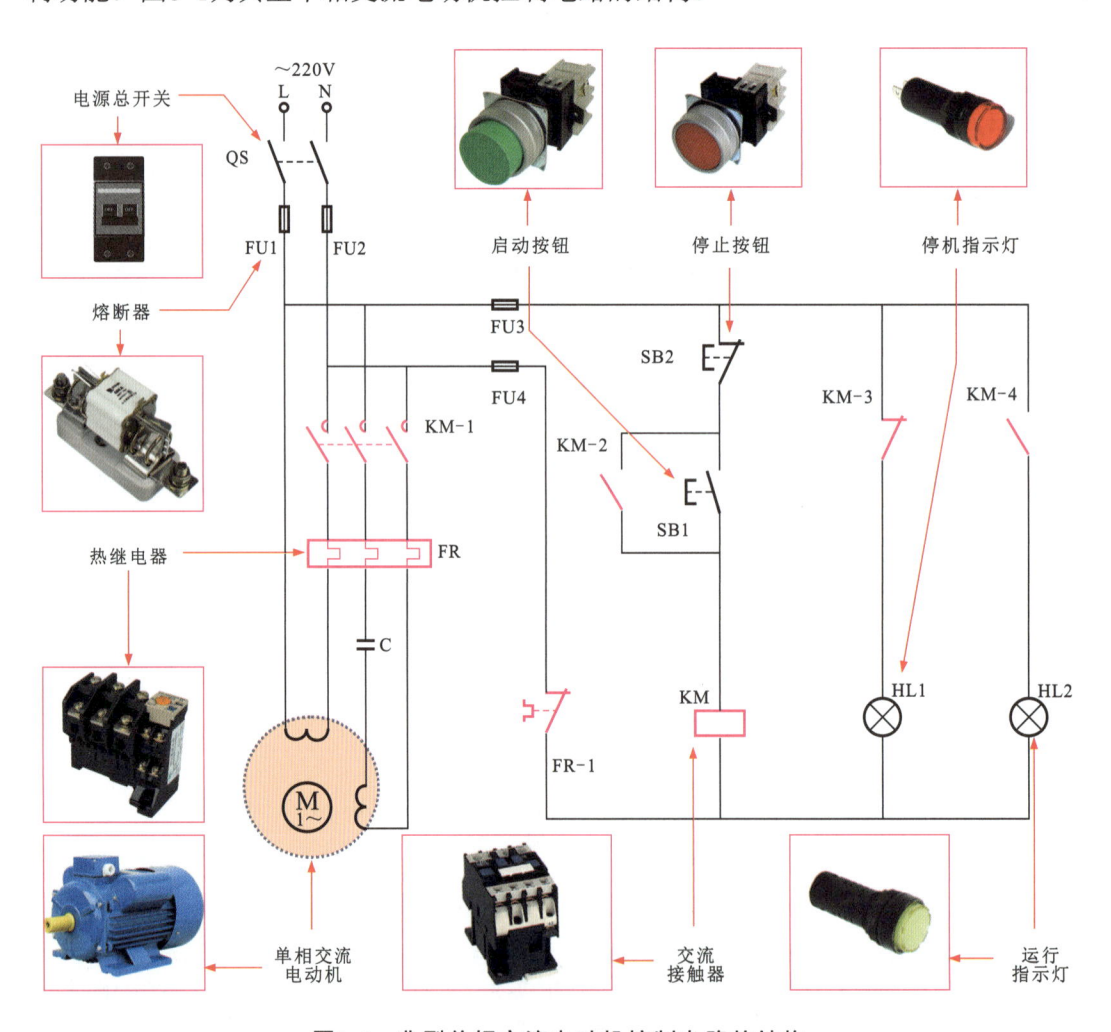

图8-1 典型单相交流电动机控制电路的结构

8.1.2 单相交流电动机控制电路的接线与识读

图8-2为典型单相交流电动机控制电路的接线图。

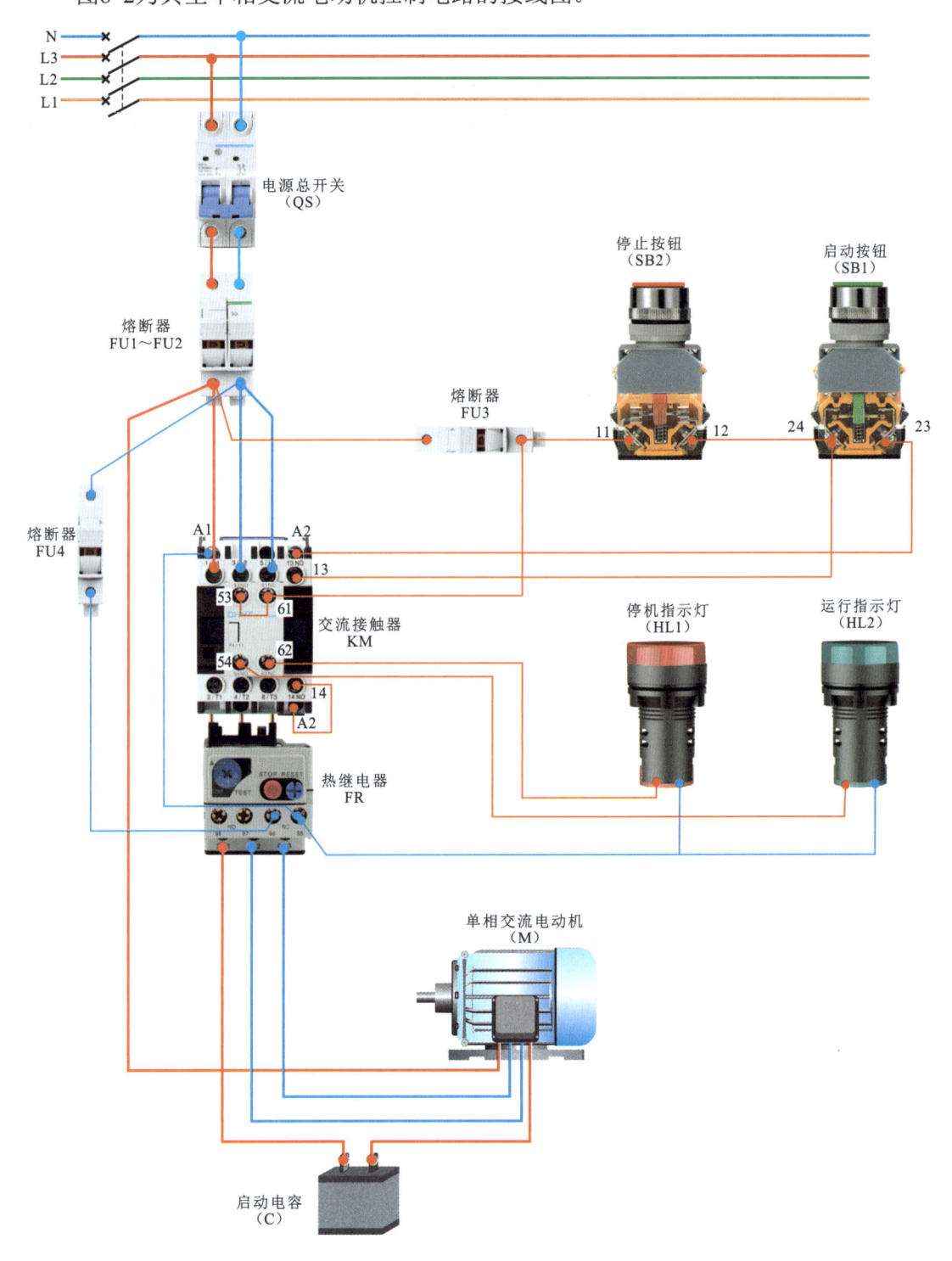

图8-2 典型单相交流电动机控制电路的接线图

图8-3为典型单相交流电动机控制电路的识读分析。

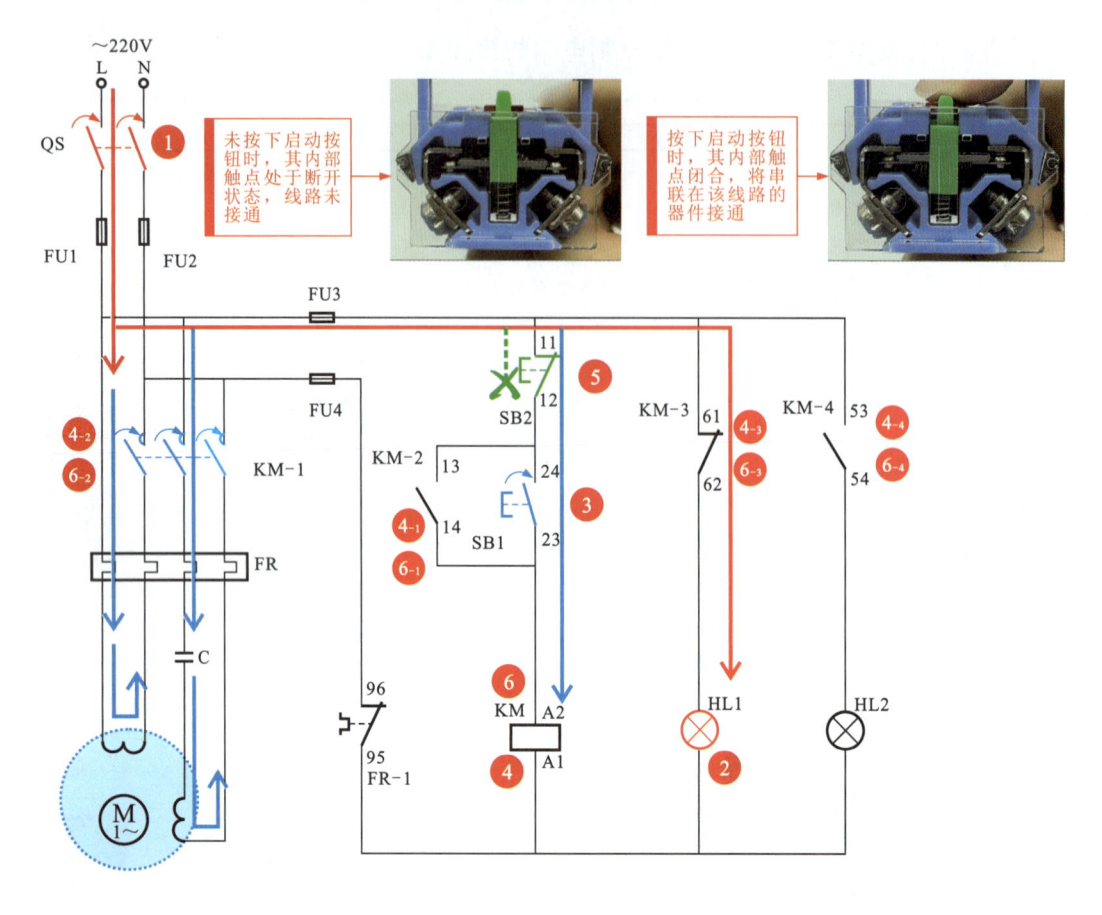

图8-3 典型单相交流电动机控制电路的识读分析

【1】合上总电源开关QS，接通单相电源。

【2】电源经常闭触点KM-3为停机指示灯HL1供电，HL1点亮。

【3】按下启动按钮SB1。

【4】交流接触器KM线圈得电。

 【4-1】KM的常开辅助触点KM-2闭合，实现自锁功能。

 【4-2】KM的常开主触点KM-1闭合，电动机接通单相电源，开始启动运转。

 【4-3】KM的常闭辅助触点KM-3断开，切断停机指示灯HL1的供电电源，HL1熄灭。

 【4-4】KM的常开辅助触点KM-4闭合，运行指示灯HL2点亮，指示电动机处于工作状态。

【5】当需要电动机停机时，按下停止按钮SB2。

【6】交流接触器KM线圈失电。

 【6-1】KM的常开辅助触点KM-2复位断开，解除自锁功能。

 【6-2】KM的常开主触点KM-1复位断开，切断电动机的供电电源，电动机停止运转。

 【6-3】KM的常闭辅助触点KM-3复位闭合，停机指示灯HL1点亮，指示电动机处于停机状态。

 【6-4】KM的常开辅助触点KM-4复位断开，切断运行指示灯HL2的电源供电，HL2熄灭。

8.2 单相交流电动机控制电路识读案例

8.2.1 单相交流电动机正/反转驱动电路的识图

单相交流异步电动机的正/反转驱动电路中辅助绕组通过启动电容与电源供电相连，主绕组通过正反向开关与电源供电线相连，开关可调换接头来实现正反转控制。图8-4为单相交流异步电动机正/反转驱动电路的识读分析。

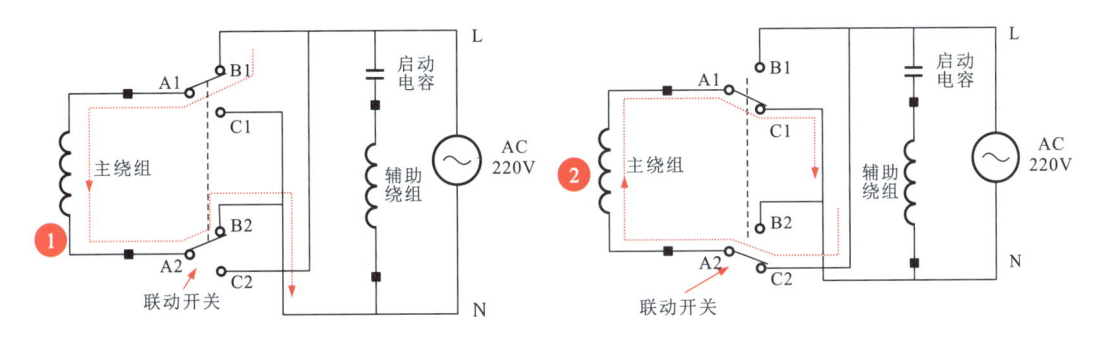

图8-4 单相交流异步电动机正/反转驱动电路的识读分析

【1】当联动开关触点A1-B1、A2-B2接通时，主绕组的上端接交流220V电源的L端，下端接N端，电动机正向运转。

【2】当联动开关触点A1-C1、A2-C2接通时，主绕组的上端接交流220V电源的N端，下端接L端，电动机反向运转。

8.2.2 可逆单相交流电动机驱动电路的识图

在可逆单相交流电动机的驱动电路中，电动机内设有两个绕组（主绕组和辅助绕组），单相交流电源加到两绕组的公共端，绕组另一端接一个启动电容。正反向旋转切换开关接到电源与绕组之间，通过切换两个绕组实现转向控制，这种情况电动机的两个绕组参数相同。用互换主绕组的方式进行转向切换。图8-5为可逆单相交流电动机驱动电路的识读分析。

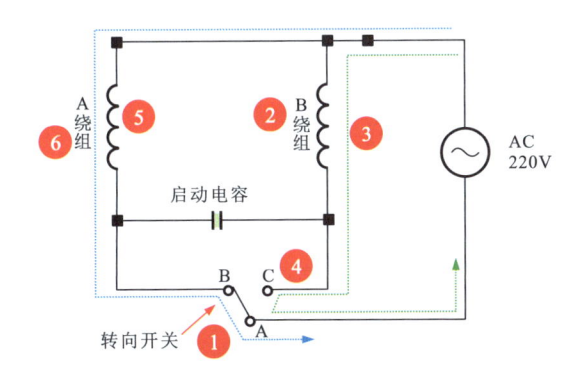

图8-5 可逆单相交流电动机驱动电路的识读分析

【1】当转向开关AB接通时，交流电源的供电端加到A绕组。

【2】经启动电容后，为B绕组供电。

【3】电动机正向启动、运转。

【4】当转向开关AC接通时，交流电源的供电端加到B绕组。

【5】经启动电容后，为A绕组供电。

【6】电动机反向启动、运转。

8.2.3 单相交流电动机晶闸管调速电路的识图

采用晶闸管的单相交流电动机调速电路中，晶闸管调速是通过改变晶闸管的导通角来改变电动机的平均供电电压，从而调节电动机的转速。图8-6和图8-7为两种单相交流电动机晶闸管调速电路的识读分析。

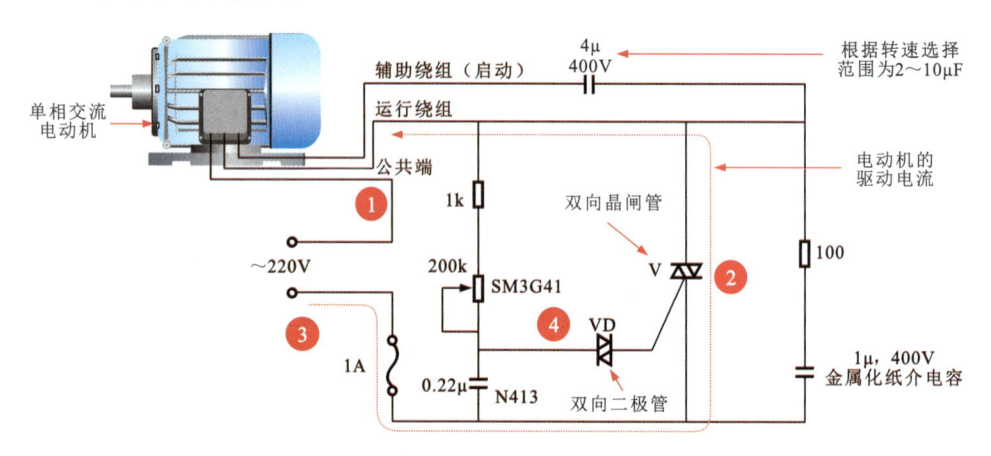

图8-6 单相交流电动机晶闸管调速电路的识读分析（一）

【1】单相交流220V电压为供电电源，一端加到单相交流电动机绕组的公共端。

【2】运行端经双向晶闸管V接到交流220V的另一端，同时经4μF的启动电容器接到辅助绕组的端子上。

【3】电动机的主通道中只有双向晶闸管V导通，电源才能加到两绕组上，电动机才能旋转。

【4】双向晶闸管V受VD的控制，在半个交流周期内VD输出脉冲，V受到触发便可导通，改变VD的触发角（相位）就可对速度进行控制。

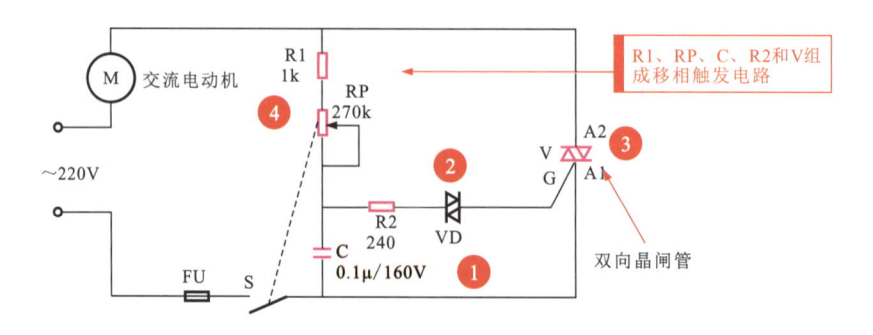

图8-7 单相交流电动机晶闸管调速电路的识读分析（二）

【1】220V交流电源经电阻器R1、可调电阻器RP向电容C充电，电容C两端电压上升。

【2】当电容C两端电压升高到大于双向触发二极管VD的阻断值时，双向触发二极管VD和双向晶闸管V才相继导通。

【3】双向晶闸管V在交流电压零点时截止，待下一个周期重复动作。

【4】双向晶闸管V的触发角由RP、R1、C的阻值或容量的乘积决定，调节电阻器RP便可改变双向晶闸管V的触发角，从而改变电动机电流的大小，即改变电动机两端电压，起到调速的作用。

8.2.4　单相交流电动机电感器调速电路的识图

采用串联电抗器的调速电路，将电动机主、副绕组并联后再串入具有抽头的电抗器。当转速开关处于不同的位置时，电抗器的电压降不同，使电动机端电压改变而实现有级调速。图8-8为单相交流电动机电感器调速电路的识读分析。

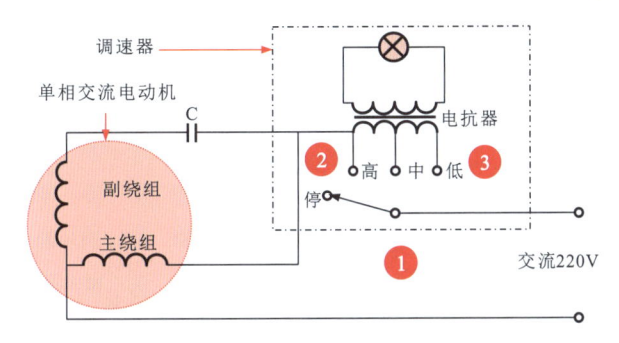

图8-8　单相交流电动机电感器调速电路的识读分析

【1】当转速开关处于不同的位置时，电抗器的电压降不同，送入单相交流电动机的驱动电压大小不同。

【2】当调速开关接高速挡时，电动机绕组直接与电源相连，阻抗最小，单相交流电动机全压运行转速最高。

【3】将调速开关接中、低挡时，电动机串联不同的电抗器，总电抗就会增加，从而使转速降低。

8.2.5　单相交流电动机热敏电阻调速电路的识图

采用热敏电阻（PTC元件）的单相交流电动机调速电路中，由热敏电阻感知温度变化，从而引起自身阻抗变化，并以此来控制所关联电路中单相交流电动机驱动电流的大小，实现调速控制。图8-9为单相交流电动机热敏电阻调速电路的识读分析。

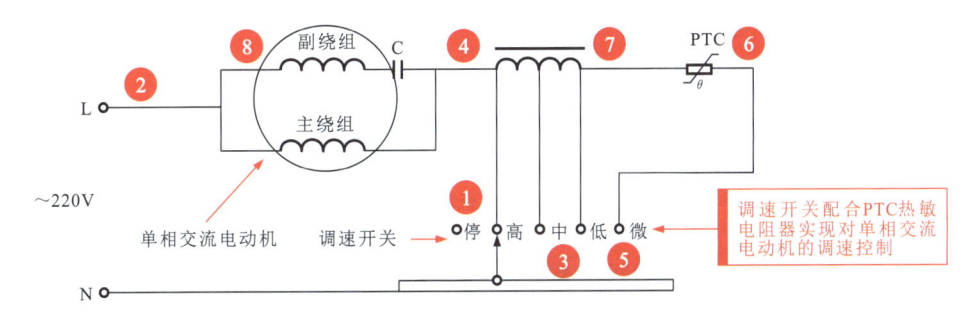

图8-9　单相交流电动机热敏电阻调速电路的识读分析

【1】当需要单相交流电动机高速运转时,将调速开关置于"高"挡。

【2】交流220V电压全压加到电动机绕组上,电动机高速运转。

【3】当需要单相交流电动机中/低速运转时,将调速开关置于"中/低"挡。

【4】交流220V电压部分或全部串电感线圈后加到电动机绕组上,电动机中/低速运转。

【5】将调速开关置于"微"挡。220V电压串接PTC和电感线圈后加到电动机绕组上。

【6】在常温状态下,PTC阻值很小,电动机容易启动。

【7】启动后,电流通过PTC元件,电流热效应应使其温度迅速升高。

【8】PTC阻值增加,送至电动机绕组中的电压降增加,电动机进入微速挡运行状态。

8.2.6 单相交流电动机自动启停控制电路的识图

单相交流电动机自动启停控制电路主要是由湿敏电阻器和外围元器件构成的控制电路控制。湿敏电阻器测量湿度,并转换为单相交流电动机的控制信号,从而自动控制电动机的启动、运转与停机。图8-10为单相交流电动机自动启停控制电路的识读分析。

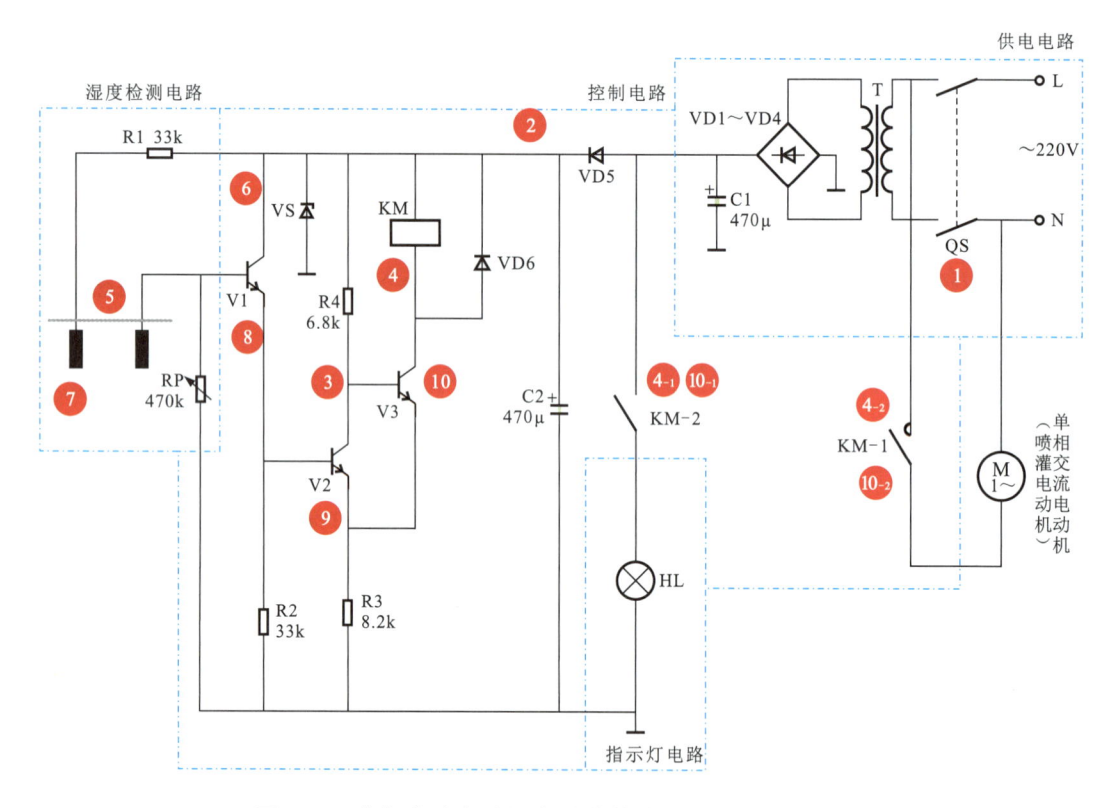

图8-10 单相交流电动机自动启停控制电路的识读分析

【1】合上电源总开关QS,交流220V电压经变压器T降压、桥式整流堆VD1~VD4整流、滤波电容器C1滤波后,输出直流电压。

【2】输出的直流电压再经过二极管VD5整流、滤波电容器C2滤波后,输送到控制电路中。

【3】直流电压经电阻器R4送到三极管V3的基极,V3导通。

【4】直流电压送至交流接触器KM的线圈,交流接触器KM的线圈得电。
　　【4-1】常开辅助触点KM-2闭合,喷灌指示灯HL点亮。
　　【4-2】常开主触点KM-1闭合,单相交流电动机接通单相电源启动运转,开始喷灌作业。
【5】当土壤湿度较小时,土壤湿度传感器两电极间阻抗较大,电流无法流过。
【6】三极管V1基极为低电平,三极管V1截止。三极管V2基极为低电平,三极管V2截止。
【7】当土壤湿度较大时,土壤湿度传感器两电极间阻抗较小,电流可流过。
【8】三极管V1的基极为高电平,V1导通。
【9】三极管V2的基极为高电平,V2导通。
【10】三极管V3的基极为低电平,V3截止。交流接触器KM的线圈失电。
　　【10-1】常开辅助触点KM-2复位断开,切断喷灌指示灯HL的供电电源,HL熄灭。
　　【10-2】常开主触点KM-1复位断开,切断喷灌电动机的供电电源,电动机停止运转。

8.2.7 单相交流电动机正/反转控制电路的识图

典型单相交流电动机正/反转控制电路主要由限位开关和接触器、按钮开关等构成的控制电路与单相交流电动机构成。该控制电路通过限位开关对电动机驱动对应位置的测定来自动控制单相交流电动机绕组的相序,从而实现电动机正/反转自动控制。图8-11为单相交流电动机正/反转控制电路的识读分析。

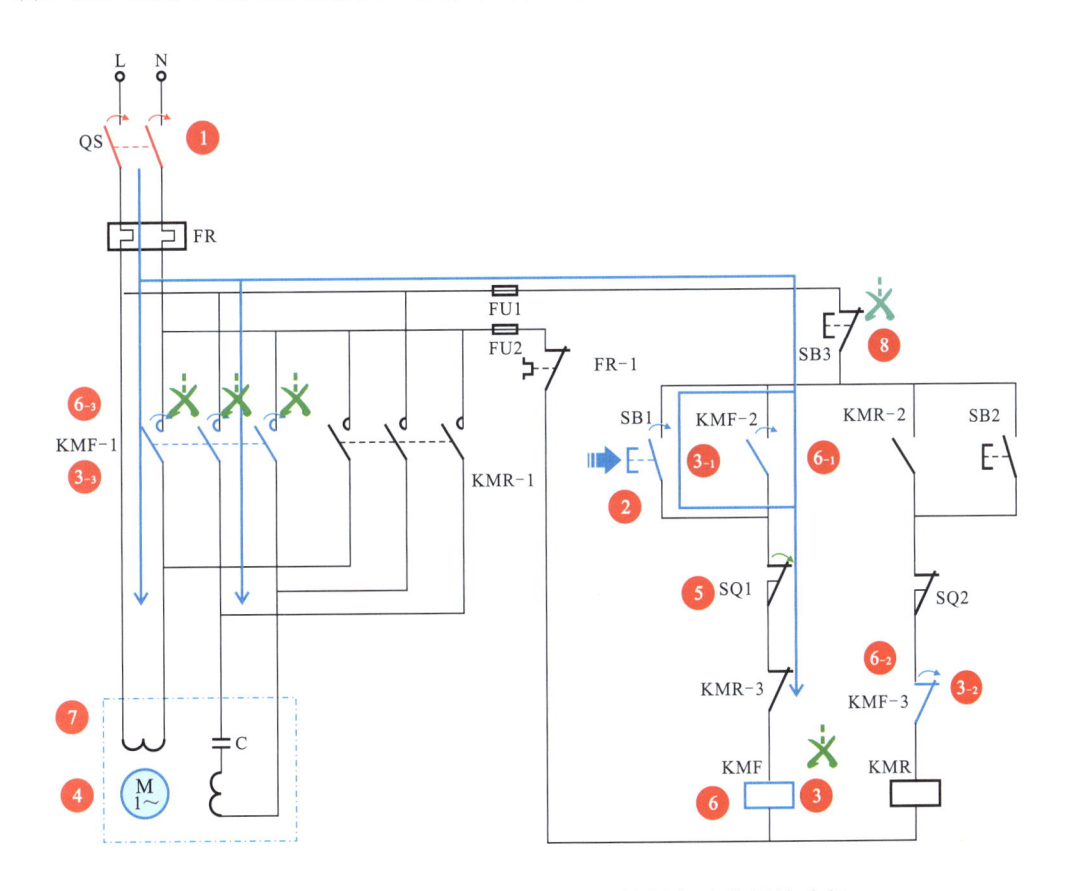

图8-11 单相交流电动机正/反转控制电路的识读分析

【1】合上电源总开关QS，接通单相电源。

【2】按下正转启动按钮SB1。

【3】正转交流接触器KMF的线圈得电。

　【3-1】常开辅助触点KMF-2闭合，实现自锁功能。

　【3-2】常闭辅助触点KMF-3断开，防止KMR得电。

　【3-3】常开主触点KMF-1闭合。

【3-3】→【4】电动机主绕组接通电源相序L、N，电流经启动电容器C和辅助绕组形成回路，电动机正向启动运转。

【5】当电动机驱动对象到达正转限位开关SQ1限定的位置时，触动正转限位开关SQ1，其常闭触点断开。

【6】正转交流接触器KMF的线圈失电。

　【6-1】常开辅助触点KMF-2复位断开，解除自锁。

　【6-2】常闭辅助触点KMF-3复位闭合，为反转启动做好准备。

　【6-3】常开主触点KMF-1复位断开。

【7】切断电动机供电电源，电动机停止正向运转。同样地，按下反转启动按钮，工作过程与上述过程相似。

【8】若在电动机正转过程中按下停止按钮SB3，其常闭触点断开，正转交流接触器KMF的线圈失电，常开主触点KMF-1复位断开，电动机停止正向运转；反转停机控制过程同上。

补充说明

如图8-12所示，在上述电动机控制电路中，单相交流电动机在控制电路作用下，流经辅助绕组的电流方向发生变化，从而引起电动机转动方向的改变。

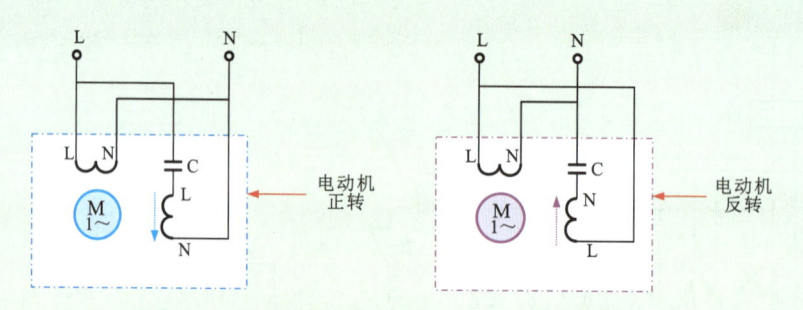

图8-12 单相交流电动机的正/反转工作状态

第9章
识读三相交流电动机控制电路

9.1 三相交流电动机控制电路的特点与识读方法

9.1.1 三相交流电动机控制电路的特点

三相交流电动机控制电路是依靠按钮、接触器、继电器等控制部件来对电动机的启停、运转进行控制的电路。通过控制部件的不同组合以及不同的接线方式，可对电动机的运转、时间、转速、方向等模式进行控制，从而满足一定的工作需求。

图9-1为典型的三相交流电动机控制电路示意图。三相交流电动机控制电路主要是由控制部件和三相交流电动机构成，通过控制按钮对三相交流电动机的运转工作进行控制，采用不同的控制部件以及接线方式，可改变三相交流电动机的控制方式。

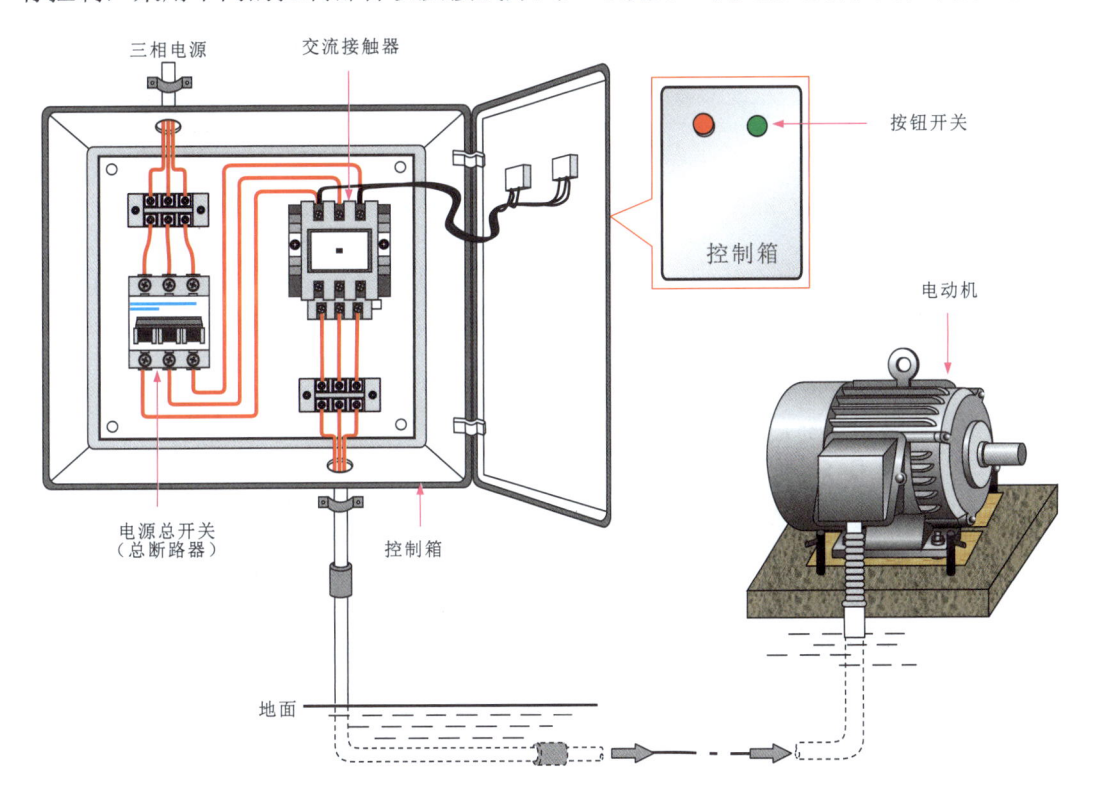

图9-1 典型的三相交流电动机控制电路示意图

9.1.2 三相交流电动机控制电路的接线与识读

图9-2和图9-3分别为带热继电器的三相交流电动机点动控制电路及接线图。

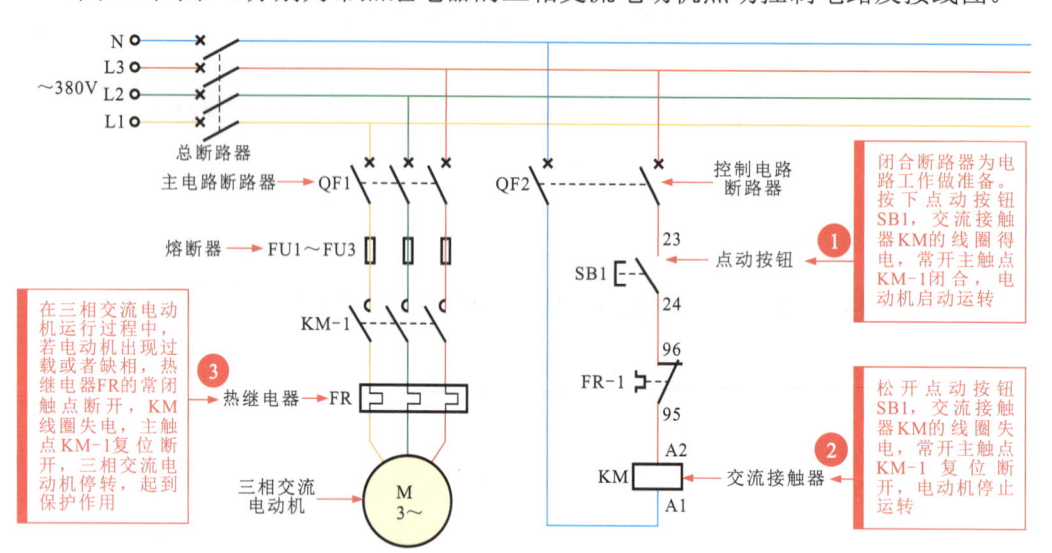

在三相交流电动机运行过程中，若电动机出现过载或者缺相，热继电器FR的常闭触点断开，KM线圈失电，主触点KM-1复位断开，三相交流电动机停转，起到保护作用。

闭合断路器为电路工作做准备。按下点动按钮SB1，交流接触器KM的线圈得电，常开主触点KM-1闭合，电动机启动运转。

松开点动按钮SB1，交流接触器KM的线圈失电，常开主触点KM-1复位断开，电动机停止运转。

图9-2 带热继电器的三相交流电动机点动控制电路

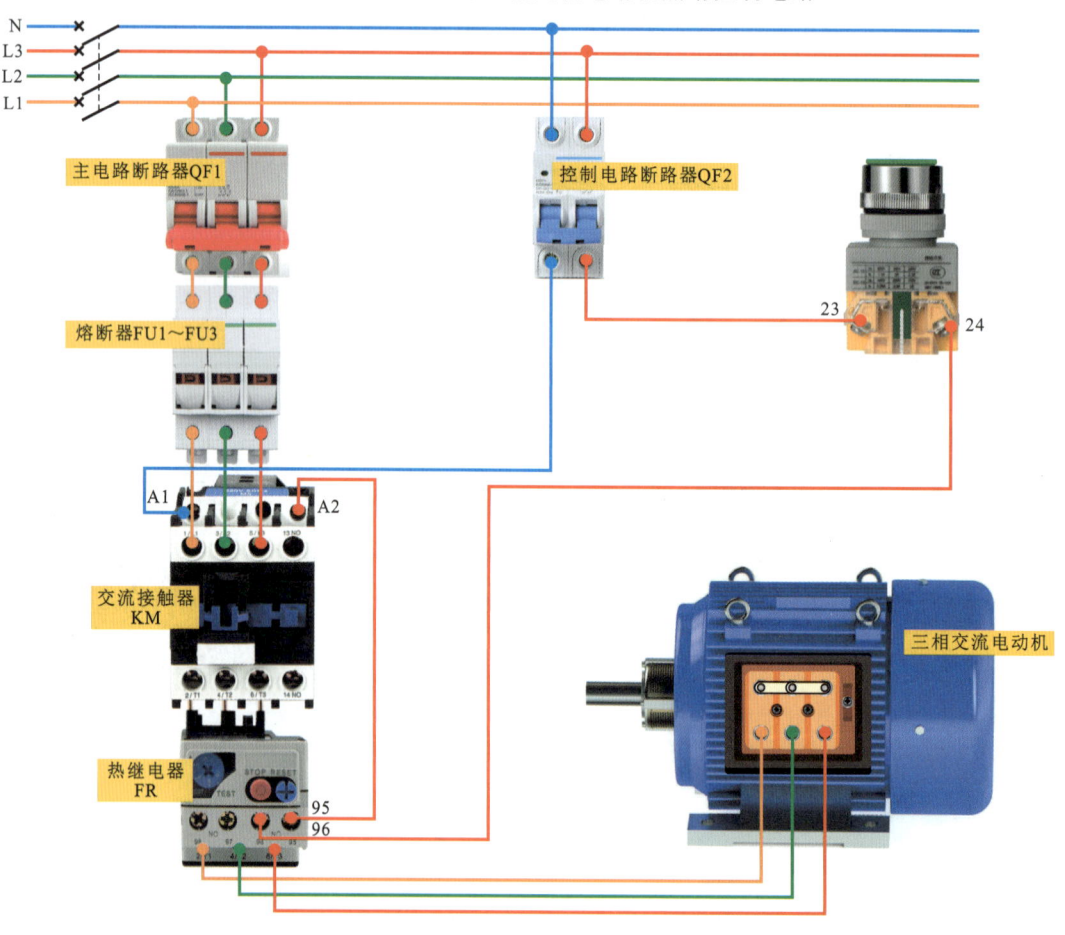

图9-3 带热继电器的三相交流电动机点动控制电路接线图

9.2 三相交流电动机控制电路识读案例

9.2.1 由复合开关控制的三相交流电动机点动/连续控制电路的识图

由复合开关控制的三相交流电动机点动/连续控制电路既能点动控制又能连续控制。当需要短时运转时,按住点动控制按钮,电动机转动;松开点动控制按钮,电动机停止转动;当需要长时间运转时,按下连续控制按钮后再松开,电动机进入持续运转状态。

图9-4为由复合开关控制的三相交流电动机点动/连续控制电路。

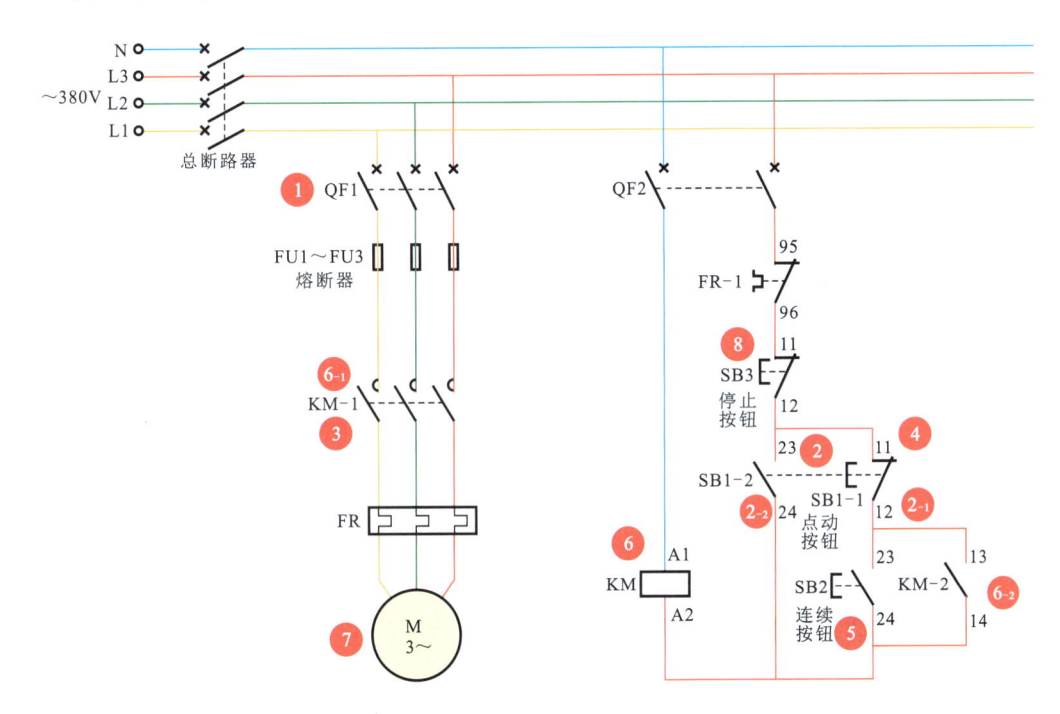

图9-4 由复合开关控制的三相交流电动机点动/连续控制电路

【1】闭合电路中的断路器,接通三相电源。
【2】按下点动控制按钮SB1,对应的触点动作。
　　【2-1】常闭触点SB1-1断开,切断SB2供电,此时的SB2不起作用。
　　【2-2】常开触点SB1-2闭合后,交流接触器KM的线圈得电。
【2-2】→【3】交流接触器KM的主触点KM-1闭合,电源为三相交流电动机供电,三相交流电动机M启动运转。
【4】松开SB1,触点复位,交流接触器KM的线圈失电,电动机M电源断开,电动机停转。由此反复按下松开控制,可实现点动控制。
【5】按下电路中的连续控制按钮SB2,该按钮的触点闭合。
【6】交流接触器KM的线圈得电,相应的触点动作。
　　【6-1】常开主触点KM-1闭合。
　　【6-2】常开辅助触点KM-2闭合自锁。
【6-1】+【6-2】→【7】接通三相交流电动机电源,电动机M启动运转。当松开按钮后,由于常开辅助触点KM-2闭合自锁,电动机仍保持得电运转状态。

【8】需要电动机停机时，按下停止按钮SB3。交流接触器KM的线圈失电，其内部触点全部复位，即常开辅助触点KM-2断开解除自锁；主触点KM-1断开，电动机停转。当松开按钮SB3后，电路未形成通路，电动机处于失电状态。

图9-5为由复合开关控制的三相交流电动机点动/连续控制电路接线图。

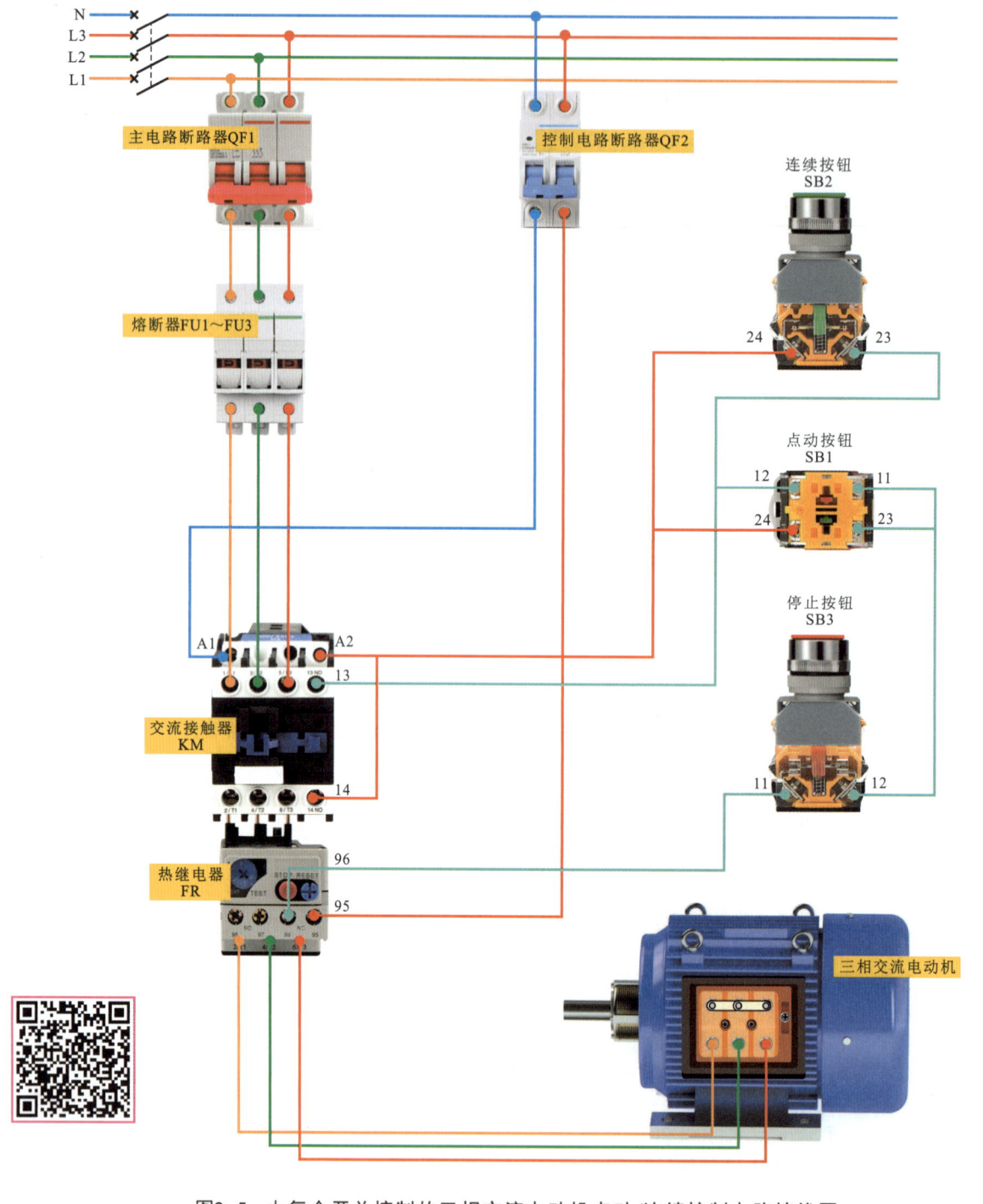

图9-5 由复合开关控制的三相交流电动机点动/连续控制电路接线图

9.2.2 具有过载保护功能的三相交流电动机正转控制电路的识图

图9-6为具有过载保护功能的三相交流电动机正转控制电路的识读分析。

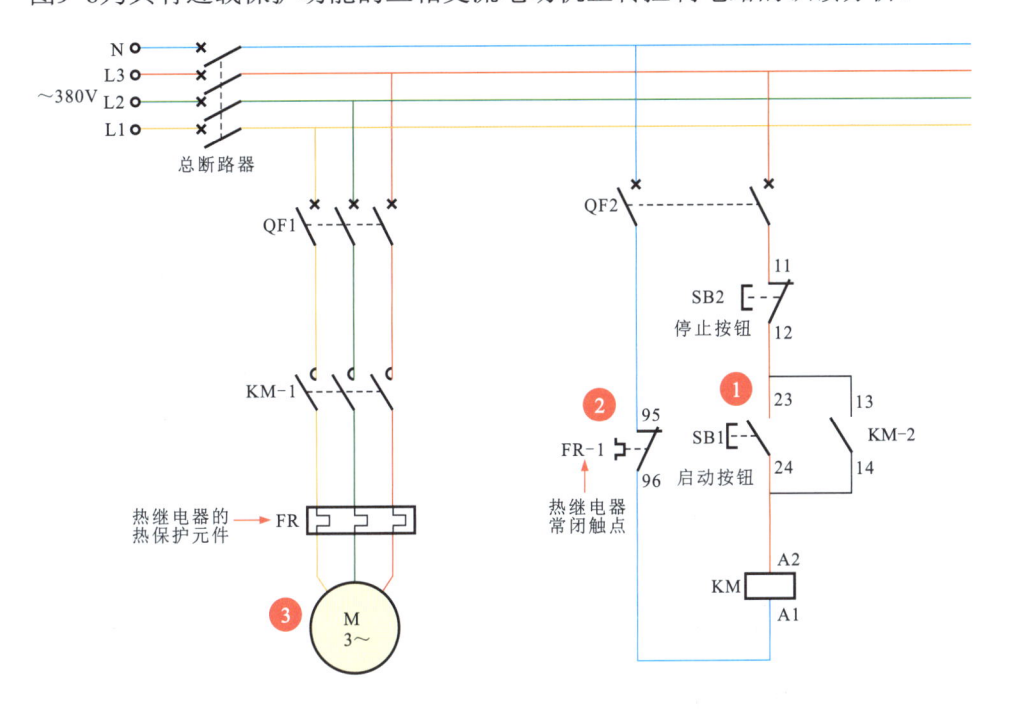

图9-6 具有过载保护功能的三相交流电动机正转控制电路的识读分析

【1】在正常情况下，接通断路器，按下启动按钮SB1后，电动机启动正转。

【2】当电动机过载时，主电路热继电器FR所通过的电流超过额定电流值，使FR内部发热，其内部双金属片弯曲，推动FR闭合触点断开，交流接触器KM1的线圈断电，触点复位。

【3】交流接触器KM1的常开主触点复位断开，电动机便脱离电源供电，电动机停转，起到了过载保护作用。

补充说明

过载保护属于过电流保护中的一种类型。过载是指电动机的运行电流大于其额定电流，小于1.5倍额定电流。

引起电动机过载的原因有很多，如电源电压降低、负载的突然增加或断相运行等。若电动机长时间处于过载运行状态，其内部绕组的温升将超过允许值而使电动机绝缘老化、损坏。因此，在电动机控制电路中一般都设有过载保护器件。所使用的过载保护器件应具有反时限特性，且不会受电动机短时过载冲击电流或短路电流的影响而瞬时动作，所以通常用热继电器作为过载保护装置。

值得注意的是，当有大于6倍额定电流通过热继电器时，需经5s后才动作，这样在热继电器未动作前，可能先烧坏热继电器的发热元器件，所以在使用热继电器进行过载保护时，还必须装有熔断器或低压断路器的短路保护器件。

图9-7为具有过载保护功能的三相交流电动机正转控制电路的接线图。

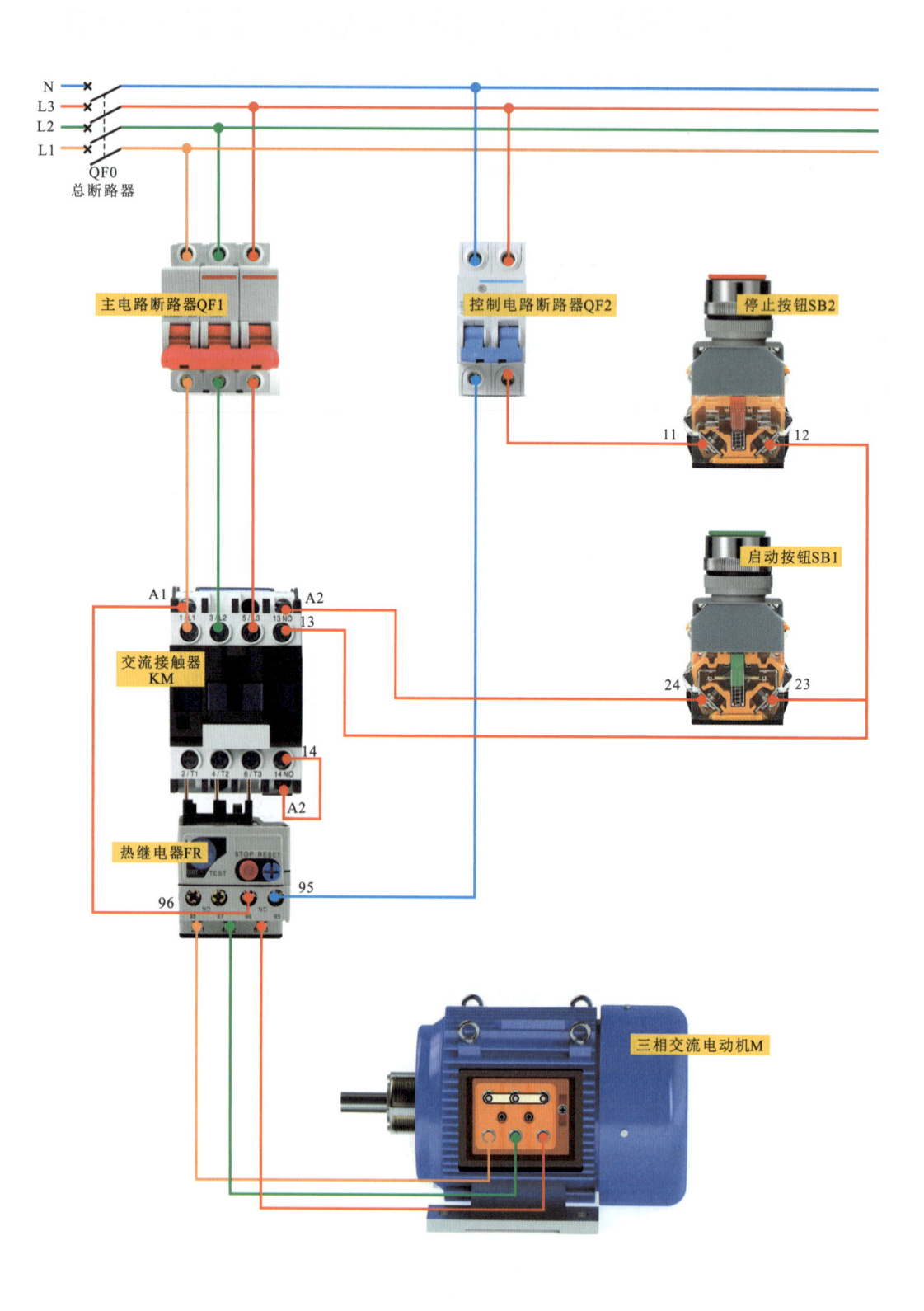

图9-7 具有过载保护功能的三相交流电动机正转控制电路的接线图

9.2.3 由旋钮开关控制的三相交流电动机点动/连续控制电路的识图

图9-8为由旋钮开关控制的三相交流电动机点动/连续控制电路的识读分析。

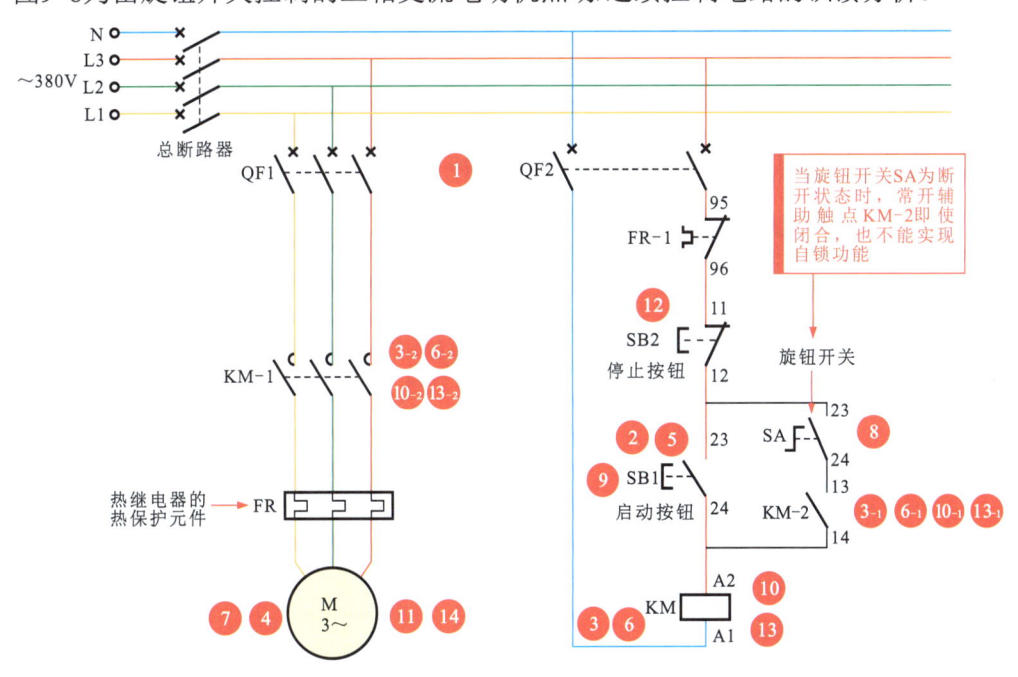

图9-8 由旋钮开关控制的三相交流电动机点动/连续控制电路的识读分析

【1】合上电路中的断路器，接通三相电源。
【2】按下启动按钮SB1。
【3】交流接触器KM的线圈得电。
　　【3-1】常开辅助触点KM-2闭合。
　　【3-2】常开主触点KM-1闭合。
【3-2】→【4】三相交流电动机接通三相电源，启动运转。
【5】松开启动按钮SB1。
【6】交流接触器KM的线圈失电。
　　【6-1】常开辅助触点KM-2复位断开。
　　【6-2】常开主触点KM-1复位断开。
【6-2】→【7】切断三相交流电动机供电电源，电动机停止运转。
【8】转动旋钮开关SA，使其常开触点闭合。
【9】按下启动按钮SB1。
【10】交流接触器KM的线圈得电。
　　【10-1】常开辅助触点KM-2闭合，实现自锁功能。
　　【10-2】常开主触点KM-1闭合。
【10-2】→【11】三相交流电动机接通三相电源，启动并进入连续运转状态。
【12】需要三相交流电动机停机时，按下停止按钮SB2。
【13】交流接触器KM的线圈失电。
　　【13-1】常开辅助触点KM-2复位断开。
　　【13-2】常开主触点KM-1复位断开。
【13-2】→【14】切断三相交流电动机供电电源，电动机停止运转。

图9-9为由旋钮开关控制的三相交流电动机点动/连续控制电路的接线图。

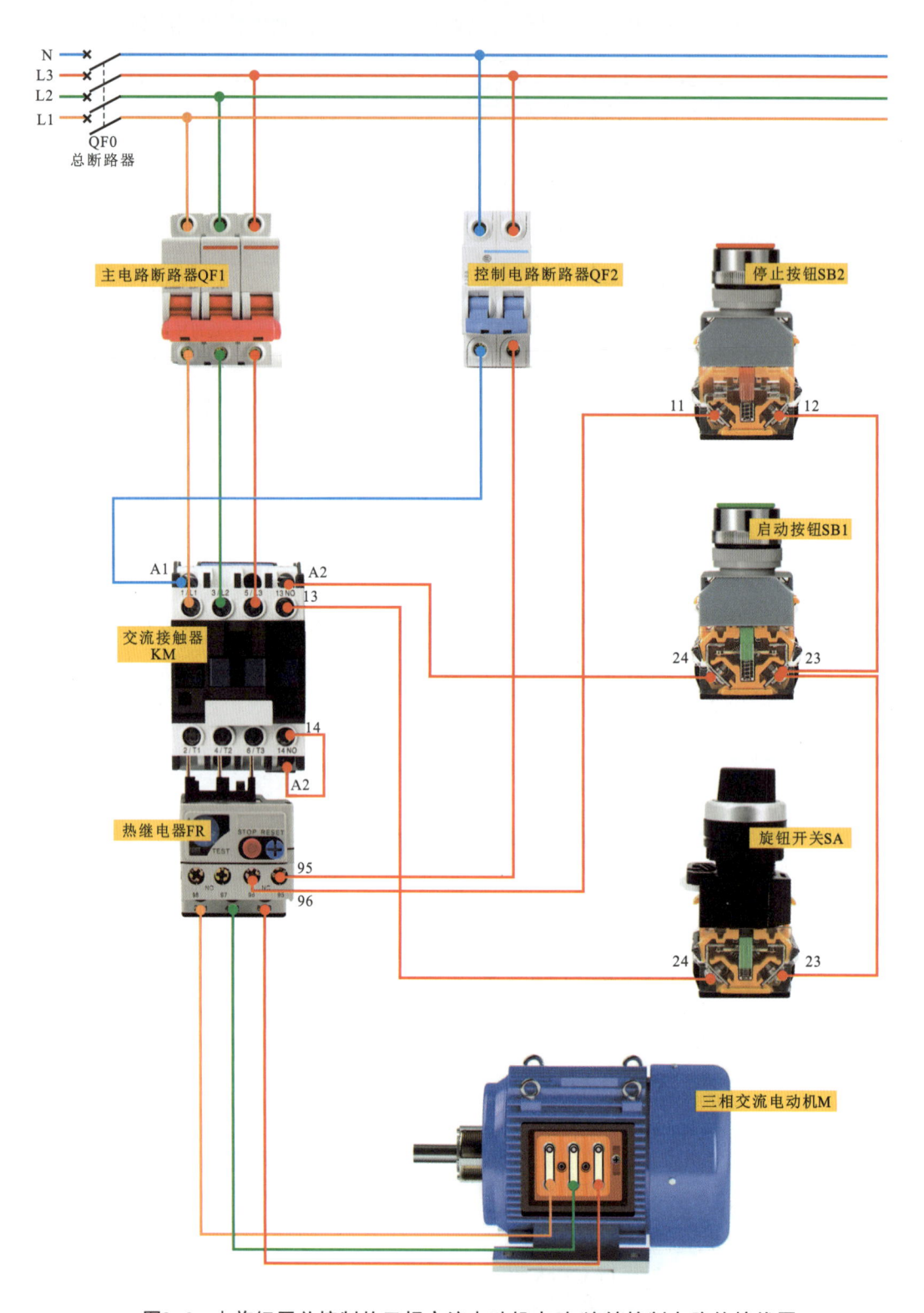

图9-9 由旋钮开关控制的三相交流电动机点动/连续控制电路的接线图

9.2.4 按钮互锁的三相交流电动机正/反转控制电路的识图

图9-10为按钮互锁、接触器自锁的三相交流电动机正/反转控制电路的识读分析。

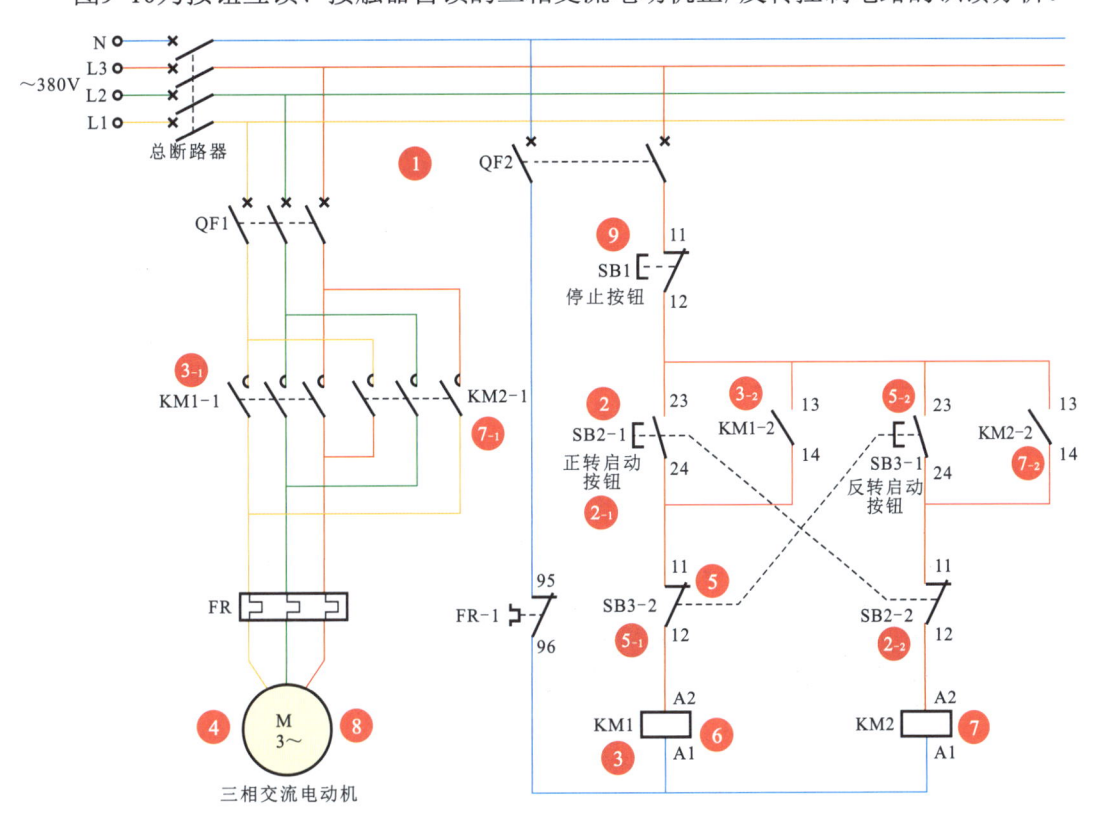

图9-10 按钮互锁、接触器自锁的三相交流电动机正/反转控制电路的识读分析

【1】闭合电路中的断路器，为电路工作做好供电准备。
【2】按下正转启动按钮SB2，其触点动作。
　　【2-1】常开SB2-1触点闭合。
　　【2-2】常闭SB2-2触点断开。
【2-1】→【3】交流接触器KM1的线圈得电。
　　【3-1】常开主触点KM1-1闭合。
　　【3-2】常开辅助触点KM1-2闭合自锁，即使松开SB2，也能保持交流接触器KM1的线圈通电。
【3-1】→【4】电动机正向启动运转。
【5】当电动机正向运转时，按下反转启动按钮SB3。
　　【5-1】接在正转控制电路中的常闭触点SB3-2断开。
　　【5-2】常开触点SB3-1闭合。
【5-1】→【6】正交流接触器KM1的线圈断电释放，触点全部复原，电动机断电但做惯性运转。
【5-2】→【7】反转交流接触器KM2的线圈得电。
　　【7-1】常开主触点KM2-1闭合。
　　【7-2】常开辅助触点KM2-2闭合自锁，即使松开SB3，也能保持交流接触器KM1的线圈通电。
【7-1】→【8】三相交流电动机接入电源相序反向，电动机反向启动运转。
【9】当需要停机时，按下停止按钮SB1，三相交流电动机停转。

图9-11为按钮互锁、接触器自锁的三相交流电动机正/反转控制电路的接线图。

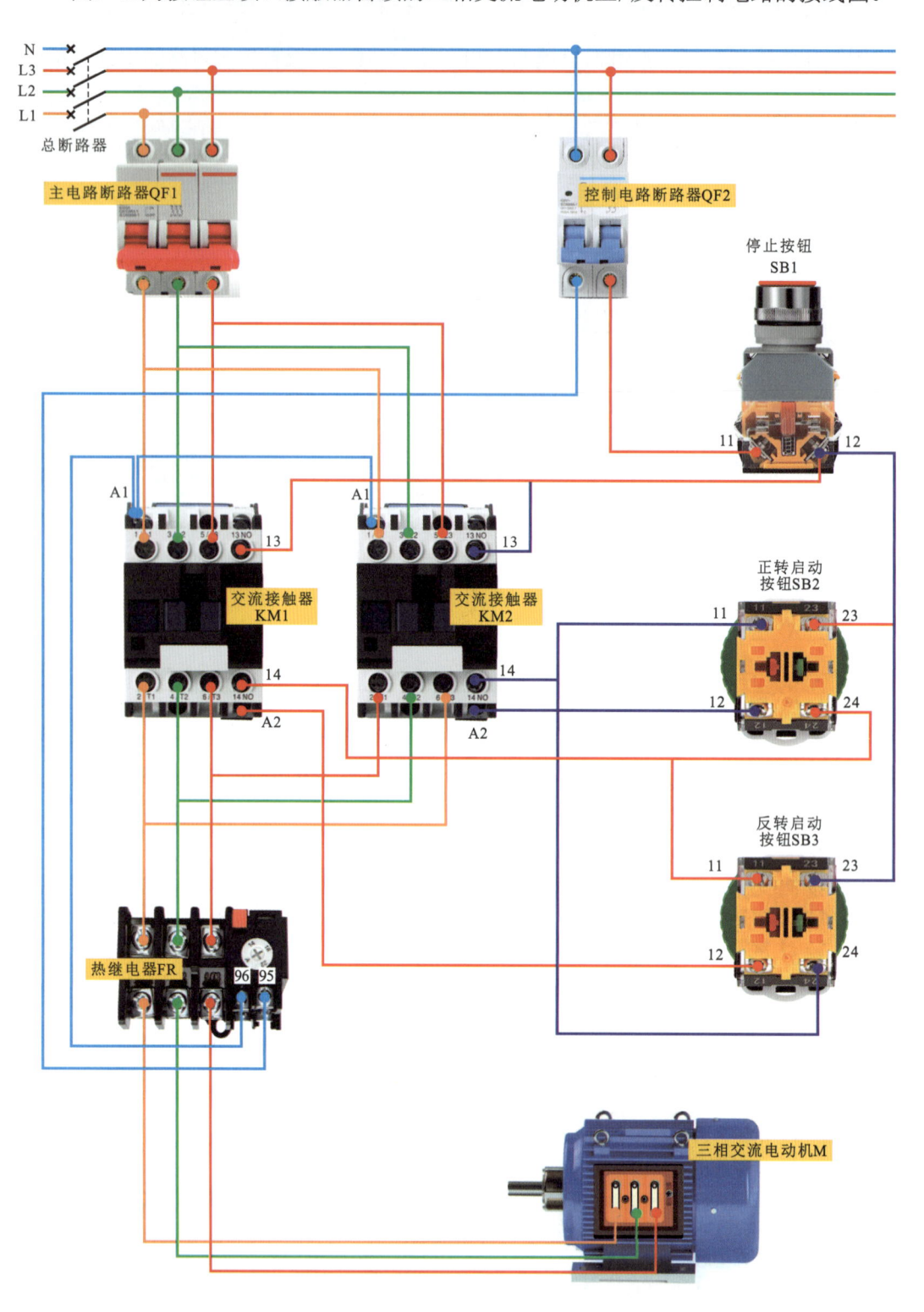

图9-11 按钮互锁、接触器自锁的三相交流电动机正/反转控制电路的接线图

9.2.5 接触器互锁的三相交流电动机正/反转控制电路的识图

图9-12为接触器互锁的三相交流电动机正/反转控制电路的识读分析。

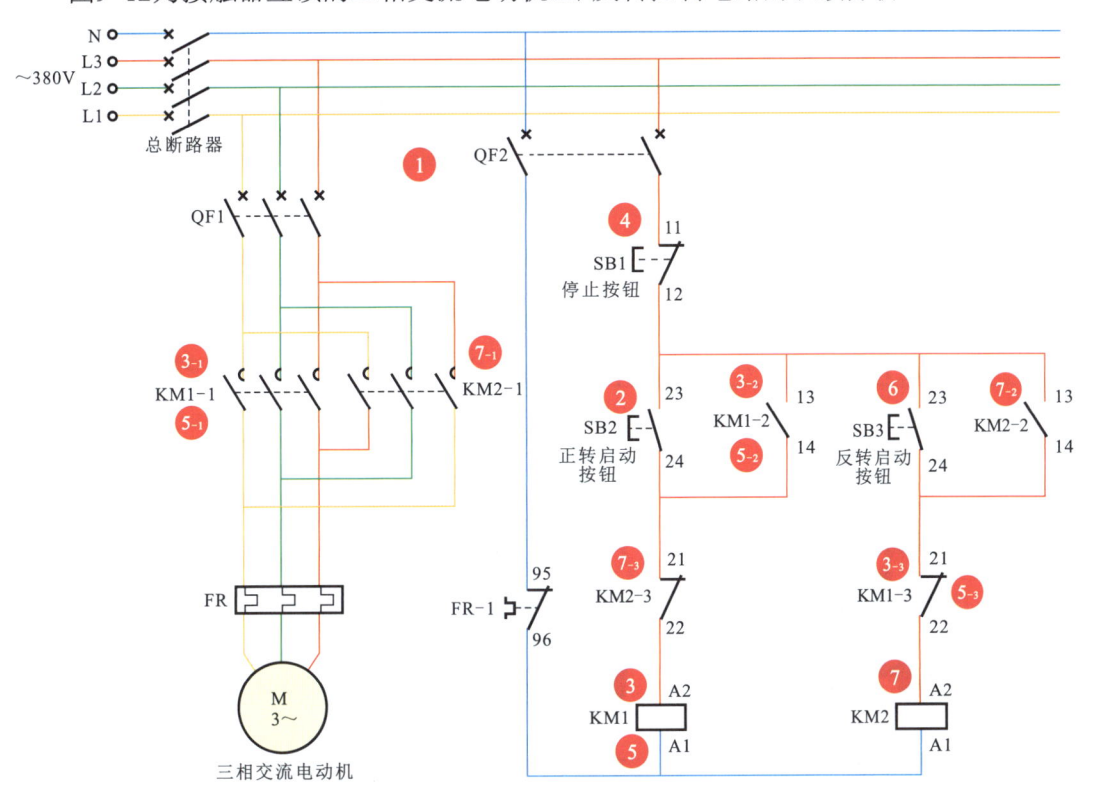

图9-12 接触器互锁的三相交流电动机正/反转控制电路的识读分析

【1】闭合电路中的断路器，为电路工作做好供电准备。
【2】按下正转启动按钮SB2，常开触点闭合。
【2】→【3】交流接触器KM1的线圈得电。
    【3-1】常开主触点KM1-1闭合，三相交流电动机M正向启动运转。
    【3-2】常开辅助触点KM1-2闭合自锁，即使松开SB2，也能保持交流接触器KM1的线圈通电。
    【3-3】常闭辅助触点KM1-3断开，防止交流接触器KM2的线圈得电，实现互锁。
【4】当需要三相交流电动机反向运转时，先按下停止按钮SB1，其常闭触点断开。
【4】→【5】交流接触器KM1的线圈失电，其所有触点复位。
    【5-1】常开主触点KM1-1复位断开，三相交流电动机M停转。
    【5-2】常开辅助触点KM1-2复位断开，解除自锁。
    【5-3】常闭辅助触点KM1-3复位闭合，为交流接触器KM2的线圈得电做好准备。
【6】按下反转启动按钮SB3，其触点闭合。
【6】+【5-3】→【7】交流接触器KM2的线圈得电。
    【7-1】常开主触点KM2-1闭合，三相交流电动机M接入电源相序反向，反向启动运转。
    【7-2】常开辅助触点KM2-2闭合自锁，即使松开SB3，也能保持交流接触器KM2的线圈通电。
    【7-3】常闭辅助触点KM2-3断开，防止交流接触器KM1的线圈得电，实现互锁。

当三相交流电动机M正向运转时，按下反向启动按钮SB3，三相交流电动机M不能实现反向运转，需要先按下停止按钮SB1；同样，当三相交流电动机M反向运转时，按下正向启动按钮SB2，三相交流电动机M也不能实现正向运转，也需要先按下停止按钮SB1。

图9-13为接触器互锁的三相交流电动机正/反转控制电路接线图。

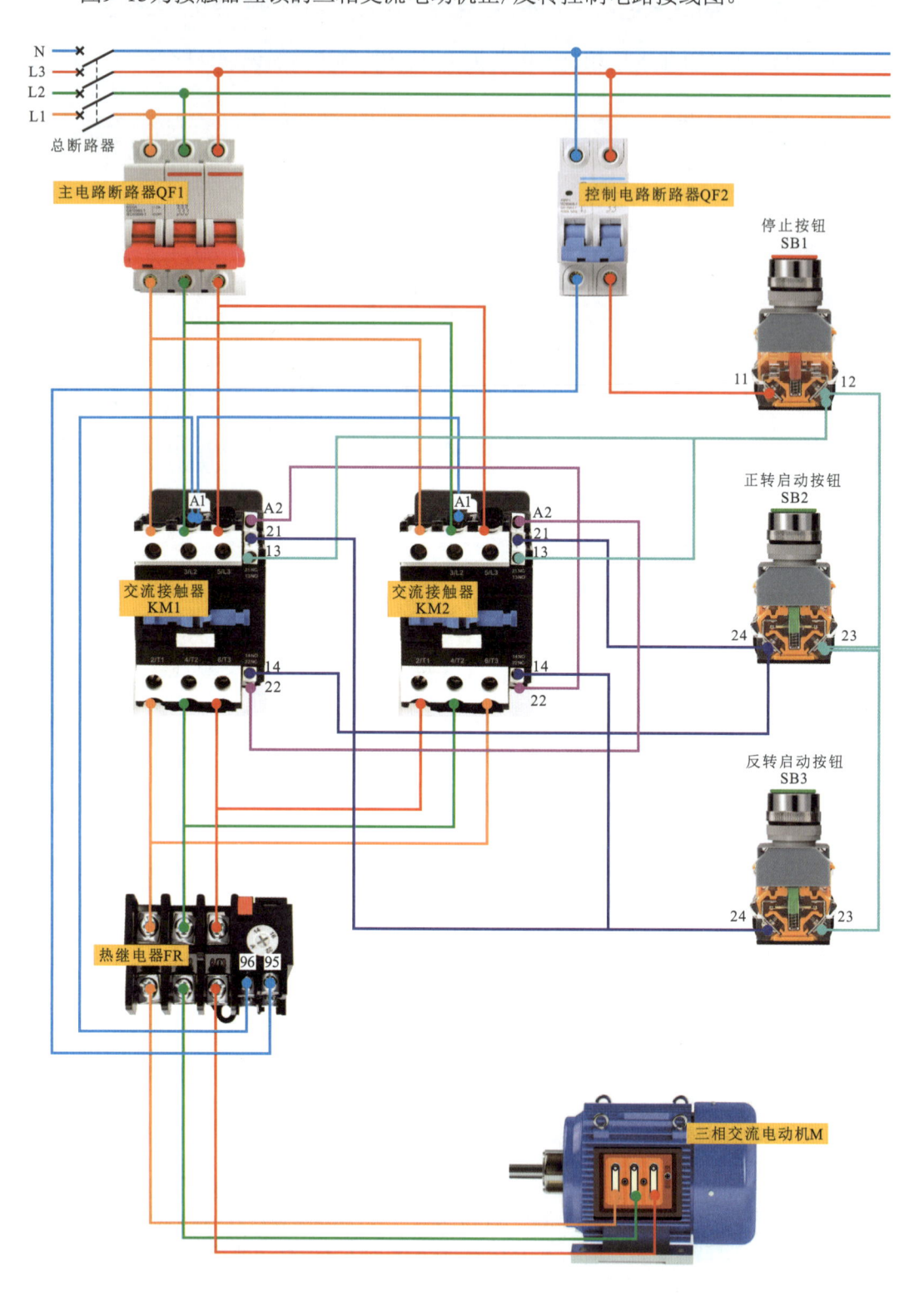

图9-13 接触器互锁的三相交流电动机正/反转控制电路接线图

9.2.6 旋钮开关实现的三相交流电动机正/反转控制电路的识图

图9-14为旋钮开关实现的三相交流电动机正/反转控制电路的识读分析。

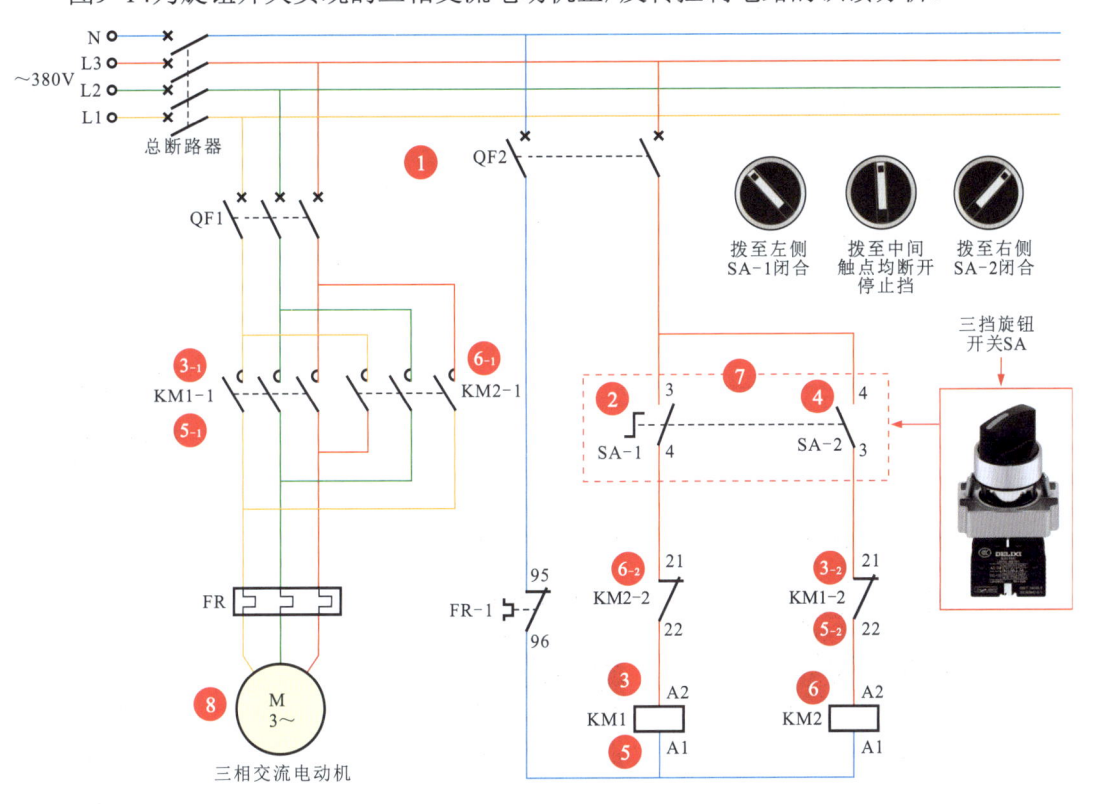

图9-14 旋钮开关实现的三相交流电动机正/反转控制电路的识读分析

【1】闭合电路中的断路器，为电路工作做好供电准备。
【2】将旋钮开关SA拨至左侧挡位，SA-1闭合。
【2】→【3】交流接触器KM1的线圈得电。
　　【3-1】常开主触点KM1-1闭合，三相交流电动机M正向启动运转。
　　【3-2】常闭辅助触点KM1-2断开，防止交流接触器KM2的线圈得电，实现互锁。
【4】当需要三相交流电动机反向运转时，将旋钮开关拨至右侧挡位，SA-1复位断开，SA-2闭合。
【4】→【5】交流接触器KM1的线圈失电，其所有触点复位。
　　【5-1】常开主触点KM1-1复位断开，三相交流电动机M停转。
　　【5-2】常闭辅助触点KM1-2复位闭合，为交流接触器KM2的线圈得电做好准备。
【4】→【6】交流接触器KM2的线圈得电。
　　【6-1】常开主触点KM2-1闭合，三相交流电动机M接入电源相序反向，反向启动运转。
　　【6-2】常闭辅助触点KM2-2断开，防止交流接触器KM1的线圈得电，实现互锁。
【7】当需要电动机停转时，将旋钮开关SA拨至中间挡位，SA-1断开，SA-2断开。
【7】→【8】电路中的交流接触器KM1或KM2的线圈失电，主触点KM1-1或KM2-1复位断开，切断电动机电源，电动机停转。

在该电路中，当电路未工作时，旋钮开关SA置于中间停机挡位；当三相交流电动机M处于正转或反转的过程中时，均可将旋钮开关SA拨至中间挡位实现停机控制。

图9-15为旋钮开关控制的三相交流电动机正/反转控制电路的接线图。

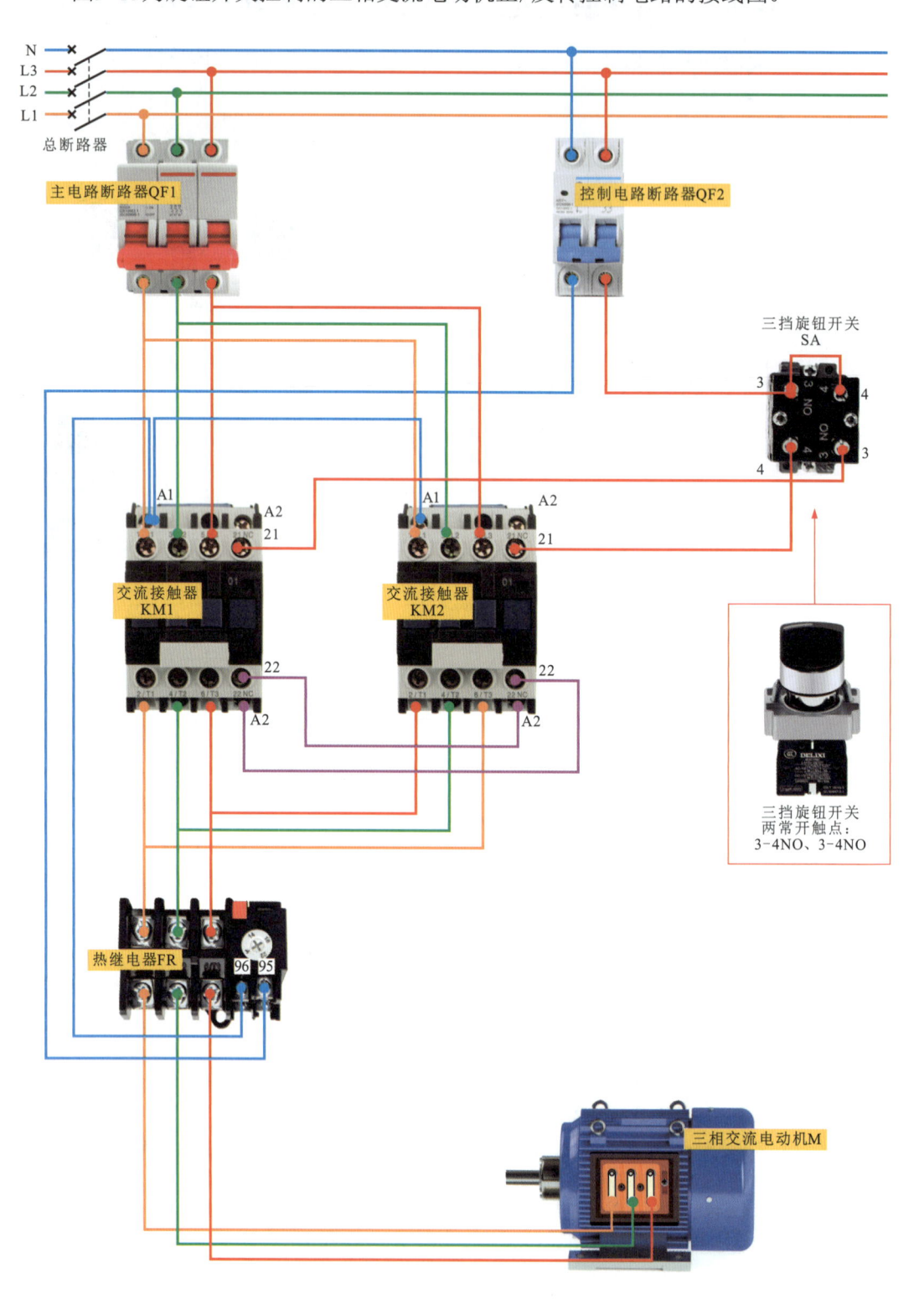

图9-15 旋钮开关控制的三相交流电动机正/反转控制电路的接线图

9.2.7 由按钮开关实现的三相交流电动机顺起顺停控制电路的识图

顺起顺停控制电路是指三相交流电动机按顺序依次启动，停止时按顺序依次停止的控制电路。

图9-16为由按钮开关实现的三相交流电动机顺起顺停控制电路的识图分析。

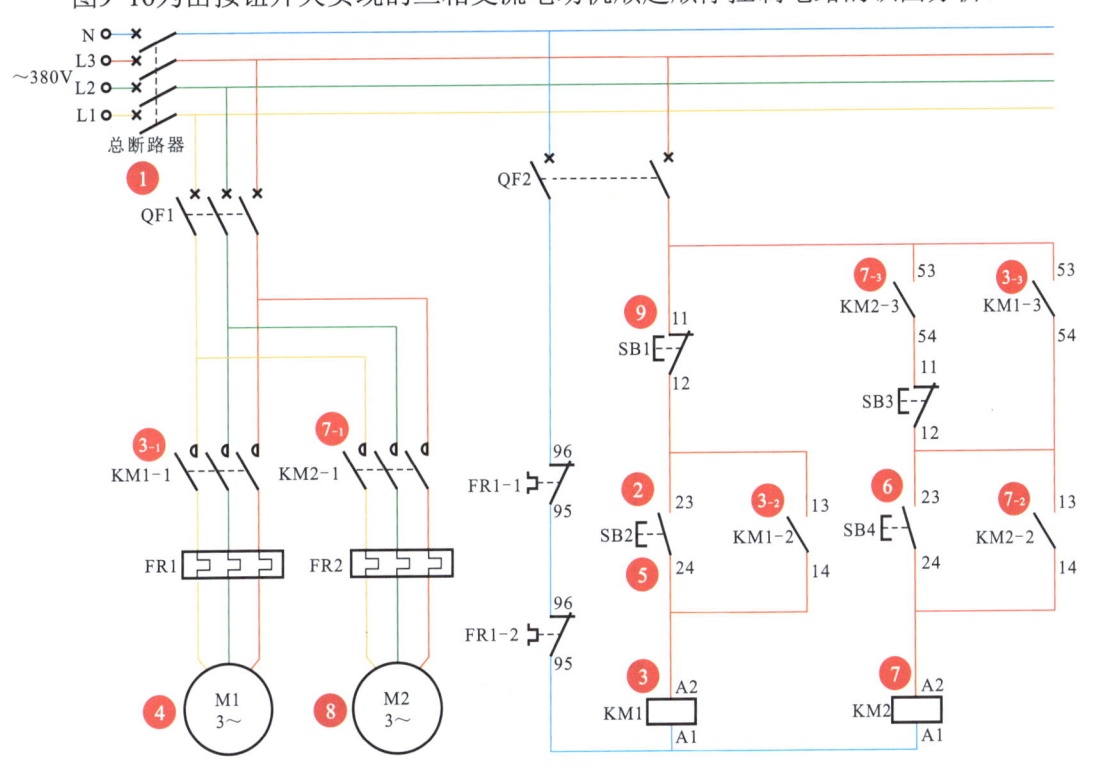

图9-16 由按钮开关实现的三相交流电动机顺起顺停控制电路的识图分析

【1】合上电路中的断路器，接通三相电源。
【2】按下启动按钮SB2，其触点闭合。
【2】→【3】交流接触器KM1的线圈得电。
　　【3-1】常开主触点KM1-1闭合。
　　【3-2】常开辅助触点KM1-2闭合，实现自锁功能。
　　【3-3】常开辅助触点KM1-3闭合，实现互锁功能。
【3-1】→【4】三相交流电动机M1启动运转。
【5】松开启动按钮SB2，因KM1-2闭合自锁，三相交流电动机M1保持运转。
【6】按下启动按钮SB4，其触点闭合。
【6】→【7】交流接触器KM2的线圈得电。
　　【7-1】常开主触点KM2-1闭合。
　　【7-2】常开辅助触点KM2-2闭合，实现自锁功能。
　　【7-3】常开辅助触点KM2-3闭合，该常开触点用于限制先按下SB4后M2启动，确保必须M1启动后，M2才能启动的顺序。
【7-3】→【8】三相交流电动机M2启动运转。
【9】需要停止时，按顺序按下停止按钮SB1，KM1线圈失电，M1停止运转；再按下停止按钮SB3，KM1线圈失电，M2停止运转（先按SB3，因KM1-3的锁定功能，KM2线圈保持得电，因此不能先停M2）。

图9-17为由按钮开关实现的三相交流电动机顺起顺停控制电路接线图。

图9-17 由按钮开关实现的三相交流电动机顺起顺停控制电路接线图

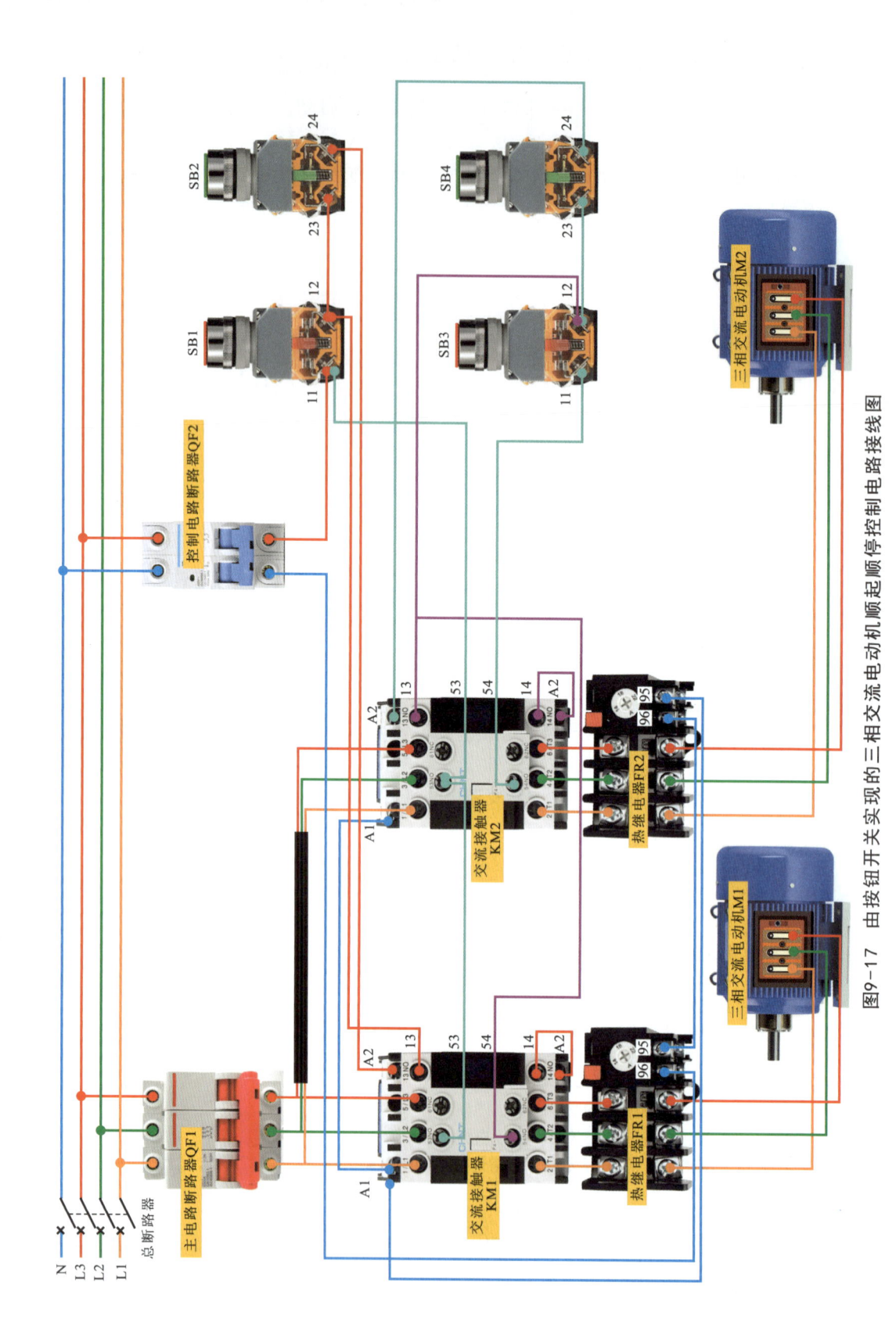

9.2.8 由时间继电器实现的三相交流电动机顺起逆停控制电路的识图

顺起逆停控制电路是指三相交流电动机按顺序依次启动，停止时按逆序依次停止的控制电路。

图9-18为由时间继电器实现的三相交流电动机顺起逆停控制电路的识图分析。

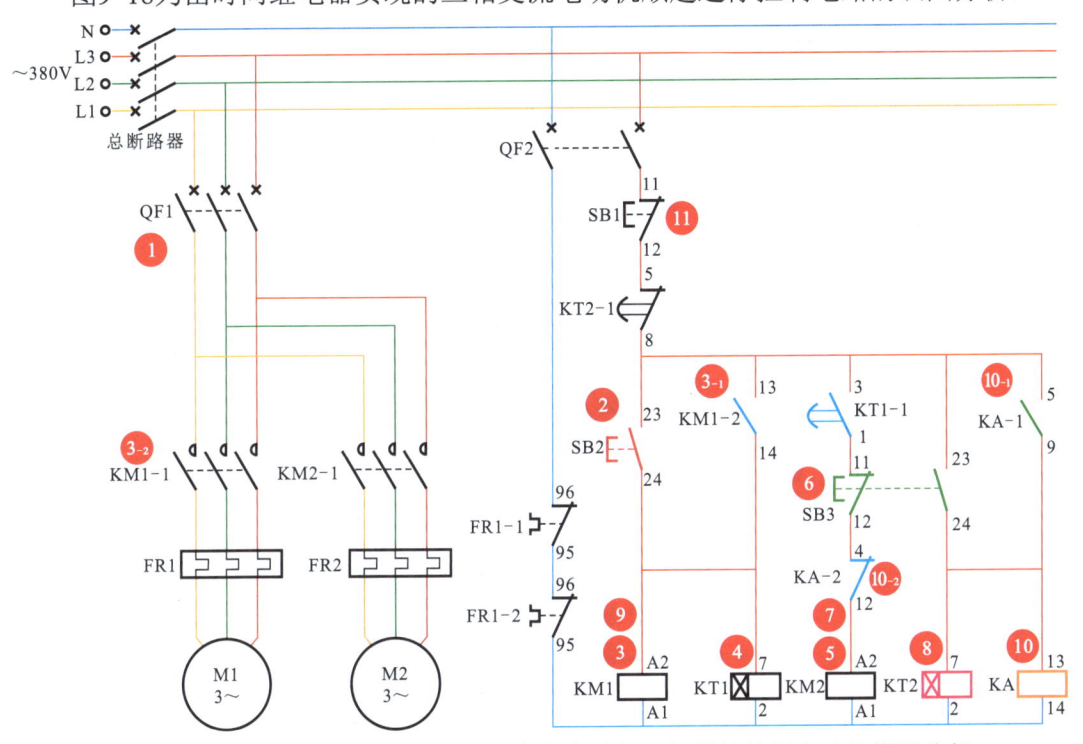

图9-18 由时间继电器实现的三相交流电动机顺起逆停控制电路的识图分析

【1】合上电路中的断路器，接通三相电源。
【2】按下启动按钮SB2，其触点闭合。
【2】→【3】交流接触器KM1的线圈得电，其对应的触点动作。
　　【3-1】常开辅助触点KM1-2接通，实现自锁功能。
　　【3-2】常开主触点KM1-1接通，电动机M1启动运转。
【2】→【4】时间继电器KT1的线圈得电，延时到设定时间后，延时闭合的常开触点KT1-1接通。
【4】→【5】交流接触器KM2的线圈得电，常开主触点KM2-1接通，电动机M2启动运转。
【6】当电动机需要停机时，按下停止按钮SB3，其常闭触点断开，常开触点闭合。
【6】→【7】停止按钮SB3的常闭触点断开，交流接触器KM2的线圈失电，其常开主触点KM2-1复位断开，电动机M2停止运转。
【6】→【8】停止按钮SB3的常开触点接通，时间继电器KT2的线圈得电，延时到设定时间后，延时断开的常闭触点KT2-1断开。
【8】→【9】交流接触器KM1的线圈失电，触点复位。常开主触点KM1-1断开，电动机M1停止运转。
【6】→【10】停止按钮SB3的常开触点接通，中间继电器KA的线圈得电。
　　【10-1】常开触点KA-1接通，锁定KA，即使停止按钮复位，电动机仍处于停机状态。
　　【10-2】常闭触点KA-2断开，保证交流接触器KM2的线圈不会得电。
【11】紧急停止按钮SB1用于电路出现故障，需要立即停机时，按下紧急停止按钮SB1，切断电源供电，交流接触器、中间继电器和时间继电器等电气部件失电后，触点复位，两台电动机立即停机。

图9-19为由时间继电器实现的三相交流电动机顺起逆停控制电路接线图。

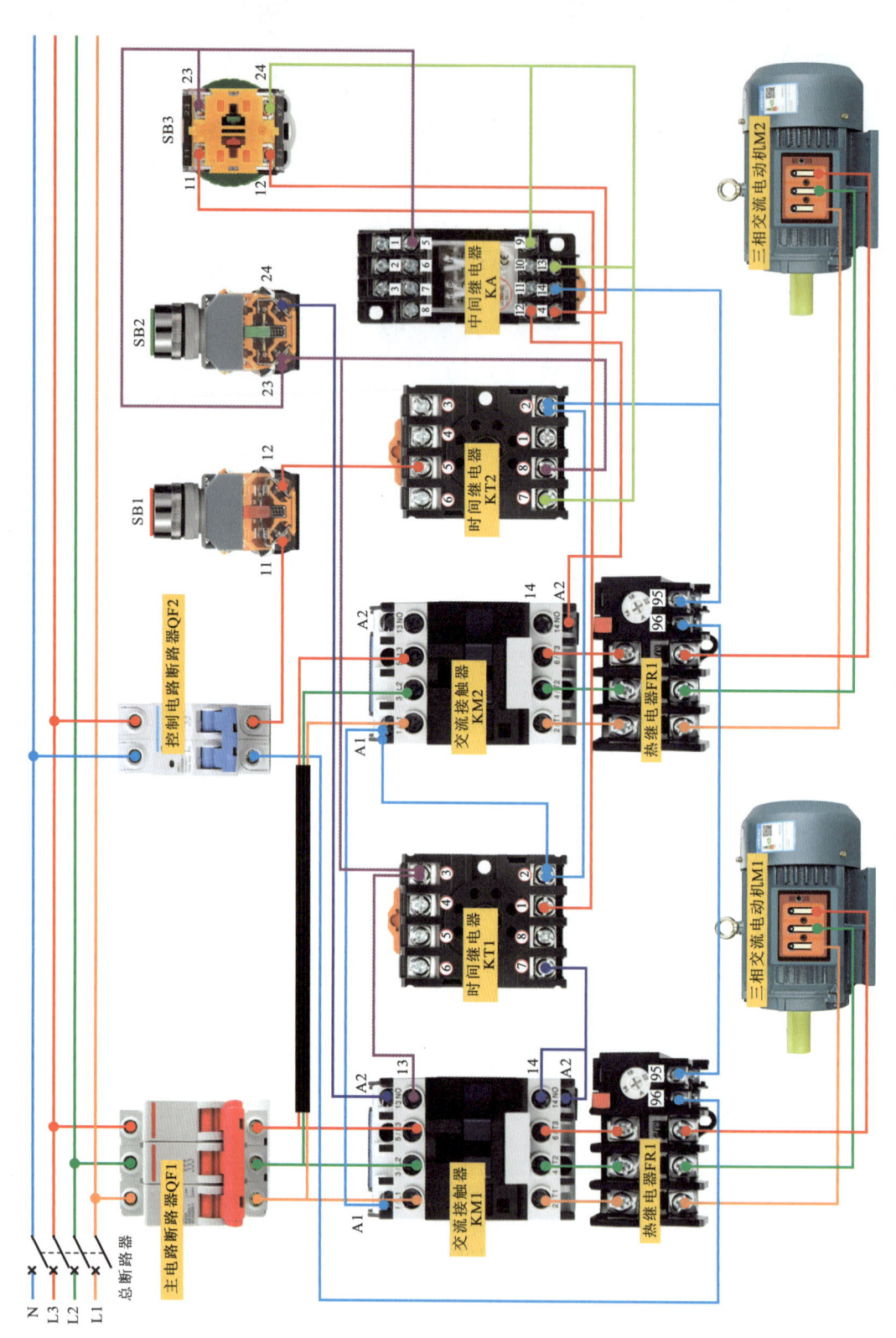

图9-19 由时间继电器实现的三相交流电动机顺起逆停控制电路接线图

9.2.9 由时间继电器实现的三相交流电动机顺起顺停控制电路的识图

图9-20为由时间继电器实现的三相交流电动机顺起顺停控制电路的识图分析。

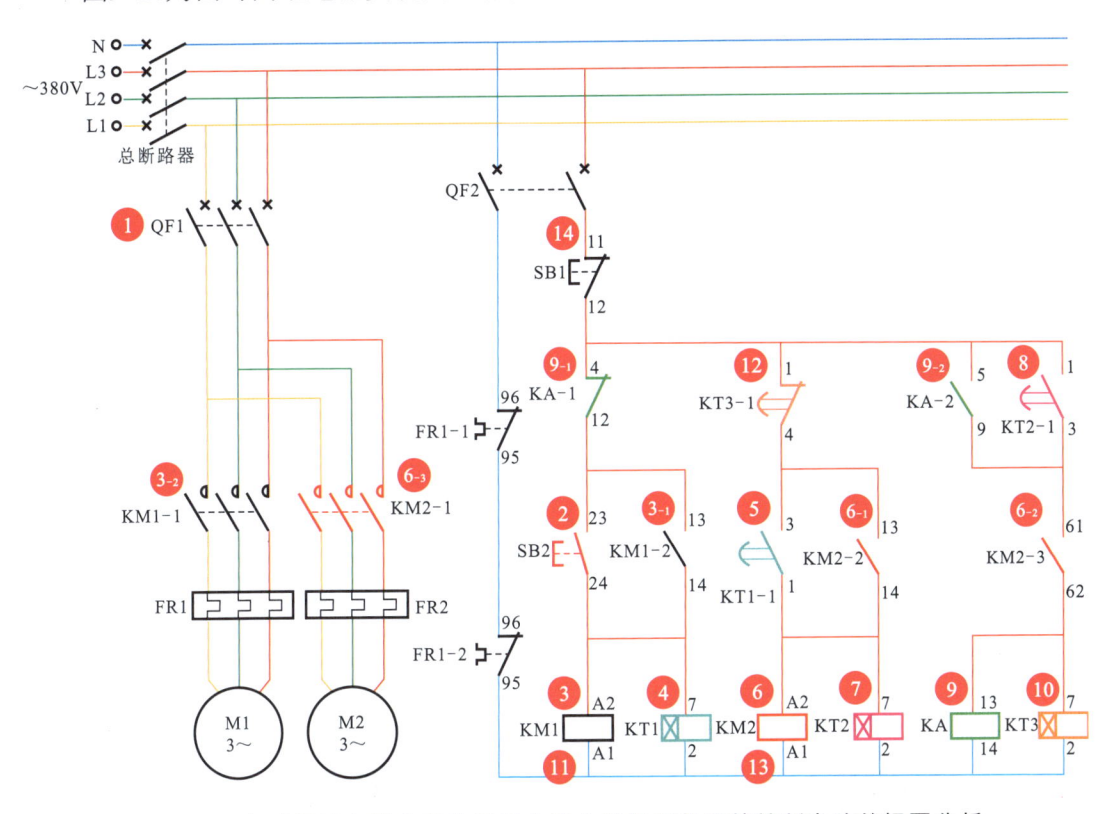

图9-20 由时间继电器实现的三相交流电动机顺起顺停控制电路的识图分析

【1】合上电路中的断路器，接通三相电源。
【2】按下启动按钮SB2，其触点闭合。
【2】→【3】交流接触器KM1的线圈得电，带动其触点动作。
　【3-1】常开辅助触点KM1-2接通，实现自锁功能。
　【3-2】常开主触点KM1-1接通，电动机M1启动运转。
【2】→【4】时间继电器KT1的线圈得电，开始按照设定时间定时（时间继电器KT1设定的延时时间决定M1启动后，间隔多长时间M2自动启动）。
【5】定时时间到，延时闭合的常开触点KT1-1接通。
【5】→【6】交流接触器KM2的线圈得电，带动其触点动作。
　【6-1】常开辅助触点KM2-2接通，实现自锁功能。
　【6-2】常开主触点KM2-3接通，为KA和KT3的线圈得电做好准备。
　【6-3】常开主触点KM2-1接通，电动机M2启动运转。
【5】→【7】时间继电器KT2的线圈得电，开始按照设定时间定时（时间继电器KT2设定的延时时间决定两台电动机从运行到按顺序停止之间的间隔时间）。
【8】定时时间到，延时闭合的常开触点KT2-1接通。
【8】+【6-2】→【9】中间继电器KA的线圈得电，带动其触点动作。
　【9-1】常闭触点KA-1断开。
　【9-2】常开触点KA-2接通，实现自锁功能。

【8】+【6-2】→【10】时间继电器KT3的线圈得电,开始按照设定时间定时(时间继电器KT3设定的延时时间决定M1停转后,经过多长时间M2自动停转)。

【9-1】→【11】交流接触器KM1的线圈失电,其触点全部复位,M1停止运转。

【10】→【12】定时时间到,延时断开的常闭触点KT3-1断开。

【12】→【13】交流接触器KM2的线圈失电,其触点全部复位,M2停止运转。

【14】需要紧急停止时,按下停止按钮SB1即可。

图9-21为由时间继电器实现的三相交流电动机顺起顺停控制电路接线图。

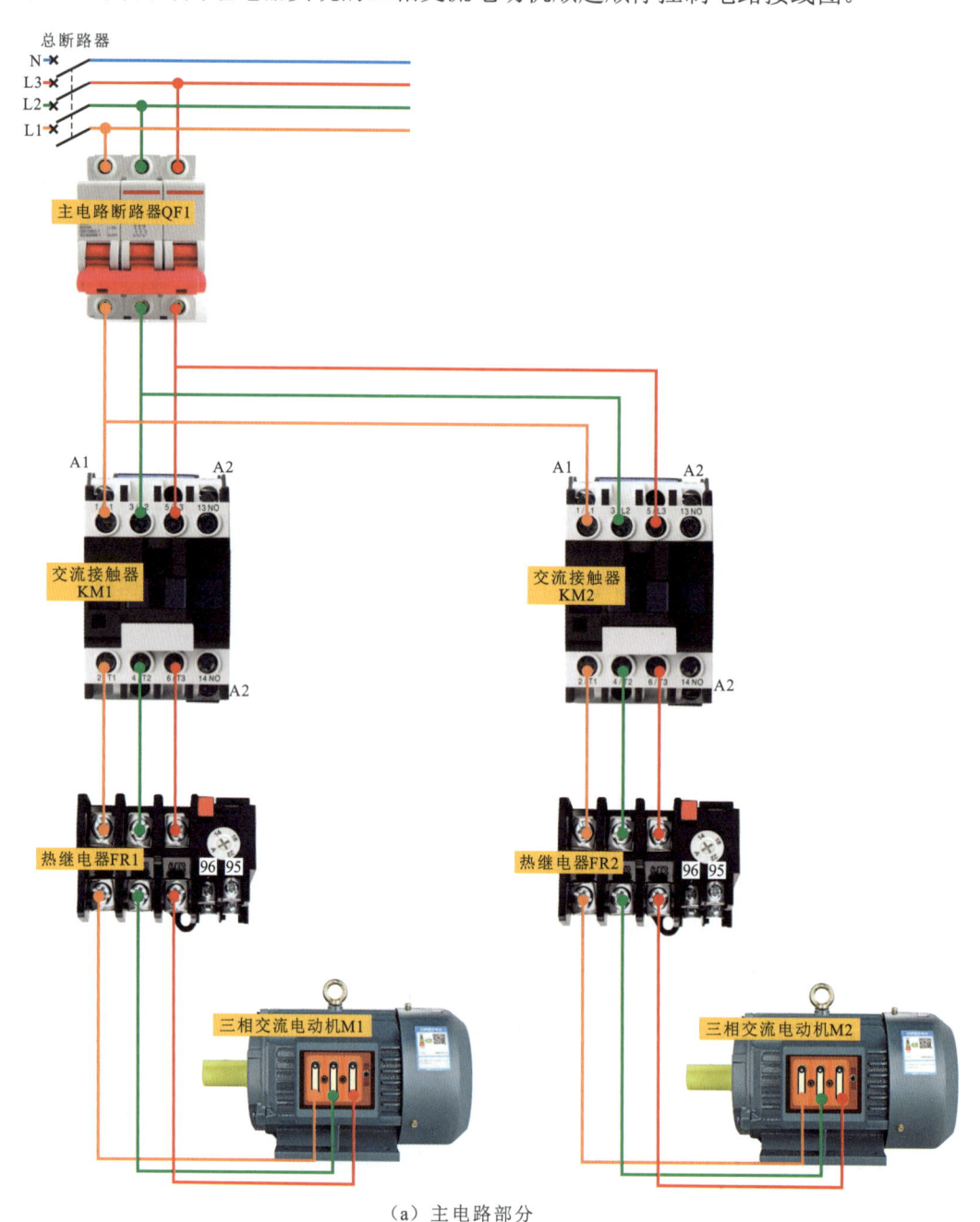

(a)主电路部分

图9-21 由时间继电器实现的三相交流电动机顺起顺停控制电路接线图

(b) 控制电路部分

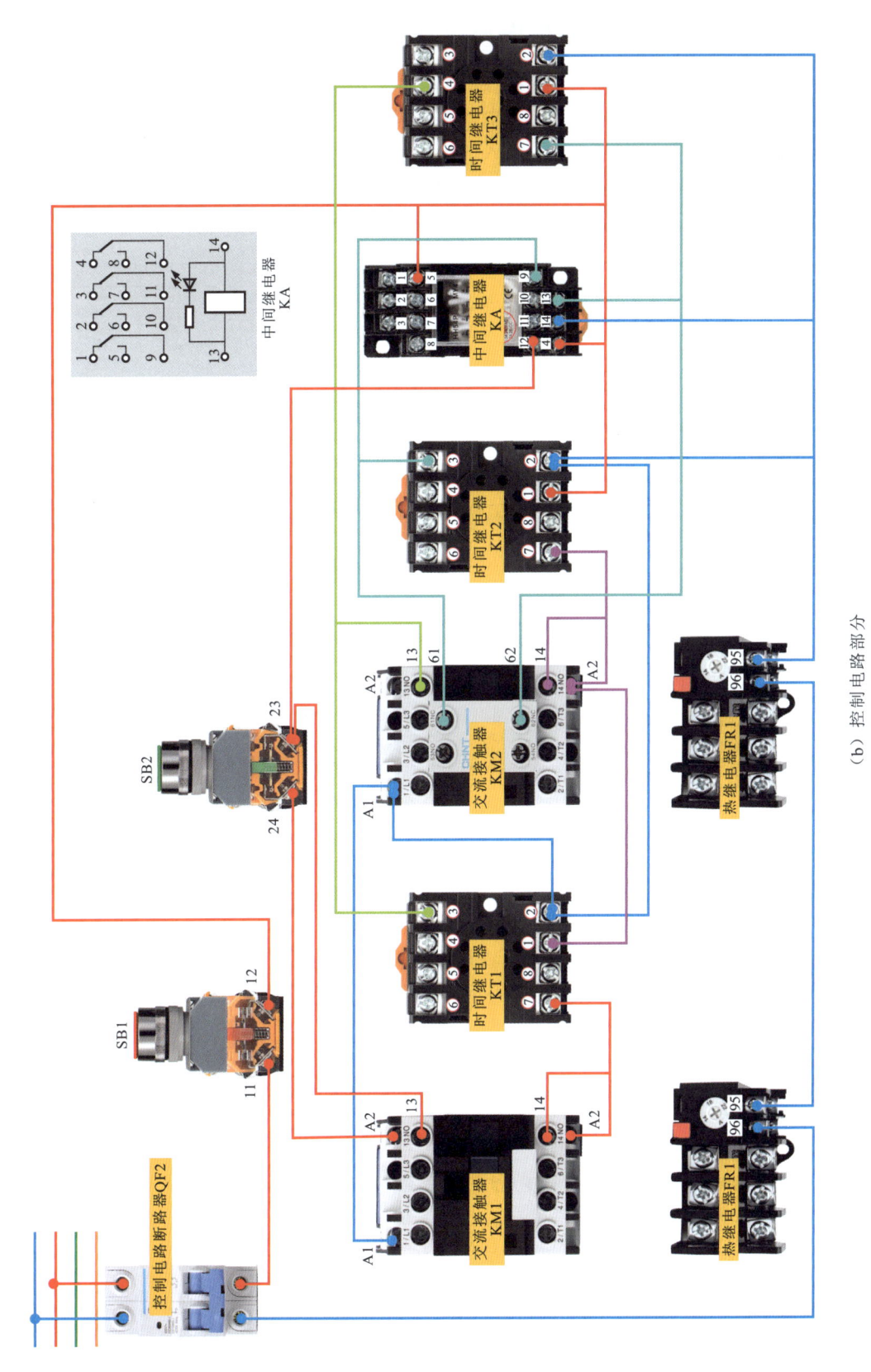

图9-21（续）

9.2.10 三相交流电动机串电阻降压启动控制电路的识图

三相交流电动机串电阻降压启动控制电路主要由降压电阻器、按钮开关、接触器、时间继电器等控制部件与三相交流电动机等构成。该电路是指在三相交流电动机定子电路中串入电阻器，启动时利用串入的电阻器起到降压、限流的作用，当三相交流电动机启动完毕，再通过电路将串联的电阻短接，从而使三相交流电动机进入全压正常运行状态。图9-22为三相交流电动机串电阻降压启动控制电路的识读分析。

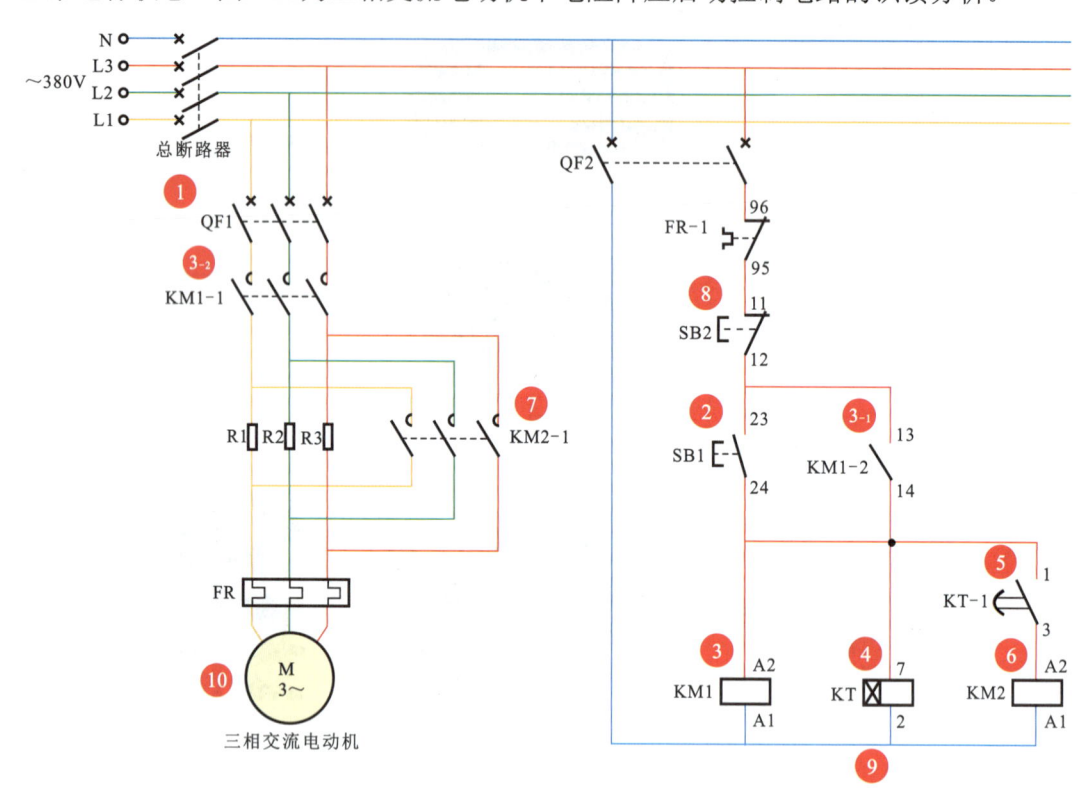

图9-22 三相交流电动机串电阻降压启动控制电路的识读分析

【1】合上断路器，接通三相电源。
【2】按下启动按钮SB1，其常开触点闭合。
【2】→【3】交流接触器KM1的线圈得电。
　　【3-1】常开辅助触点KM1-2闭合，实现自锁功能。
　　【3-2】常开主触点KM1-1闭合，电源经电阻器R1、R2、R3为三相交流电动机M供电，三相交流电动机降压启动。
【2】→【4】时间继电器KT的线圈得电。
【4】→【5】当时间继电器KT达到预定的延时时间后，常开触点KT-1延时闭合。
【5】→【6】交流接触器KM2的线圈得电。
【7】常开主触点KM2-1闭合，短接电阻器R1、R2、R3，三相交流电动机在全压状态下运行。
【8】当需要三相交流电动机停机时，按下停止按钮SB2。
【9】交流接触器KM1、KM2和时间继电器KT的线圈均失电，触点全部复位。
【10】主触点KM1-1、KM2-1复位断开，切断三相电动机供电电源，电动机停止运转。

图9-23为三相交流电动机串电阻降压启动控制电路接线图。

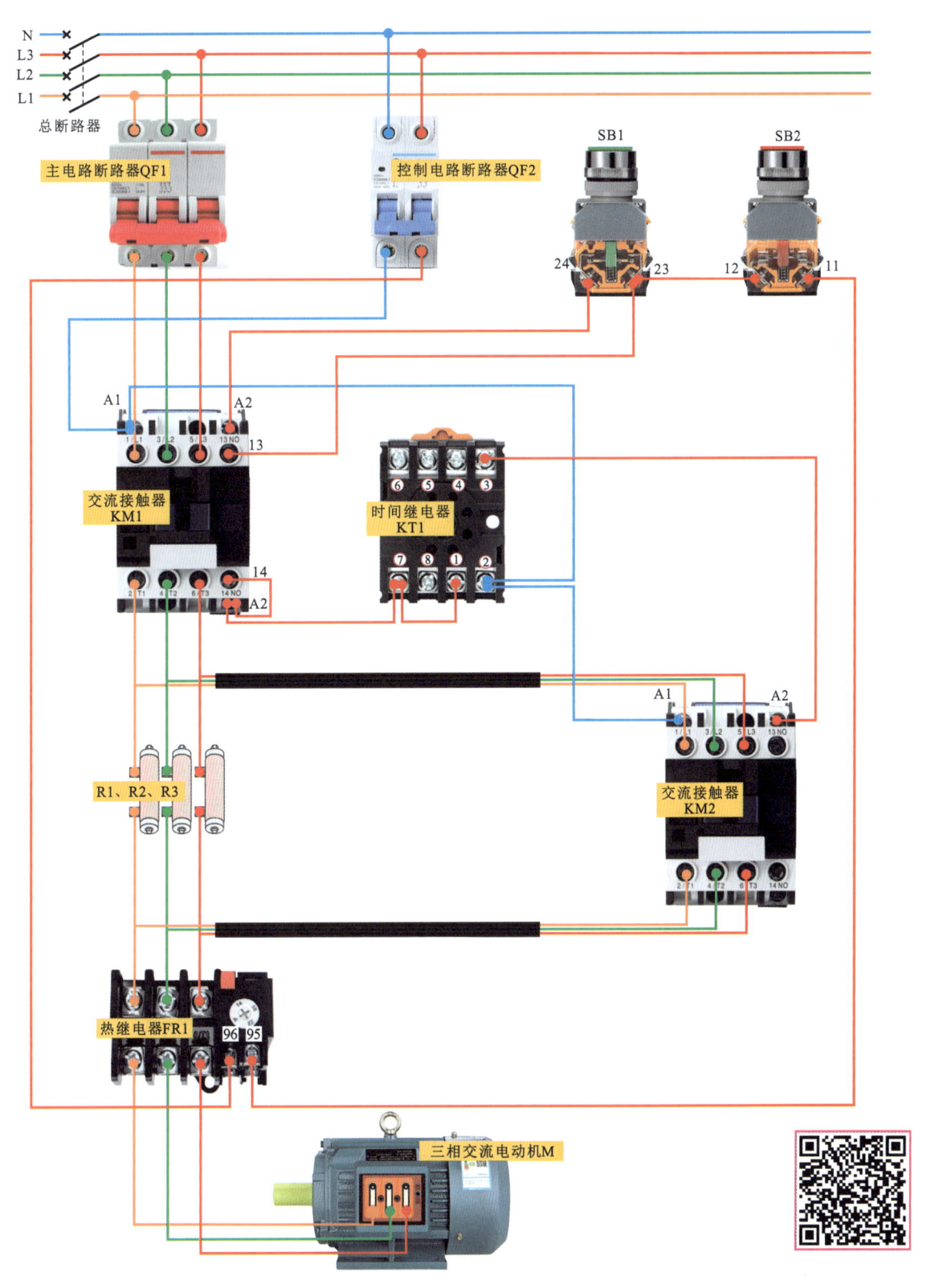

图9-23 三相交流电动机串电阻降压启动控制电路接线图

9.2.11 按钮开关控制三相交流电动机Y-△降压启动控制电路的识图

电动机Y-△降压启动控制电路是指三相交流电动机启动时，先由电路控制三相交流电动机定子绕组连接成星形（Y）进入降压启动状态，待转速达到一定值后，再由电路控制三相交流电动机定子绕组换接成三角形（△），进入全压运行状态。图9-24为由按钮开关控制三相交流电动机Y-△降压启动控制电路的识图分析。

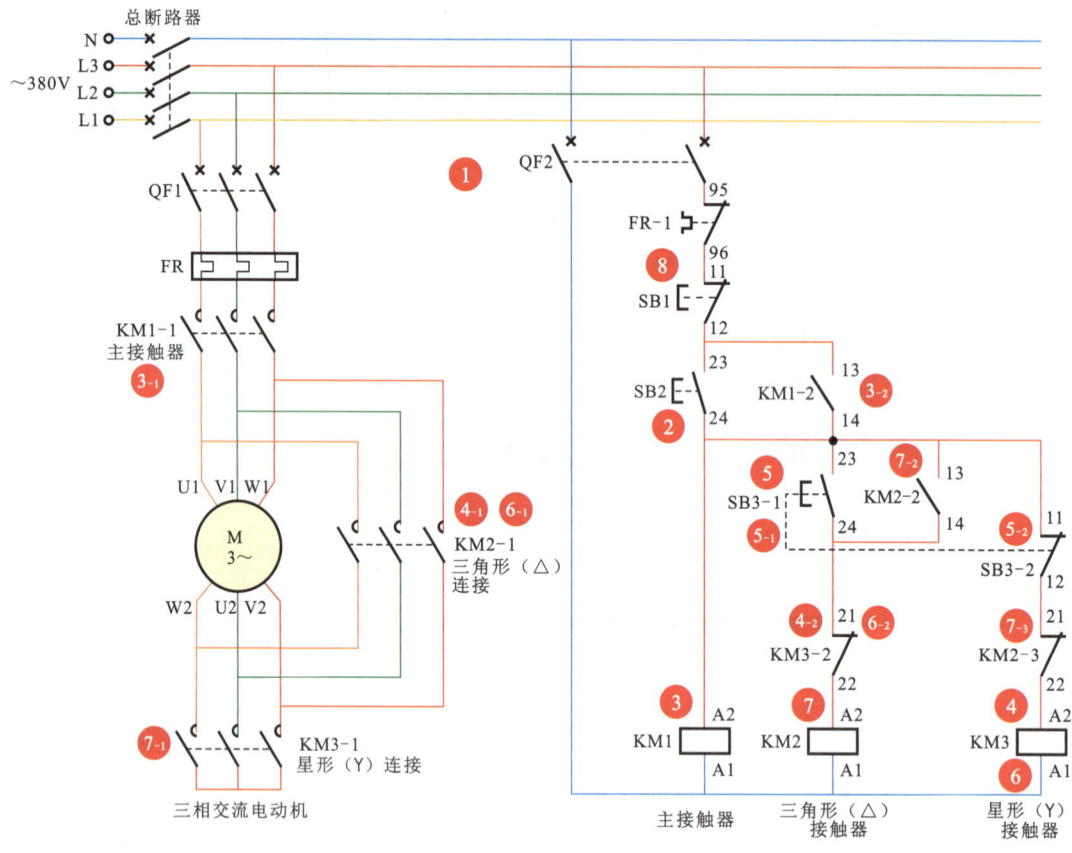

图9-24 由按钮开关控制三相交流电动机Y-△降压启动控制电路的识图分析

【1】合上电路中的断路器，接通三相电源。
【2】按下启动按钮SB2，常开触点闭合。
【2】→【3】交流接触器KM1的线圈得电，带动触点动作。
　　【3-1】常开主触点KM1-1闭合，为三相交流电动机M供电。
　　【3-2】常开辅助触点KM1-2闭合，实现自锁功能。
【2】→【4】交流接触器KM3的线圈得电，带动触点动作。
　　【4-1】常开主触点KM3-1闭合，三相交流电动机M绕组按星形方式连接，降压启动运转。
　　【4-2】常闭辅助触点KM3-2断开，防止交流接触器KM2的线圈得电，实现互锁功能。
【5】三相交流电动机M星形启动运转需要的时间（如5s）后，按下三角形启动按钮SB3（手动控制三相交流电动机M绕组从星形连接到三角形连接）。
　　【5-1】常开触点SB3-1闭合。
　　【5-2】常闭触点SB3-2断开。
【5-2】→【6】交流接触器KM3的线圈失电，其触点全部复位。
　　【6-1】常开主触点KM3-1复位断开。

【6-2】常闭辅助触点KM3-2复位闭合。
【5-1】+【6-2】→【7】交流接触器KM2的线圈得电。
　　【7-1】常开主触点KM2-1闭合，三相交流电动机M绕组连接成三角形，进入全压运转阶段。
　　【7-2】常开辅助触点KM2-2闭合，实现自锁功能。
　　【7-3】常闭辅助触点KM2-3断开，与KM3实现互锁控制。
【8】当需要停机时，按下停止按钮SB1即可。

补充说明

图9-24中，通过接触器实现三相交流电动机绕组Y-△接线方式的切换过程如图9-25所示。当三相交流电动机采用Y连接时（降压启动），三相交流电动机每相承受的电压均为220V；当三相交流电动机采用△连接时（全压运行），三相交流电动机每相绕组承受的电压为380V。

（a）三相交流电动机绕组星形（Y）连接

（b）三相交流电动机绕组三角形（△）连接

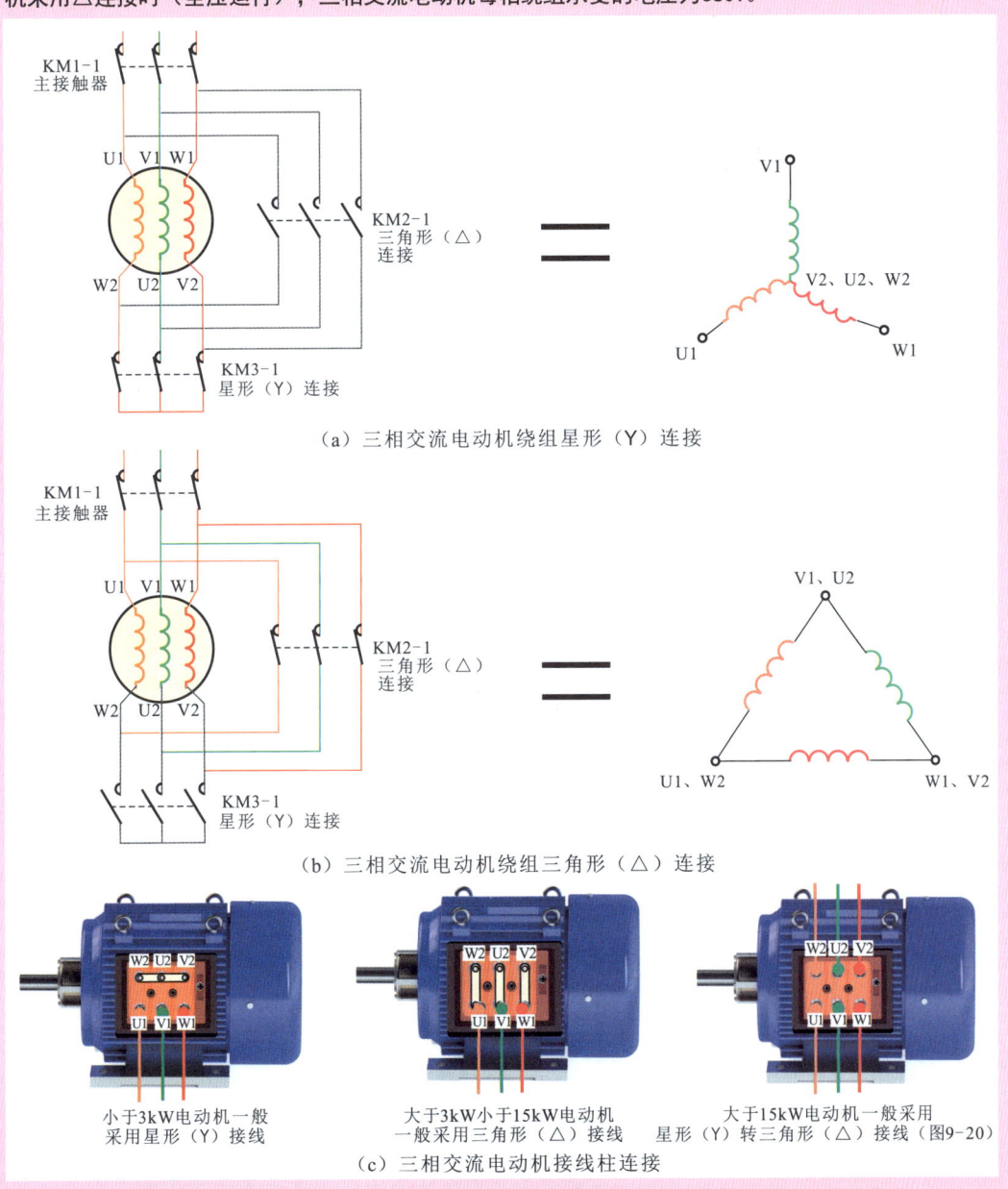

小于3kW电动机一般采用星形（Y）接线　　　大于3kW小于15kW电动机一般采用三角形（△）接线　　　大于15kW电动机一般采用星形（Y）转三角形（△）接线（图9-20）

（c）三相交流电动机接线柱连接

图9-25 通过接触器实现三相交流电动机绕组Y-△接线方式的切换过程

图9-26为由按钮开关控制三相交流电动机Y-△降压启动控制电路接线图。

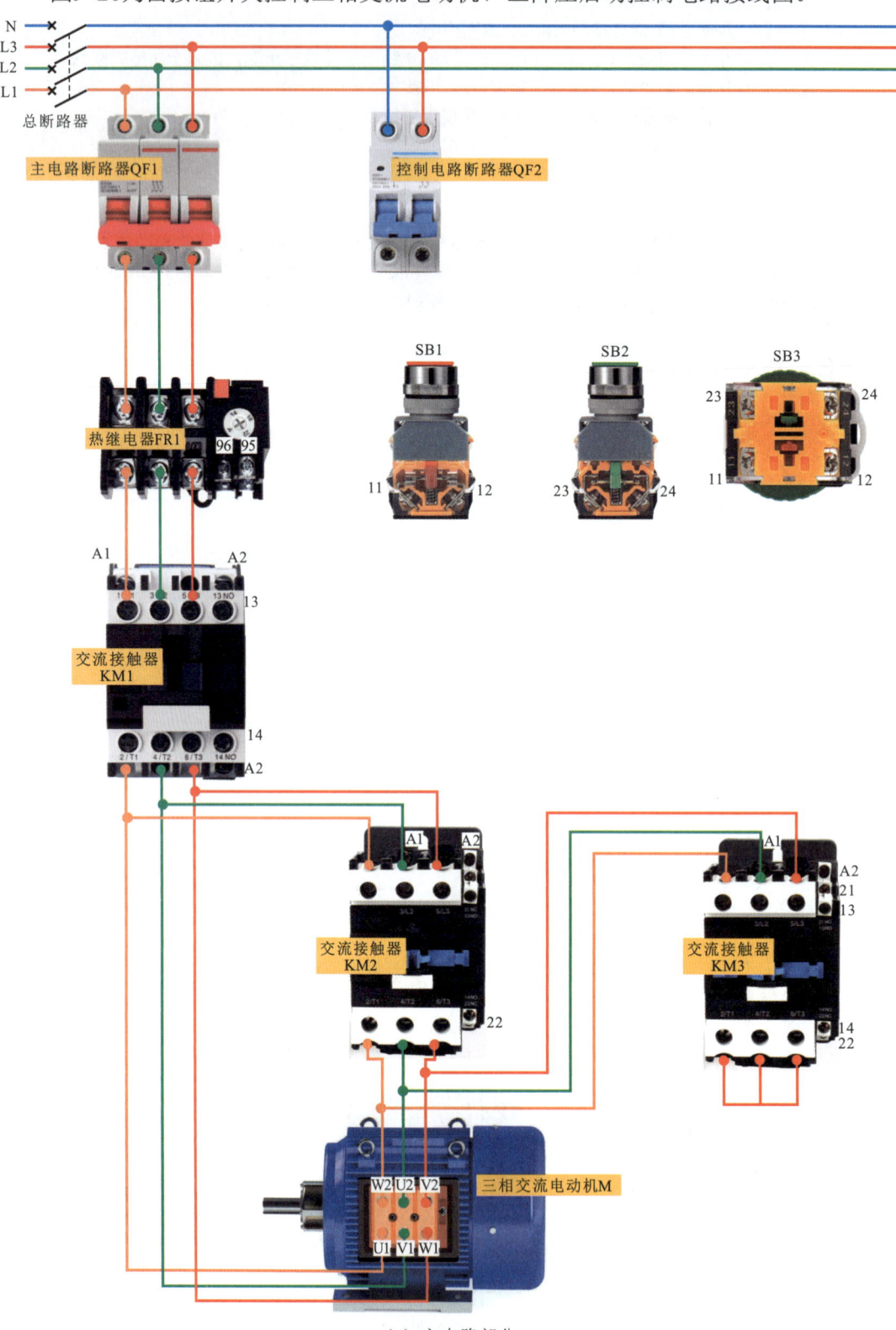

（a）主电路部分

图9-26　由按钮开关控制三相交流电动机Y-△降压启动控制电路接线图

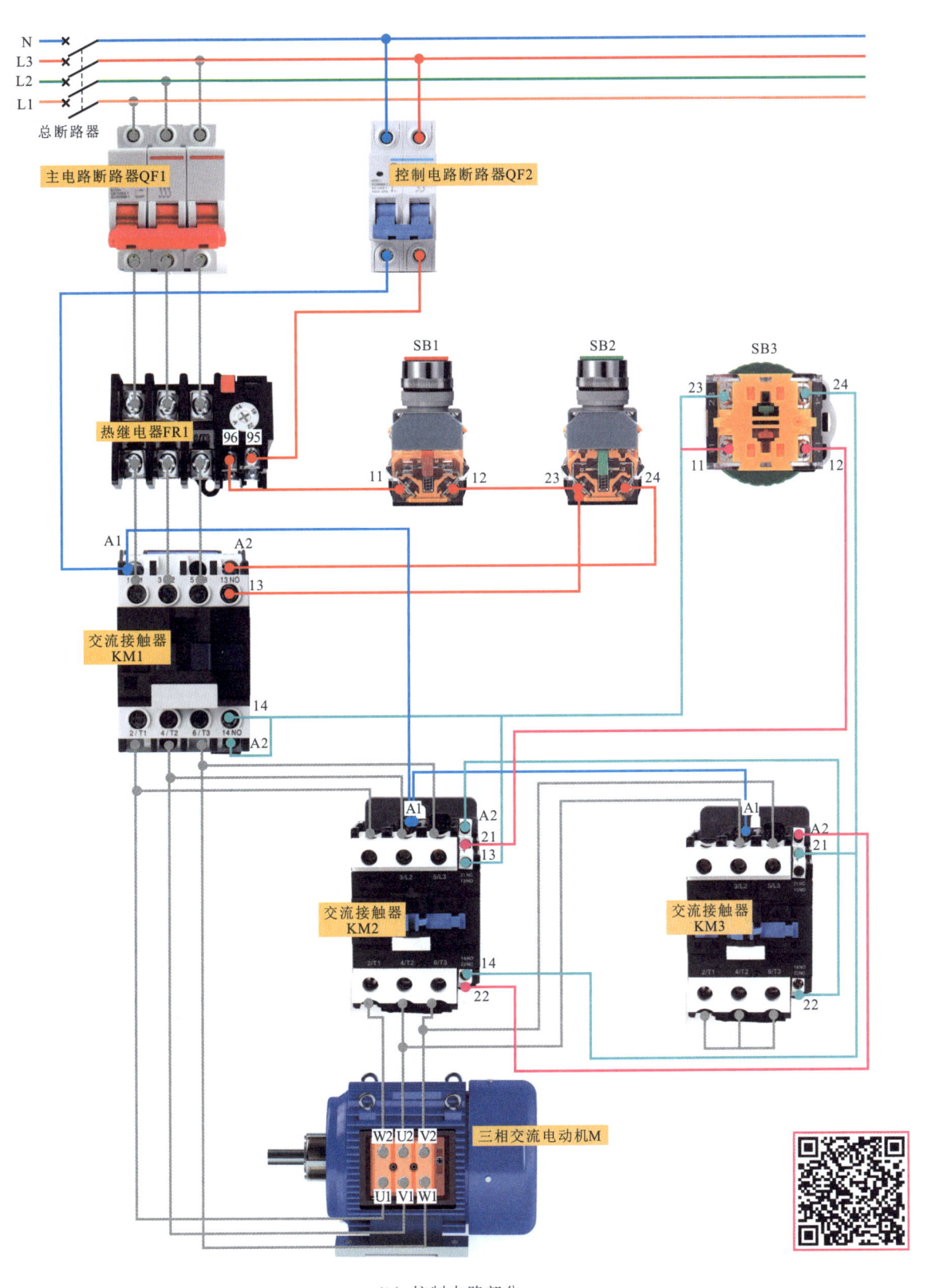

(b)控制电路部分

图9-26 （续）

9.2.12 时间继电器控制三相交流电动机Y-△降压启动控制电路的识图

图9-27为由时间继电器控制三相交流电动机Y-△降压启动控制电路的识图分析。

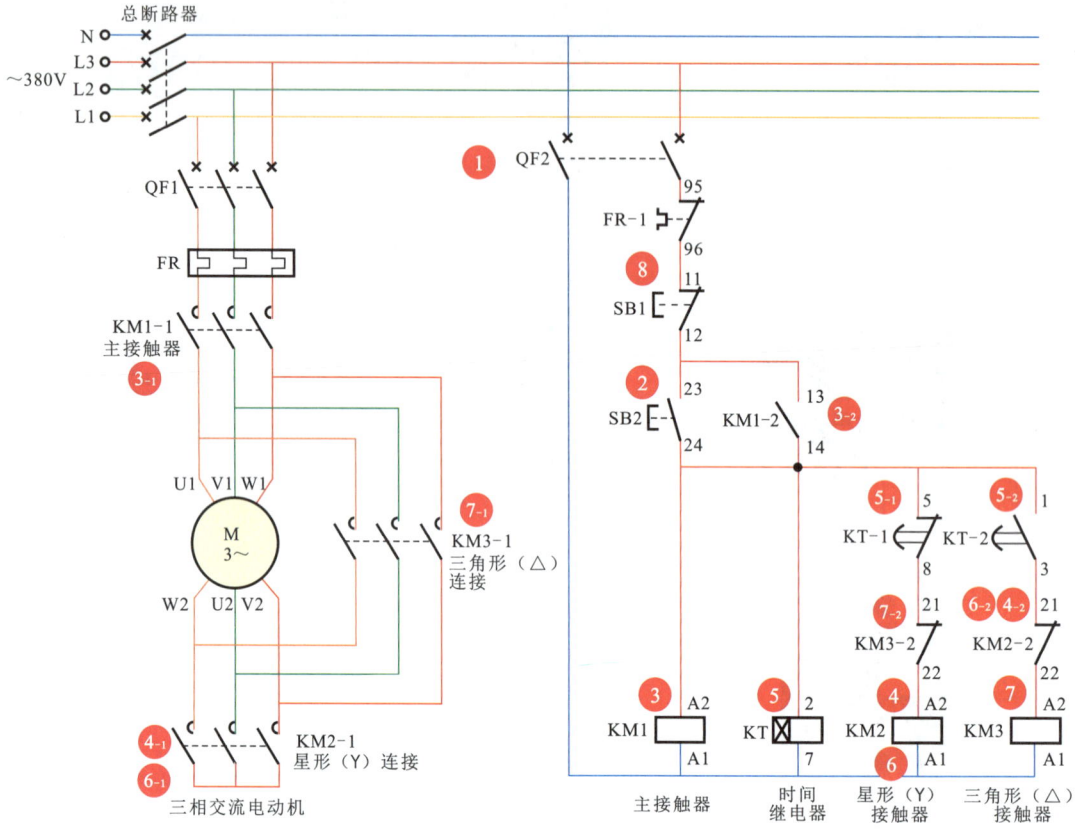

图9-27 由时间继电器控制三相交流电动机Y-△降压启动控制电路的识图分析

【1】合上电路中的断路器，接通三相电源。
【2】按下启动按钮SB2，常开触点闭合。
【2】→【3】交流接触器KM1的线圈得电，带动触点动作。
　　【3-1】常开主触点KM1-1闭合，为三相交流电动机M供电。
　　【3-2】常开辅助触点KM1-2闭合，实现自锁功能。
【2】→【4】交流接触器KM2的线圈得电，带动触点动作。
　　【4-1】常开主触点KM2-1闭合，三相交流电动机M绕组按星形方式连接，降压启动运转。
　　【4-2】常闭辅助触点KM2-2断开，防止交流接触器KM3的线圈得电，实现互锁功能。
【2】→【5】时间继电器KT的线圈得电，开始计时（时间继电器设定时间为5s），当计时时间到，其触点动作。
　　【5-1】延时断开的常闭触点KT-1断开。
　　【5-2】延时闭合的常开触点KT-2闭合。
【5-2】→【6】交流接触器KM2的线圈失电，其触点全部复位。
　　【6-1】常开主触点KM2-1复位断开。
　　【6-2】常闭辅助触点KM2-2复位闭合。
【5-1】+【6-2】→【7】交流接触器KM3的线圈得电。
　　【7-1】常开主触点KM3-1闭合，三相交流电动机M绕组按三角形方式连接，全压运转。
　　【7-2】常闭辅助触点KM3-2断开，防止交流接触器KM2的线圈得电，实现互锁功能。
【8】当需要停机时，按下停止按钮SB1即可。

图9-28为由时间继电器控制三相交流电动机Y-△降压启动控制电路接线图。

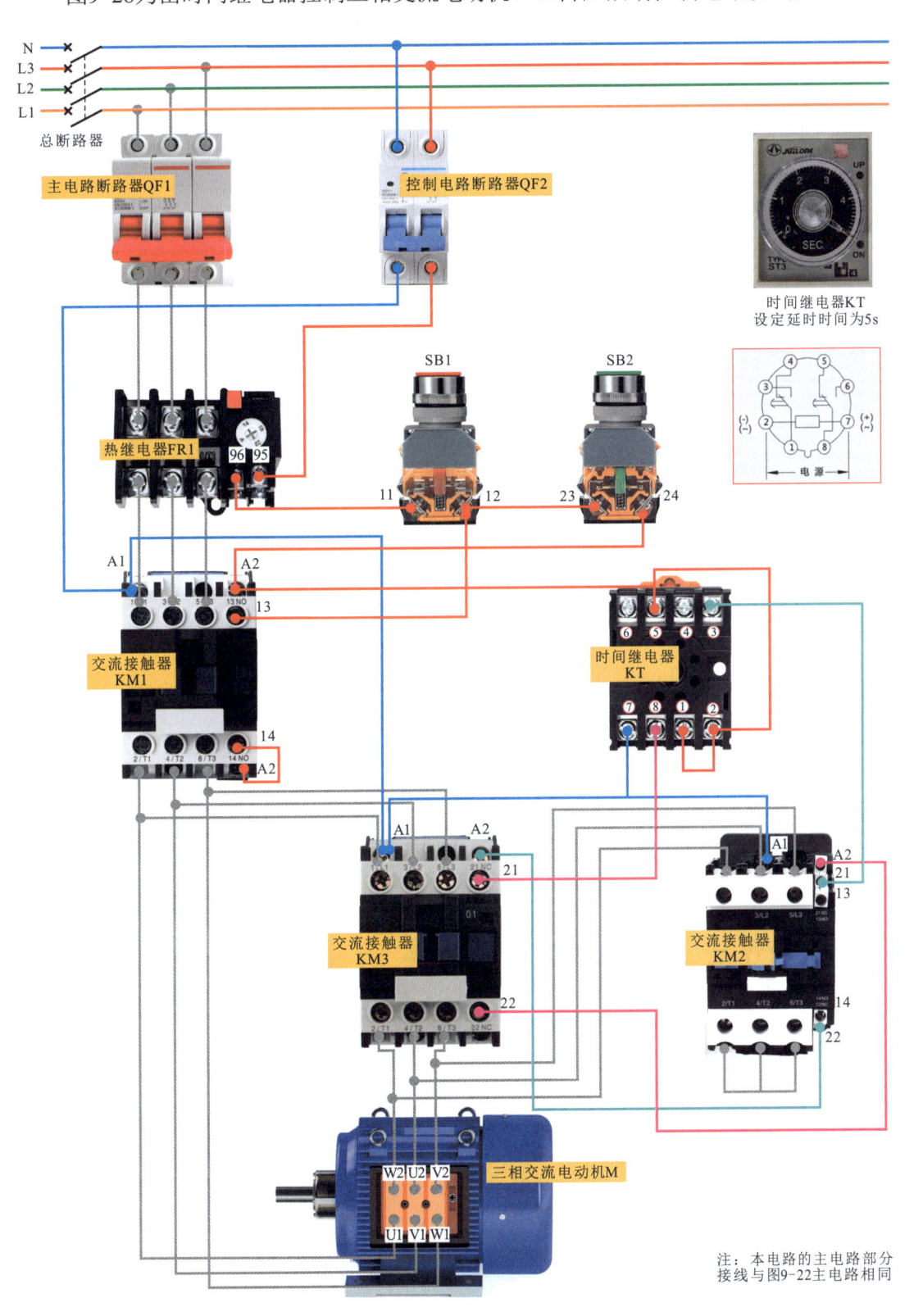

图9-28 由时间继电器控制三相交流电动机Y-△降压启动控制电路接线图

注：本电路的主电路部分接线与图9-22主电路相同

9.2.13 由速度继电器控制的三相交流电动机反接制动控制电路的识图

三相交流电动机的反接制动控制电路是指电动机在制动时，电路会改变电动机定子绕组的电源相序，使之有反转趋势而产生较大的制动力矩，从而迅速地使电动机的转速降低，最后通过速度继电器来自动切断制动电源，确保电动机不会反转。图9-29为由速度继电器控制的三相交流电动机反接制动控制电路的识读分析。

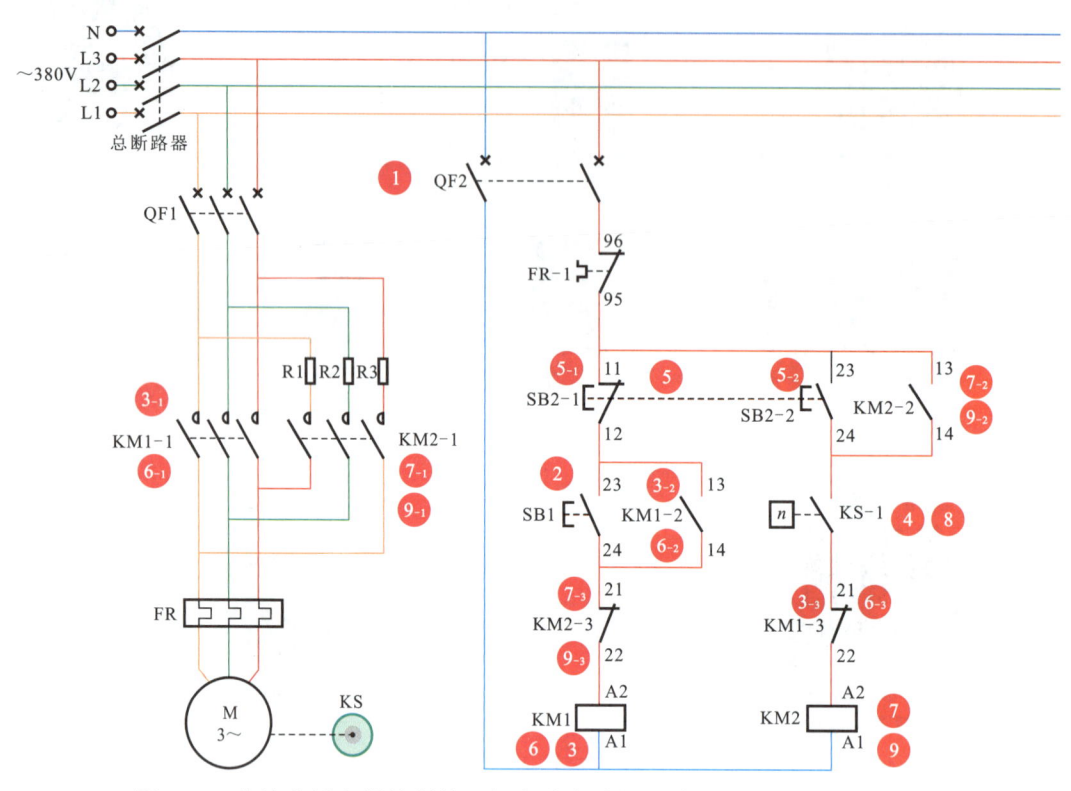

图9-29 由速度继电器控制的三相交流电动机反接制动控制电路的识读分析

【1】合上电路中的断路器，为电路工作做好准备。

【2】按下启动按钮SB1。

【2】→【3】交流接触器KM1的线圈得电。

　　【3-1】常开主触点KM1-1接通，三相交流电动机M接通交流380V电源，开始运转。

　　【3-2】常开辅助触点KM1-2接通，实现自锁功能。

　　【3-3】常闭辅助触点KM1-3断开，防止接触器KM2的线圈得电，实现互锁功能。

【3-1】→【4】速度继电器KS与三相交流电动机M连轴同速度运转，KS-1接通。

【5】当电动机需要停机时，按下停止按钮SB2。

　　【5-1】SB2内部的常闭触点SB2-1断开。

　　【5-2】SB2内部的常开触点SB2-2闭合。

【5-1】→【6】交流接触器KM1的线圈失电。

　　【6-1】常开主触点KM1-1断开，三相交流电动机M断电，惯性运转。

　　【6-2】常开辅助触点KM1-2断开，解除自锁功能。

　　【6-3】常闭辅助触点KM1-3闭合，解除联锁功能。

【5-2】→【7】交流接触器KM2的线圈得电。

　　【7-1】常开主触点KM2-1闭合，三相交流电动机M串联限流电阻器R1～R3反接制动。

　　【7-2】常开触点KM2-2闭合，实现自锁功能。

　　【7-3】常闭触点KM2-3断开，防止交流接触器KM1的线圈得电，实现联锁功能。

【8】按下停止按钮SB2后，制动作用使三相交流电动机M和速度继电器转速减小到0，速度继电器KS常开触点KS-1断开，切断电源。

【8】→【9】交流接触器KM2的线圈失电。

　　【9-1】常开主触点KM2-1断开，三相交流电动机M切断电源，制动结束，M停止运转。

　　【9-2】常开辅助触点KM2-2断开，解除自锁功能。

　　【9-3】常开辅助触点KM2-3闭合复位。

补充说明

　　当电动机在反接制动力矩的作用下，转速急速下降到0后，若反接电源不及时断开，电动机将从0开始反向运转，电路的目标是制动，因此电路必须具备及时切断反接电源的功能。

　　这种制动方式具有电路简单、成本低、调整方便等优点，缺点是制动能耗较大、冲击较大。对4kW以下的电动机制动可不用反接制动电阻。

补充说明

　　速度继电器又称反接制动继电器，主要与接触器配合使用，用来实现电动机的反接制动。速度继电器主要由定子、转子、常开触点、常闭触点等组成。

　　图9-30为速度继电器的实物外形、电路符号和内部结构。

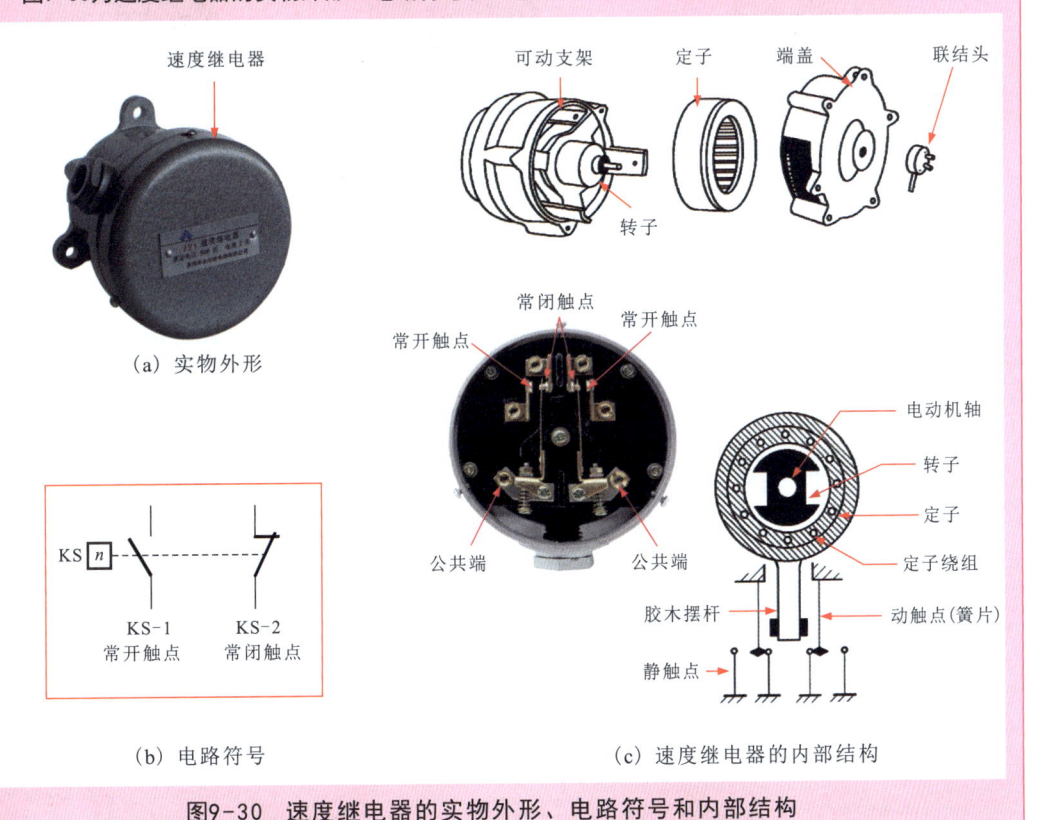

图9-30 速度继电器的实物外形、电路符号和内部结构

图9-31为由速度继电器控制的三相交流电动机反接制动控制电路接线图。

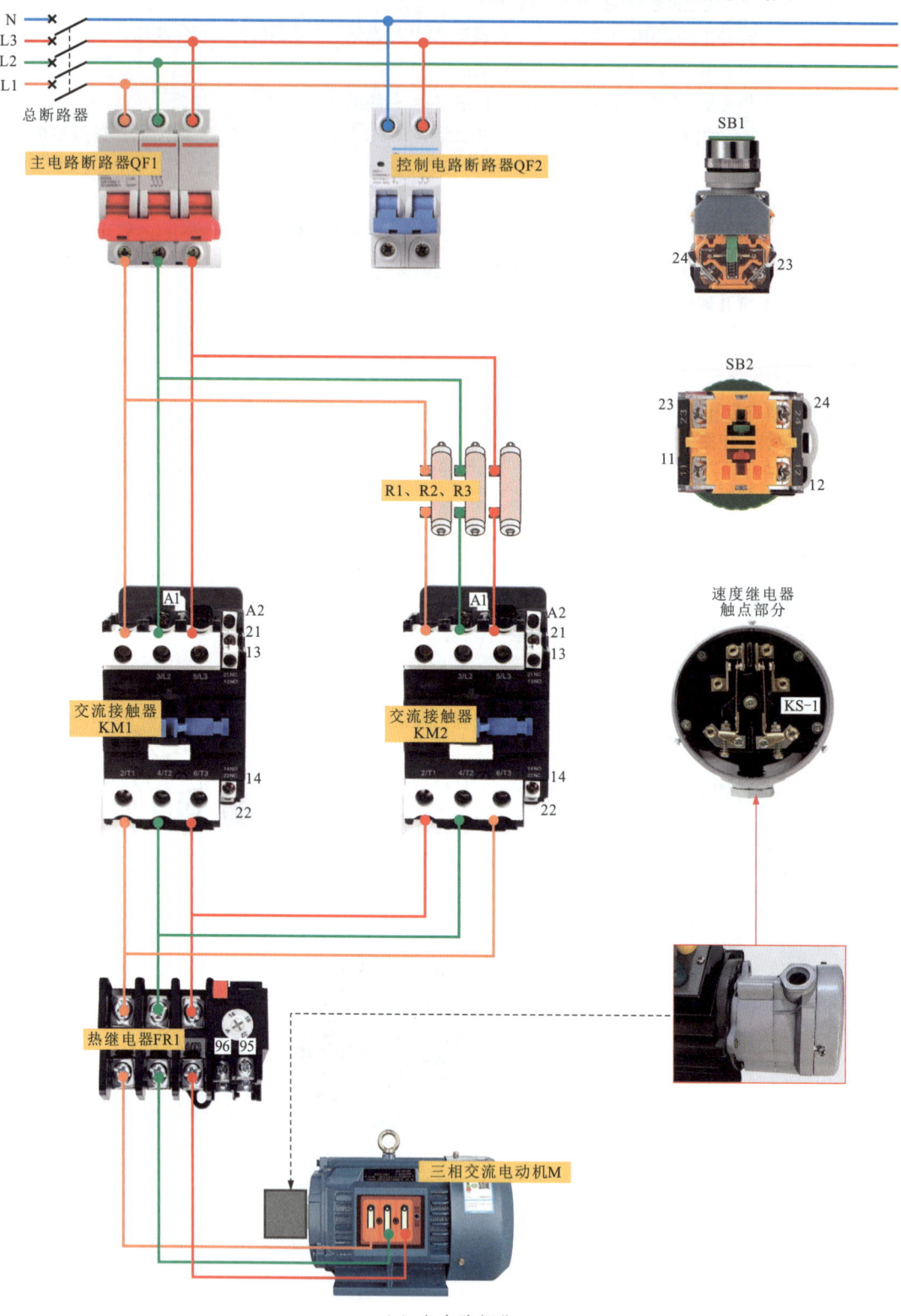

（a）主电路部分

图9-31 由速度继电器控制的三相交流电动机反接制动控制电路接线图

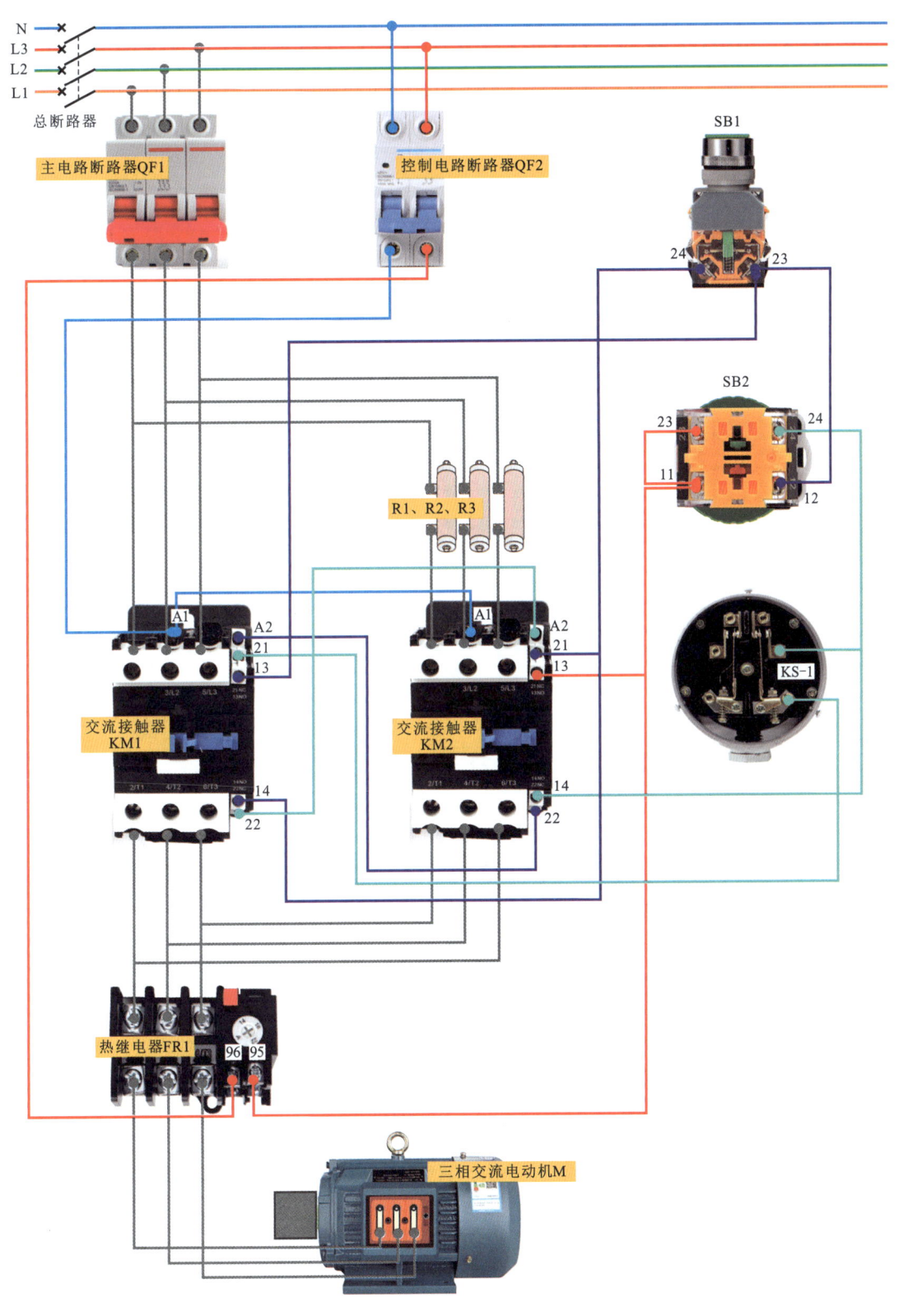

(b) 控制电路部分

图9-31 （续）

9.2.14 由时间继电器控制的三相交流电动机反接制动控制电路的识图

图9-32为由时间继电器控制的三相交流电动机反接制动控制电路识读分析。

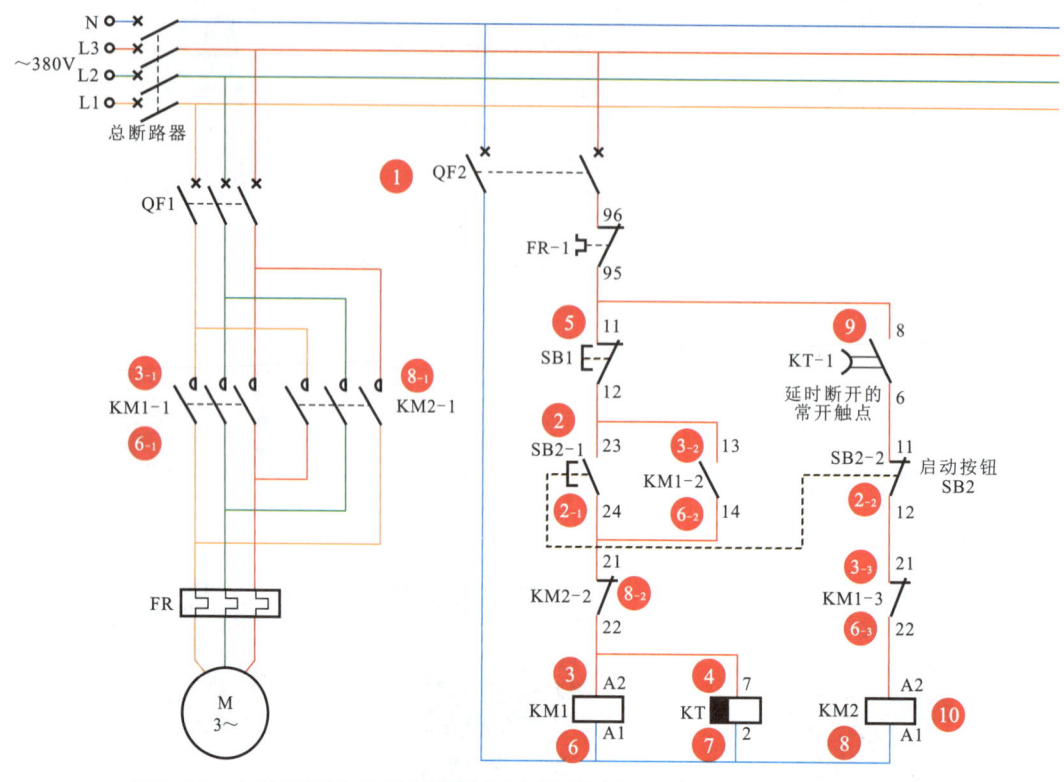

图9-32 由时间继电器控制的三相交流电动机反接制动控制电路识读分析

【1】合上电路中的断路器，为电路工作做好准备。
【2】按下启动按钮SB2，其触点动作。
　　【2-1】常开触点SB2-1闭合（松开按钮后复位）。
　　【2-2】常闭触点SB2-2断开（松开按钮后复位）。
【2-1】→【3】交流接触器KM1的线圈得电。
　　【3-1】常开主触点KM1-1闭合，三相交流电动机M得电启动运转。
　　【3-2】常开辅助触点KM1-2闭合自锁（松开按钮SB2后，通过该触点为KM1的线圈供电）。
　　【3-3】常闭辅助触点KM1-3断开，防止接触器KM2的线圈得电，实现互锁功能。
【3-2】→【4】断电延时时间继电器KT的线圈得电，KT延时断开的常开触点KT-1立即闭合。
【5】当电动机需要停机时，按下停止按钮SB1，其触点断开。
【5】→【6】交流接触器KM1的线圈失电，带动其触点全部复位。
　　【6-1】常开主触点KM1-1复位断开，三相交流电动机M因惯性继续运转。
　　【6-2】常开辅助触点KM1-2复位断开，解除自锁功能。
　　【6-3】常闭辅助触点KM1-3复位闭合，为接触器KM2的线圈得电做好准备。
【5】→【7】断电延时时间继电器KT的线圈失电，开始定时，KT-1保持闭合状态。
【6-3】+【7】→【8】交流接触器KM2的线圈得电。
　　【8-1】常开主触点KM2-1闭合，三相交流电动机M反向接入电源后开始降速。
　　【8-2】常闭辅助触点KM2-2断开，防止接触器KM1的线圈得电，实现互锁功能。

【9】KT定时时间到，其延时断开的常开触点KT-1断开。

【9】→【10】交流接触器KM2的线圈失电，其触点全部复位，切断M的反接制动电源（避免反接电源一直供电而使电动机反转），反接制动控制结束，三相交流电动机M反向制动停止并停转。

图9-33为由时间继电器控制的三相交流电动机反接制动控制电路接线图。

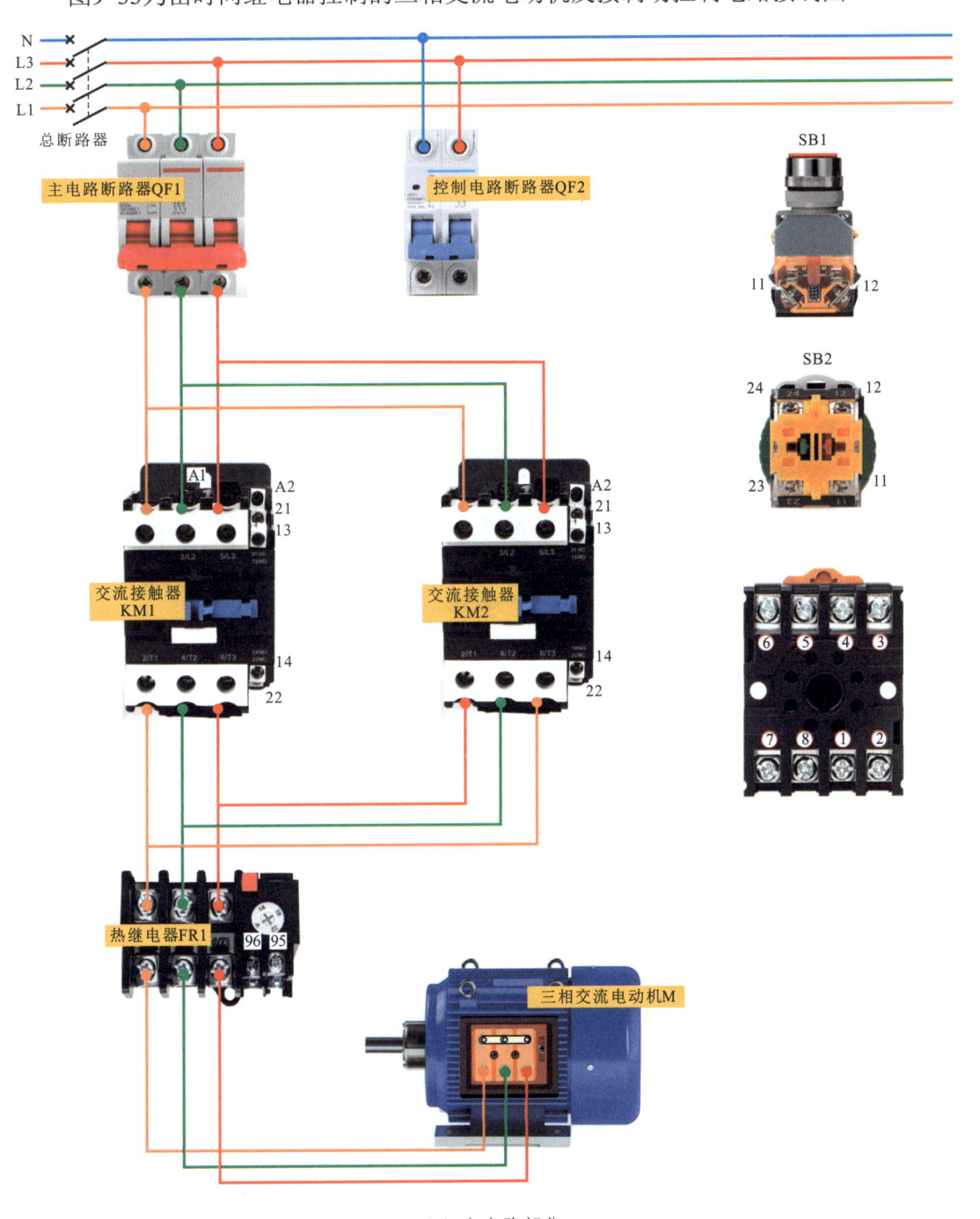

（a）主电路部分

图9-33　由时间继电器控制的三相交流电动机反接制动控制电路接线图

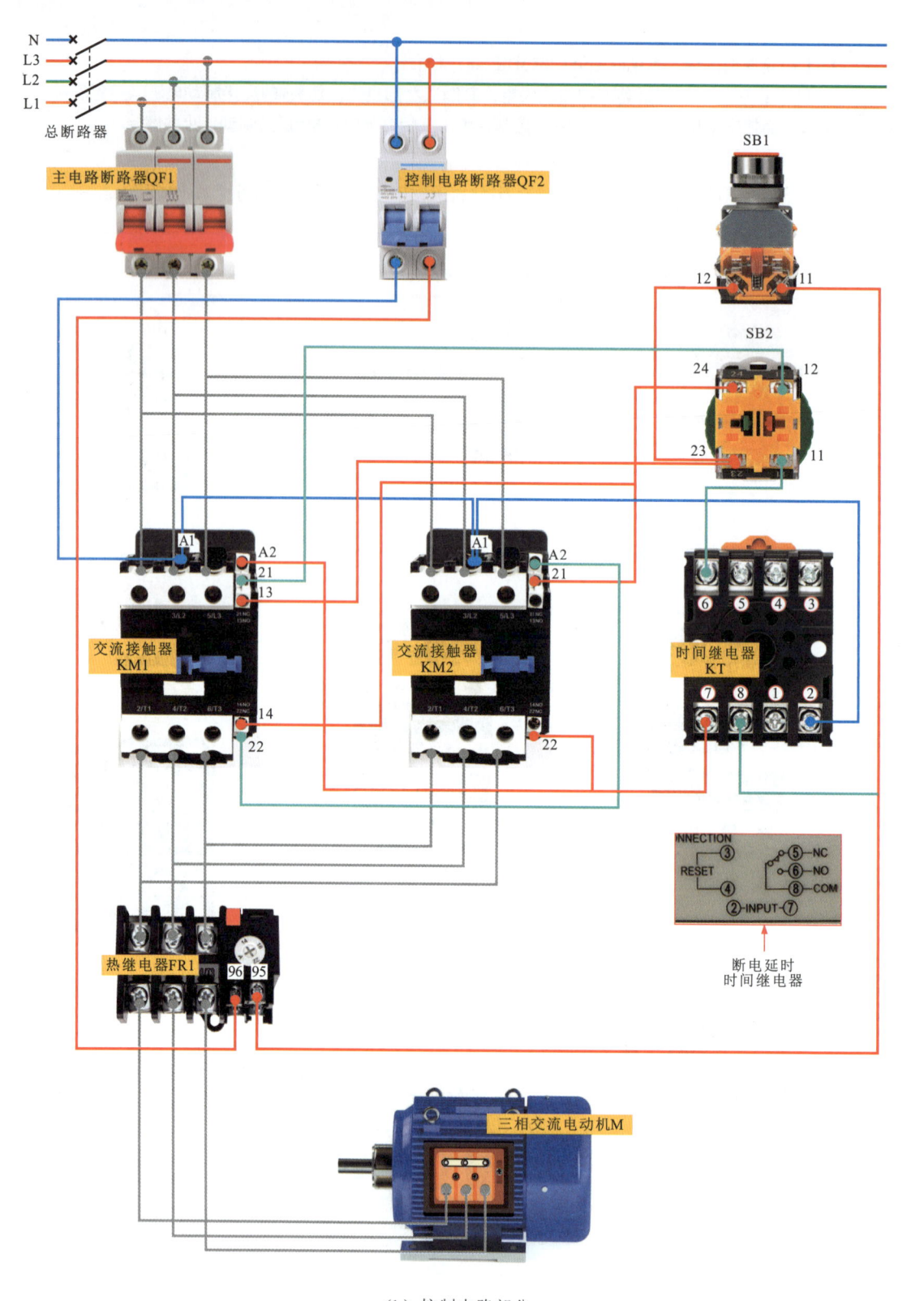

(b) 控制电路部分

图9-33 （续）

9.2.15 由按钮开关控制的三相交流双速电动机调速控制电路的识图

三相交流双速电动机是指通过改变定子绕组磁极对数来改变转速的电动机，当其绕组为三角形（△）连接时，电动机为低速运行。当绕组为双星形（YY）连接时，电动机为高速运行。图9-34为由按钮开关控制的三相交流双速电动机调速控制电路的识读分析。

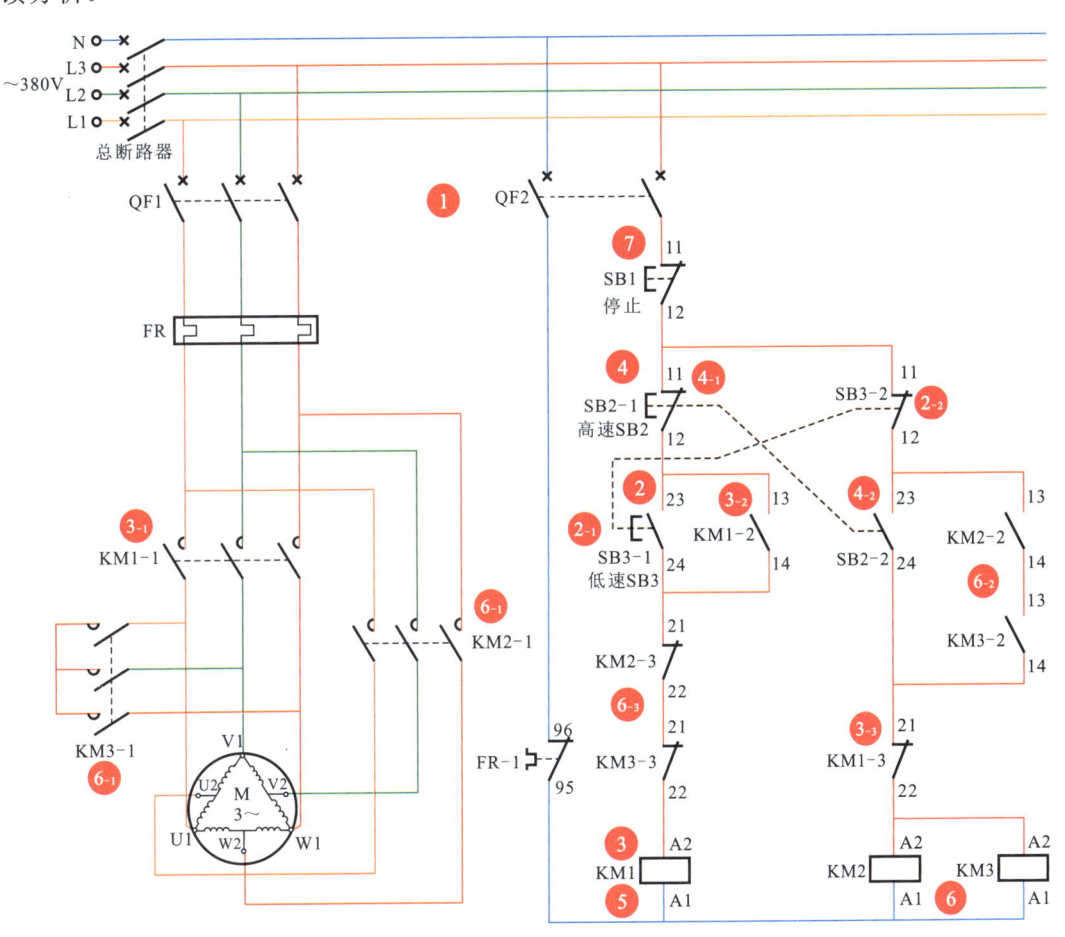

图9-34 由按钮开关控制的三相交流双速电动机调速控制电路的识读分析

【1】合上电源中的断路器，为电路工作做好准备。
【2】按下低速运转启动按钮SB3。
　　【2-1】常开触点SB3-1闭合。
　　【2-2】常闭触点SB3-2断开，防止KM2、KM3的线圈得电。
【2-1】→【3】交流接触器KM1的线圈得电。
　　【3-1】常开主触点KM1-1闭合，三相交流电动机M绕组连接成△形，低速启动运转。
　　【3-2】常开辅助触点KM1-2闭合自锁，锁定SB3-1，松开SB3的按钮，其触点复位后，扔能保持KM1的线圈得电。
　　【3-3】常闭辅助触点KM1-3断开，防止交流接触器KM2、KM3的线圈得电。

【4】按下高速运转启动按钮SB2。

　　【4-1】常闭触点SB2-1断开。

　　【4-2】常开触点SB2-2闭合，为KM2、KM3的线圈得电做好准备。

　　【4-1】→【5】交流接触器KM1的线圈失电，其触点全部复位。

　　【4-2】+【5】→【6】交流接触器KM2、KM3的线圈同时得电。

　　【6-1】常开主触点KM2-1、KM3-1闭合，三相交流电动机M绕组连接成YY形，高速启动运转。

　　【6-2】常开辅助触点KM2-2、KM3-2闭合，锁定SB2-2，松开SB2按钮后，仍能保持KM2、KM3的线圈得电。

　　【6-3】常闭辅助触点KM2-3、KM3-3断开，防止KM1的线圈得电。

　　【7】当需要停机时，按下停止按钮SB1，电路中的交流接触器线圈全部失电，触点全部复位，切断三相交流电动机的供电，电动机停机。

　　当交流接触器KM1的线圈得电时，双速电动机绕组出线端U1、V1、W1接电源，U2、V2、W2悬空，绕组连接为△形，三相交流电动机低速运转；当交流接触器KM2、KM3的线圈同时得电时，双速电动机绕组出线端U2、V2、W2接电源，U1、V1、W1短接，绕组连接为YY形，三相交流电动机高速运转。

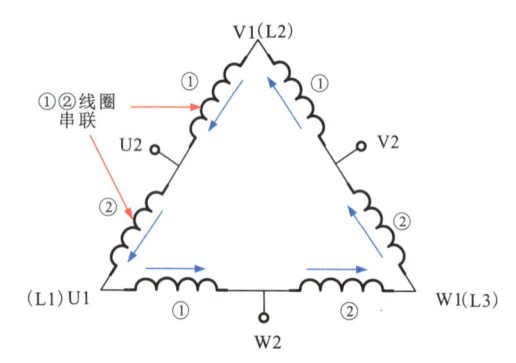

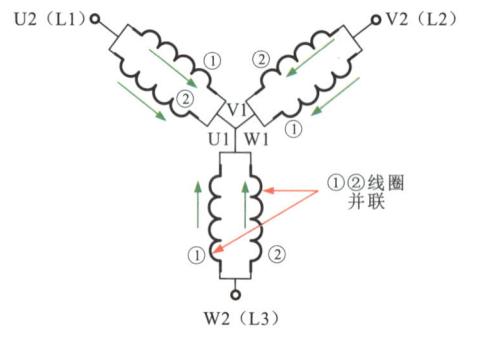

> **补充说明**
>
> 　　三相交流电动机的调速方法有多种，如变极调速、变频调速和变转差率调速等方法。通常，车床设备电动机的调速方法主要是变极调速。双速电动机控制是目前应用中最常用的一种变极调速形式。
> 　　图9-35为双速电动机定子绕组的连接方法。
>
> （a）低速运行时的三角形（△）连接方法　　（b）高速运行时的星形（Y）连接方法
>
> **图9-35　双速电动机定子绕组的连接方法**
>
> 　　图9-35（a）为低速运行时电动机定子的三角形（△）连接方法。在这种接法中，电动机的三相定子绕组接成三角形，三相电源线L1、L2、L3分别连接在定子绕组三个出线端U1、V1、W1上，且每相绕组中点接出的接线端U2、V2、W2悬空不接，此时电动机三相绕组构成三角形连接，每相绕组的①、②线圈相互串联，电路中电流方向如图中箭头所示。若此电动机磁极为4极，则同步转速为1500r/min。
> 　　图9-35（b）为高速运行时电动机定子的星形（Y）连接方法。这种连接是指将三相电源L1、L2、L3连接在定子绕组的出线端U2、V2、W2上，且将接线端U1、V1、W1短接在一起，此时电动机每相绕组的①、②线圈相互并联，电路中电流方向如图中箭头所示。若此时电动机磁极为2极，则同步转速为3000r/min。

图9-36为由按钮开关控制的三相交流双速电动机调速控制电路接线图。

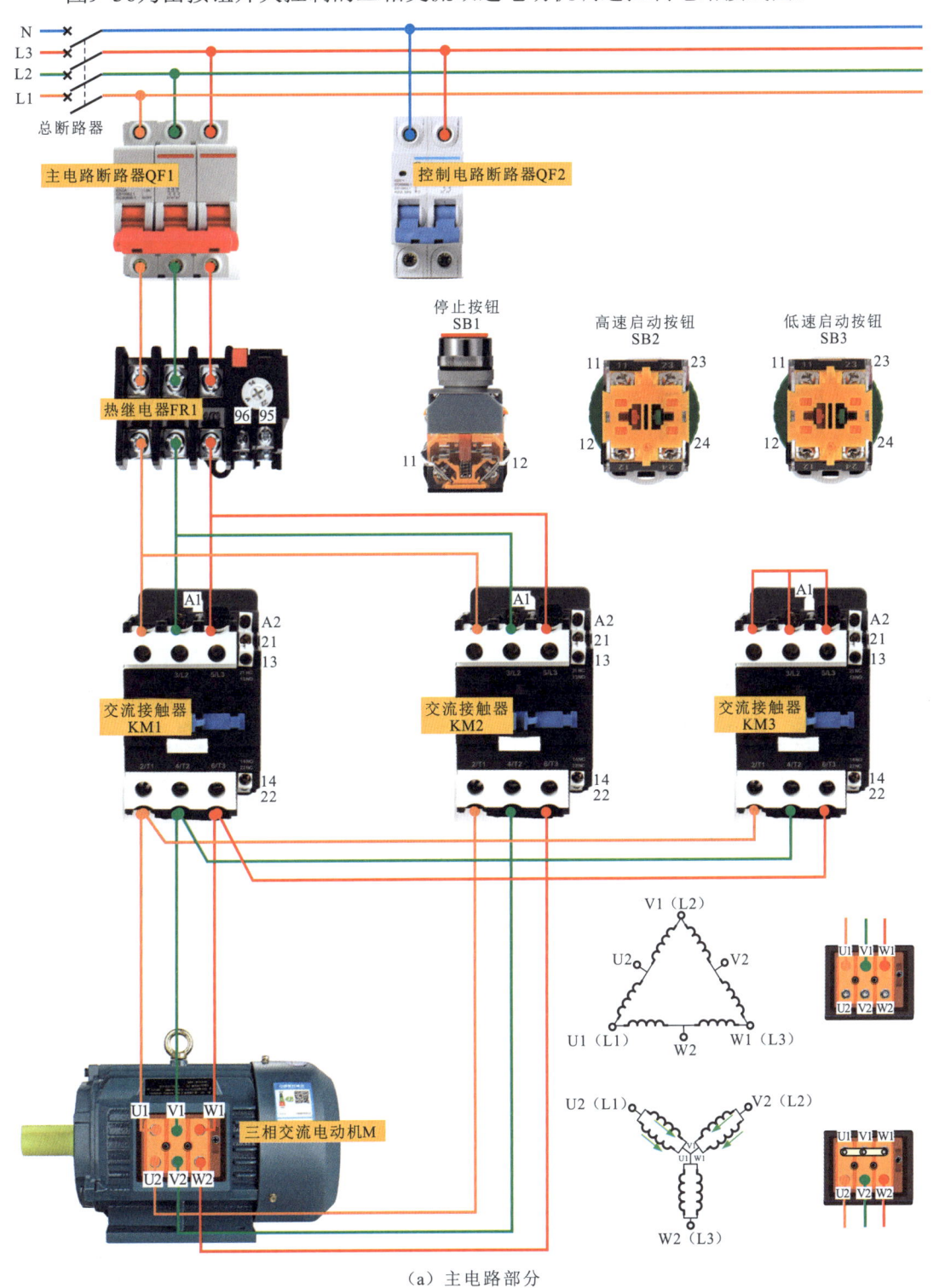

(a) 主电路部分

图9-36 由按钮开关控制的三相交流双速电动机调速控制电路接线图

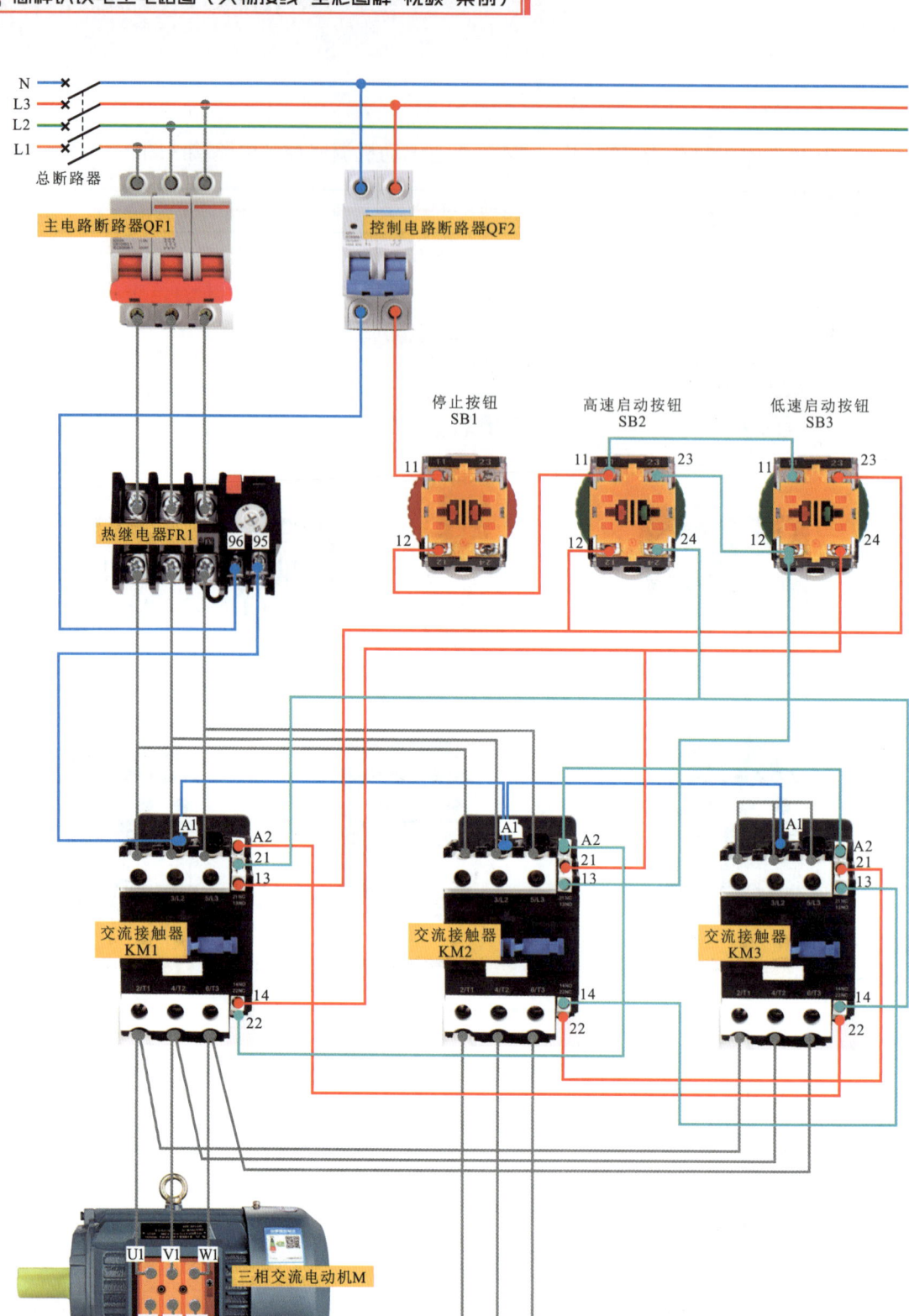

(b) 控制电路部分

图9-36 (续)

第10章
识读机电设备控制电路

10.1 机电设备控制电路的特点与识读方法

10.1.1 机电设备控制电路的特点

机电设备控制电路主要控制机电设备完成相应的工作，控制电路主要由各种控制部件，如继电器、接触器、按钮开关和电动机设备等构成。图10-1为典型货物升降机的机电控制电路。

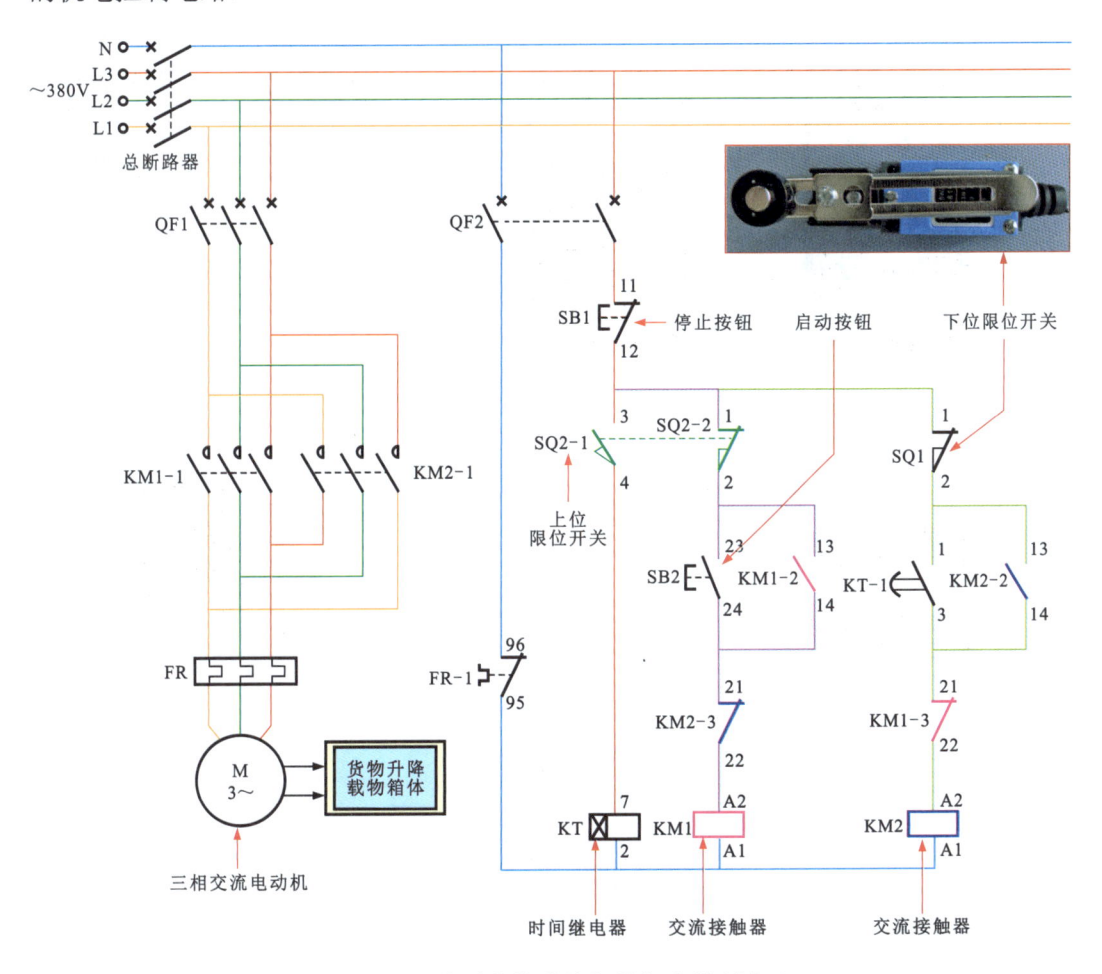

图10-1 典型货物升降机的机电控制电路

10.1.2 机电设备控制电路的接线与识读

图10-2为典型机电设备（货物升降机）控制电路的接线图。

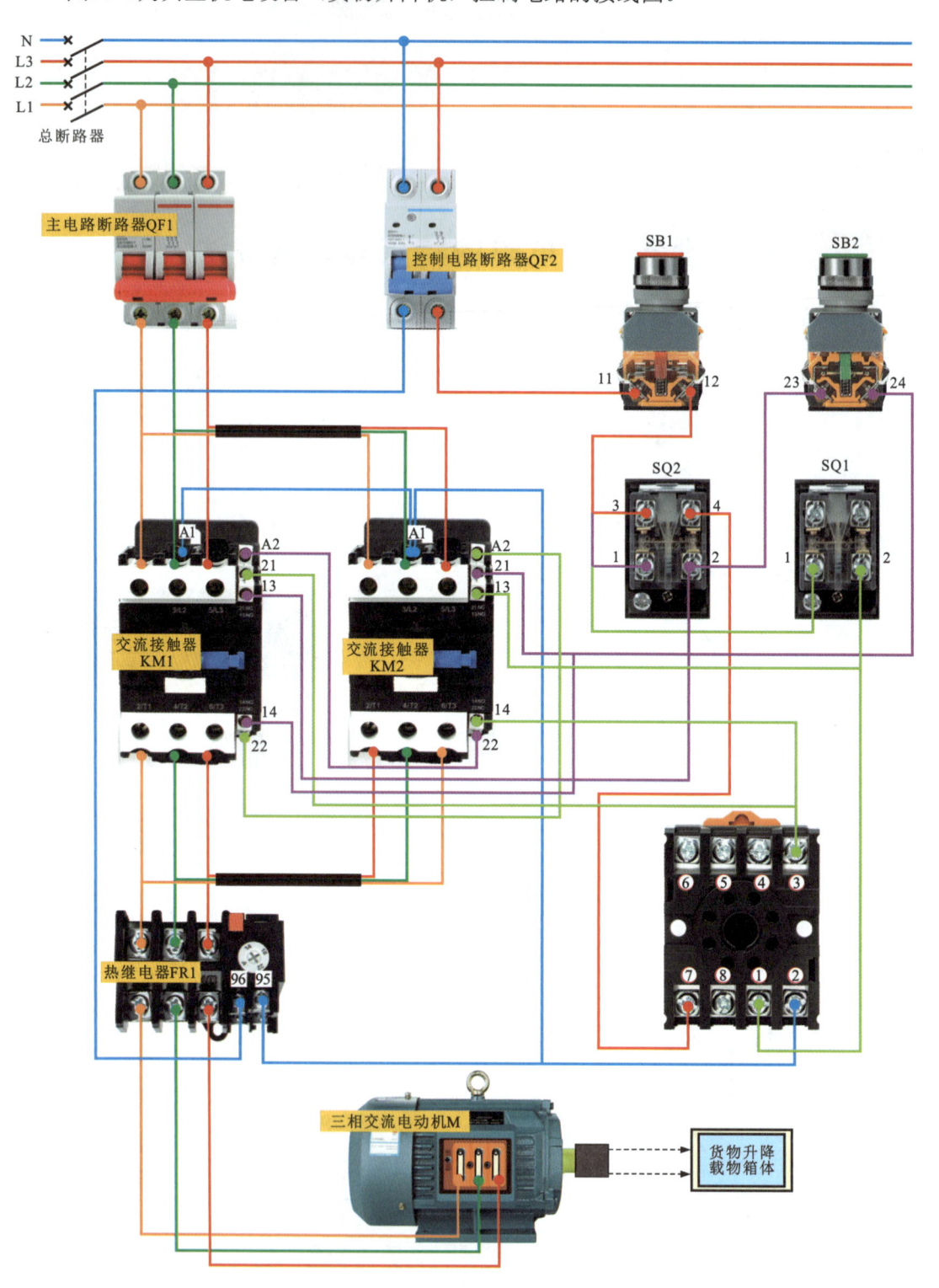

图10-2 典型机电设备（货物升降机）控制电路的接线图

图10-3为典型机电设备（货物升降机）控制电路的识读分析。

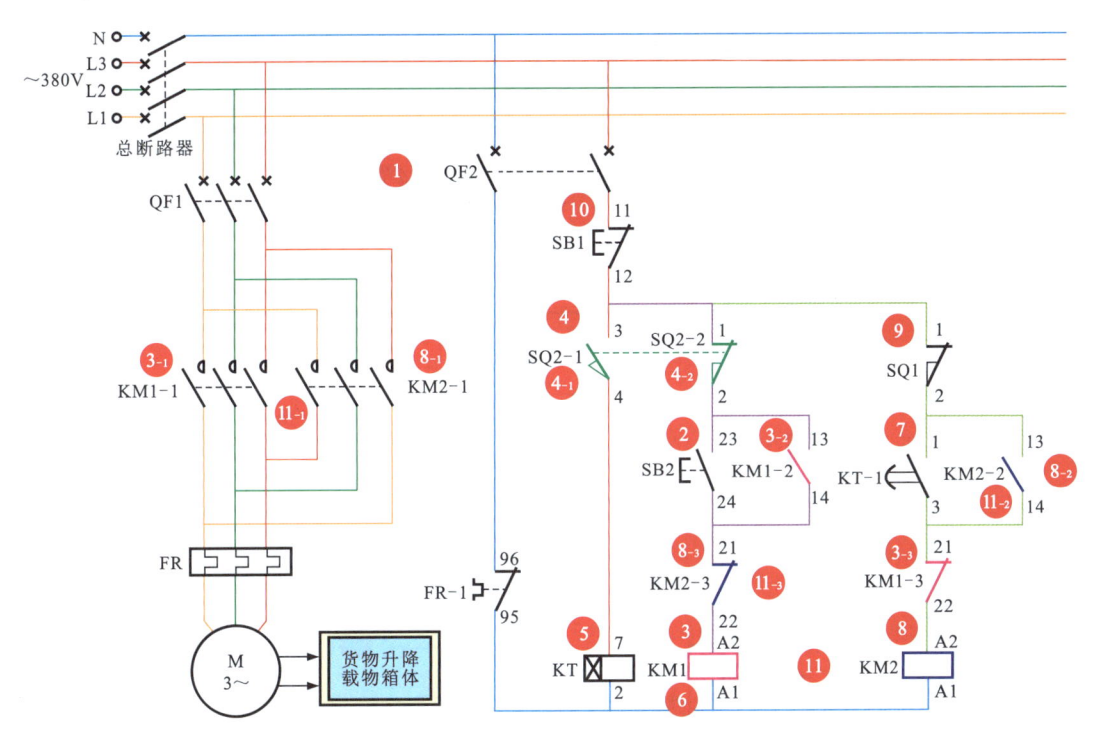

图10-3　典型机电设备（货物升降机）控制电路的识读分析

【1】合上电路中的断路器，为电路工作做好准备。

【2】按下启动按钮SB2，常开触点闭合。

【3】交流接触器KM1的线圈得电。

　　【3-1】常开主触点KM1-1闭合，电动机接通三相电源，开始正向运转，货物升降机上升。

　　【3-2】常开辅助触点KM1-2闭合自锁，使KM1的线圈保持得电。

　　【3-3】常闭辅助触点KM1-3断开，防止交流接触器KM2的线圈得电。

【3-1】→【4】当货物升降机上升到规定高度时，上位限位开关SQ2动作。

　　【4-1】常开触点SQ2-1闭合。

　　【4-2】常闭触点SQ2-2断开。

【4-1】→【5】时间继电器KT的线圈得电吸合，将按照预先设定的数值开始进入定时计时状态。

【4-2】→【6】KM1线圈失电，触点全部复位。KM1-1复位断开，三相交流电动机M停止运转。

【7】时间继电器KT的线圈得电后，经过定时时间，触点动作，即常开触点KT-1闭合。

【7】→【8】交流接触器KM2的线圈得电。

　　【8-1】常开主触点KM2-1闭合，三相电源反相接通，电动机反向旋转，货物升降机下降。

　　【8-2】常开辅助触点KM2-2闭合自锁。

　　【8-3】常闭辅助触点KM2-3断开，防止KM1的线圈得电。

【9】当货物升降机下降到规定高度时，下位限位开关SQ1动作，常闭触点断开。交流接触器KM2的线圈失电，触点全部复位。常开主触点KM2-1复位断开，切断电动机供电电源，电动机停止运转。

【10】若需停机时，按下停止按钮SB1即可。

【11】交流接触器KM1或KM2的线圈失电，对应触点均复位。

　　【11-1】常开主触点KM1-1或KM2-1复位断开，切断电动机的供电电源，停止运转。

　　【11-2】常开辅助触点KM1-2或KM2-2复位断开，解除自锁功能。

　　【11-3】常闭辅助触点KM1-3或KM2-3复位闭合，为电动机下一次启动或停机做好准备。

10.2 机电设备控制电路的识读案例

10.2.1 卧式车床控制电路的识图

卧式车床主要用于车削精密零件，包括加工公制、英制以及径节螺纹等，控制电路负责确保车床设备能够完成相应的加工工作。图10-4为典型卧式车床控制电路的识读分析。

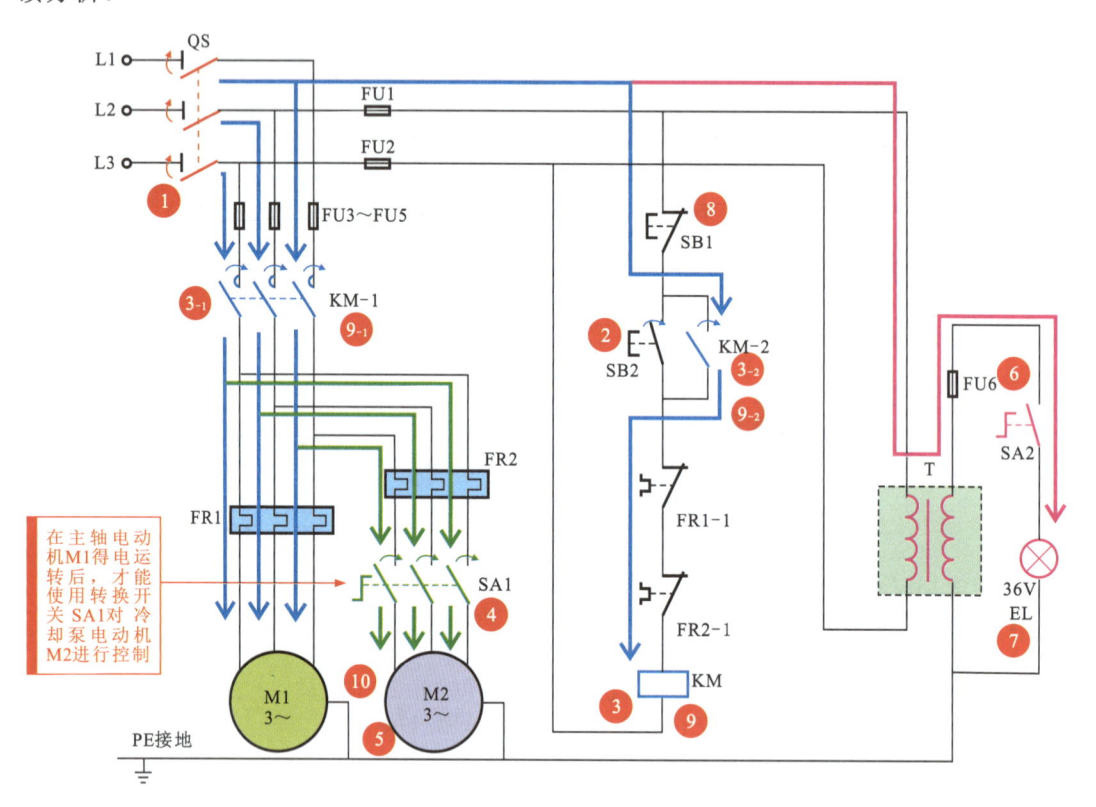

在主轴电动机M1得电运转后，才能使用转换开关SA1对冷却泵电动机M2进行控制

图10-4 典型卧式车床控制电路的识读分析

【1】合上电源总开关QS，接通三相电源。
【2】按下启动按钮SB2，内部常开触点闭合。
【3】交流接触器KM的线圈得电。
　　【3-1】常开主触点KM-1闭合，电动机M1接通三相电源开始运转。
　　【3-2】常开辅助触点KM-2闭合自锁，使交流接触器KM的线圈保持得电。
【4】闭合转换开关SA1。
【3-1】+【4】→【5】冷却泵电动机M2接通三相电源，开始启动运转。
【6】在需要照明灯时，将SA2旋至接通的状态。
【7】照明变压器二次侧输出36V电压，照明灯EL亮。
【8】当需要停机时，按下停止按钮SB1。
【9】交流接触器KM的线圈失电，触点全部复位。
　　【9-1】常开主触点KM-1复位断开，切断电动机供电电源。
　　【9-2】常开辅助触点KM-2复位断开，为下一次自锁控制做好准备。
【9-1】→【10】电动机M1、M2停止运转。

10.2.2 抛光机控制电路的识图

图10-5为用脚踏开关控制的抛光机控制电路的识读分析。在控制电路中，L2、L3经变压器降压后，再经过热继电器的常闭触点FR1-1和脚踏开关SA为交流接触器线圈供电。该电路中应选动作可靠的脚踏开关和与开关相连的电缆，确保能长期可靠地工作。

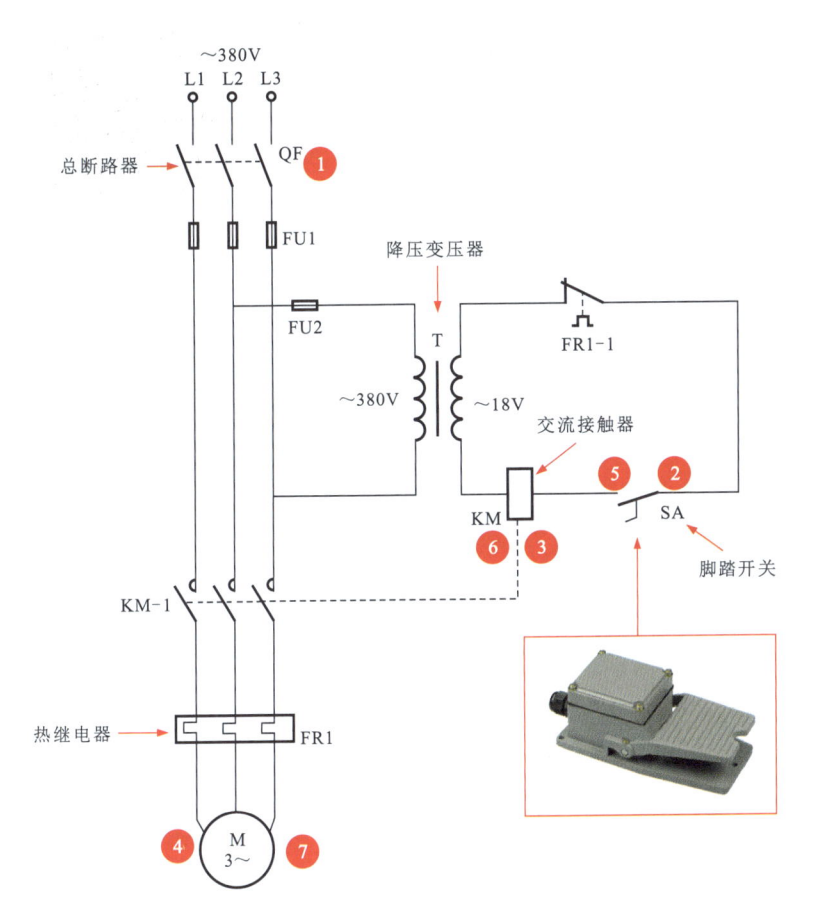

图10-5 用脚踏开关控制的抛光机控制电路的识读分析

【1】闭合总断路器QF，接通三相电源，为电路进入工作状态做好准备。
【2】踏下开关SA，其常开触点闭合。
【3】交流接触器KM的线圈得电，其常开触点KM-1闭合。
【3】→【4】电动机旋转开始工作。
【5】松开脚踏开关SA，其触点复位断开。
【6】交流接触器KM的线圈失电，其常开触点KM-1复位断开。
【6】→【7】电动机停转。

10.2.3 摇臂钻床控制电路的识图

摇臂钻床主要用于工件的钻孔、扩孔、铰孔、镗孔及攻螺纹等，具有摇臂自动升降、主轴自动进刀、机械传动、夹紧、变速等功能。图10-6为典型摇臂钻床控制电路的识读分析。

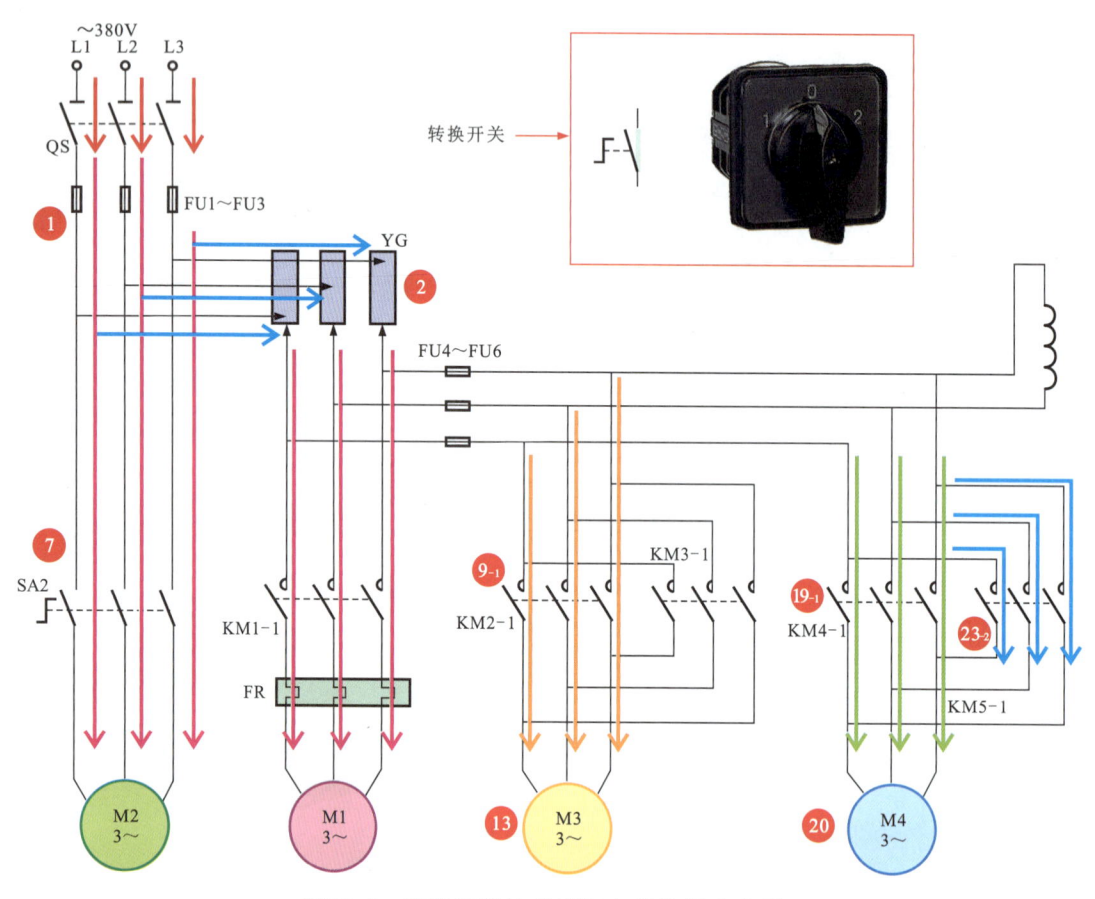

图10-6 典型摇臂钻床控制电路的识读分析

【1】合上电源总开关QS，接通三相电源。
【2】交流电压经汇流环YG为电动机提供工作电压。
【3】将十字开关SA1拨至左端，常开触点SA1-1接通。
【4】过电压保护继电器KV的线圈得电，常开辅助触点KV-1闭合自锁。
【5】将十字开关SA1拨至右端，使常开触点SA1-2接通。
【6】交流接触器KM1的线圈得电，触点KM1-1接通，主轴电动机M1运转。
【7】闭合旋转开关SA2，触点接通，冷却泵电动机M2运转。
【8】将开关SA1拨至左端为控制电路送电，将SA1拨至上端，触点SA1-3闭合。
【8】→【9】交流接触器KM2的线圈得电，相应的触点动作。
　　【9-1】常开主触点KM2-1闭合，摇臂升降电动机M3正向运转。
　　【9-2】常闭辅助触点KM2-2断开，防止交流接触器KM3的线圈得电。
【9-1】→【10】通过机械传动，使辅助螺母在丝杠上旋转上升，带动了夹紧装置松开，限位开关SQ2-2触头闭合，为摇臂上升后的夹紧动作做准备。

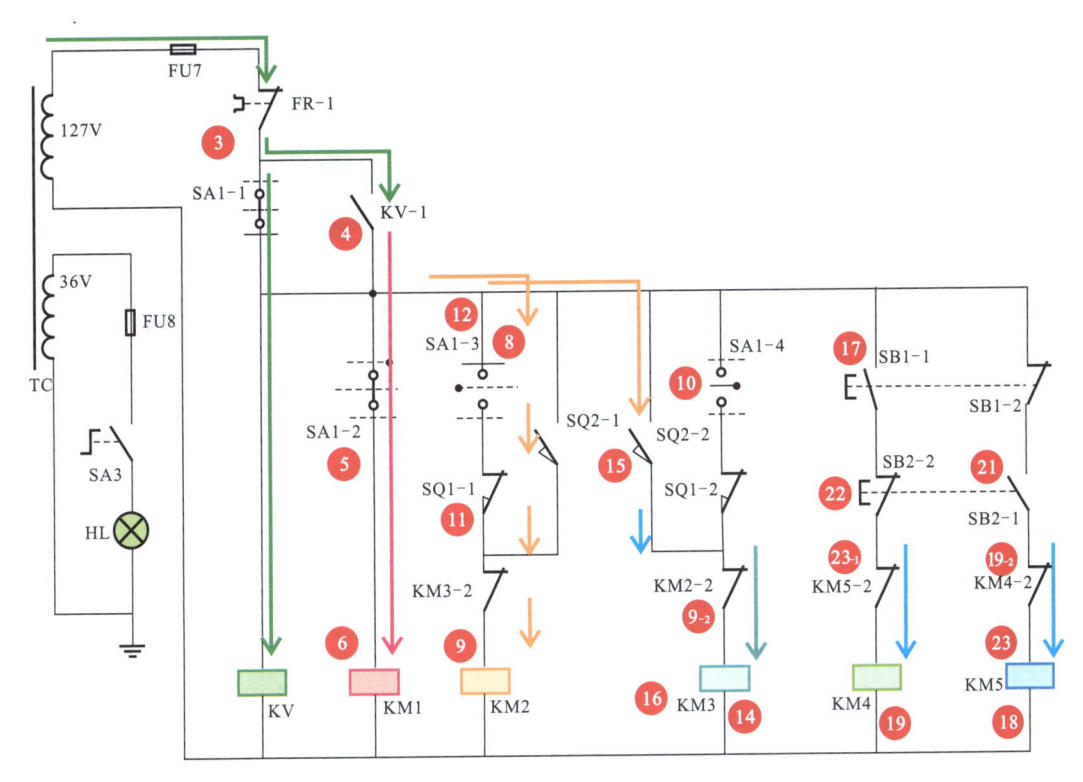

图10-6（续）

【11】摇臂松开后，辅助螺母继续上升，带动一个主螺母沿丝杠上升，主螺母推动摇臂上升。当摇臂上升到预定高度时限位开关SQ1-1触头断开。

【12】将十字开关SA1拨至中间位置，SA1触点复位，交流接触器KM2的线圈失电，触点全部复位。

【13】摇臂升降电动机的供电电路断开，电动机M3停止运转，摇臂停止上升。

【14】交流接触器KM3的线圈得电，常开主触点KM3-1闭合，摇臂升降电动机M3反向运转。

【15】电动机通过辅助螺母使夹紧装置将摇臂夹紧，但摇臂并不下降。当摇臂完全夹紧时，限位开关SQ2-2触头随即断开。

【16】交流接触器KM3的线圈失电，触点全部复位，电动机M3停转，摇臂上升动作结束。

【17】当摇臂和外立柱需绕内立柱转动时，按下按钮SB1，常开触点SB1-1闭合。

【17】→【18】常闭触点SB1-2断开，防止交流接触器KM5的线圈得电，起联锁保护作用。

【17】→【19】交流接触器KM4的线圈得电，相应触点动作。

　【19-1】常开主触点KM4-1闭合。

　【19-2】常闭辅助触点KM4-2断开，防止交流接触器KM5的线圈得电。

【19-1】→【20】电动机M4正向运转，油压泵送出高压油，经油路系统和传动机构使立柱松开。

【21】当摇臂和外立柱转到所需的位置时，按下按钮SB2，常开触点SB2-1闭合。

【22】常闭触点SB2-2断开，防止交流接触器KM4的线圈得电，起联锁保护作用。

【23】交流接触器KM5的线圈得电，在电路中相应对的触点动作。

　【23-1】交流接触器的常闭辅助触点KM5-2断开，防止交流接触器KM4的线圈得电。

　【23-2】主触点KM5-1闭合，电动机M4反向运转，在液压系统推动下夹紧外立柱。

10.2.4 铣床控制电路的识图

铣床用于对工件进行铣削加工。图10-7为典型铣床控制电路的识读分析。

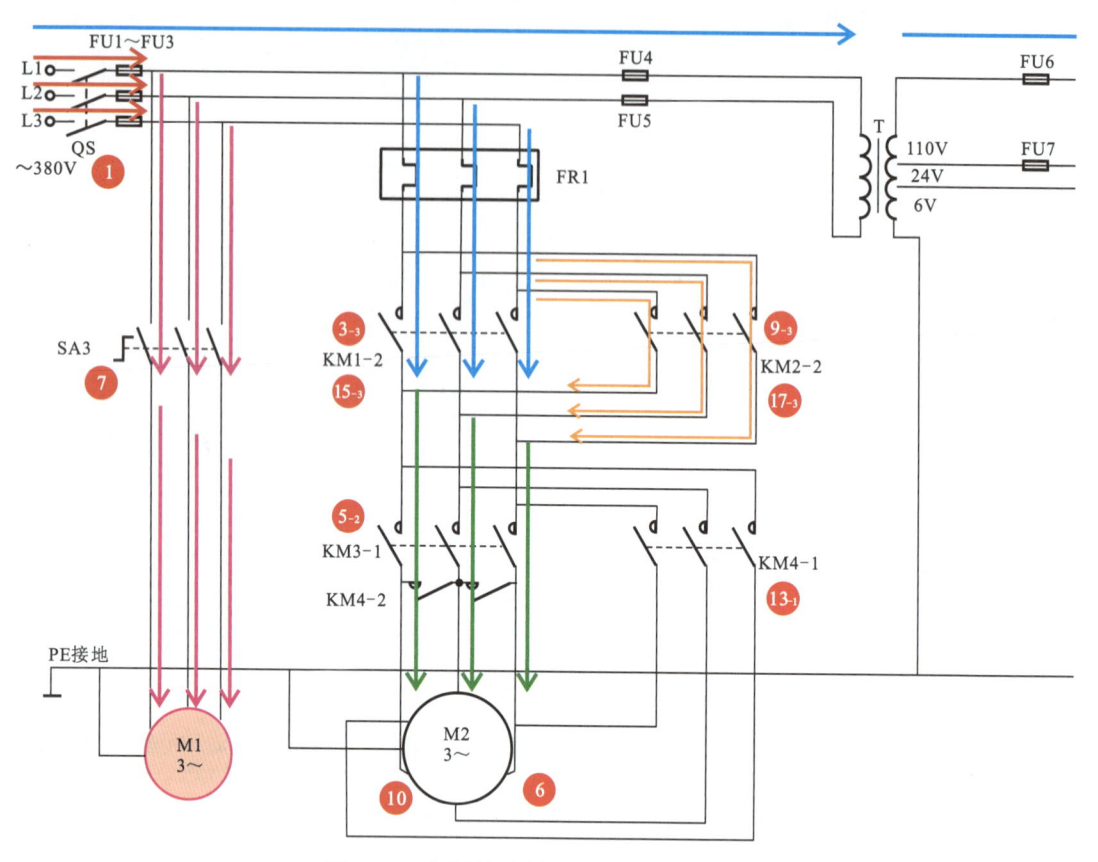

图10-7 典型铣床控制电路的识读分析

【1】合上电源总开关QS，接通三相电源。

【2】按下正转启动按钮SB2，其触点闭合。

【3】交流接触器KM1的线圈得电，相应触点动作。

　　【3-1】常开触点KM1-1闭合，实现自锁功能（维持KM1的线圈得电）。

　　【3-2】常闭触点KM1-3断开，防止KM2的线圈得电。

　　【3-3】常开主触点KM1-2闭合，为M2正转做好准备。

【1】→【4】转动双速开关SA1至低速状态，即触点A、B接通。

【5】交流接触器KM3的线圈得电，其常开、常闭触点动作。

　　【5-1】常闭辅助触点KM3-2断开，防止KM4的线圈得电。

　　【5-2】常开主触点KM3-1闭合，电源为M2供电。

【3-3】+【5-2】→【6】铣头电动机M2绕组呈△形连接接入电源，开始低速正向运转。

【7】冷却泵电动机M1通过转换开关SA3直接进行启停的控制，在机床工作工程中，当需要为铣床提供冷却液时，可合上转换开关SA3，接通冷却泵电动机M1的供电电压，电动机M1启动运转。

当机床工作过程中不需要开启冷却泵电动机时，将转换开关SA3断开，切断供电电源，冷却泵电动机M1停止运转。

【8】当铣头电动机M2需要低速反转运转加工工件时,按下反转启动按钮SB3,其常开触点闭合。
【9】交流接触器KM2的线圈得电。
　　【9-1】常开辅助触点KM2-1接通,实现自锁功能。
　　【9-2】常闭辅助触点KM2-3断开,防止交流接触器KM1的线圈得电,实现联锁功能。

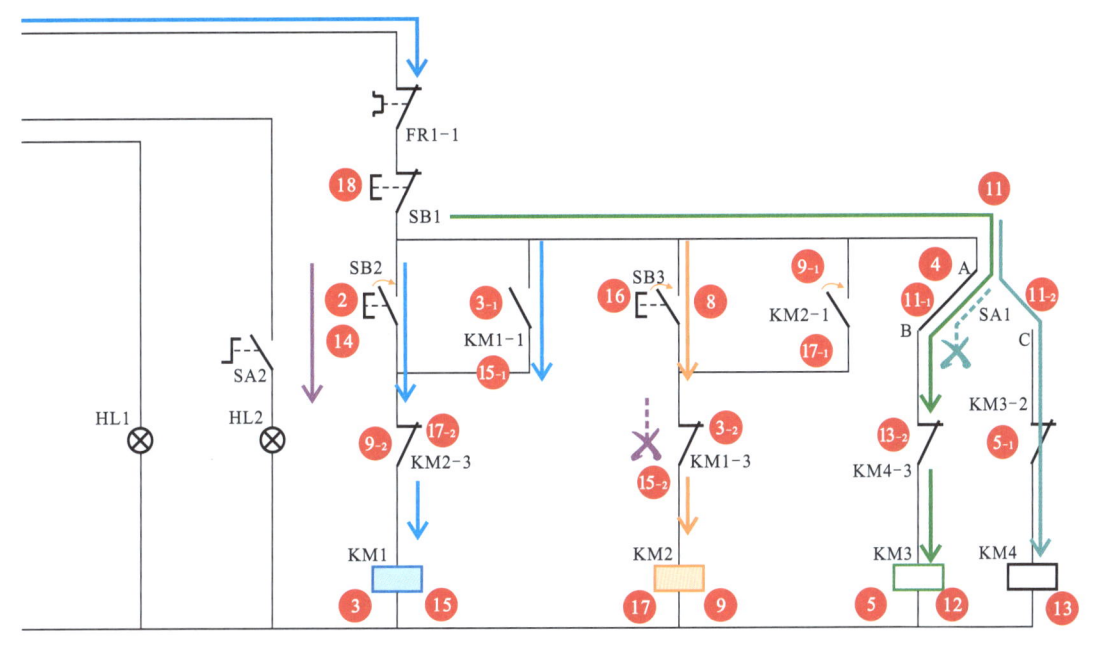

图10-7　（续）

　　【9-3】常开主触点KM2-2接通,铣头电动机M2绕组呈△形连接。
【9-3】→【10】铣头电动机M2低速反转启动运转。
【11】当铣头电动机M2需要高速正转运转加工工件时,将双速开关SA1拨至高速运转位置。
　　【11-1】SA1的A、B点断开。
　　【11-2】SA1的A、C点接通。
【11-1】→【12】交流接触器KM3的线圈失电,触点复位,电动机低速运转停止。
【11-2】→【13】交流接触器KM4的线圈得电。
　　【13-1】常开主触点KM4-1、KM4-2接通,为铣头电动机M2高速运转做好准备。
　　【13-2】常闭辅助触点KM4-3断开,防止交流接触器KM3的线圈得电,起联锁保护作用。
【14】按下正转启动按钮SB2,其内部常开触点闭合。
【15】交流接触器KM1的线圈得电。
　　【15-1】常开辅助触点KM1-1接通,实现自锁功能。
　　【15-2】常闭辅助触点KM1-3断开,防止接触器KM2的线圈得电,实现联锁功能。
　　【15-3】常开主触点KM1-2接通,铣头电动机M2绕组呈YY形高速正转启动运转。
【16】当铣头电动机M2需要高速反转运转加工工件时,按下反转启动按钮SB3,其常开触点闭合。
【17】交流接触器KM2的线圈得电。
　　【17-1】常开辅助触点KM2-1接通,实现自锁功能。
　　【17-2】常闭辅助触点KM2-3断开,防止交流接触器KM1的线圈得电,实现联锁功能。
　　【17-3】常开主触点KM2-2接通,铣头电动机M2绕组呈YY形高速反转启动运转。
【18】当铣削加工操作完成后,按下停止按钮SB1,无论铣头电动机M2以何方向或速度运转,接触器线圈均失电,铣头电动机M2停止运转。

10.2.5 齿轮磨床控制电路的识图

磨床是一种以砂轮为刀具来精确而有效地进行工件表面加工的机床。图10-8为典型齿轮磨床控制电路的识读分析。

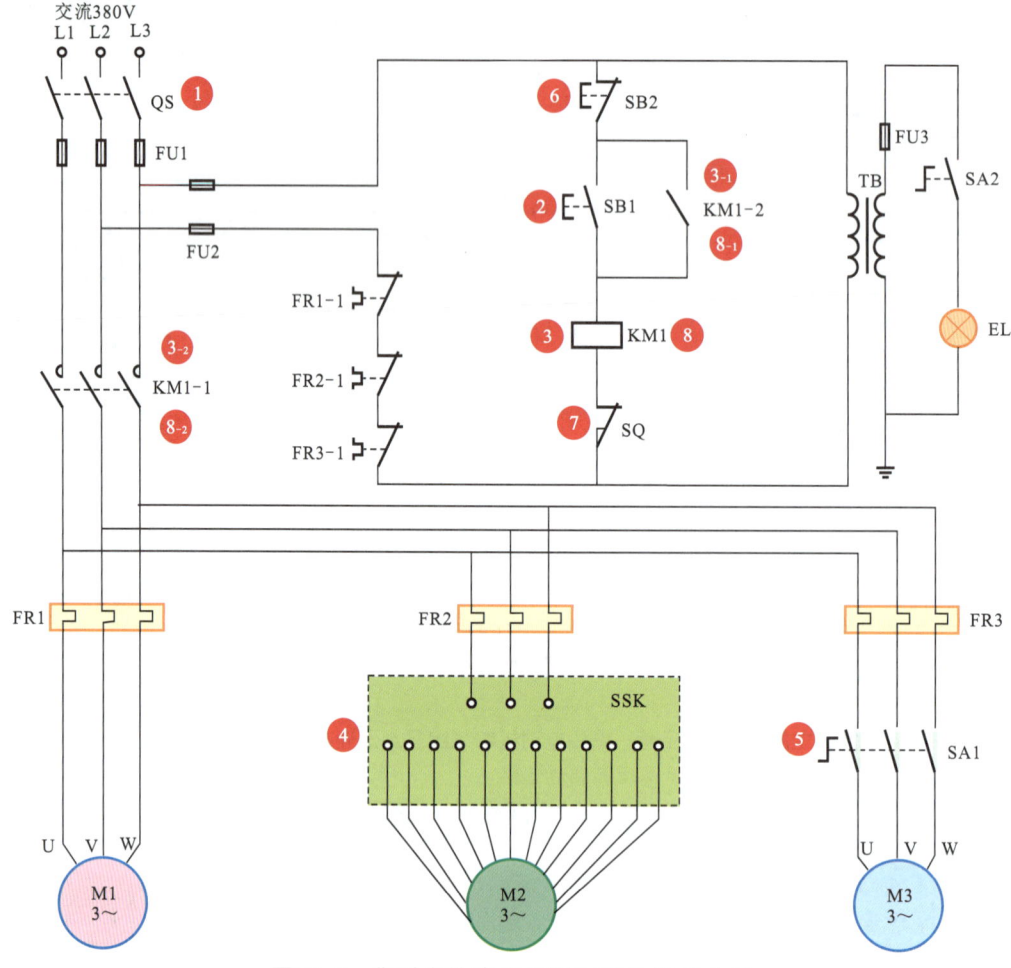

图10-8 典型齿轮磨床控制电路的识读分析

【1】合上电源总开关QS，接通三相电源。
【2】按下启动按钮SB1，触点接通。
【3】交流接触器KM1的线圈得电，相应触点开始动作。
　　【3-1】常开辅助触点KM1-2闭合，实现电路的自锁功能。
　　【3-2】常开主触点KM1-1闭合，电源为电动机M1供电，电动机M1启动运转。
【4】调整多速开关SSK至低速、中速或高速的任意一个位置，电动机M2以不同转速运转。
【5】转动开关SA1，触点闭合，电动机M3启动运转。
【6】按下停止按钮SB2，触点断开。
【7】当电动机M1控制的设备运行碰触到限位开关SQ时，常闭触点断开。
【6】或【7】→【8】交流接触器KM1的线圈失电，相应触点复位动作。
　　【8-1】常开辅助触点KM1-2复位断开，解除自锁功能。
　　【8-2】常开主触点KM1-1复位断开，切断电动机供电，电动机停止运转。

第11章 识读农机控制电路

11.1 农机控制电路的特点与识读方法

11.1.1 农机控制电路的特点

农机控制电路是指使用在农业生产中所需设备的控制电路，如排灌设备、农产品加工设备、养殖和畜牧设备等。图11-1为典型水泵控制电路。

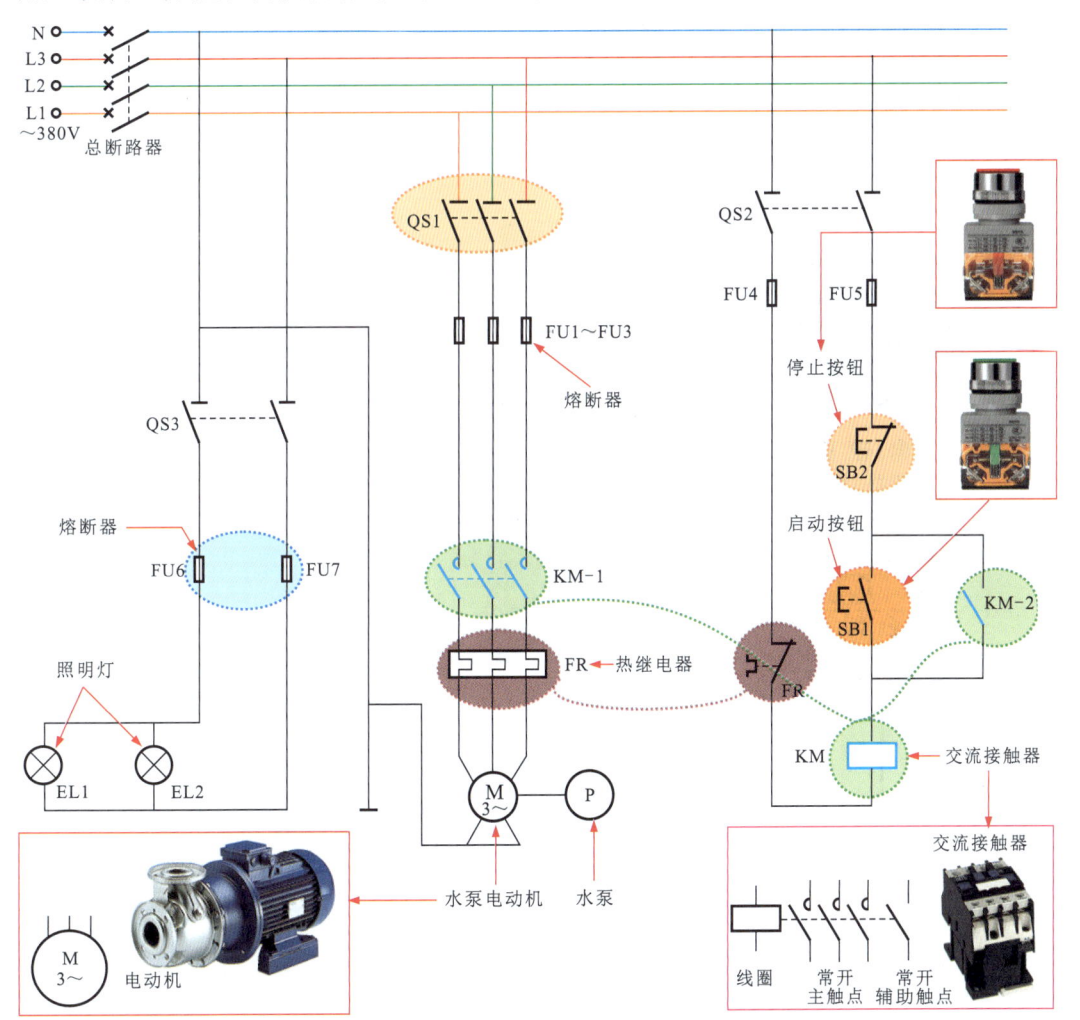

图11-1 典型水泵控制电路

11.1.2 农机控制电路的接线和识读

图11-2为典型农机（水泵）控制电路的接线图。

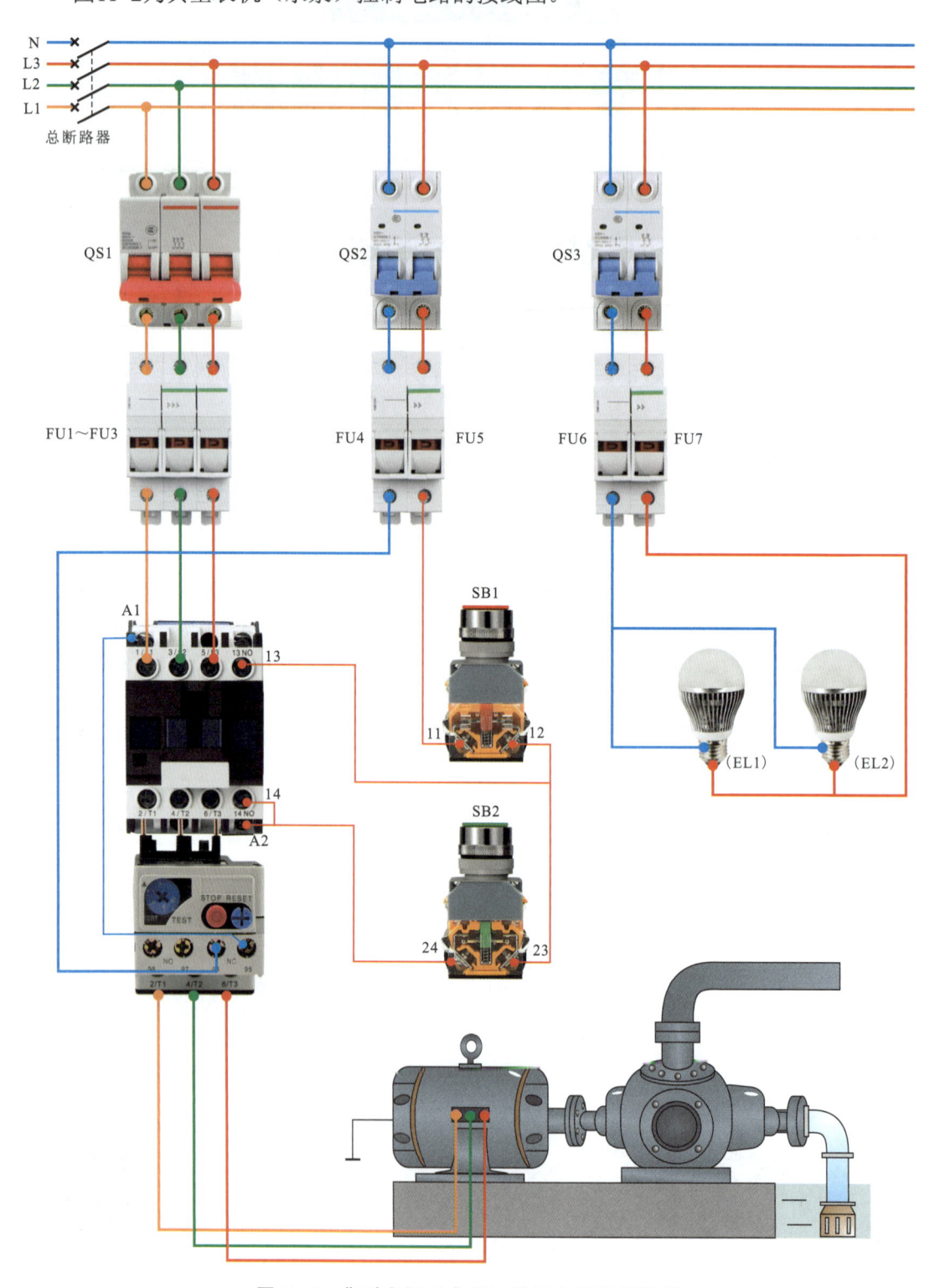

图11-2 典型农机（水泵）控制电路的接线图

图11-3为典型农机（水泵）控制电路的识图分析。

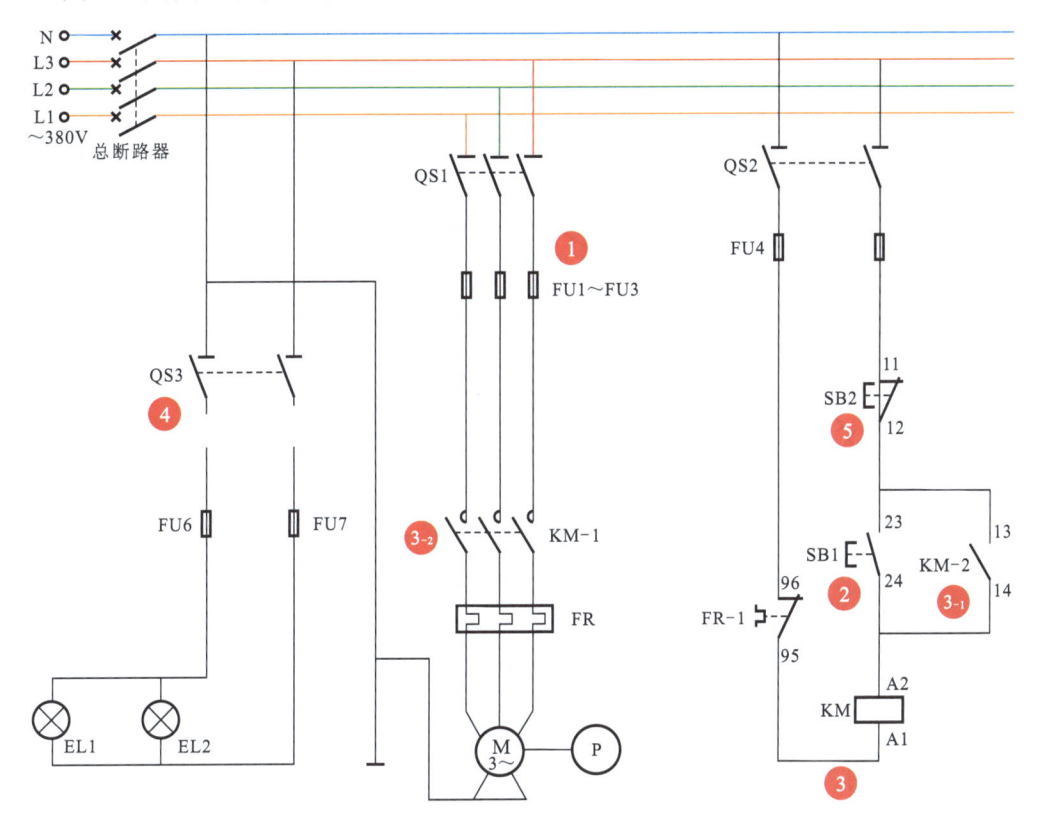

图11-3 典型农机（水泵）控制电路的识图分析

【1】合上电源开关QS1、QS2，接通电源，为电路工作做好准备。
【2】按下启动按钮SB1，触点闭合。
【3】交流接触器KM的线圈得电，触点全部动作。
　　【3-1】KM常开辅助触点KM-2闭合，实现自锁功能。
　　【3-2】KM常开主触点KM-1闭合，接通电动机三相电源。电动机得电启动运转，带动水泵开始工作。
【4】在需要照明时，合上电源开关QS3，照明灯EL1、EL2点亮；不需要照明时，断开电源开关QS3，照明灯EL1、EL2熄灭。
【5】需要停机时，按下停止按钮SB2，交流接触器KM的线圈失电，触点全部复位，切断电动机供电电源，电动机及水泵停止运转。

11.2 农机控制电路识读案例

11.2.1 农田排灌设备控制电路的识图

农田排灌自动控制电路可在农田灌溉时根据排灌渠中水位的高低自动控制排灌电动机的启动和停机，防止排灌渠中无水而排灌电动机仍然工作的现象，起到保护排灌电动机的作用。

图11-4为农田排灌设备控制电路的识图分析。

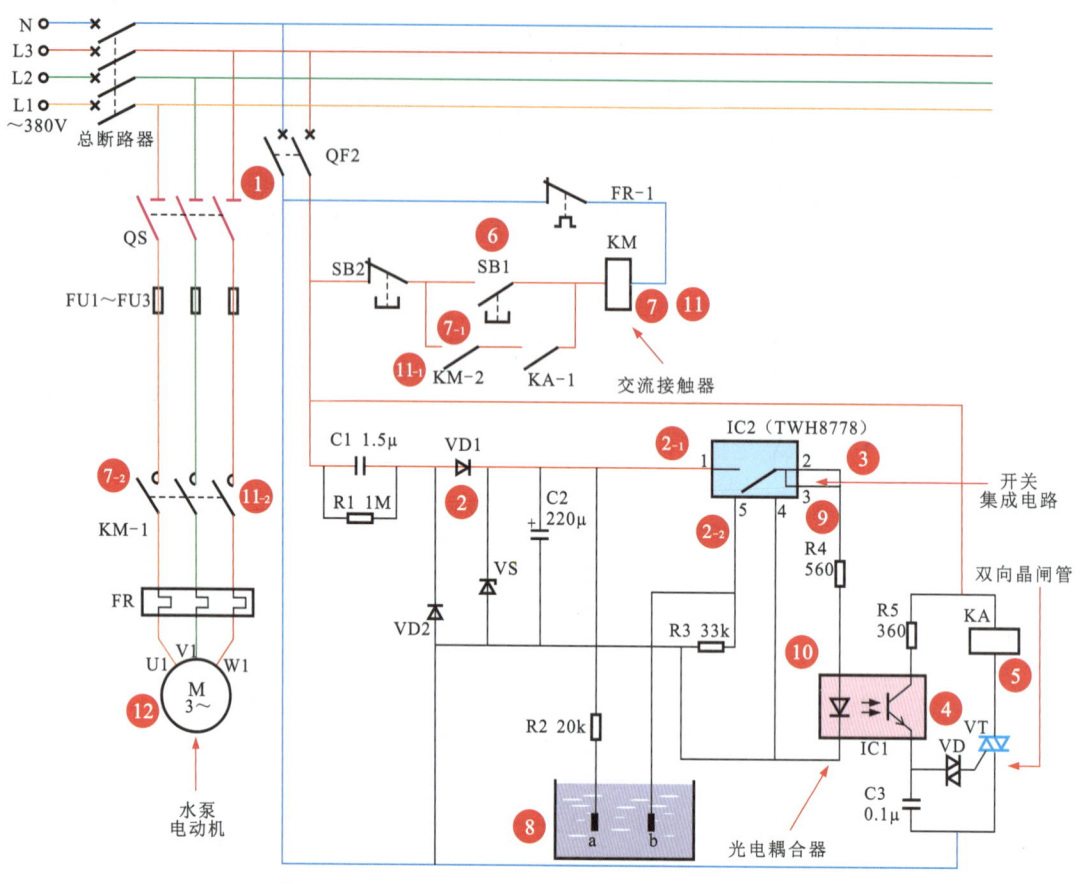

图11-4 农田排灌设备控制电路的识图分析

【1】闭合电源开关QS和断路器QF2，为电路工作做好准备。

【2】交流220V电压经电阻器R1和电容器C1降压，整流二极管VD1、VD2整流，稳压二极管VZ稳压，滤波电容器C2滤波后，输出+9V直流电压。

【2-1】一路加到开关集成电路IC2的1脚。

【2-2】另一路经R2和电极a、b加到IC2的5脚。

【2-1】+【2-2】→【3】开关集成电路IC2内部的电子开关导通，由2脚输出+9V电压。

【3】→【4】+9V电压经R4为光电耦合器IC1供电，输出触发信号，触发双向触发二极管VD导通。

【4】→【5】VD导通后，触发双向晶闸管VT导通，中间继电器KA线圈得电，常开触点KA-1闭合。

【6】按下启动按钮SB1，触点闭合。

【7】交流接触器KM的线圈得电，相应的触点动作。

【7-1】常开自锁触点KM-2闭合自锁，锁定启动按钮SB1，即使松开SB1，KM的线圈仍可保持得电状态。

【7-2】常开主触点KM-1闭合，接通电源，水泵电动机M带动水泵启动运转，对农田灌溉。

【8】排水渠水位降低至最低，水位检测电极a、b由于无水而处于开路状态。

【8】→【9】开关集成电路IC2内部的电子开关复位断开。

【9】→【10】光电耦合器IC1、双向触发二极管VD、双向晶闸管VS均截止，中间继电器KA的线圈失电，触点KA-1复位断开。

【10】→【11】交流接触器KM的线圈失电，触点复位。

【11-1】KM的常开自锁触点KM-2复位断开。

【11-2】KM的主触点KM-1复位断开，解除SB1锁定，为控制电路下次启动做好准备。

【12】电动机电源被切断，电动机停止运转，自动停止灌溉作业。

11.2.2 禽类养殖孵化室湿度控制电路的识图

禽类养殖孵化室湿度控制电路用来控制孵化室内的湿度维持在一定范围内。当孵化室内的湿度低于设定的湿度时,自动启动加湿器进行加湿工作;当孵化室内的湿度达到设定的湿度时,自动停止加湿器工作,从而保证孵化室内湿度保持在一定范围内。图11-5为禽类养殖孵化室湿度控制电路的识读分析。

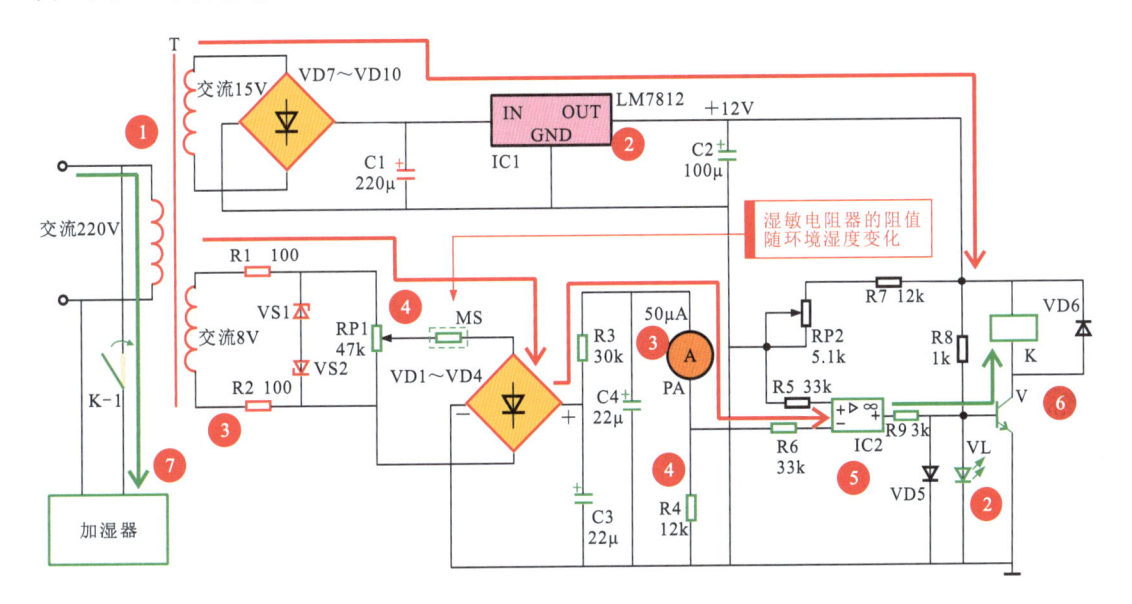

图11-5 禽类养殖孵化室湿度控制电路的识读分析

【1】接通电源,交流220V电压经电源变压器T降压后,由二次侧绕组分别输出交流15V、8V电压。

【2】交流15V电压经桥式整流堆VD7~VD10整流、滤波电容器C1滤波、三端稳压器IC1稳压后,输出+12V直流电压,为湿度控制电路供电,指示灯VL点亮。

【3】交流8V电压经限流电阻器R1、R2限流,稳压二极管VS1、VS2稳压后输出交流电压,经可调电阻器RP1调整取样,湿敏电阻器MS降压,桥式整流堆VD1~VD4整流,限流电阻器R3限流,滤波电容器C3、C4滤波后,加到电流表PA上。

【4】当禽类养殖孵化室内的环境湿度较低时,湿敏电阻器MS的阻值变大,桥式整流堆输出电压减小(流过电流表PA上的电流就变小,进而流过电阻器R4的电流也变小)。

【5】电压比较器IC2的反相输入端(—)的比较电压低于正向输入端(+)的基准电压,因此由其电压比较器IC2的输出端输出高电平。

【6】晶体管V导通,继电器K的线圈得电。

【7】常开触点K-1闭合,接通加湿器的供电电源,加湿器开始加湿工作。

11.2.3 禽蛋孵化恒温箱控制电路的识图

禽蛋孵化恒温箱控制电路用来控制恒温箱内的温度保持恒定温度值。当恒温箱内的温度降低时,自动启动加热器进行加热工作;当恒温箱内的温度达到预定的温度时,自动停止加热器工作,从而保证恒温箱内温度的恒定。

图11-6为禽蛋孵化恒温箱控制电路的识读分析。

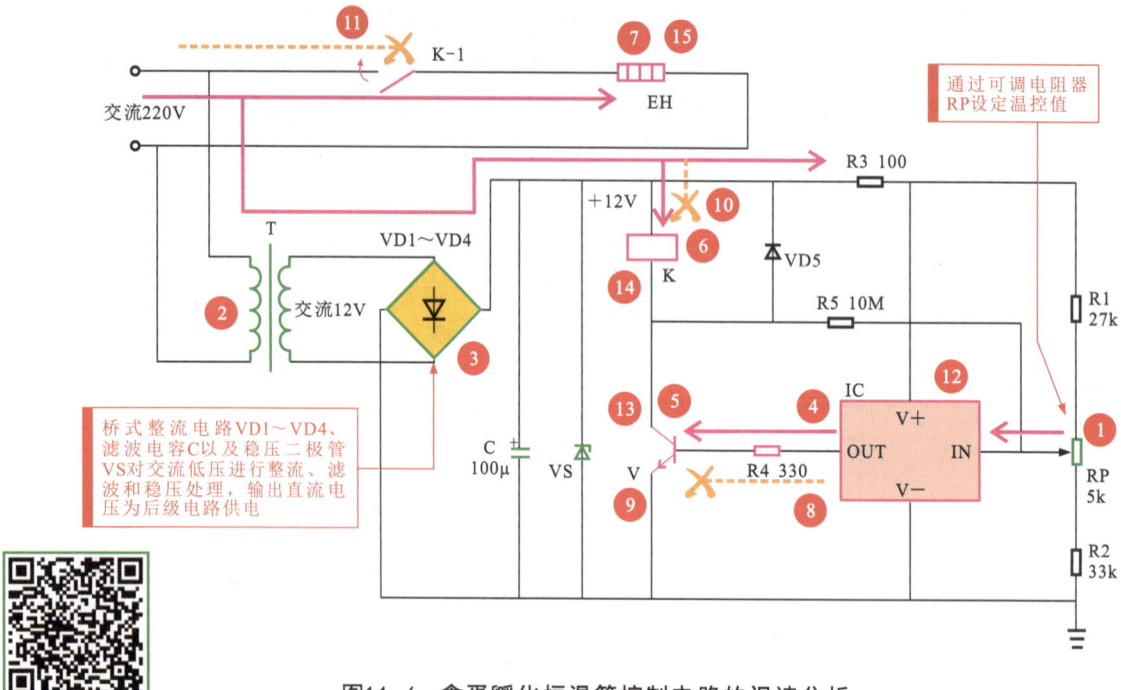

图11-6 禽蛋孵化恒温箱控制电路的识读分析

【1】通过可调电阻器RP预先调节好禽蛋孵化恒温箱内的温控值。

【2】接通电源，交流220V电压经电源变压器T降压后，由二次输出交流12V电压。

【3】交流12V电压经桥式整流堆VD1~VD4整流、滤波电容器C滤波、稳压二极管VS稳压后，输出+12V直流电压，为温度控制电路供电。

【4】当禽蛋孵化恒温箱内的温度低于可调电阻器RP预先设定的温控值时，温度传感器集成电路IC的OUT端输出高电平。

【5】三极管V导通。

【6】继电器K的线圈得电。

【7】常开触点K-1闭合，接通加热器EH的供电电源，加热器EH开始加热工作。

【8】当禽蛋孵化恒温箱内的温度上升至可调电阻器RP预先设定的温控值时，温度传感器集成电路IC的OUT端输出低电平。

【9】三极管V截止。

【10】继电器K的线圈失电。

【11】常开触点K-1复位断开，切断加热器EH的供电电源，加热器EH停止加热工作。

【12】加热器停止加热一段时间后，禽蛋孵化恒温箱内的温度缓慢下降，当禽蛋孵化恒温箱内的温度再次低于可调电阻器RP预先设定的温控值时，温度传感器集成电路IC的OUT端再次输出高电平。

【13】三极管V再次导通。

【14】继电器K的线圈再次得电。

【15】常开触点K-1闭合，再次接通加热器EH的供电电源，加热器EH开始加热工作。如此反复循环加热来保证禽蛋孵化恒温箱内的温度恒定。

11.2.4 养鱼池间歇增氧控制电路的识图

养鱼池间歇增氧控制电路是一种控制电动机间歇工作的电路，通过定时器集成电路输出不同相位的信号控制继电器的间歇工作，同时通过控制开关的闭合与断开来控制继电器触点接通与断开时间的比例。图11-7为养鱼池间歇增氧控制电路的识读分析。

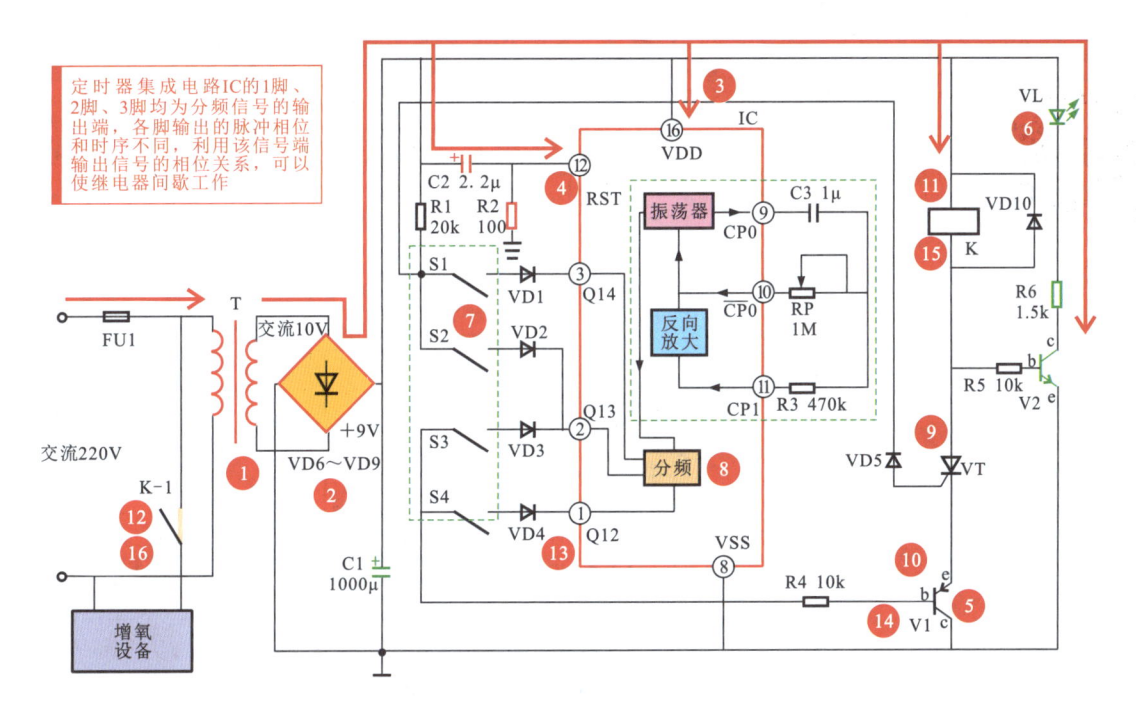

定时器集成电路IC的1脚、2脚、3脚均为分频信号的输出端，各脚输出的脉冲相位和时序不同，利用该信号端输出信号的相位关系，可以使继电器间歇工作。

图11-7 养鱼池间歇增氧控制电路的识读分析

【1】接通电源，交流220V电压经电源变压器T降压后，由二次侧输出交流10V电压。

【2】交流10V电压经桥式整流堆VD6~VD9整流、滤波电容器C1滤波后，输出+9V直流电压。

【2】→【3】+9V直流电压一路直接加到定时器集成电路IC的16脚，为其提供工作电压。

【2】→【4】+9V直流电压另一路经电容器C2、电阻器R2加到定时器集成电路IC的12脚，振荡器启动，使定时器集成电路中的计数器清零复位。

【5】当晶闸管VT和三极管V1都导通时，继电器K才会动作。

【6】三极管V2基极为高电平时，VL发光。

【7】假设将开关S1和S3设置为断开，S2和S4设置为闭合。

【8】在定时器集成电路IC的1、2、3脚输出不同频率和相位的脉冲信号。

【9】通过脉冲信号触发晶闸管VT导通。

【10】低电平使三极管V1导通。

【11】晶闸管VT和三极管V1导通后，继电器K的线圈得电。

【12】常开触点K-1闭合，接通增氧设备供电电源，增氧设备启动进行增氧工作。

【13】在定时器集成电路IC的1脚输出高电平的时段。

【14】三极管V1也截止。

【15】继电器K的线圈失电。

【16】常开触点K-1复位断开，切断增氧设备供电电源，增氧设备停止进行增氧工作。

11.2.5 蔬菜大棚温度控制电路的识图

蔬菜大棚温度控制电路是指自动对大棚内的环境温度进行调控的电路。该类电路一般利用热敏电阻器检测环境温度，通过热敏电阻器阻值的变化来控制整个电路的工作，使加热器在低温时加热、高温时停止工作，维持大棚内的温度恒定。图11-8为蔬菜大棚温度控制电路的识读分析。

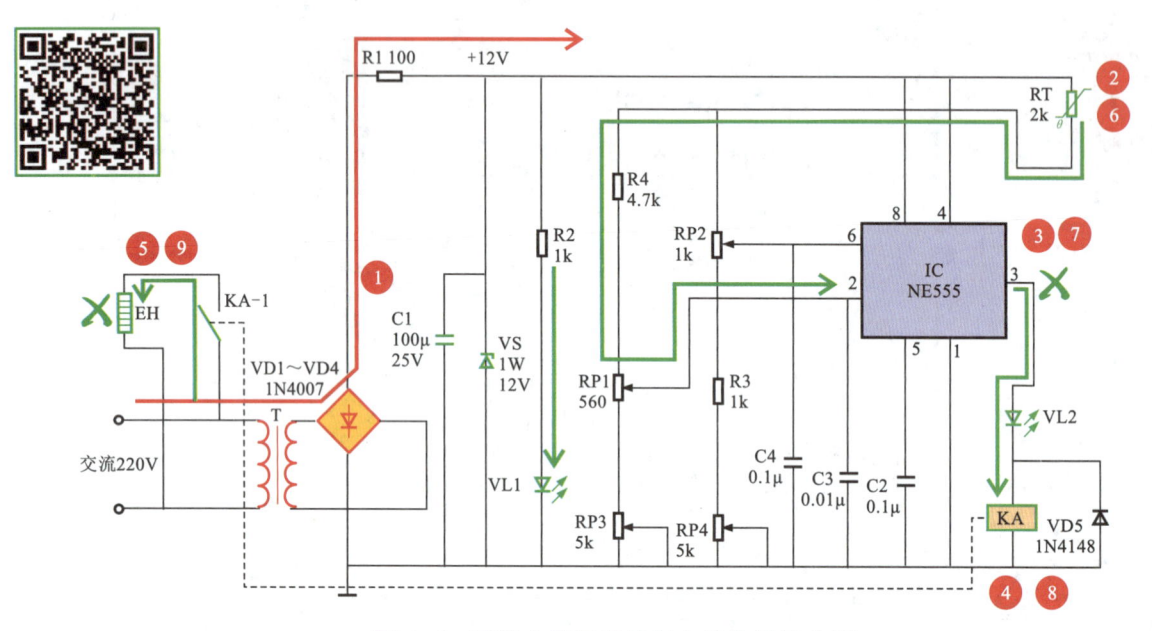

图11-8 蔬菜大棚温度控制电路的识读分析

【1】交流220V电压经变压器T降压后变为交流低压，再经过桥式整流堆、滤波电容、稳压二极管后变为12V直流电压输出，为后级电路供电。

【2】当大棚中的温度较低时，热敏电阻器RT的阻值减小，使NE555时基电路的2脚的电压升高。

【3】NE555时基电路的3脚输出高电平，指示灯VL2点亮。

【4】继电器KA的线圈得电，触点动作。

【5】KA的常开触点KA-1接通，加热器得电开始加热，大棚内温度升高。

【6】当大棚中的温度较高时，热敏电阻器RT的阻值变大，使NE555时基电路的2脚的电压降低。

【7】NE555时基电路的3脚输出低电平，指示灯VL2熄灭。

【8】继电器KA的线圈失电，触点复位。

【9】KA的常开触点KA-1复位断开，加热器失电，停止加热。加热器反复工作，维持大棚内的温度恒定。

补充说明

在图11-8中，NE555时基电路的外围设置有多个可调电阻器（RP1～RP4），通过调节这些可调电阻器的大小，可以设置NE555时基电路的工作参数，从而调节大棚内的恒定温度。

NE555时基电路的应用十分广泛，特别在一些自动触发电路、延时触发电路中的应用较多。另外，NE555时基电路根据外围引脚连接元器件的不同，其实现的功能也有所区别。

11.2.6 秸秆切碎机控制电路的识图

秸秆切碎机驱动控制电路是指利用两个电动机带动机器上的机械设备动作，完成送料和切碎工作的一类农机控制电路，该电路可有效节省人力劳动，提高工作效率。图11-9为秸秆切碎机控制电路的识读分析。

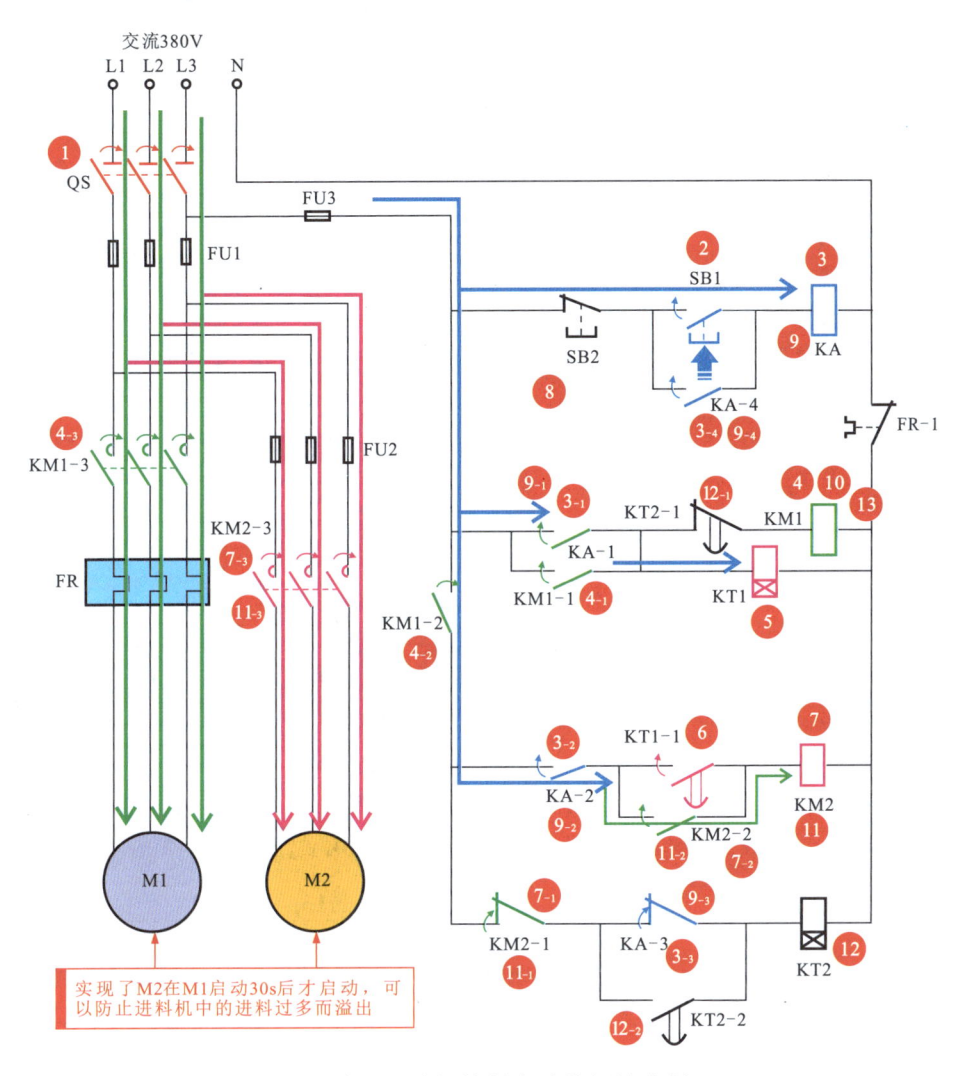

图11-9 秸秆切碎机控制电路的识读分析

【1】合上电源总开关QS。
【2】按下启动按钮SB1。
【3】中间继电器KA的线圈得电。
　　【3-1】常开触点KA-1闭合。
　　【3-2】常开触点KA-2闭合。
　　【3-3】常闭触点KA-3断开，防止时间继电器KT2的线圈得电。
　　【3-4】常开触点KA-4闭合，实现自锁功能。

【3-1】→【4】交流接触器KM1的线圈得电。

　　【4-1】常开辅助触点KM1-1闭合，实现自锁功能。

　　【4-2】常开辅助触点KM1-2闭合。

　　【4-3】常开主触点KM1-3闭合，切料电动机M1启动运转。

【3-1】→【5】时间继电器KT1的线圈得电，开始计时（30s），实现延时功能。

【4-2】+【3-2】→【6】延时闭合的常开触点KT1-1闭合。

【6】→【7】交流接触器KM2的线圈得电。

　　【7-1】常闭辅助触点KM2-1断开，防止时间继电器KT2得电。

　　【7-2】常开辅助触点KM2-2闭合，实现自锁功能。

　　【7-3】常开主触点KM2-3闭合，接通送料电动机M2电源，M2启动运转。即实现M1启动后，延时30s后电动机M2自动启动。

【8】当需要停机时，按下停止按钮SB2。

【9】中间继电器KA的线圈失电。

　　【9-1】常开触点KA-1复位断开。

　　【9-2】常开触点KA-2复位断开。

　　【9-3】常闭触点KA-3复位闭合，为时间继电器KT2的线圈得电做好准备。

　　【9-4】常开触点KA-4复位断开，解除自锁功能。

【9-1】+【4-1】→【10】交流接触器KM1的线圈仍保持得电状态，电动机M1仍保持运转。

【9-2】→【11】交流接触器KM2的线圈失电。

　　【11-1】常闭辅助触点KM2-1复位闭合，为时间继电器KT2得电做好准备。

　　【11-2】常开辅助触点KM2-2复位断开，解除自锁功能。

　　【11-3】常开主触点KM2-3复位断开，切断M2电源，M2停止运转。

【4-2】+【9-3】+【11-1】→【12】时间继电器KT2的线圈得电。

　　【12-1】延时断开的常闭触点KT2-1延时一段时间后断开。

　　【12-2】延时闭合的常开触点KT2-2延时一段时间后闭合。

【12-1】→【13】交流接触器KM1的线圈失电，其触点全部复位，电动机M1断电停转。即实现M2停转一段时间后，电动机M1停转。

11.2.7 磨面机控制电路的识图

磨面机控制电路利用电气部件对电动机进行控制，进而由电动机带动磨面机械设备工作，实现磨面功能。图11-10为磨面机控制电路的识读分析。

【1】合上电源总开关QS，接通三相电源。

【2】按下启动按钮ST，其触点闭合。

【2】→【3】交流接触器KM的线圈得电。

　　【3-1】常开辅助触点KM-1闭合。

　　【3-2】主触点KM-2闭合，接通三相电源。

【3-2】→【4】磨面电动机M启动运转，带动负载工作。

【2】→【5】继电器KA的线圈得电，常开触点KA-1闭合。

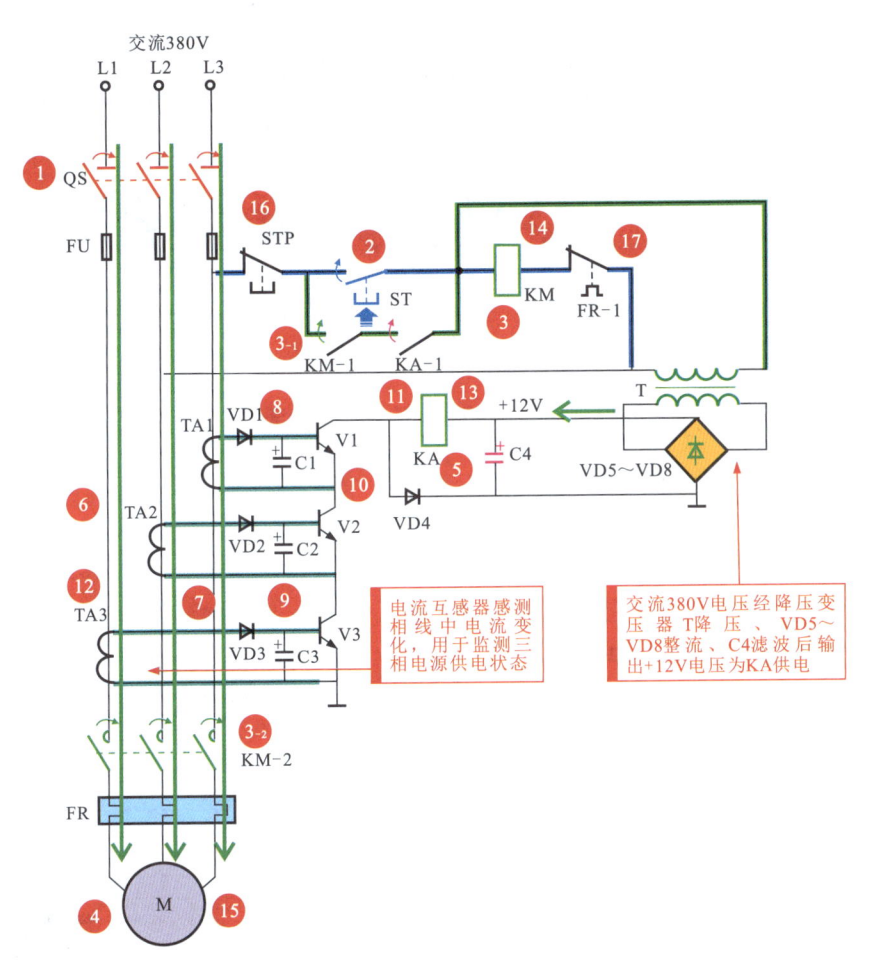

图11-10 磨面机控制电路的识读分析

【6】当电动机启动后三相供电电路中都有电流流过。
【7】TA1～TA3中感应出交流电压。
【8】交流电压经VD1～VD3，输出直流电压。
【9】三路直流电压分别经滤波电容器C1～C3滤波后，加到三个三极管的基极上。
【10】三个三极管V1～V3均导通。
【11】继电器KA的线圈得电，其常开触点KA-1闭合，电动机M正常工作。
【12】当三相供电电路中出现某一相有断相情况时，三个电流互感器中会有一个无信号输出，三个三极管V1、V2、V3中会有一个截止。
【13】继电器KA的线圈失电，KA常开触点KA-1复位断开。
【14】交流接触器KM的线圈失电，自锁触点KM-1复位断开，解除自锁功能；KM的主触点KM-2复位断开，切断三相电源。
【15】电动机M停止工作，实现断相保护。
【16】磨面机电动机的停机控制过程与启动控制过程相似。当需要结束工作时，按下停机键STP，整个控制电路失电；交流接触器KM的线圈断电，KM-1、KM-2触点断开，磨面电动机停止工作。
【17】在连续工作时间过长时，机器温升会过高，热继电器FR会自动断开，切断电动机的供电电源，同时也切断了KM的供电，磨面机进入断电保护状态。这种情况在冷却后仍能正常工作。

第12章 识读PLC及变频控制电路

12.1 PLC控制电路的特点与识读方法

12.1.1 PLC控制电路的特点

PLC控制电路是将操作部件和功能部件直接连接到PLC的相应接口上，并根据PLC内部程序的设定实现相应控制功能的电路。

图12-1为由PLC控制的电动机连续运行电路的结构组成。该电路主要是由总断路器QF、PLC、按钮开关（SB1、SB2）、交流接触器KM、指示灯HL1和HL2等组成的。

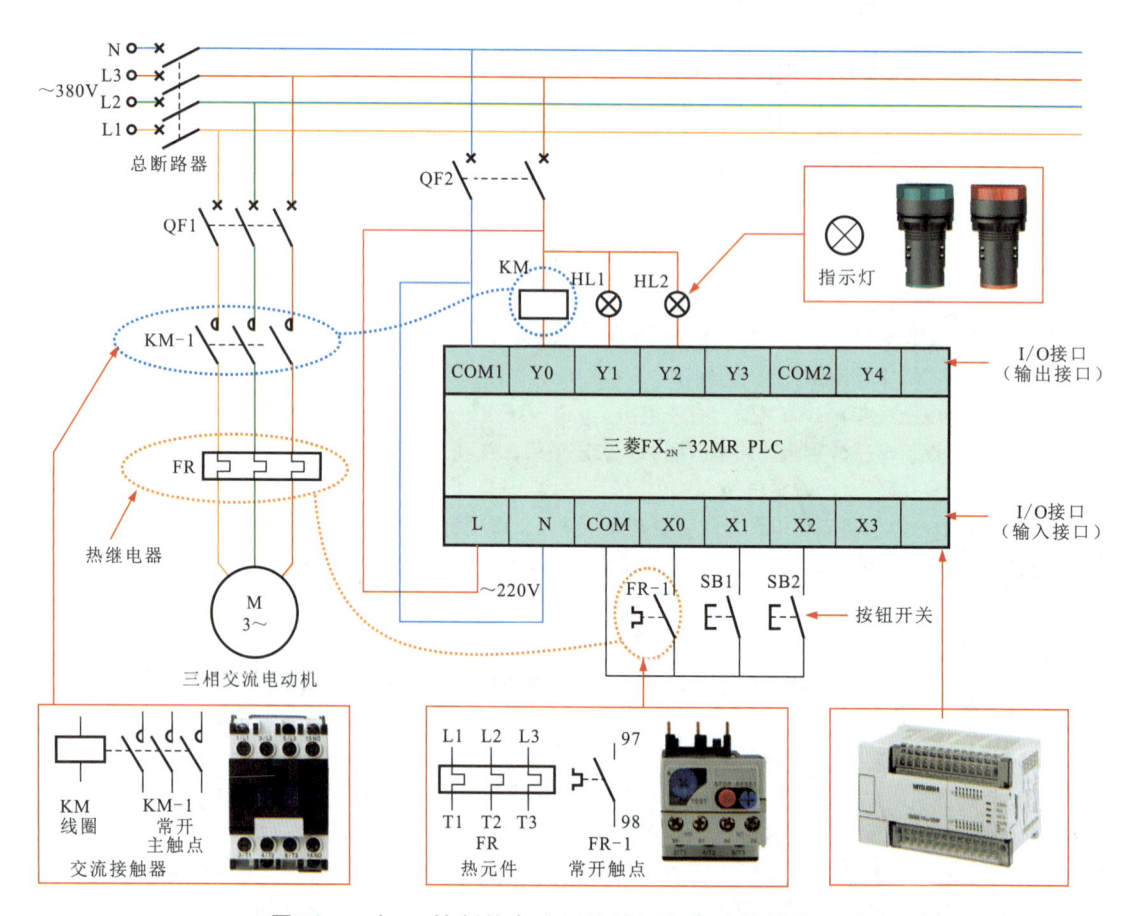

图12-1 由PLC控制的电动机连续运行电路的结构组成

PLC的控制部件和执行部件分别连接在相应的I/O接口上，根据I/O分配表连接，见表12-1。

表12-1　I/O分配表

输入地址编号			输出地址编号		
部　件	代　号	地址编号	部　件	代　号	地址编号
热继电器	FR	X0	交流接触器	KM	Y0
启动按钮	SB1	X1	运行指示灯	HL1	Y1
停止按钮	SB2	X2	停机指示灯	HL2	Y2

12.1.2　PLC控制电路的接线与识读

图12-2为PLC控制的电动机连续运行电路接线图。

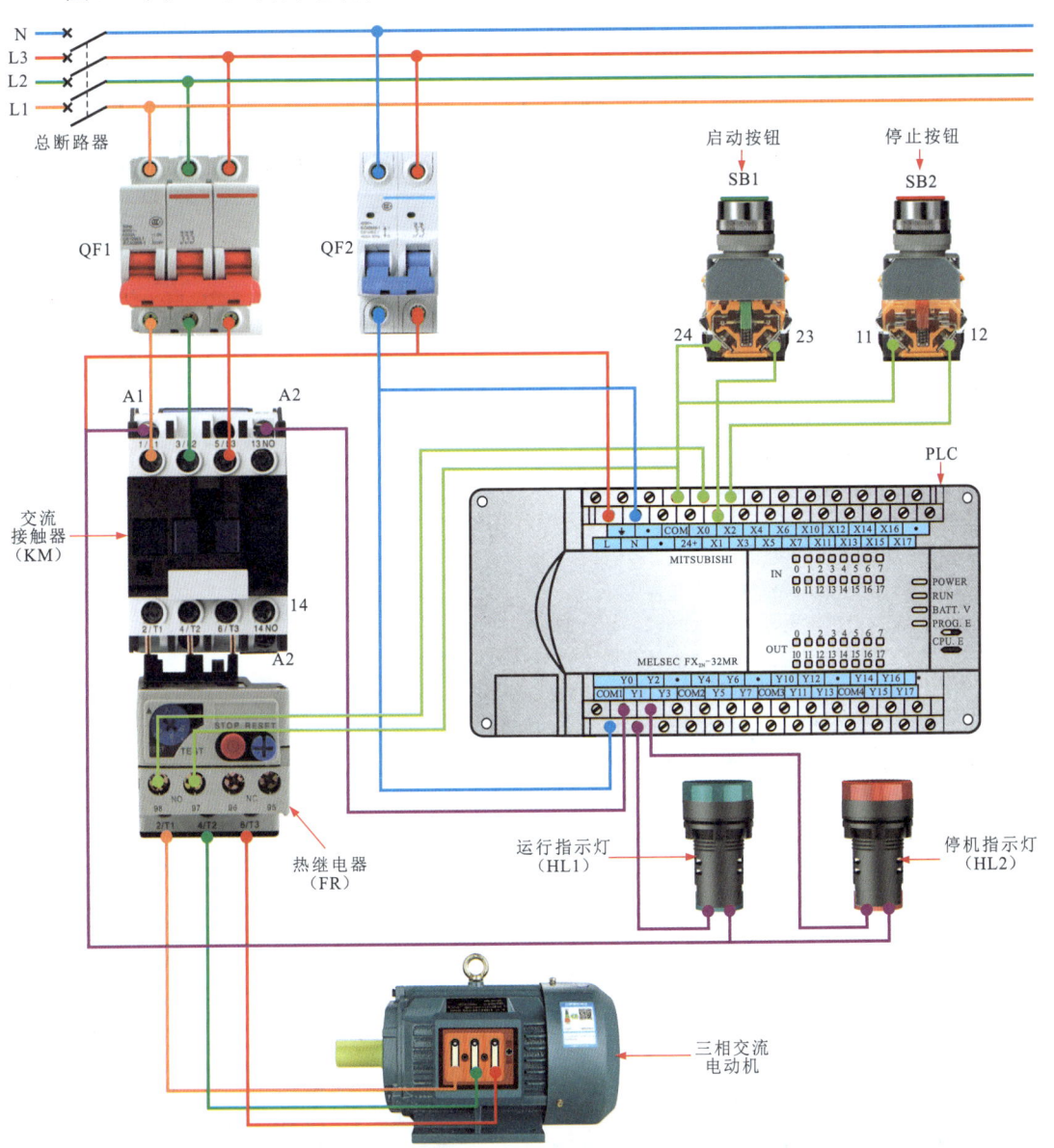

图12-2　PLC控制的电动机连续运行电路接线图

图12-3所示为由PLC控制的电动机连续运行电路的识读分析。

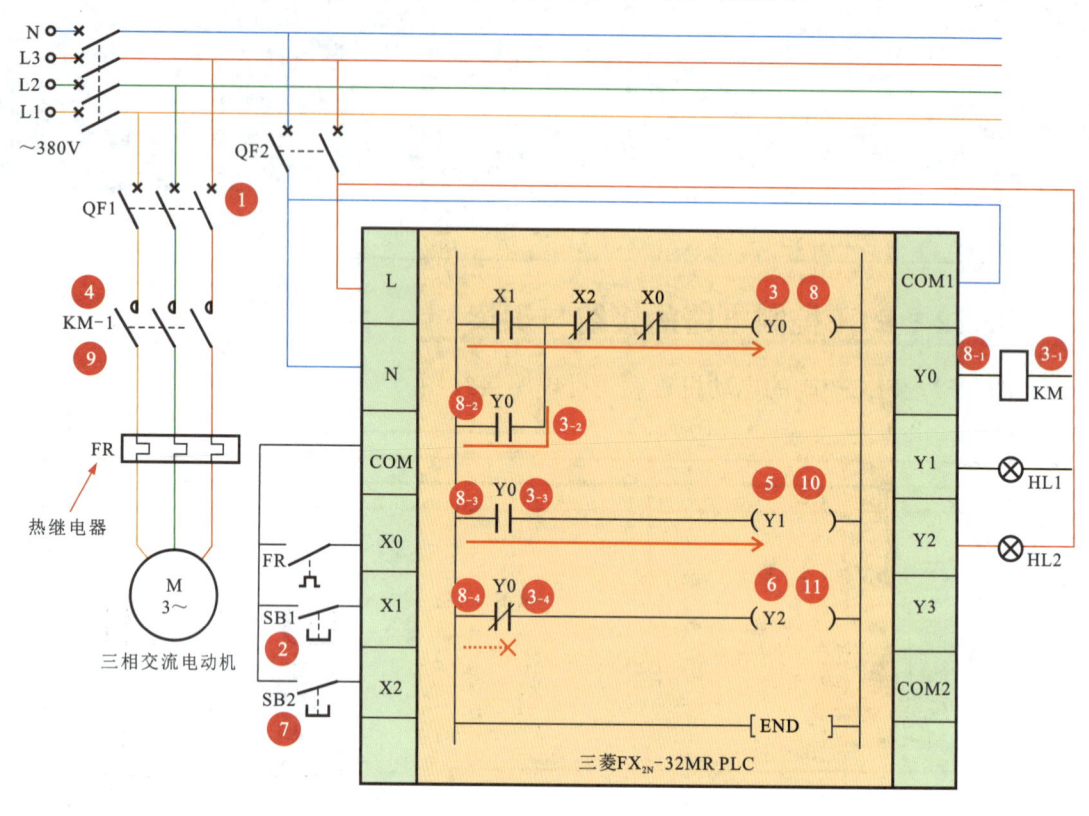

图12-3　由PLC控制的电动机连续运行电路的识读分析

【1】合上断路器，为电路工作做好准备。

【2】按下启动按钮SB1，触点闭合，将输入继电器常开触点X1置1，即常开触点X1闭合。

【2】→【3】输出继电器Y0的线圈得电。

　【3-1】交流接触器KM的线圈得电。

　【3-2】自锁常开触点Y0（KM-2）闭合自锁。

　【3-3】控制输出继电器Y1的常开触点Y0（KM-3）闭合。

　【3-4】控制输出继电器Y2的常闭触点Y0（KM-4）断开。

【3-1】→【4】主电路中的主触点KM-1闭合，接通三相交流电动机M的电源，M启动运转。

【3-3】→【5】输出继电器Y1得电，运行指示灯HL1点亮。

【3-4】→【6】输出继电器Y2失电，停机指示灯HL2熄灭。

【7】当需要停机时，按下停止按钮SB2，触点闭合，将输入继电器常开触点X2置0，即常闭触点X2断开。

【7】→【8】输出继电器Y0的线圈失电。

　【8-1】交流接触器KM的线圈失电。

　【8-2】自锁常开触点Y0（KM-2）复位断开，解除自锁功能。

　【8-3】控制输出继电器Y1的常开触点Y0（KM-3）复位断开。

　【8-4】控制输出继电器Y2的常闭触点Y0（KM-4）复位闭合。

【8-1】→【9】主电路中的主触点KM-1复位断开，切断M的电源，M失电停转。

【8-3】→【10】输出继电器Y1失电，运行指示灯HL1熄灭。

【8-4】→【11】输出继电器Y2得电，停机指示灯HL2点亮。

12.2 变频控制电路的特点与识读方法

12.2.1 变频控制电路的特点

变频控制电路是利用变频器对三相交流电动机进行启动、变频调速和停机等多种控制的电路。

图12-4为典型工业绕线机变频控制电路的结构组成。

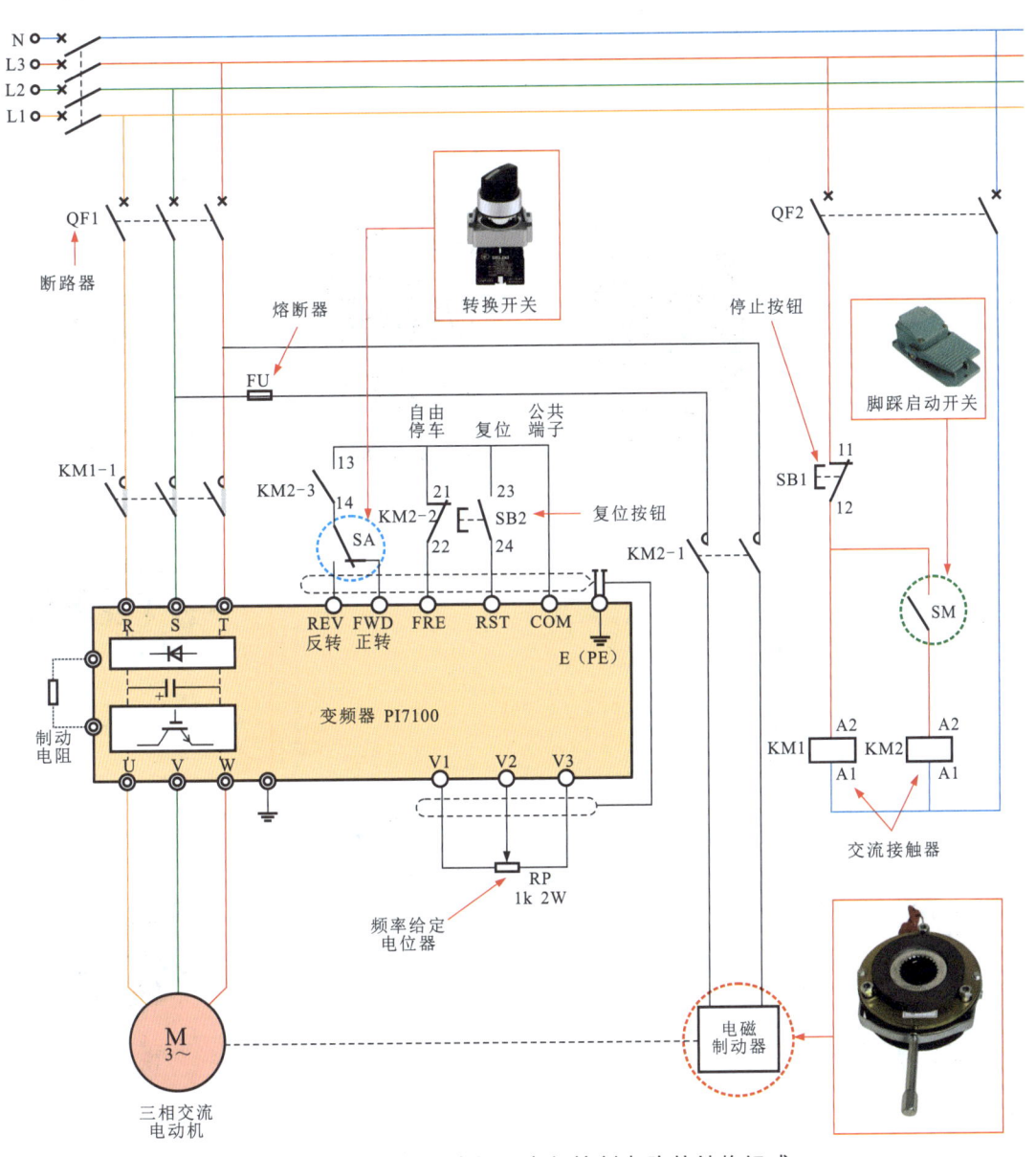

图12-4 典型工业绕线机变频控制电路的结构组成

12.2.2 变频控制电路的接线与识读

图12-5为工业绕线机变频控制电路的接线图。

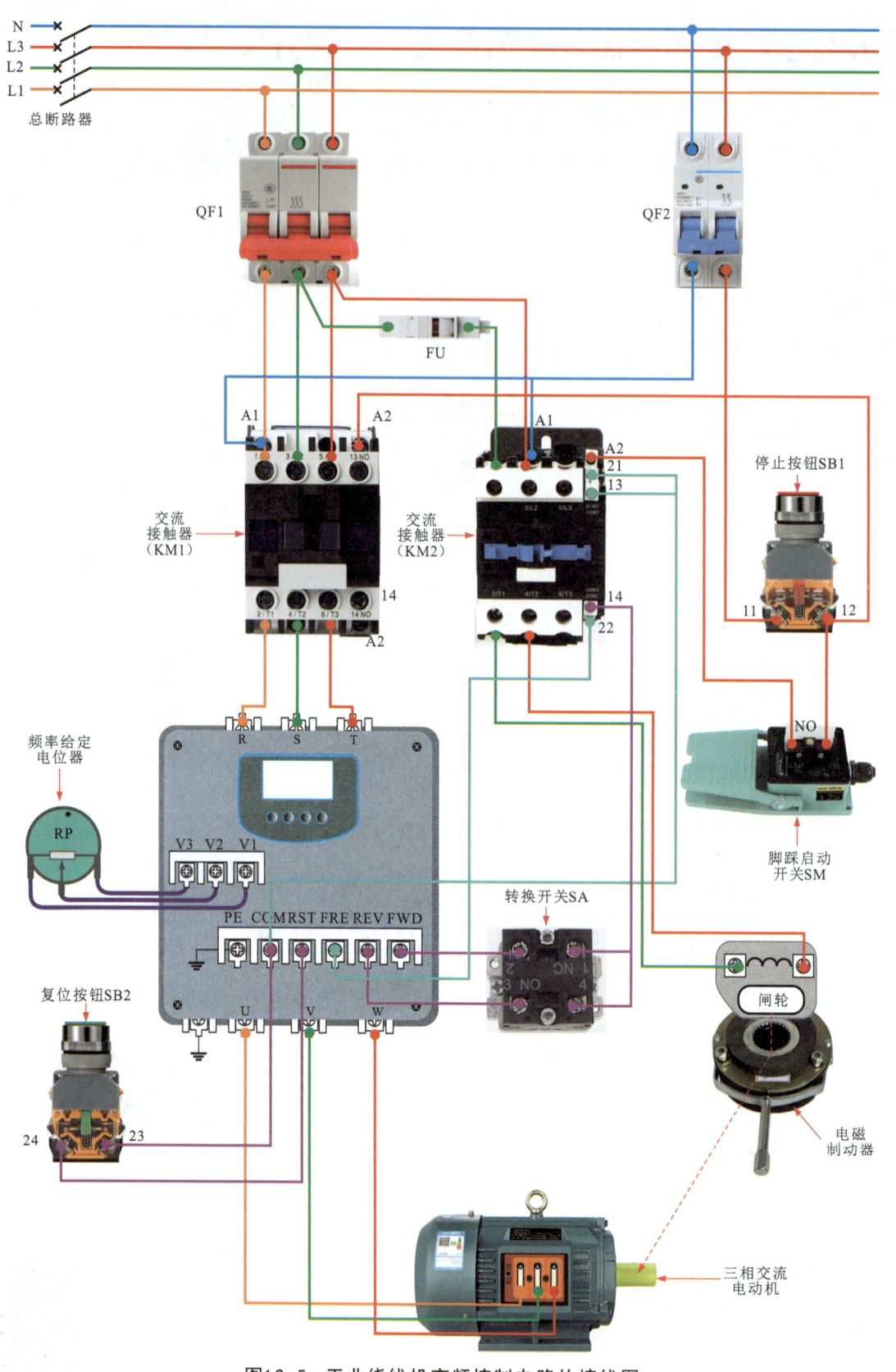

图12-5 工业绕线机变频控制电路的接线图

图12-6为工业绕线机变频控制电路的识读分析。

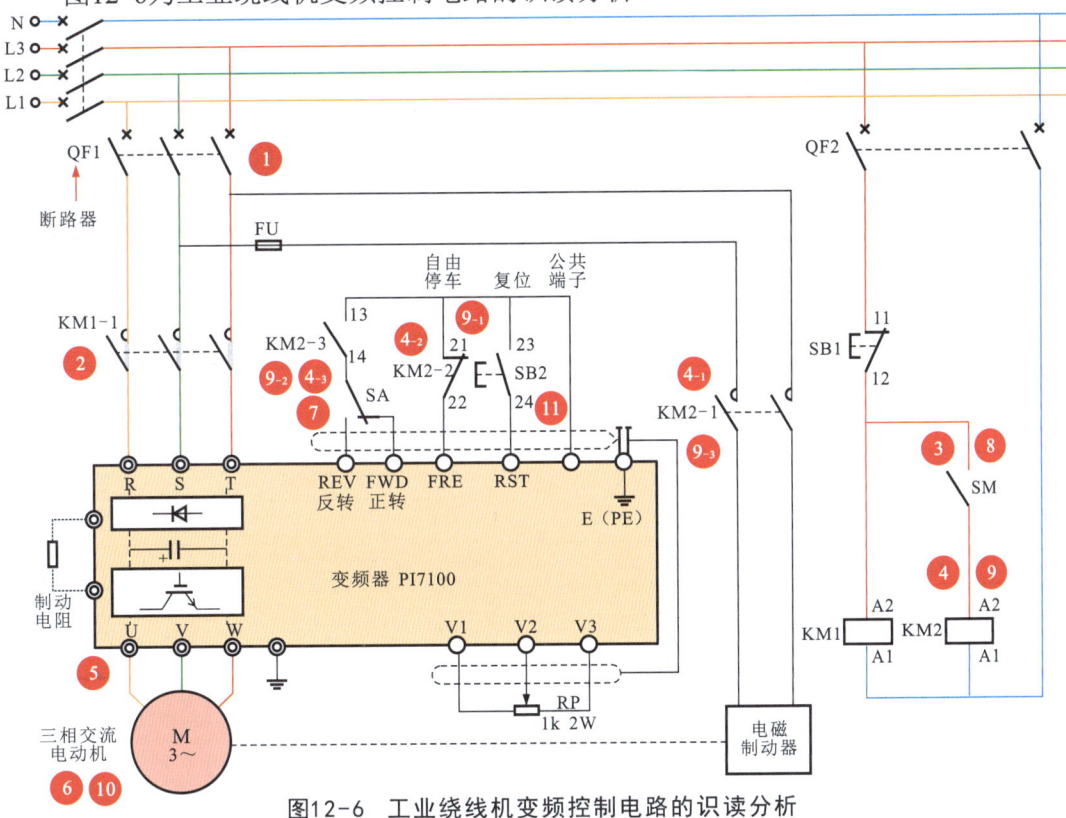

图12-6 工业绕线机变频控制电路的识读分析

【1】合上断路器,为电路工作做好准备。

【2】交流接触器KM1的线圈得电,常开主触点KM1-1闭合,变频器的主电路输入端R、S、T得电,变频器进入待机准备工作状态。

【3】踩下脚踩启动开关SM。

【3】→【4】交流接触器KM2的线圈得电。

　　【4-1】常开主触点KM2-1闭合,接通电磁制动器电源,进入准备工作状态。

　　【4-2】常闭辅助触点KM2-2断开,变频器FRE端子与公共端子断开,切断自由停车指令输入。

　　【4-3】常开辅助触点KM2-3闭合,变频器FWD端子(正转运行)与公共端子COM短接。

【4-3】→【5】变频器内部主电路开始工作,U、V、W端输出变频电源,电源频率按预置的升速时间上升至频率给定电位器设定的数值。

【6】三相交流电动机按照给定的频率正向运转。

【7】若需要M反向运转,则拨动转换开关SA到REV端,使REV端与公共端短接,变频器执行反转指令。

【8】松开脚踩启动开关SM。

【8】→【9】交流接触器KM2的线圈失电。

　　【9-1】常闭辅助触点KM2-2复位闭合,变频器执行自由停车命令,变频器停止输出。

　　【9-2】常开辅助触点KM2-3复位断开,变频器FWD端子与公共端子断开,切断运行指令的输入。

　　【9-3】常开主触点KM2-1复位断开,电磁制动器线圈失电,根据延时继电器(图中未画出)设定的时间反相制动抱闸。

【10】机械抱闸与变频器配合使三相交流电动机迅速停止运转。

【11】若变频器检测到三相交流电动机出现过电流、过电压、过载等故障,则其内部保护电路动作也可使系统停止运行。待排除故障后,按一下复位按钮SB2,变频器的RST复位端子与公共端COM短接,可使变频器立即复位,恢复正常使用。按下停止按钮SB1,可直接切断变频器的三相交流电源,实现系统停机。

12.3 PLC及变频电路的识图案例

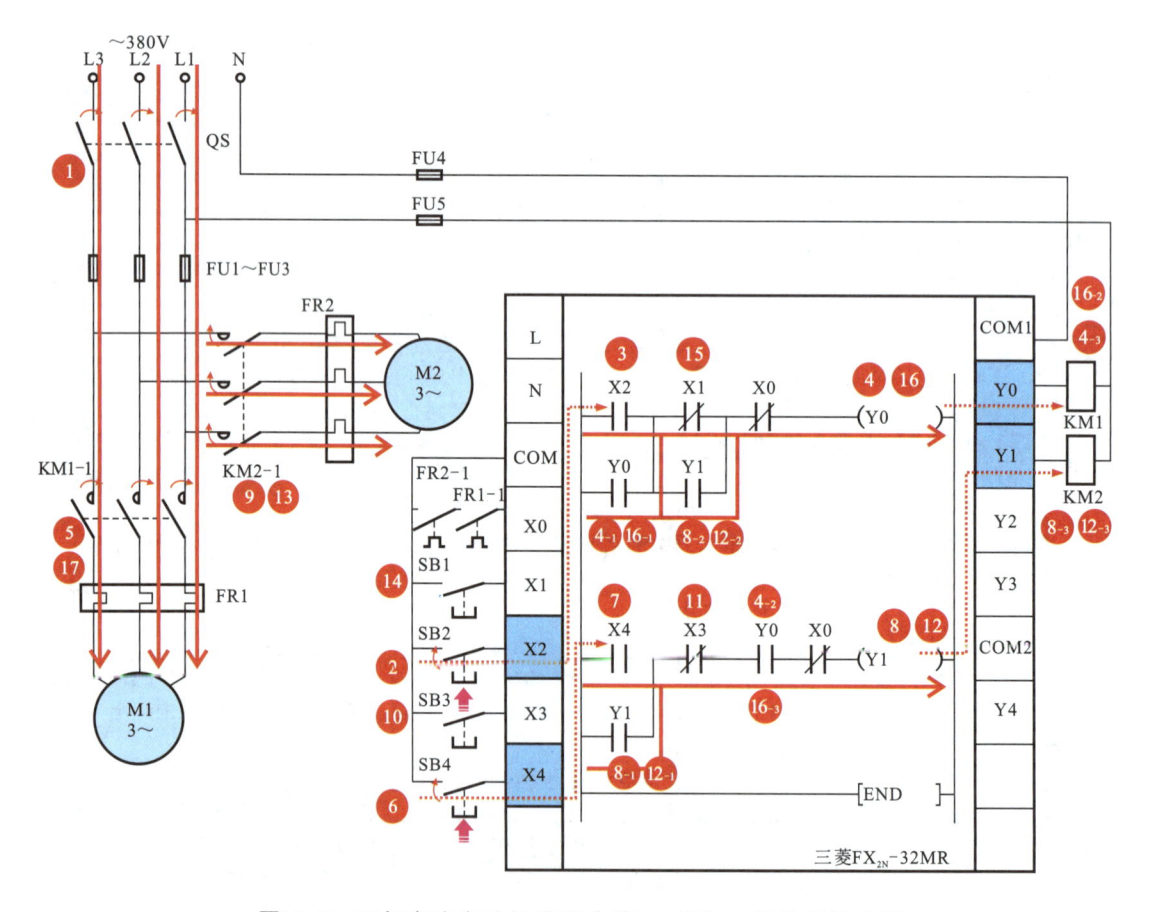

12.3.1 三相交流电动机联锁启停PLC控制电路的识图

三相交流电动机联锁启停PLC控制电路实现了两台电动机顺序启动、反顺序停机的控制过程,将PLC内部梯形图与外部电气部件控制关系结合,了解具体控制过程。

表12-2为三相交流电动机联锁启停PLC控制电路的I/O分配表,图12-7为该电路的识读分析。

表12-2 三相交流电动机联锁启停PLC控制电路的I/O分配表

输入信号及地址编号			输出信号及地址编号		
名称	代号	输入点地址编号	名称	代号	输出点地址编号
热继电器	FR1-1、FR2-1	X0	控制电动机M1的交流接触器	KM1	Y0
M1停止按钮	SB1	X1	控制电动机M2的交流接触器	KM2	Y1
M1启动按钮	SB2	X2			
M2停止按钮	SB3	X3			
M2启动按钮	SB4	X4			

图12-7 三相交流电动机联锁启停PLC控制电路的识读分析

【1】合上电源总开关QS，接通三相电源。

【2】按下电动机M1的启动按钮SB2。

【3】PLC程序中输入继电器X2置1，即常开触点X2闭合。

【4】输出继电器Y0的线圈得电。

　　【4-1】自锁常开触点Y0闭合实现自锁功能。

　　【4-2】同时控制输出继电器Y1的常开触点Y0闭合，为Y1得电做好准备。

　　【4-3】PLC外接交流接触器KM1的线圈得电。

【4-3】→【5】主电路中的主触点KM1-1闭合，接通电动机M1电源，电动机M1启动运转。

【6】当需要电动机M2运行时，按下电动机M2的启动按钮SB4。

【7】PLC程序中的输入继电器常开触点X4置1，即常开触点X4闭合。

【8】输出继电器Y1的线圈得电。

　　【8-1】自锁常开触点Y1闭合实现自锁功能（锁定停止按钮SB1，用于防止当启动电动机M2时，误操作按动电动机M1的停止按钮SB1，而关断电动机M1，不符合反顺序停机的控制要求）。

　　【8-2】控制输出继电器Y0的常开触点Y1闭合，锁定常闭触点X1。

　　【8-3】PLC外接交流接触器KM2的线圈得电。

【8-3】→【9】主电路中的主触点KM2-1闭合，接通电动机M2电源，电动机M2继M1之后启动运转。

【10】按下电动机M2的停止按钮SB3。

【11】将PLC程序中的输入继电器X3置1，即常闭触点X3断开。

【12】输出继电器Y1的线圈失电。

　　【12-1】自锁常开触点Y1复位断开，解除自锁功能。

　　【12-2】联锁常开触点Y1复位断开，解除对常闭触点X1的锁定。

　　【12-3】控制PLC外接交流接触器KM2的线圈失电。

【12-3】→【13】连接在主电路中的主触点KM2-1复位断开，电动机M2供电电源被切断，电动机M2停转。

【14】按照反顺序停机要求，按下停止按钮SB1。

【15】将PLC程序中输入继电器X1置1，即常闭触点X1断开。

【16】输出继电器Y0线圈失电。

　　【16-1】自锁常开触点Y0复位断开，解除自锁功能。

　　【16-2】PLC外接交流接触器KM1的线圈失电。

　　【16-3】同时，控制输出继电器Y1的常开触点Y0复位断开。

【16-2】→【17】主电路中KM1-1复位断开，电动机M1供电电源被切断，继M2后停转。

12.3.2 三相交流电动机反接制动PLC控制电路的识图

三相交流电动机反接制动PLC控制电路主要是在PLC控制下将电动机绕组电源相序进行切换，从而实现正相启动运转，反相制动停机的控制过程。将PLC内部梯形图与外部电气部件控制关系结合，了解具体控制过程。

表12-3为三相交流电动机反接制动PLC控制电路的I/O分配表，图12-8为该电路的识读分析。

表12-3 三相交流电动机反接制动PLC控制电路的I/O分配表

输入信号及地址编号			输出信号及地址编号		
名 称	代号	输入点地址编号	名 称	代号	输出点地址编号
热继电器	FR-1	X0	交流接触器	KM1	Y0
启动按钮	SB1	X1	交流接触器	KM2	Y1
停止按钮	SB2	X2			
速度继电器常开触点	KS-1	X3			

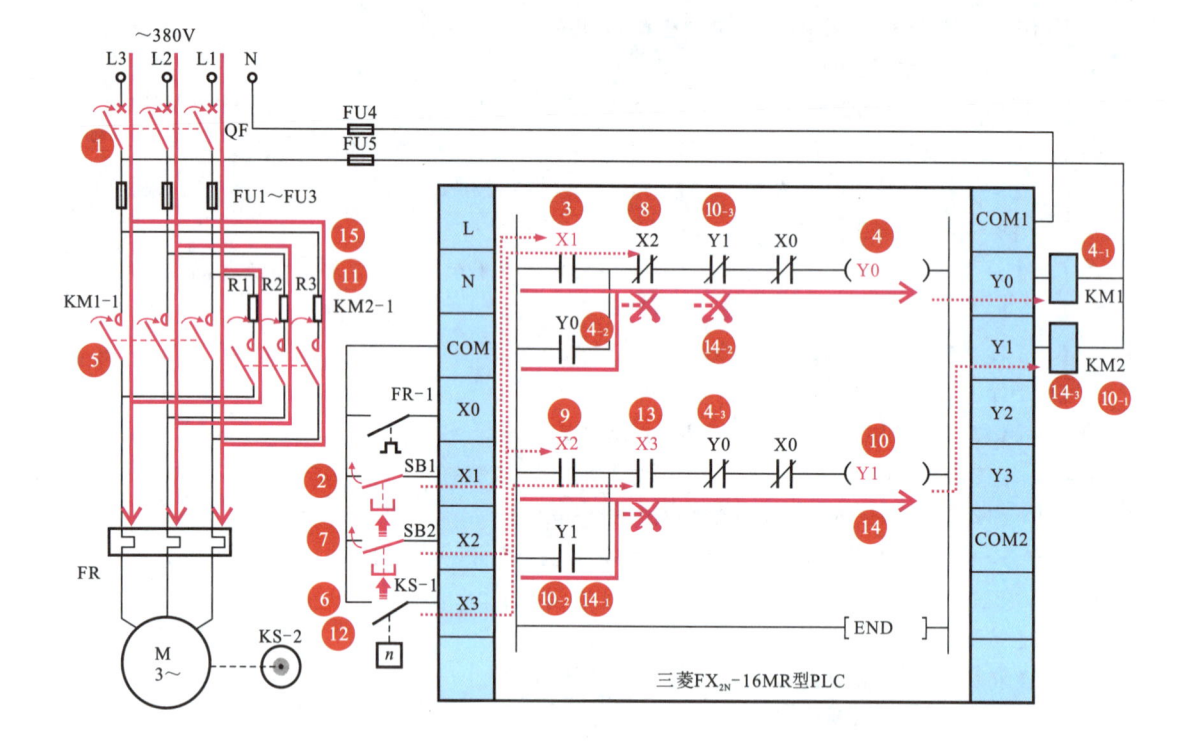

图12-8 三相交流电动机反接制动PLC控制电路的识读分析

【1】合上QF，接通三相电源。

【2】按下启动按钮SB1，其常开触点闭合。

【3】将PLC内的X1置1，输入继电器X1常开触点闭合。

【4】输出继电器Y0的线圈得电。

　　【4-1】控制PLC外接交流接触器KM1的线圈得电。

　　【4-2】自锁常开触点Y0闭合自锁，使松开的启动按钮仍保持接通。

　　【4-3】常闭触点Y0断开，防止Y2得电，即防止接触器KM2的线圈得电。

【4-1】→【5】主电路中的常开主触点KM1-1闭合，接通电动机电源，电动机启动运转。

【4-1】→【6】同时，速度继电器KS-2与电动机连轴同速运转，KS-1接通，PLC内部触点X3闭合。

【7】按下停止按钮SB2,其触点闭合,控制PLC内输入继电器X2置1。

【7】→【8】控制输出继电器Y0线圈的常闭触点X2断开,输出继电器Y0线圈失电,控制PLC外接交流接触器KM1的线圈失电,带动主电路中主触点KM1-1复位断开,电动机断电作惯性运转。

【7】→【9】控制输出继电器Y1线圈的常开触点X2闭合。

【10】输出继电器Y1的线圈得电。

【10-1】控制PLC外接交流接触器KM2的线圈得电。

【10-2】自锁常开主触点Y1接通,实现自锁功能。

【10-3】控制输出继电器Y0线圈的常闭触点Y1断开,防止Y0得电,即防止接触器KM1的线圈得电。

【10-1】→【11】带动主电路中常开主触点KM2-1闭合,电动机串联限流电阻器R1~R3后反接制动。

【12】由于制动作用使电动机转速减小到0时,速度继电器KS-1断开。

【13】将PLC内输入继电器X3置0,即控制输出继电器Y1线圈的常开触点X3断开。

【14】输出继电器Y1的线圈失电。

【14-1】常开触点Y1断开,解除自锁功能。

【14-2】常闭触点Y1接通复位,为Y0下次得电做好准备。

【14-3】PLC外接的交流接触器KM2的线圈失电。

【14-3】→【15】常开主触点KM2-1断开,电动机切断电源,制动结束,电动机停止运转。

12.3.3 电动葫芦PLC控制电路的识图

电动葫芦是起重运输机械的一种,主要用来提升或下降及平移重物。电动葫芦的PLC控制电路就是借助PLC实现对电动葫芦的各项控制功能。

表12-4为电动葫芦PLC控制电路的I/O分配表,图12-9为该电路的识读分析。

表12-4 电动葫芦PLC控制电路的I/O分配表

输入信号及地址编号			输出信号及地址编号		
名称	代号	输入点地址编号	名称	代号	输出点地址编号
上升点动按钮	SB1	X1	上升接触器	KM1	Y0
下降点动按钮	SB2	X2	下降接触器	KM2	Y1
左移点动按钮	SB3	X3	左移接触器	KM3	Y2
右移点动按钮	SB4	X4	右移接触器	KM4	Y3
上升限位行程开关	SQ1	X5			
下降限位行程开关	SQ2	X6			
左移限位行程开关	SQ3	X7			
右移限位行程开关	SQ4	X10			

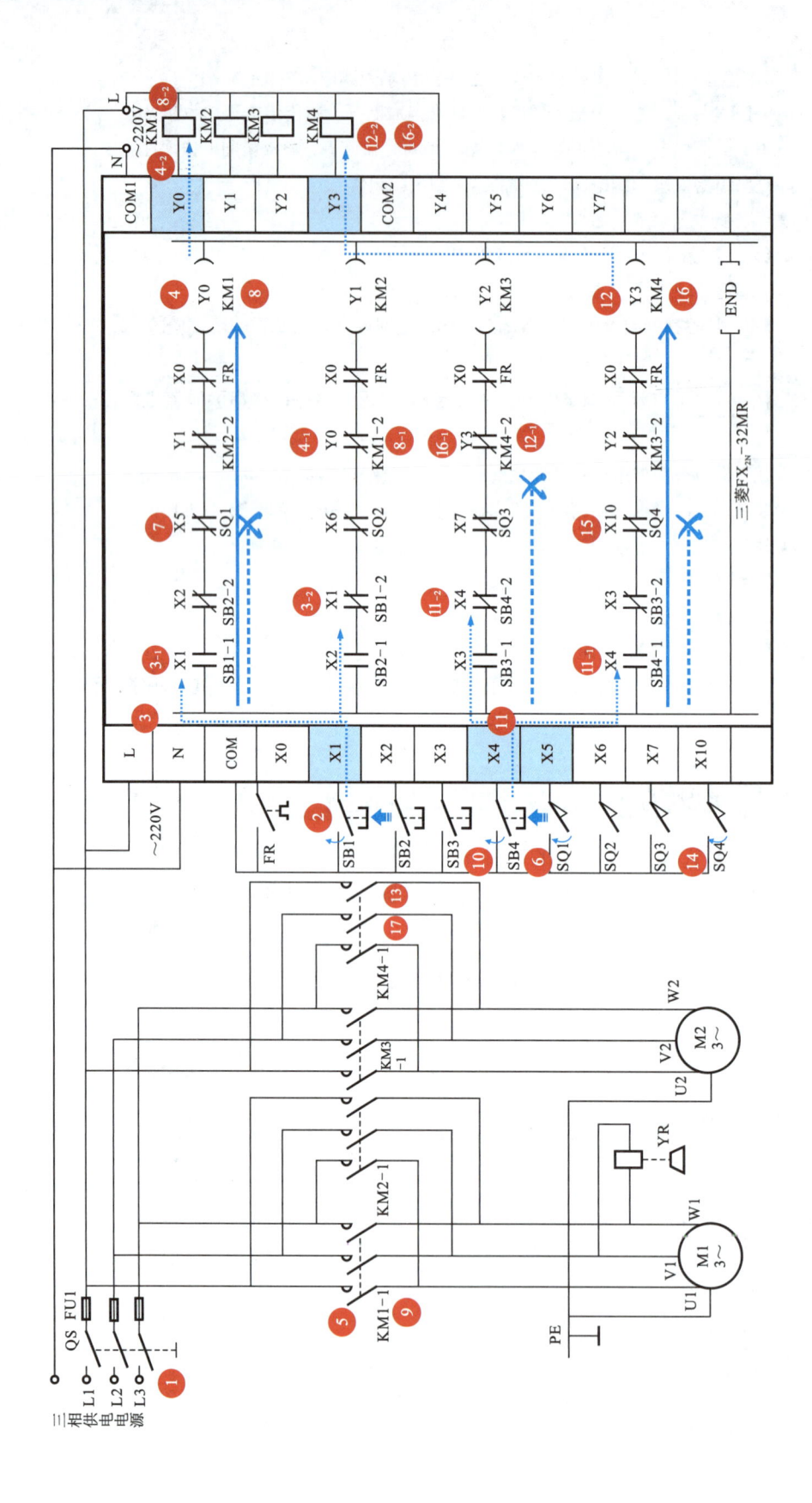

图12-9 电动葫芦PLC控制电路的识读分析

【1】合上电源总开关QS，接通三相电源。

【2】按下上升点动按钮SB1，其常开触点闭合。

【3】将PLC程序中输入继电器X1置1。

　　【3-1】控制输出继电器Y0的常开触点X1闭合。

　　【3-2】控制输出继电器Y1的常闭触点X1断开，实现输入继电器互锁。

【3-1】→【4】输出继电器Y0的线圈得电。

　　【4-1】常闭触点Y0断开，实现互锁功能，防止输出继电器Y1的线圈得电。

　　【4-2】控制PLC外接交流接触器KM1的线圈得电。

【4-1】→【5】带动主电路中的常开主触点KM1-1闭合，接通升降电动机正向电源，电动机正向启动运转，开始提升重物。

【6】当电动机上升到限位开关SQ1位置时，限位开关SQ1动作。

【7】将PLC程序中输入继电器常闭触点X5置1，即常闭触点X5断开。

【8】输出继电器Y0的线圈失电。

　　【8-1】控制Y1线路中的常闭触点Y0复位闭合，解除互锁，为输出继电器Y1得电做好准备。

　　【8-2】控制PLC外接交流接触器KM1的线圈失电。

【8-2】→【9】带动主电路中常开主触点KM1-1断开，断开升降电动机正向电源，电动机停转，停止提升重物。

【10】按下右移点动按钮SB4。

【11】将PLC程序中输入继电器X4置1。

　　【11-1】控制输出继电器Y3的常开触点X4闭合。

　　【11-2】控制输出继电器Y2的常闭触点X4断开，实现输入继电器互锁。

【11-1】→【12】输出继电器Y3的线圈得电。

　　【12-1】常闭触点Y3断开，实现互锁功能，防止输出继电器Y2的线圈得电。

　　【12-2】控制PLC外接交流接触器KM4的线圈得电。

【12-2】→【13】带动主电路中的常开主触点KM4-1闭合，接通位移电动机正向电源，电动机正向启动运转，开始带动重物向右平移。

【14】当电动机右移到限位开关SQ4位置时，限位开关SQ4动作。

【15】将PLC程序中输入继电器X10置1，即常闭触点X10断开。

【16】输出继电器Y3的线圈失电。

　　【16-1】控制输出继电器Y3的常闭触点Y3复位闭合，解除互锁，为输出继电器Y2得电做好准备。

　　【16-2】控制PLC外接交流接触器KM4的线圈失电。

【16-2】→【17】带动常开主触点KM4-1断开，断开位移电动机正向电源，电动机停转，停止平移重物。

12.3.4 自动门PLC控制电路的识图

自动门PLC控制电路是指在PLC的控制下实现门的自动开闭等操作。表12-5为自动门PLC控制电路的I/O分配表，图12-10为该电路的识读分析。

表12-5 自动门PLC控制电路的I/O分配表

输入信号及地址编号			输出信号及地址编号		
名 称	代号	输入点地址编号	名 称	代号	输出点地址编号
开门按钮	SB1	X1	开门接触器	KM1	Y1
关门按钮	SB2	X2	关门接触器	KM2	Y2
停止按钮	SB3	X3	报警灯	HL	Y3
开门限位开关	SQ1	X4			
关门限位开关	SQ2	X5			
安全开关	ST	X6			

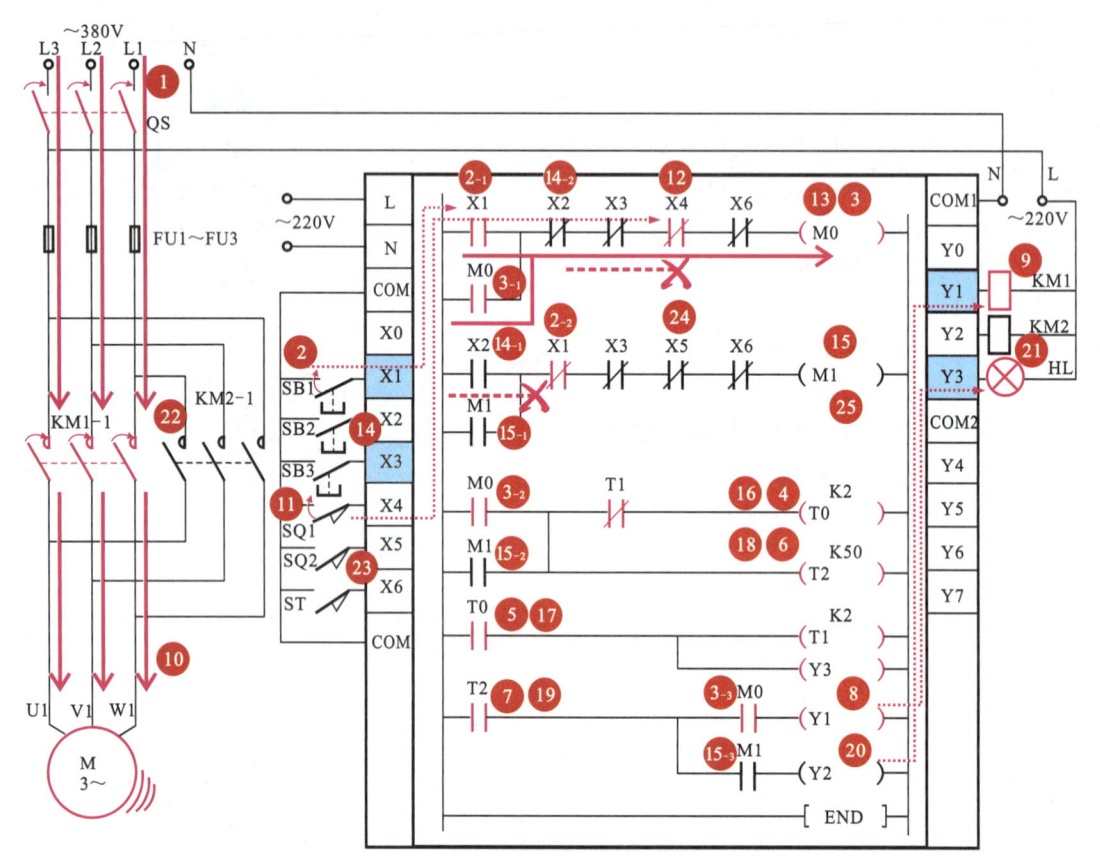

图12-10 自动门PLC控制电路的识读分析

【1】合上电源总开关QS，接通三相电源。

【2】按下开门开关SB1，将PLC内部的输入继电器X1置1。

　【2-1】控制辅助继电器M0的常开触点X1闭合。

　【2-2】控制M1的常闭触点X1断开，防止M1得电。

【2-1】→【3】辅助继电器M0的线圈得电。

　【3-1】控制M0电路的常开触点M0闭合，实现自锁功能。

【3-2】控制时间继电器T0、T2的常开触点M0闭合。

【3-3】控制输出继电器Y1的常开触点M0闭合。

【3-2】→【4】时间继电器T0的线圈得电。

【5】延时0.2s后，T0的常开触点闭合，为定时器T1和Y3供电，使报警灯HL以0.4s为周期进行闪烁。

【3-2】→【6】时间继电器T2的线圈得电。

【7】延时5s后，控制Y1电路中的T2常开触点闭合。

【8】输出继电器Y1的线圈得电。

【9】PLC外接的开门接触器KM1的线圈得电吸合。

【10】带动其常开主触点KM1-1闭合，接通电动机三相电源，电动机正转，控制大门打开。

【11】当碰到开门限位开关SQ1后，SQ1闭合。

【12】PLC内输入继电器X4置1，即常闭触点X4断开。

【13】辅助继电器M0的线圈失电，所有触点复位，所有关联部件复位，电动机停止转动，门停止移动。

【14】当需要关门时，按下关门开关SB2，其内部的常闭触点断开。向PLC内送入控制指令，将梯形图中的输入继电器X2置1。

【14-1】控制M1的常开触点X2闭合。

【14-2】控制M0的常闭触点X2断开，防止M0的线圈得电。

【14-1】→【15】辅助继电器M1的线圈得电。

【15-1】控制M1电路的常开触点M1闭合，实现自锁功能。

【15-2】控制时间继电器T0、T2的常开触点M1闭合。

【15-3】控制输出继电器Y2的常开触点M1闭合。

【15-2】→【16】时间继电器T0的线圈得电。

【17】延时0.2s后，T0的常开触点闭合，为定时器T1和Y3供电，使报警灯HL以0.4s为周期进行闪烁。

【15-2】→【18】时间继电器T2的线圈得电。

【19】延时5s后，控制Y2电路中的T2常开触点闭合。

【20】输出继电器Y2的线圈得电。

【21】外接的开门接触器KM2的线圈得电吸合。

【22】带动其常开主触点KM2-1闭合，反相接通电动机三相电源，电动机反转，控制大门关闭。

【23】当碰到开门限位开关SQ2后，SQ2闭合。

【24】PLC内输入继电器X5置1，即常闭触点X5断开。

【25】辅助继电器M1的线圈失电，所有触点复位，所有关联部件复位，电动机停止转动，门停止移动。

12.3.5 PLC和变频器组合的刨床控制电路的识图

图12-11为刨床拖动系统中的变频调速和PLC控制关系图。主拖动系统需要一台三相异步电动机，调速系统由专用接近开关得到的信号接至PLC控制器的输入端，通过PLC的输出端控制变频器，以调整刨床在各时间段的转速。

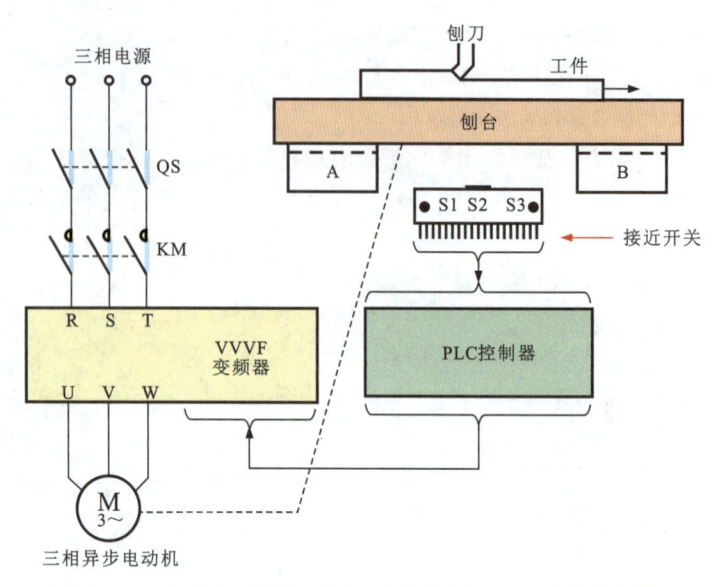

图12-11 刨床拖动系统中的变频调速和PLC控制关系图

图12-12为PLC和变频器组合的刨床控制电路的识读分析。

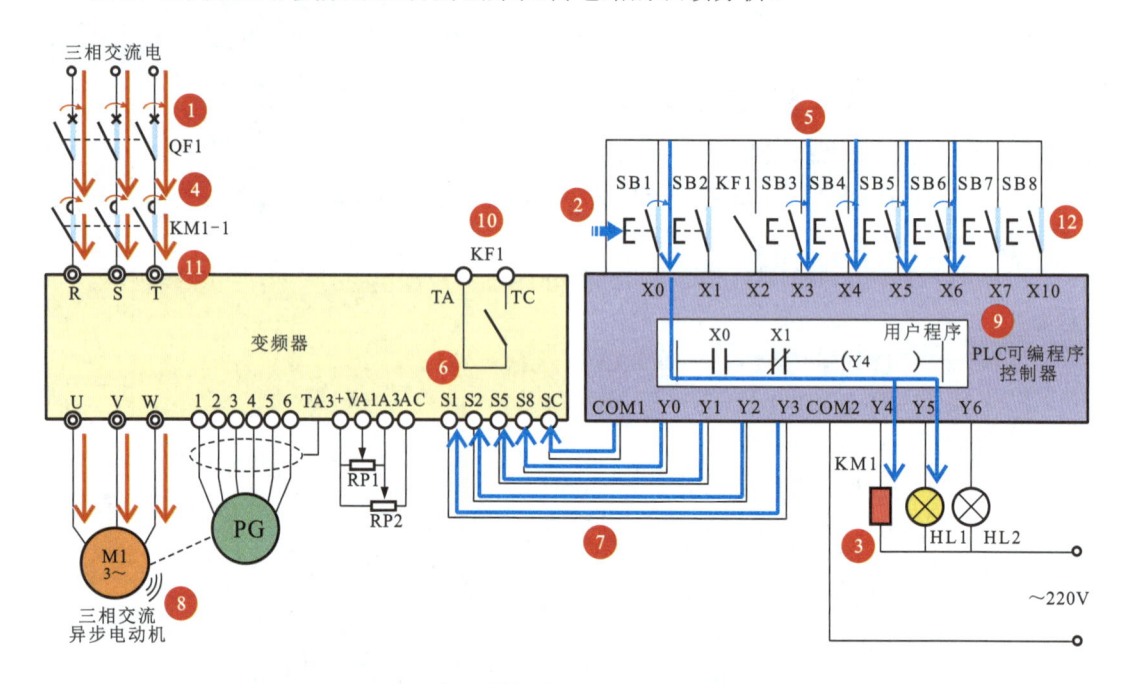

图12-12 PLC和变频器组合的刨床控制电路的识读分析

【1】合上总断路器QF1，接通三相电源。

【2】按下通电控制按钮SB1，该控制信号经PLC可编程序控制器的X0端子送入内部。

【3】经PLC内部程序识别、处理后，由PLC输出端子Y4、Y5输出控制信号，交流接触器KM1的线圈得电，同时电源指示灯HL1点亮，表示总电源接通。

【4】常开主触点KM1-1闭合，变频器主电路的输入端R、S、T得电，变频器进入待机准备状态。

【5】PLC可编程序控制器的输入端子X3~X6外接主机电动机的控制开关,当操作相应的控制按钮时,可将相应的控制指令送入PLC中。

【6】变频器的调速控制端S1、S2、S5、S8分别与PLC的输出端Y3~Y0相连接,即变频器的工作状态和输出频率取决于PLC输出端子Y3~Y0的状态。

【7】PLC对输入开关量信号进行识别和处理后,在内部用户程序的控制下由控制信号输出端子Y3~Y0输出控制信号,并将该信号加到变频器的S1、S2、S5、S8端子上,由变频器输入端子为变频器输入不同的控制指令。

【8】变频器执行各种控制指令,内部主电路部分进入工作状态,变频器的U、V、W端输出相应的变频调速控制信号,控制主机电动机各种步进、步退、前进、后退和变速的工作过程。

【9】当需要电动机M1停机时,按下停止按钮SB7,PLC输出端子输出停机指令,并送至变频器中,变频器主电路部分停止输出,M1在一个往复周期结束之后才会切断变频器的电源。

【10】一旦变频器发生故障或检测到控制电路及负载电动机出现过载、过热故障时,由变频器故障输出端TA、TC端输出故障信号,常开触点KF1闭合,将故障信号经PLC的X2端子送入内部。PLC内部识别出故障停机指令,由输出端子Y4、Y5、Y6输出,控制交流接触器KM1的线圈失电,故障指示灯HL2点亮,进行故障报警指示。

【11】同时,交流接触器KM1的主触点KM1-1复位断开,切断变频器的供电电源,电源指示灯HL1熄灭。变频器失电停止工作,电动机M1失电停转,实现电路保护功能。

【12】当遇紧急情况需要停机时,按下系统总控制按钮SB8,PLC将输出紧急停止指令,控制交流接触器KM1的线圈失电,进而切断变频器供电电源(控制过程与故障停机基本相同)。

12.3.6 鼓风机变频驱动控制电路的识图

燃煤炉鼓风机变频电路中采用康沃CVF-P2-4T0055型风机、水泵专用变频器,控制对象为5.5kW的三相交流电动机(鼓风机电动机)。变频器可对三相交流电动机的转速进行控制,从而调节风量,风速大小要求由司炉工操作,因炉温较高,故要求变频器放在较远处的配电柜内。

图12-13为鼓风机变频驱动控制电路的识读分析。

【1】合上总断路器QF,接通三相电源。

【2】按下启动按钮SB2,其触点闭合。

【3】交流接触器KM的线圈得电。

 【3-1】常开主触点KM-1闭合,接通变频器电源。

 【3-2】常开触点KM-2闭合自锁。

 【3-3】常开触点KM-3闭合,为KA得电做好准备。

【3-2】→【4】变频器通电指示灯点亮。

【5】按下运行按钮SF,其常开触点闭合。

【3-3】+【5】→【6】中间继电器KA的线圈得电。

 【6-1】常开触点KA-1闭合,向变频器送入正转运行指令。

 【6-2】常开触点KA-2闭合,锁定系统停止按钮SB1。

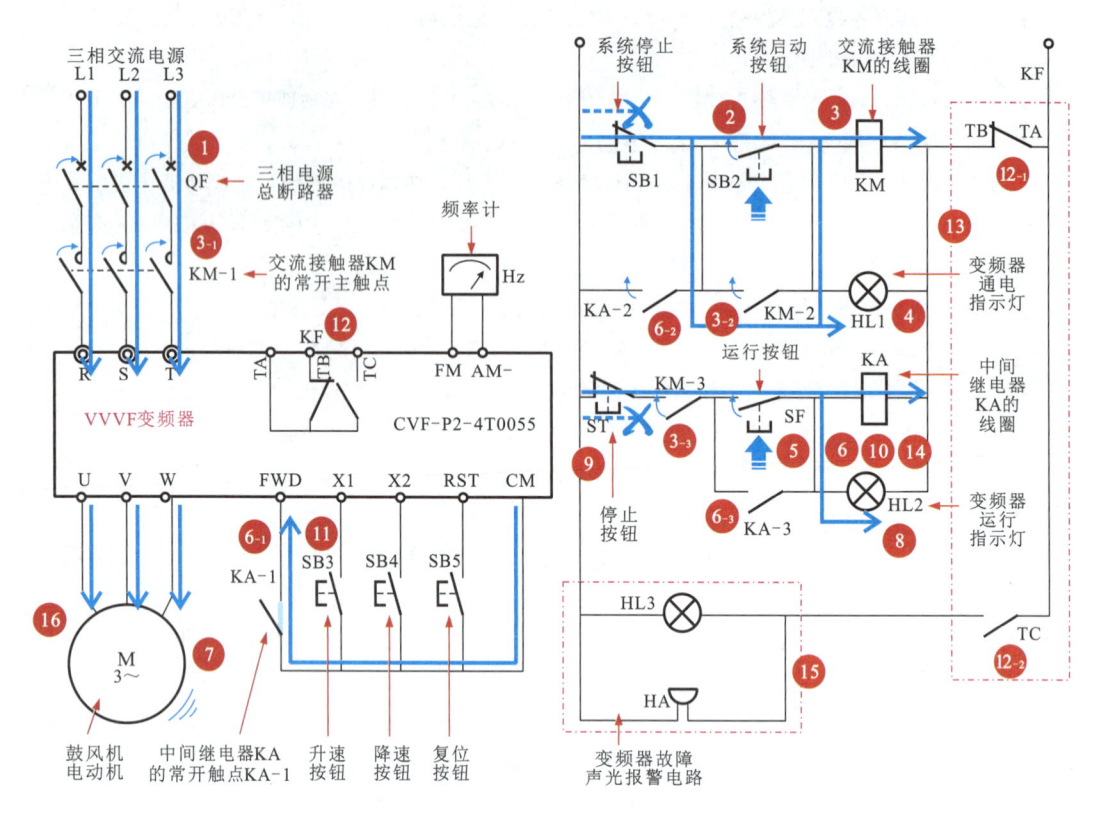

图12-13 鼓风机变频驱动控制电路的识读分析

【6-3】常开触点KA-3闭合自锁。

【6-1】→【7】变频器启动工作,向鼓风机电动机输出变频驱动电源,电动机开机正向启动,并在设定频率下正向运转。

【3-3】+【5】→【8】变频器运行指示灯点亮。

【9】当需要停机时,首先按下停止按钮ST。

【10】中间继电器KA的线圈失电释放,其所有触点均复位:常开触点KA-1复位断开,变频器正转运行端FWD指令消失,变频器停止输出;常开触点KA-2复位断开,解除对停止按钮SB1的锁定;常开触点KA-3复位断开,解除对运行按钮SF的锁定。

【11】当需要调整鼓风机电动机转速时,可通过操作升速按钮SB3、降速按钮SB4向变频器送入调速指令,由变频器控制鼓风机电动机转速。

【12】当变频器或控制电路出现故障时,其内部故障输出端子TA-TB断开,TA-TC闭合。

　　【12-1】TA-TB触点断开,切断启动控制电路供电。

　　【12-2】TA-TC触点闭合,声光报警电路接通电源。

【12-1】→【13】交流接触器KM的线圈失电;变频器通电指示灯熄灭。

【12-1】→【14】中间继电器KA的线圈失电;变频器运行指示灯熄灭。

【12-2】→【15】报警指示灯HL3点亮、报警器HA发出报警声,进行声光报警。

【16】变频器停止工作,鼓风机电动机停转,等待检修。

12.3.7 球磨机变频驱动控制电路的识图

球磨机是机械加工领域中十分重要的生产设备，该设备功率大、效率低、耗电量高、启动时负载大且运行时负载波动大，使用变频控制电路进行控制可根据负载自动变频调速，还可降低启动电流。该电路中采用四方E380系列大功率变频器控制三相交流电动机。当变频电路异常时，还可将三相交流电动机的运转模式切换为工频运转模式。

图12-14为球磨机变频驱动控制电路的识读分析。

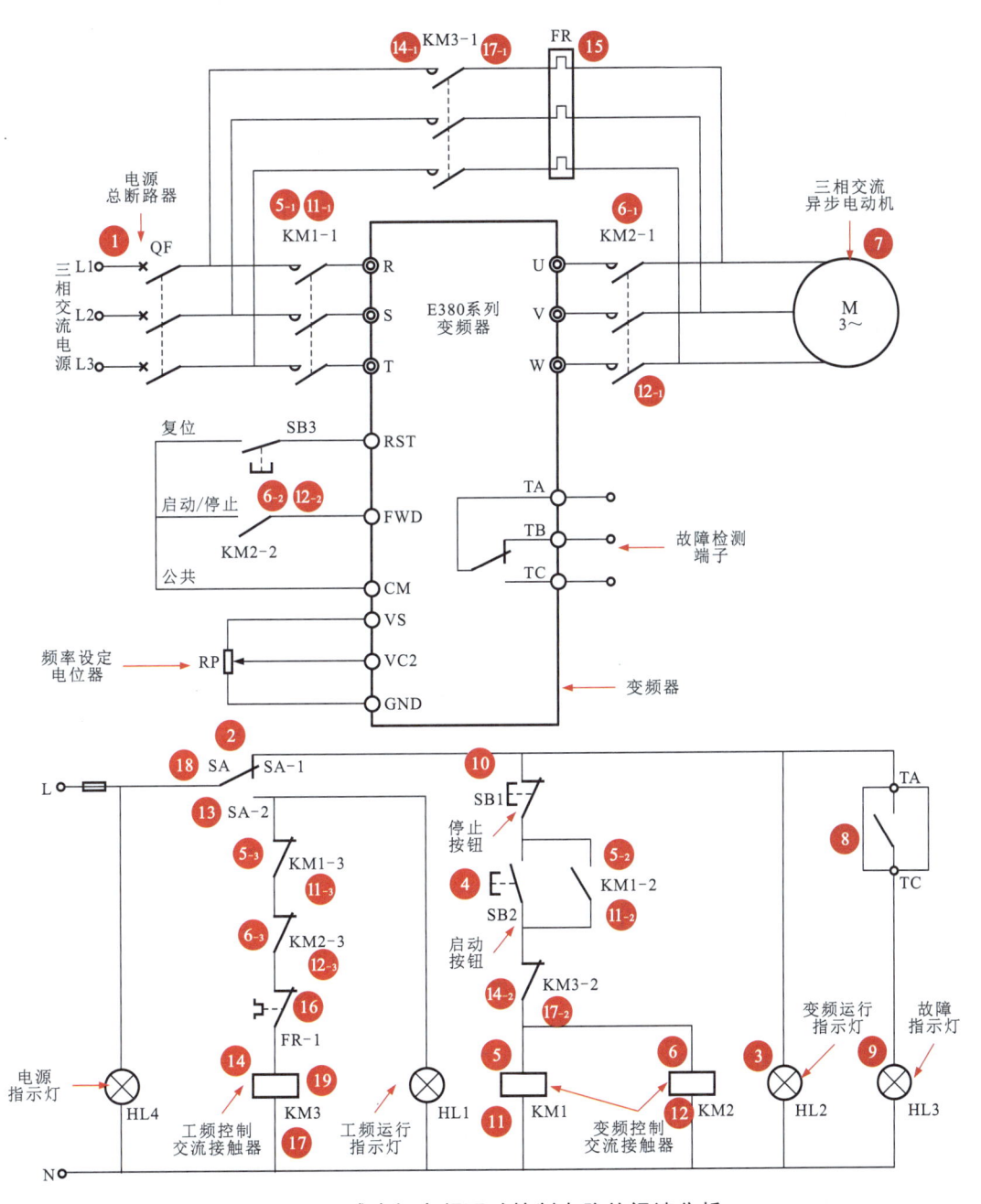

图12-14 球磨机变频驱动控制电路的识读分析

【1】合上总断路器QF，接通三相电源，电源指示灯HL4点亮。

【2】将转换开关SA拨至变频运行位置，SA-1闭合。

【3】变频运行指示灯HL2点亮。

【4】按下启动按钮SB2。

【4】→【5】交流接触器KM1的线圈得电。

    【5-1】常开主触点KM1-1闭合，变频器的主电路输入端R、S、T得电。

    【5-2】常开辅助触点KM1-2闭合自锁。

    【5-3】常闭辅助触点KM1-3断开，防止交流接触器KM3的线圈得电，起联锁保护作用。

【4】→【6】交流接触器KM2的线圈同时得电。

    【6-1】常开主触点KM2-1闭合，为三相交流电动机的变频启动做好准备。

    【6-2】常开辅助触点KM2-2闭合，变频器FWD端子与CM端子短接，变频器接收到启动指令（正转）。

    【6-3】常闭辅助触点KM2-3断开，防止交流接触器KM3的线圈得电，起联锁保护作用。

【5-1】+【6-1】+【6-2】→【7】变频器内部主电路开始工作，U、V、W端输出变频电源，经KM2-1后加到三相交流电动机的三相绕组上，三相交流电动机开始启动，启动完成后达到指定的速度运转。变频器按给定的频率驱动电动机，如果需要微调频率，可调整电位器RP。

【8】当球磨机变频控制电路出现过载、过电流、过热等故障时，变频器故障输出端子TA和TC短接。

【9】故障指示灯HL3点亮，指示球磨机变频控制电路出现故障。

【10】当需要停机时，按下停止按钮SB1即可。

【10】→【11】交流接触器KM1的线圈失电。

    【11-1】常开主触点KM1-1复位断开，切断变频器的主电路输入端R、S、T的供电，变频器内部主电路停止工作，三相交流电动机失电停转。

    【11-2】常开辅助触点KM1-2复位断开，解除自锁功能。

    【11-3】常闭辅助触点KM1-3复位闭合，解除对交流接触器KM3线圈的联锁保护。

【10】→【12】交流接触器KM2的线圈失电。

    【12-1】常开主触点KM2-1复位断开，切断三相交流电动机的变频供电电路。

    【12-2】常开辅助触点KM2-2复位断开，变频器FWD端子与CM端子断开，切断启动指令的输入，变频器内部控制电路停止工作。

    【12-3】常闭辅助触点KM2-3复位闭合，解除对交流接触器KM3线圈的联锁保护。

【13】当三相交流电动机不需要调速时，可直接将三相交流电动机的运转模式切换至工频运转。即将转换开关SA拨至工频运行位置，SA-2闭合。

【14】交流接触器KM3的线圈得电。

    【14-1】常开主触点KM3-1闭合，三相交流电动机接通电源，工频启动运转。

    【14-2】常闭辅助触点KM3-2断开，防止交流接触器KM1、KM2的线圈得电，起联锁保护作用。

【15】在工频运行过程中，当热继电器检测到三相交流电动机出现过载、断相、电流不平衡以及过热故障时，热继电器FR动作。

【16】常闭触点FR-1断开。

【17】交流接触器KM3的线圈失电。

    【17-1】常开主触点KM3-1复位断开，切断电动机供电电源，电动机停止运转。

    【17-2】常闭辅助触点KM3-2复位闭合，解除对交流接触器KM1、KM2线圈的联锁保护。

【18】当需要电动机工频运行停止时,将转换开关SA拨至变频运行位置,SA-1闭合,SA-2断开。

【19】交流接触器KM3的线圈失电,常开触点KM3-1复位断开,常闭触点KM3-2复位闭合,三相交流电动机停止运转。

12.3.8 物料传输机变频驱动控制电路的识图

物料传输机是一种通过电动机带动传动设备来向定点位置输送物料的工业设备,该设备要求传输的速度可以根据需要改变,以保证物料的正常传送。在传统控制电路中一般由电动机通过齿轮或电磁离合器进行调速控制,其调速控制过程较硬,制动功耗较大,使用变频器进行控制能减少启动及调速过程中的冲击,可有效降低耗电量,同时还大大提高了调速控制的精度。

图12-15为物料传输机变频驱动控制电路的识读分析。

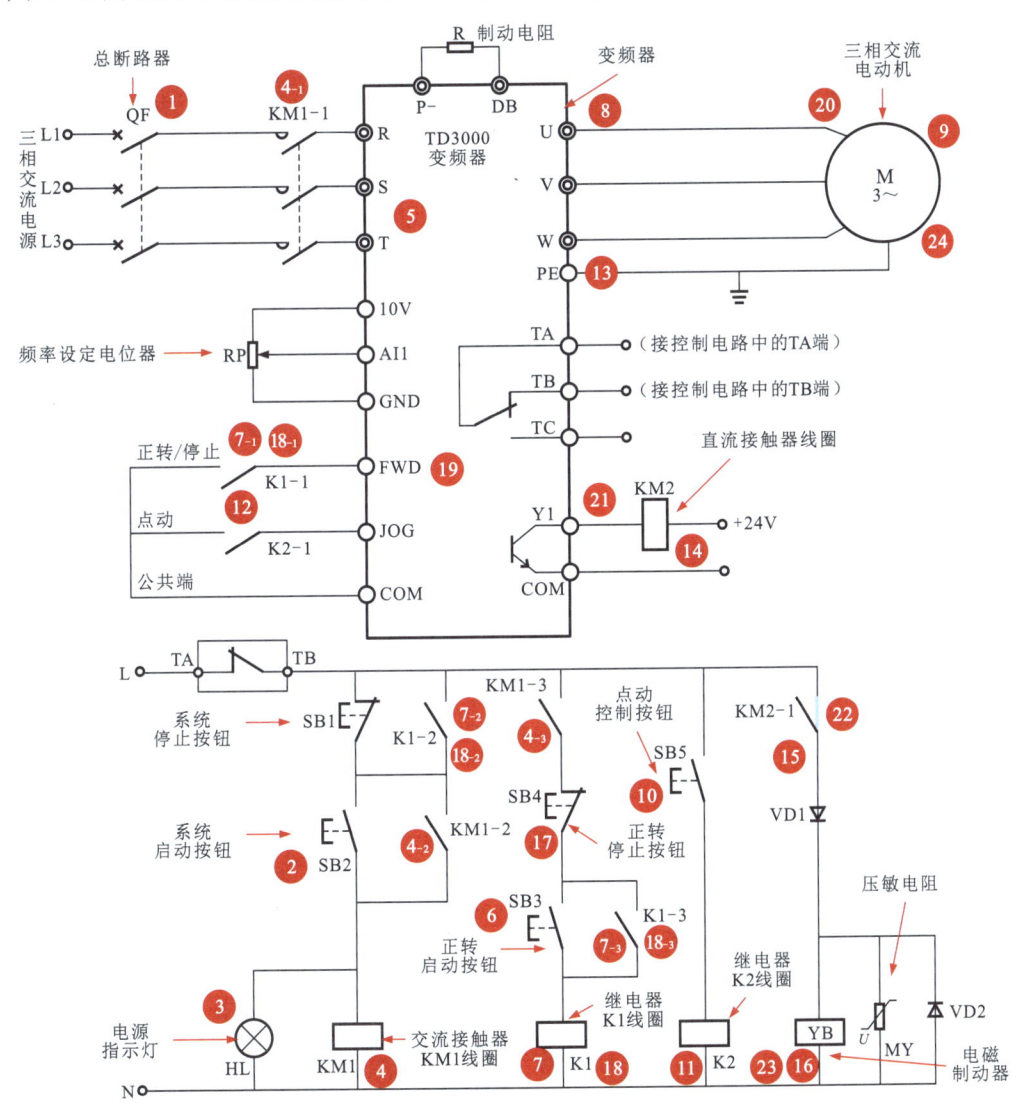

图12-15 物料传输机变频驱动控制电路的识读分析

【1】合上总断路器QF，接通三相电源。

【2】按下启动按钮SB2。

【2】→【3】电源指示灯HL点亮。

【2】→【4】交流接触器KM1的线圈得电。

　　【4-1】常开触点KM1-1闭合。

　　【4-2】常开触点KM1-2闭合自锁。

　　【4-3】常开触点KM1-3闭合，接入正向运转/停机控制电路。

【4-1】→【5】三相电源接入变频器的主电路输入端R、S、T端，变频器进入待机状态。

【6】按下正转启动按钮SB3。

【7】继电器K1的线圈得电。

　　【7-1】常开触点K1-1闭合，变频器执行正转启动指令。

　　【7-2】常开触点K1-2闭合，防止误操作系统停止按钮SB1时切断电路。

　　【7-3】常开触点K1-3闭合自锁。

【7-1】→【8】变频器内部主电路开始工作，U、V、W端输出变频电源。

【9】变频器输出的电源频率按预置的升速时间上升至与频率给定电位器设定的数值，电动机按照给定的频率正向运转。

【10】当需要变频器进行点动控制时，可按下点动控制按钮SB5。

【11】继电器K2的线圈得电。

【12】常开触点K2-1闭合。

【13】变频器执行点动运行指令。

【14】当变频器U、V、W端输出频率超过电磁制动预置频率时，直流接触器KM2的线圈得电。

【15】常开触点KM2-1闭合。

【16】电磁制动器YB的线圈得电，释放电磁抱闸，电动机可以启动运转。

【17】按下正转停止按钮SB4。

【18】继电器K1的线圈失电。

　　【18-1】常开触点K1-1复位断开。

　　【18-2】常开触点K1-2复位断开，解除联锁功能。

　　【18-3】常开触点K1-3复位断开，解除自锁功能。

【18-1】→【19】切断变频器正转运转指令输入。

【20】变频器执行停止指令，由其U、V、W端输出变频停止驱动信号，加到三相交流电动机的三相绕组上，三相交流电动机转速开始降低。

【21】在变频器输出停止指令过程中，当U、V、W端输出频率低于电磁制动预置频率（如0.5Hz）时，直流接触器KM2的线圈失电。

【22】常开触点KM2-1复位断开。

【23】电磁制动器YB的线圈失电，电磁抱闸制动，将电动机抱紧。

【24】电动机停止运转。

第13章 识读数控设备与机器人电路

13.1 数控设备电气控制电路

13.1.1 数控设备控制系统

图13-1是数控机床控制系统的电路框图。该控制系统是以主控芯片为核心的自动控制系统，其中的芯片为FANUC-18i，是集CNC和PMC于一体的芯片，即数控功能和生产物料控制功能的集合体。FANUC-18i是一种具有网络功能的超小型、超薄型控制芯片，可进行超高速串行数据通信功能，其中插补、位置检测和伺服控制的精度可达纳米级。

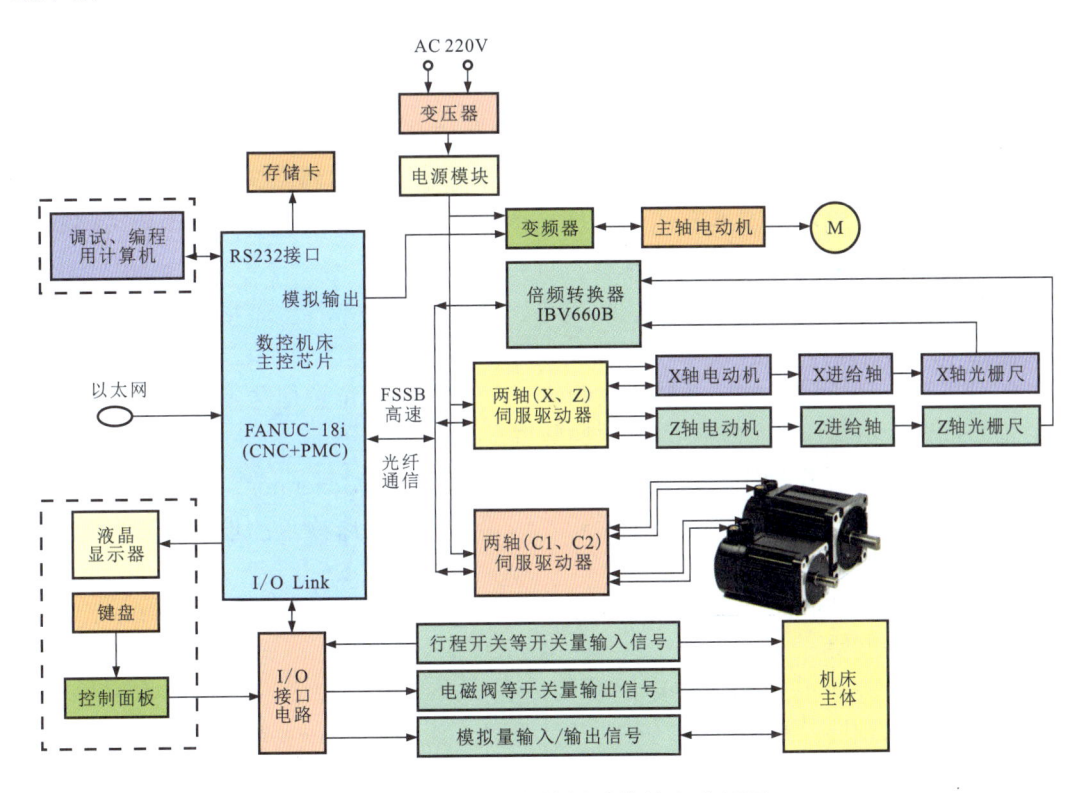

图13-1 数控机床控制系统的电路框图

从图13-1中可见，调试和编程用计算机（PC）将程序通过RS232接口输入到数控机床的主控芯片，并存储到芯片外围的存储卡中；人工指令和操作数据通过键盘和控制面板以及I/O接口电路也输送到主控芯片中，主控芯片直接控制液晶显示器显示工作状态及相关数据，以此进行人机交互。

工作时，主控芯片根据程序输出各种控制信号。主控芯片具有模拟输出和数字输出接口。由模拟输出接口输出主轴电动机的控制指令，并输送到变频器模块，再由变频器输出变频信号到驱动主轴电动机。

该机床的X轴、Z轴和C1轴、C2轴都是由伺服电动机驱动的。主控芯片通过光纤通信接口输出高速串行信号，再分别送到各自的伺服驱动电路中。伺服驱动器分别对电动机进行控制。伺服驱动系统都是闭环控制系统，当电动机转动时，电动机的速度和相位通过位置光栅反馈到伺服驱动器，从而可自动完成各轴的运动，使刀具和工件之间的相对运行受到精密的控制。

此外，主控芯片还通过I/O接口电路为机床提供电磁阀等开关量的控制信号和模拟量的输入/输出信号，同时机床还将行程开关的状态信号送到主控芯片之中。

交流220V电源经变压器和电源模块产生多种直流电压并为芯片、伺服驱动器和变频器等提供电源。

CNC（机床控制核心）控制系统的结构和功能如图13-2所示。其中，CNC主控装置是数控机床的控制核心，它接收外部程序和操作指令，作为数控机床自动工作的依据，这就是CNC的控制软件，其中主要的是用户应用程序（宏执行程序和C语言执行程序）。此外，数据存储器（SRAM）中存储了CNC参数、PMC（生产及物料的控制）参数、加工（CNC）程序、刀具补偿量和用户宏变量等数据。存储器由锂电池供电，机床断电停机存储器内的数据也不会丢失。

CNC主控装置根据程序将移动指令转换成数字伺服的控制信号。数字伺服通过FSSB（高速数据通信）对外部的伺服放大器进行控制。伺服放大器对伺服电动机进行驱动控制。伺服电动机的速度和相位号作为位置偏差反馈到伺服放大器中，再经数据线送回CNC主控装置，通过反馈控制缩小加工误差。

CNC主控装置对主轴电动机的控制是将回转指令通过串行主轴接口将指令变成串行数据信号送到主轴伺服放大器，伺服放大输出驱动信号到主轴电动机，主轴电动机通过传动机构驱动主轴旋转。主轴电动机在转动时也带动位置信号编码器，该编码器将主轴的位置变成编码信号送回CNC主控装置。

人工指令通过键盘和手摇脉冲发生器（Manual Pulse Generator）送到CNC主控装置。手摇脉冲发生器也称手轮或电子手轮，用于对数控机床原点的设定、步进微调与中断插入等操作。

数控机床的工作状态、操作数据及相关程序的运行状态都通过显示器显示出来，为操作人员提供方便。

目前，CNC主控装置的主要电路都集成在一个集成芯片之中，整个体积朝着轻小、超薄的方向发展。不同生产厂家的芯片型号、组成都有一些差别，但其主要功能基本相同。

图13-3是一种采用西门子数控系统的结构框图，其控制核心部件由CNC和PLC组成，具有人工指令、数据和程序的输入接口，也具有驱动控制的总线接口以及自动控制的现场总线接口，可以分别控制5个伺服电动机的协调运转。

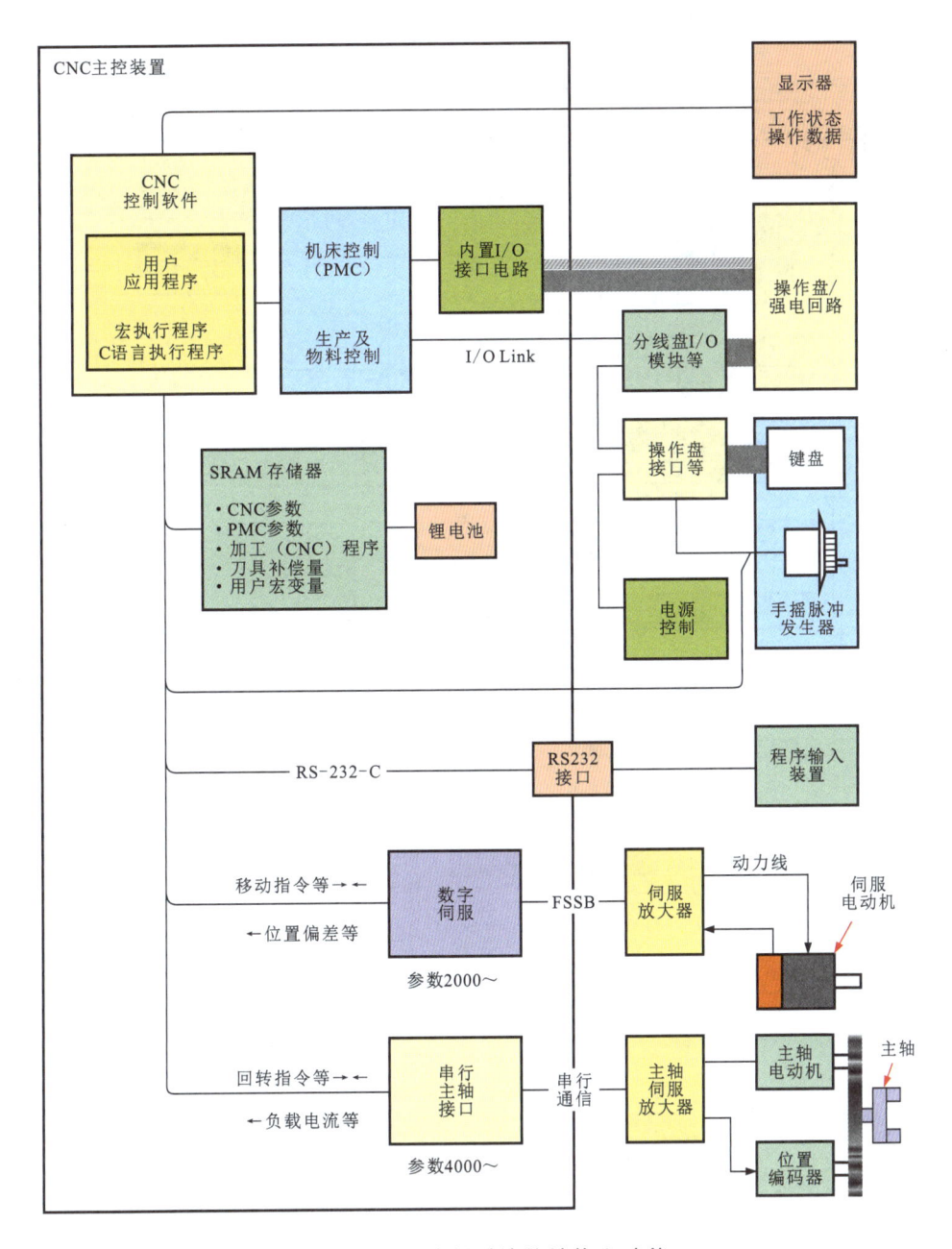

图13-2 CNC控制系统的结构和功能

1 程序、指令和数据输入接口

图13-3为一种采用西门子数控系统的结构框图。从图13-3中可以看出，在工作时，操作人员可以通过机床操作面板输入人工指令，经人工指令输入模块输送到控制中心。此外，编程器编制的工作程序通过X5接口、键盘的指令和数据通过X9接口、电子手轮的数据通过X30接口都可以送入控制中心。这些程序、数据和指令都是控制中心工作的依据。

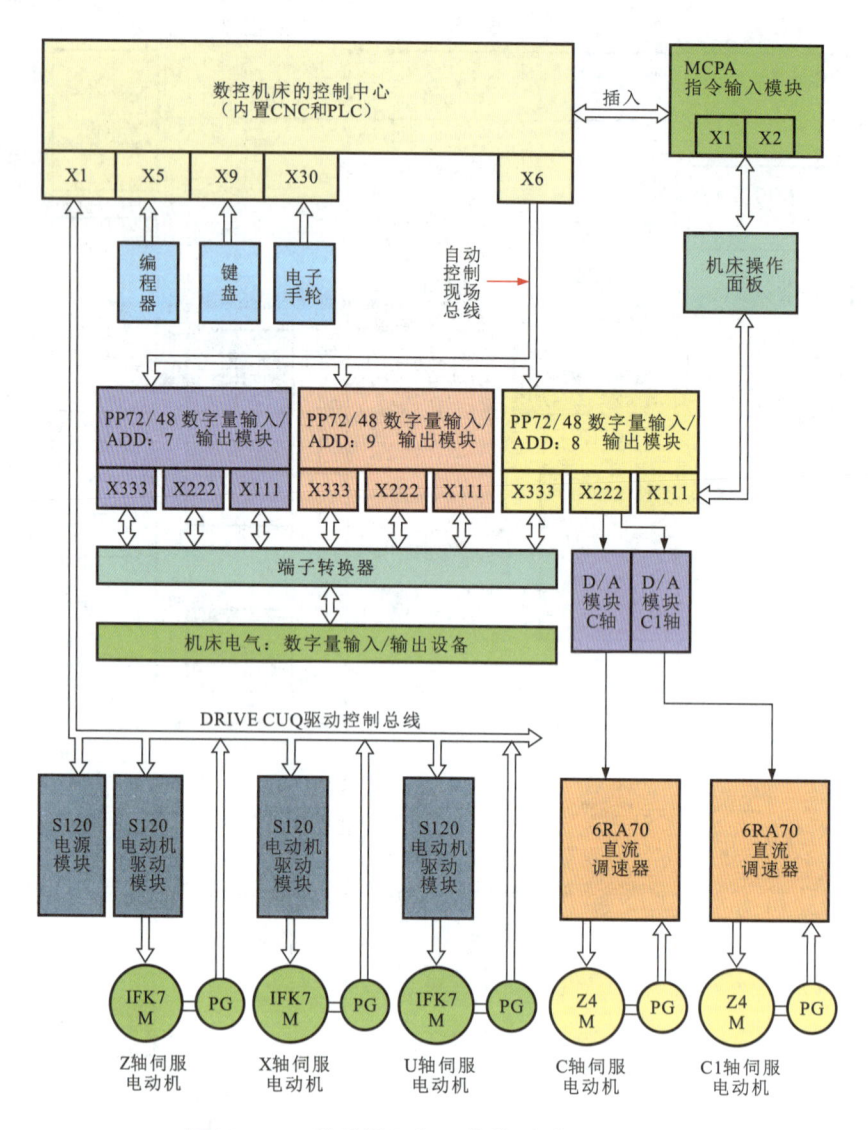

图13-3 一种采用西门子数控系统的结构框图

2 自动控制现场总线接口

控制中心的X6是现场总线接口，它与三个数字量输入/输出模块相连。机床电气的数字输入/输出设备通过端子转换器与数字量输入/输出模块相连，用于接收控制中心的开关和控制信号，以及向控制中心反馈机床的状态信息。

该接口还通过D/A转换器模块，输出C轴和C1轴驱动电动机的调速控制信号。

控制中心通过X1接口与Z轴电动机的驱动模块、X轴电动机的驱动模块和U轴电动机的驱动模块相连，输出电动机的驱动信号。每个电动机都有驱动信号输入口和测速信号输出口（PG），测速信号是通过检测电动机转子的速度和相位而得到的位置信号，位置信号通过总线返送到控制中心，同目标值相比，其误差信号经放大整形后再去控制电动机，从而对电动机进行精准的控制。

13.1.2 数控设备控制关系

图13-4为典型数控铣床的电路构成。该电路是以工控机床控制核心为中心的自动控制电路。该电路的主要控制对象是五个伺服电动机的驱动系统。从图13-4可见，CNC通过光缆将光信号送到X、Y轴伺服驱动器，经伺服驱动器、光缆对Z轴伺服驱动器进行控制。光信号经光耦合器将光信号变成电信号，对X、Y、Z轴电动机的伺服电路提供控制信号。X、Y、Z轴驱动电动机都带有速度和位置信号的编码器，该编码器将电动机的速度和位置信号编码成数字信号再反馈到伺服驱动器，通过对速度和位置的检测进行精密控制。

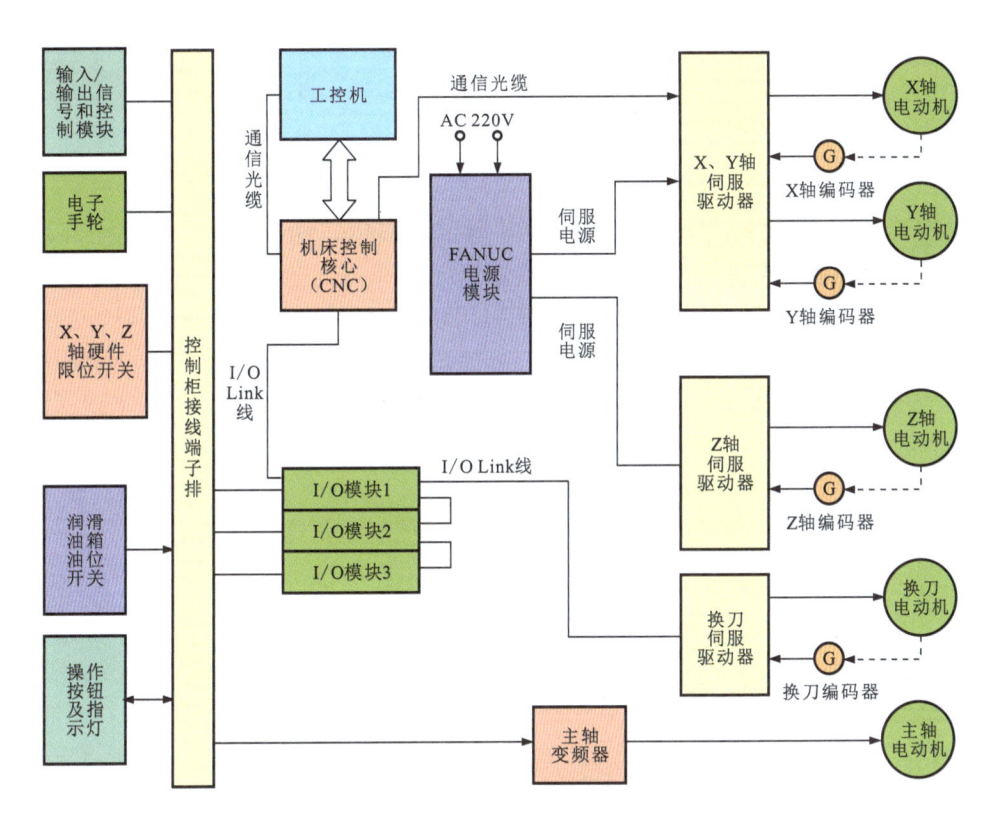

图13-4 典型数控铣床的电路结构

换刀伺服驱动系统通过接收来自CNC通过I/O Link线路和I/O模块送来的信号、换刀编码器的检测信号，实现对换刀动作的控制。

主轴电动机采用变频驱动的方式，使机床控制核心经控制柜接线端子排为变频器输送控制信号。此变频器为主轴电动机提供变频电压。

此外，输入/输出信号和控制模块，电子手轮，X、Y、Z轴硬件限位开关，润滑油箱，油位开关，操作键钮及指示灯等都通过机柜接线端子排与CNC相连。

图13-5是数控机床控制芯片TMS320F240与机床各部分的控制关系。在机床的控制电路中，IC1是整个机床电气部分的控制中心。

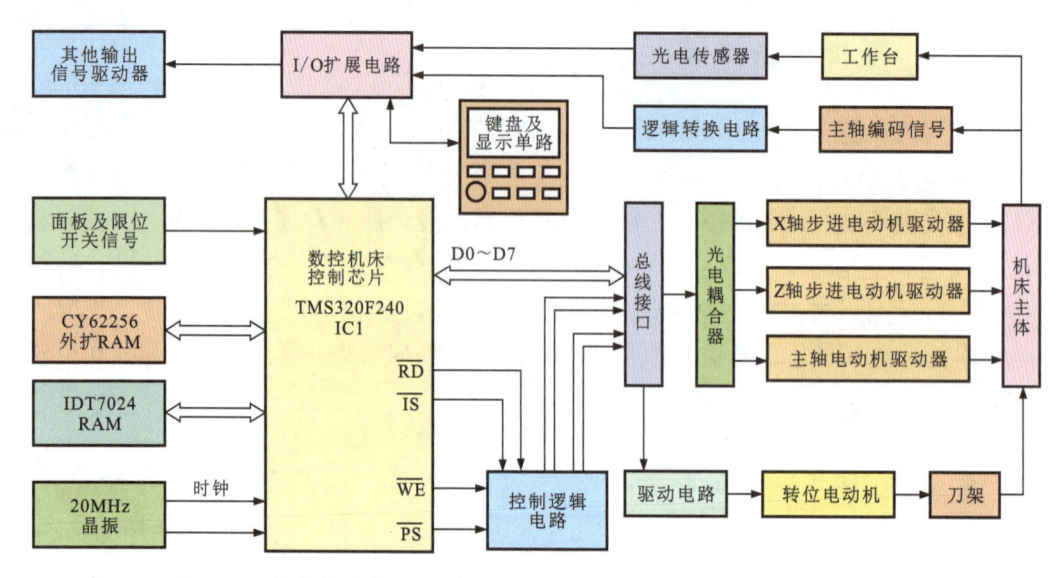

图13-5 数控机床控制芯片TMS320F240与机床各部分的控制关系

主控芯片IC1与控制逻辑电路相配合并通过总线接口输出光信号，对各轴驱动的电路系统发出控制信号。光信号经光电耦合器（具有隔离功能）转换为电信号对各轴电动机进行控制。机床的X轴和Z轴驱动都采用步进电动机，电路通过对脉冲的频率和脉冲数的控制实现精密控制。主轴电动机驱动器采用交流伺服电动机，该电动机带有编码信号发生器，其速度和位置通过编码器再经逻辑转换电路和I/O扩展电路送回主控芯片。总线接口的信号直接经驱动电路对转位电动机进行控制，转位电动机直接驱动刀架对刀具的进刀量进行控制。

工作台的位置由光电检测传感器检测并经I/O扩展电路送给主控芯片。

此外，晶振（20MHz）与芯片配合产生主控电路所需要的时钟信号，CY62256外扩RAM和IDT7024 RAM为主控芯片存储各种数据和程序。

13.1.3 数控主轴电动机控制电路

图13-6是采用TMS320LF2407数字信号控制器的主轴电动机控制电路，它是以TMS320LF2407A芯片为核心的控制电路。交流220V电源经桥式整流输出约300V的直流电压，再经电感器L1和滤波电容C1为逆变器电路供电，逆变器的输出A、B、C端分别连接到三相异步电动机的三个端子上。逆变器电路由六个场效应晶体管组成，控制六个场效应管的导通和截止顺序就可以控制电动机绕组中的电流方向。如VF1、VF2导通，其他均截止，则电流会从A端流出，由C端返回并经VF2到地；VF3、VF4导通，其他均截止，则电流会从B端流出经电动机绕组后返回A端，并经VF4到地。

场效应晶体管VF1～VF6是由IC1控制的，IC1的六个输出端按顺序输出控制脉冲，经光耦合器TLP127控制场效应晶体管，IC1的输出端输出高电平时，光耦合器中的发光二极管发光，光敏晶体管导通，光耦合器输出低电平，相应的被控制的场效应晶体管截止；IC1的输出端输出低电平时，光敏晶体管截止，光耦合器输出高电平，相应的场效应晶体管导通。通过逻辑控制，使电动机三相绕组中的电流循环导通，以形

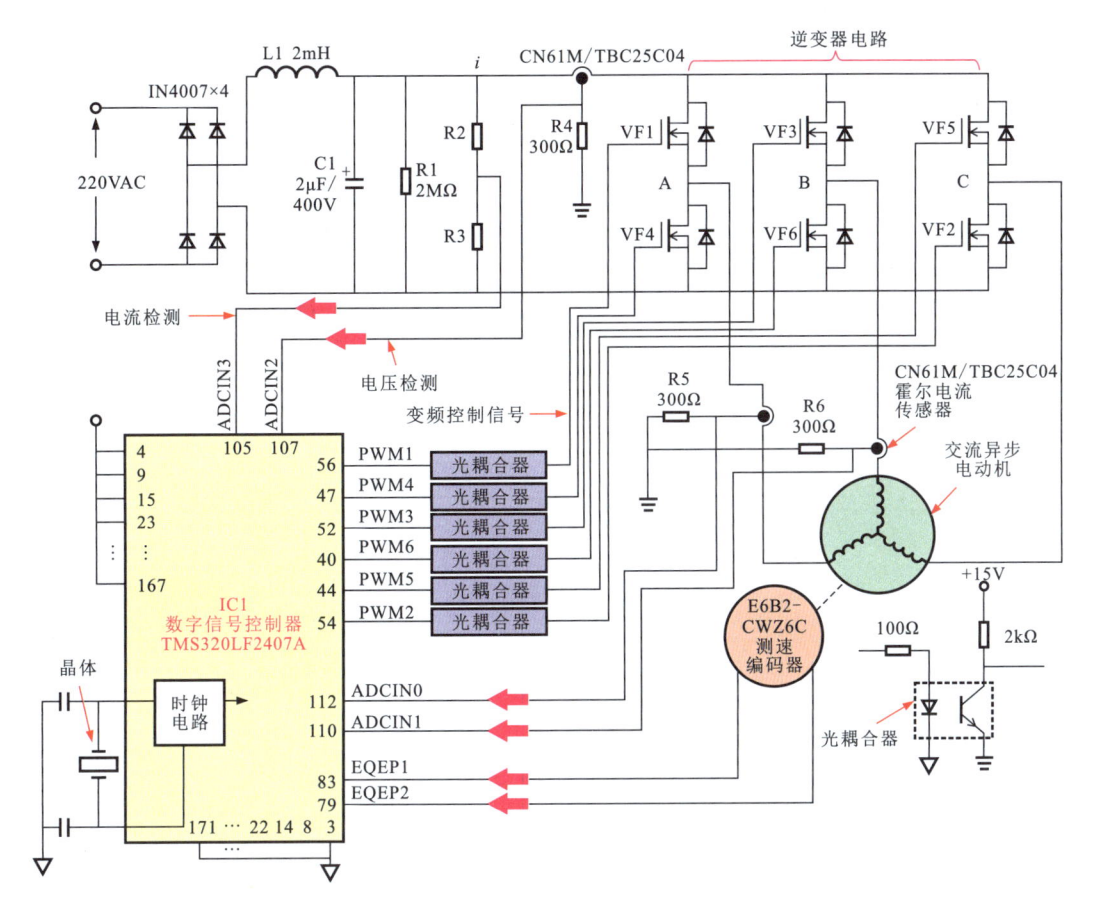

图13-6 采用TMS320LF2407数字信号控制器的主轴电动机控制电路

成旋转磁场，电动机则可旋转起来，控制信号的频率变化，则电动机的转速也随之变化，这样就可以实现变频控制。

电动机旋转时，测速编码器也随电动机一起旋转。编码器将电动机的转速信号（含相位信号）变成电信号并送回IC1的79、83脚，作为IC1的控制依据。同时，在电路的多个点设有霍尔电流传感器（CN61M/TBC25C04）进行电流和电压的检测，以检测电路的工作状态，保证系统的正常运行。

13.1.4 数控主轴电动机变频驱动电路

图13-7是数控机床主轴电动机的变频驱动电路实例。数控机床的数控芯片（FANUC-Oi）的JA40输出口输出变频控制信号，该信号送到变频器E700的控制端。E700是一套完整的变频驱动电路。三相交流380V电压经断路器（QF）和交流接触器（KM）送到变频器的R、S、T端，经电抗器、浪涌电流抑制电路、制动单元变成直流电电压。直流电压为逆变电路供电。逆变电路在数控芯片的控制下输出变频信号，去驱动主轴电动机。主轴电动机的转子带动编码器（G），编码器将电动机的速度和位置转换为电信号再送回数控中心，由数控中心进行判别，然后进一步输出控制信号。

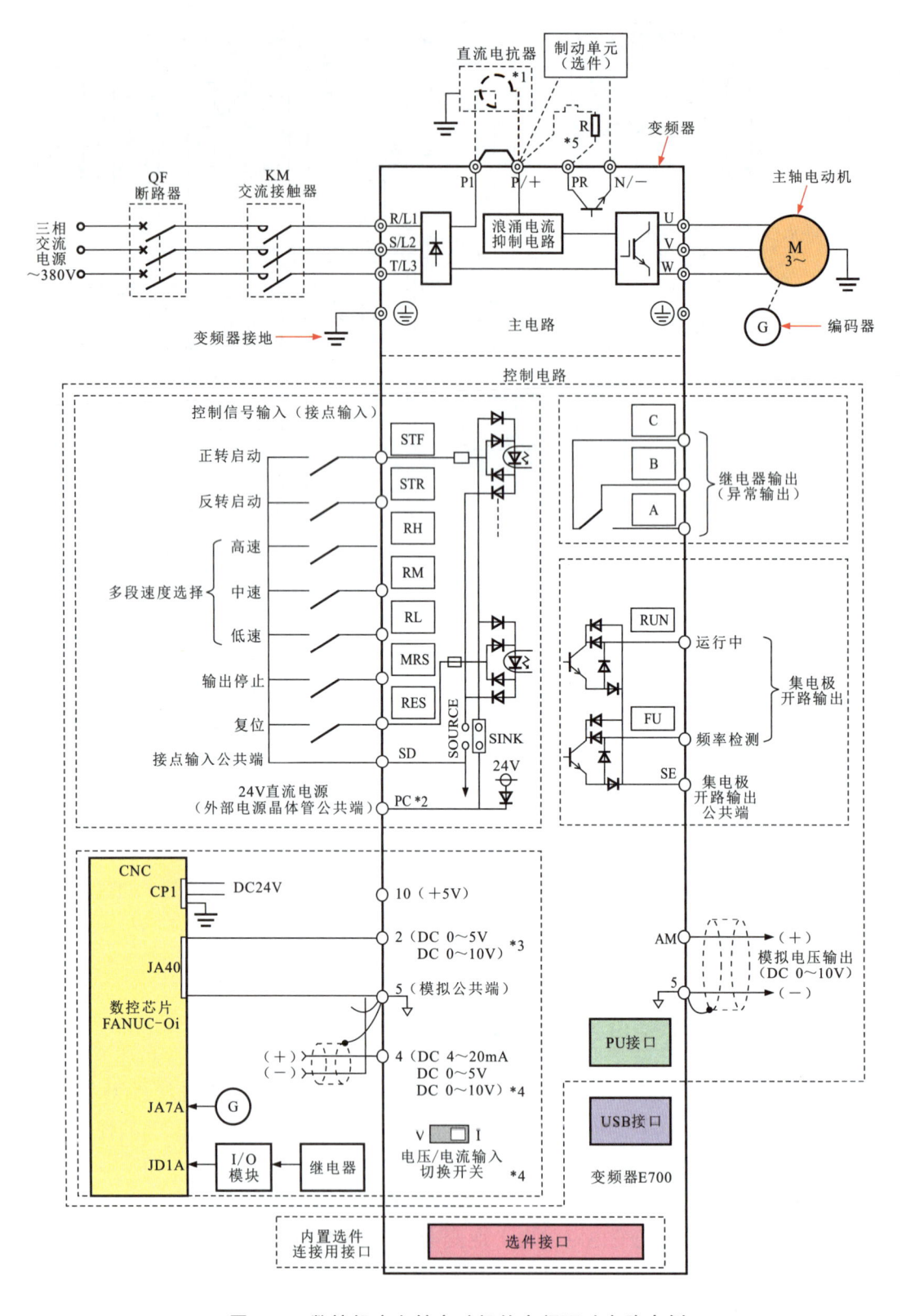

图13-7 数控机床主轴电动机的变频驱动电路实例

> **补充说明**
>
> *1：连接直流电抗器（FR-HEL）时，应取下P1-P/+之间的短路片。
> *2：端子PC-SD之间作为DC24V电源使用时，应注意两端子之间不要短路。
> *3：可通过模拟量输入选择（Pr.73）进行变更（Pr.73为设定参数）。
> *4：可通过模拟量输入选择（Pr.267）进行变更。当设为电压输入（0～5V/0～10V）时，应将电压/电流输入切换开关置为"V"；当设为电流输入（4～20mA）时，应将电压/电流输入切换开关置为"I"（初始值）。
> *5：为防止制动电阻器（FR-ABR型）过热或烧损，应安装热敏继电器。

13.1.5 数控机床伺服电动机驱动电路

图13-8是数控机床伺服电动机的驱动电路，该电路是由位置控制、速度控制、电流控制、伺服放大器和交流伺服电动机等部分组成的。电动机上设有速度和位置信号检测器（PG），该检测器是与电动机转子同步转动的。

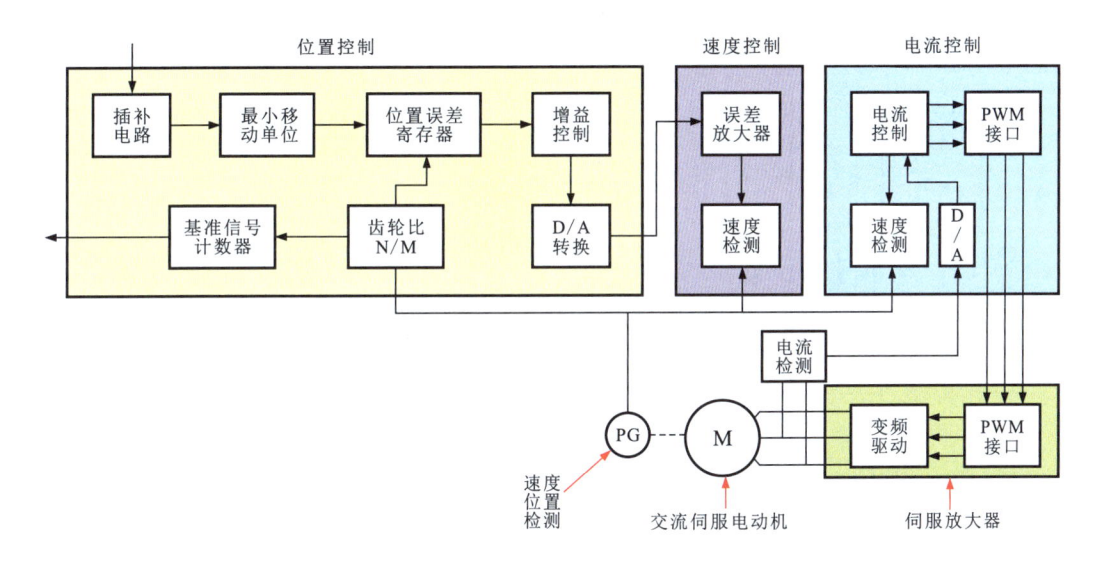

图13-8　数控机床伺服电动机的驱动电路

位置控制电路是将电动机的位置信号经齿轮比（N/M）分频后与插补电路送来的目标（基准）信号进行比较，并取得位置误差信号，再经增益控制电路调整增益后，由D/A转换器变成模拟信号。该信号送到速度控制电路中的误差放大器，由电动机PG产生的速度信号也送到速度控制电路中。两信号在误差放大器中进行速度比较，求得速度误差信号，再进行放大形成速度控制信号，并送到电流控制电路，同时电动机速度检测的信号也送到电流控制电路，从驱动电动机线路中取得的电流检测信号经D/A转换器也送到电流控制电路。此时，电流控制电路形成三相变频控制信号，经PWM接口送到伺服放大器中，经逆变器变成三相变频电压去驱动电动机，使电动机受到精密的控制。

13.2 机器人电气控制电路

13.2.1 机器人伺服驱动电路

图13-9是典型焊接机器人伺服驱动控制电路。该机器人的主体设有六个电动机，其中有左、右行走电动机，焊枪摆动步进电动机，焊缝跟踪步进电动机，焊枪高低步进电动机，此外还有一个焊丝输送电动机。这些电动机需要互相协调动作，因而需要由机器人控制器的芯片TMS320LF2407统一控制。该芯片是一种通过误差向量幅度的控制实现对焊缝的跟踪和控制。其中，主控芯片输出的控制信号经过光电耦合器转换成电信号分别对步进电动机驱动模块、继电器和左、右行走电动机的驱动模块输出控制信号。

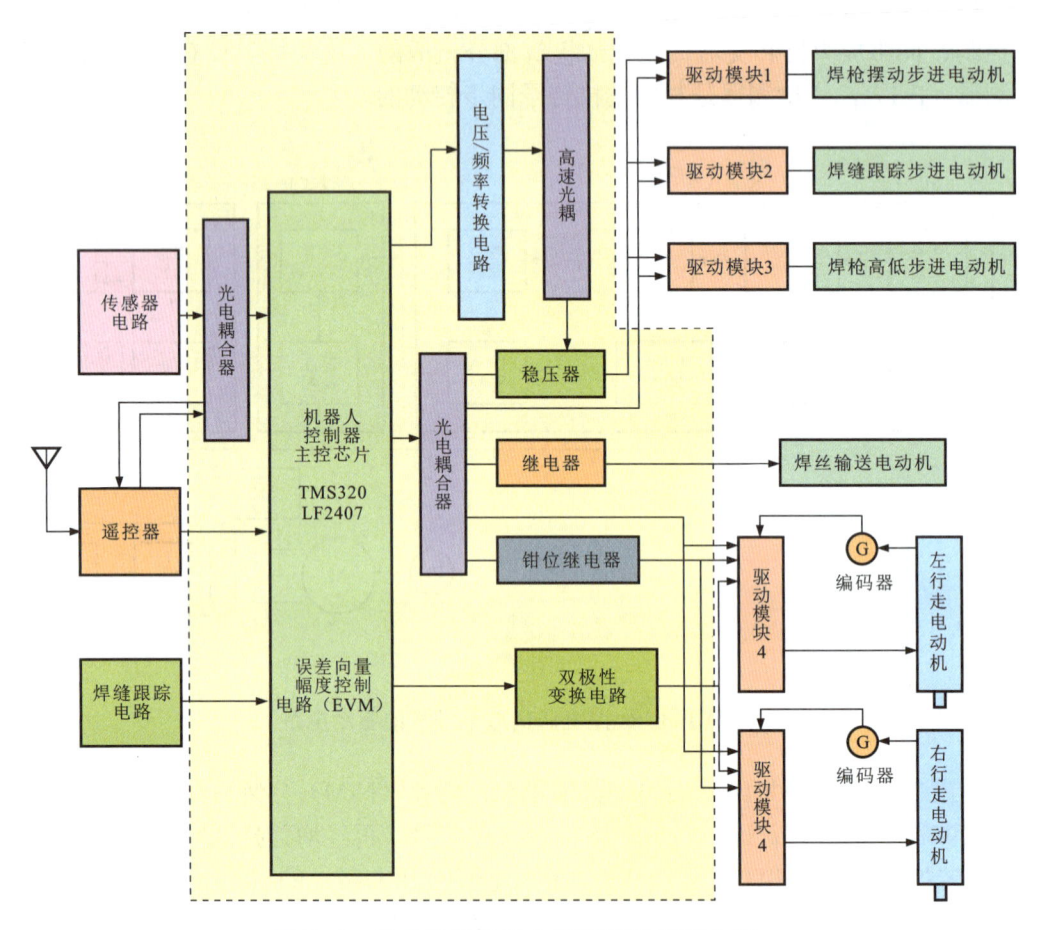

图13-9 典型焊接机器人伺服驱动控制电路

步进电动机采用脉冲驱动的方式，而转速和位置是由脉冲信号的频率和脉冲数控制的。

焊丝输送电动机是直流电动机，它的动作由继电器控制供电电源，接通电源则启动，断开电源则停机。

左、右行走电动机是交流伺服电动机，驱动模块采用模拟方式，每个电动机的转子带动一个检测速度和位置的编码器，它将速度和位置信号转换为数字编码信号反馈到驱动模块，从而实现准确的跟踪控制。

步进电动机驱动模块所需要的直流稳压电源（稳压器），也是由光电耦合器输出的信号控制的。

机器人的动作还可以受遥控信号的控制。此外，传感器电路和焊缝跟踪电路将工作状态信号送到芯片中，为芯片提供控制依据。

13.2.2 机器人供电和驱动电路

图13-10是机器人直流电动机的供电和驱动线路。电动机采用桥式驱动电路，IR2103芯片和两个场效应驱动晶体管构成一个半桥电路，两个半桥电路构成全桥电路，可实现电动机的正、反向驱动。直流24V电源分别为两个半桥电路供电。

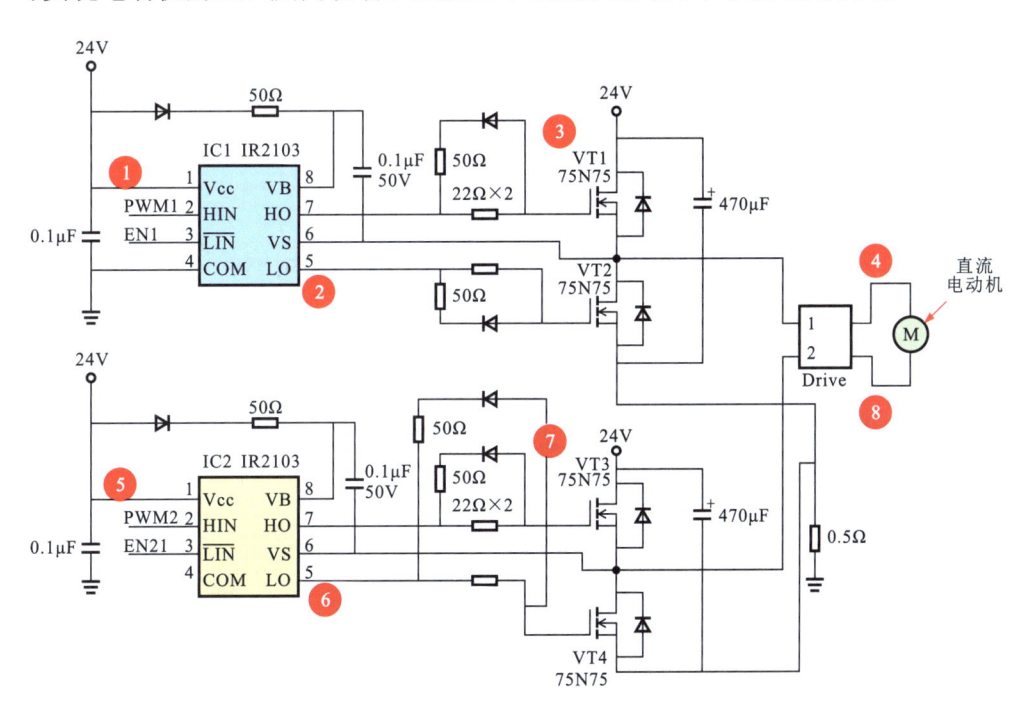

图13-10 机器人直流电动机的供电和驱动线路

【1】当需要电动机正转时，IC1的2脚输入控制信号，同时IC2的3脚输入控制信号。

【1】→【2】IC1的7脚和IC2的5脚输出高电平。

【3】高电平分别使外接的场效应晶体管VT1和VT4导通。

【4】于是+24V电源经VT1→直流电动机1端→电动机绕组→直流电动机2端→VT4→0.5Ω电阻器→地形成回路，此时，电动机正转。

【5】当需要电动机反转时，控制信号分别加到IC2的2脚和IC1的3脚。

【5】→【6】IC2的7脚和IC1的5脚输出高电平。

【7】高电平分别使外接的场效应晶体管VT3和VT2导通。

【8】于是+24V电源经VT3→直流电动机2端→反向流过电动机绕组→直流电动机1端→VT2→0.5Ω电阻器→地形成回路，此时，电动机反转。

第14章 线缆的加工与连接

14.1 线缆加工

14.1.1 塑料硬导线

塑料硬导线的剥线加工通常使用钢丝钳、剥线钳、斜口钳及电工刀等专业的操作工具进行。

1　使用钢丝钳剥线加工塑料硬导线

图14-1为使用钢丝钳剥线加工塑料硬导线的方法。使用钢丝钳剥线加工塑料硬导线是在电工操作中一种常见且简单快捷的操作方法。

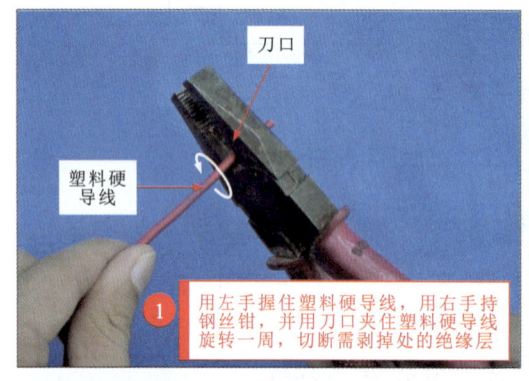

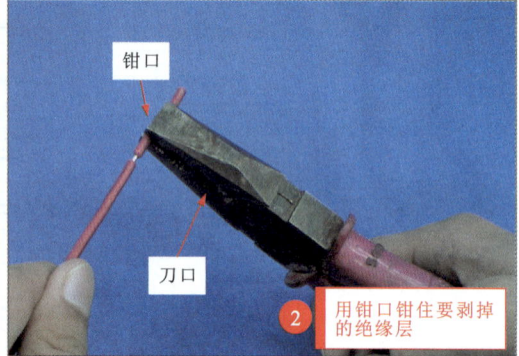

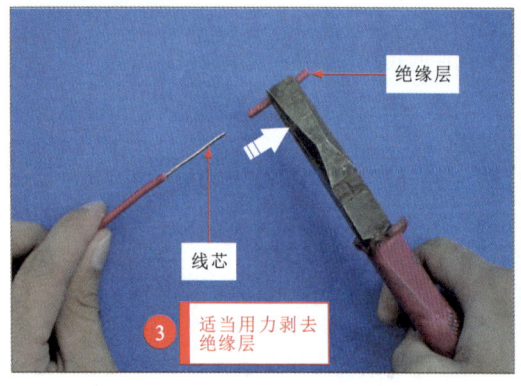

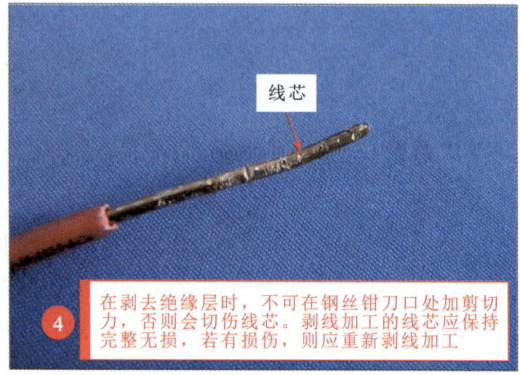

① 用左手握住塑料硬导线,用右手持钢丝钳,并用刀口夹住塑料硬导线旋转一周,切断需剥掉处的绝缘层

② 用钳口钳住要剥掉的绝缘层

③ 适当用力剥去绝缘层

④ 在剥去绝缘层时,不可在钢丝钳刀口处加剪切力,否则会切伤线芯。剥线加工的线芯应保持完整无损,若有损伤,则应重新剥线加工

图14-1　使用钢丝钳剥线加工塑料硬导线的方法

2 使用剥线钳剥线加工塑料硬导线

图14-2为使用剥线钳剥线加工塑料硬导线的方法。一般适用于剥线加工横截面积小于4mm²的塑料硬导线。

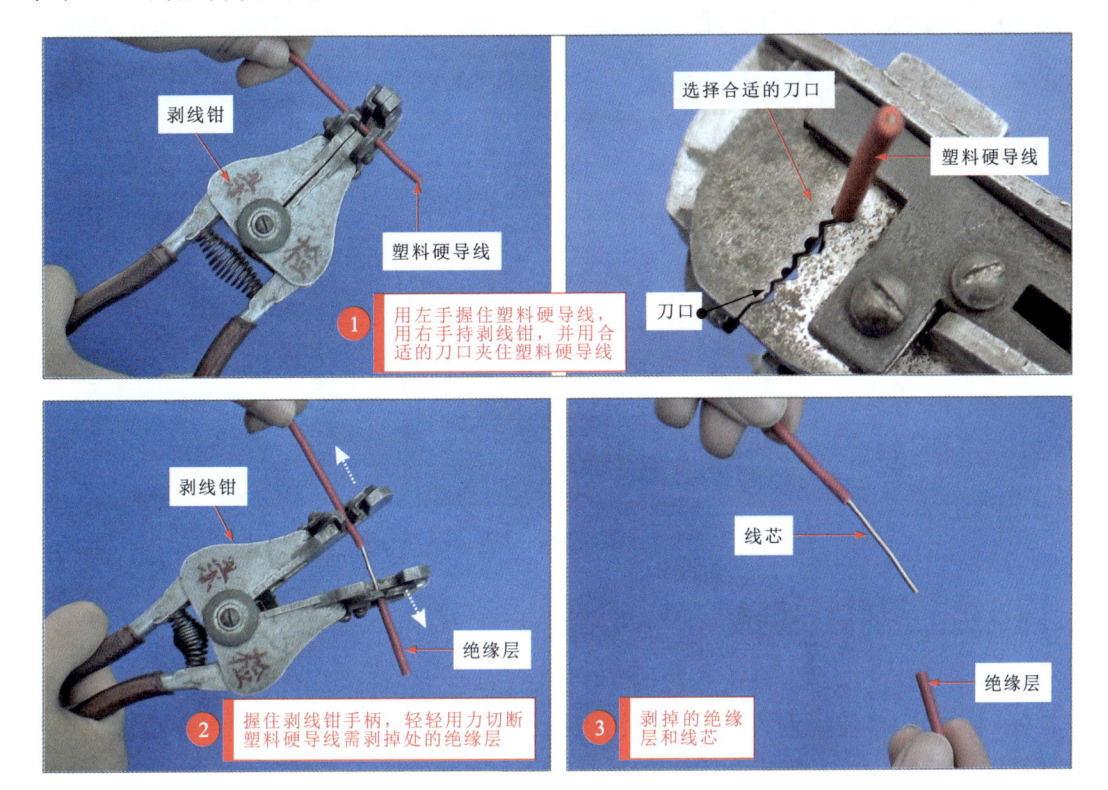

图14-2 使用剥线钳剥线加工塑料硬导线的方法

3 使用电工刀剥线加工塑料硬导线

图14-3为使用电工刀剥线加工塑料硬导线的方法。一般横截面积大于4mm²的塑料硬导线可以使用电工刀剥线加工。

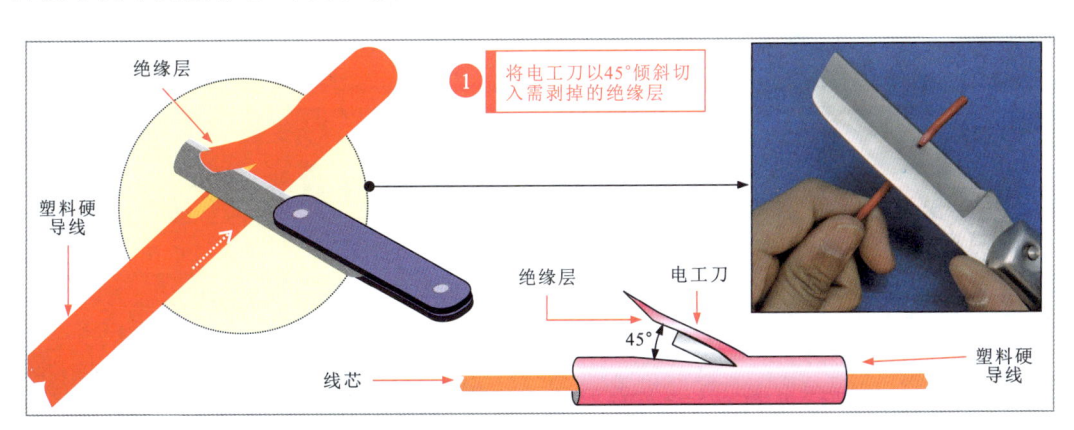

图14-3 使用电工刀剥线加工塑料硬导线的方法

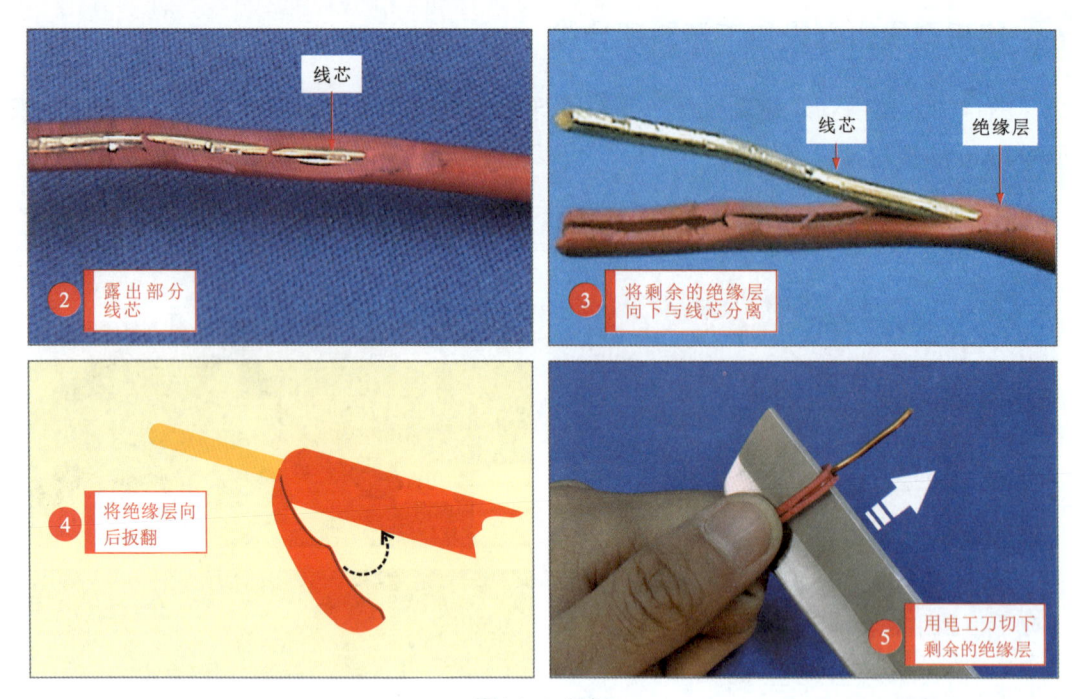

图14-3（续）

14.1.2 塑料软导线

塑料软导线的线芯多是由多股铜（铝）丝组成的，不适宜用电工刀剥线加工，而在实际操作中，多使用剥线钳和斜口钳剥线加工。图14-4为使用剥线钳剥线加工塑料软导线的方法。

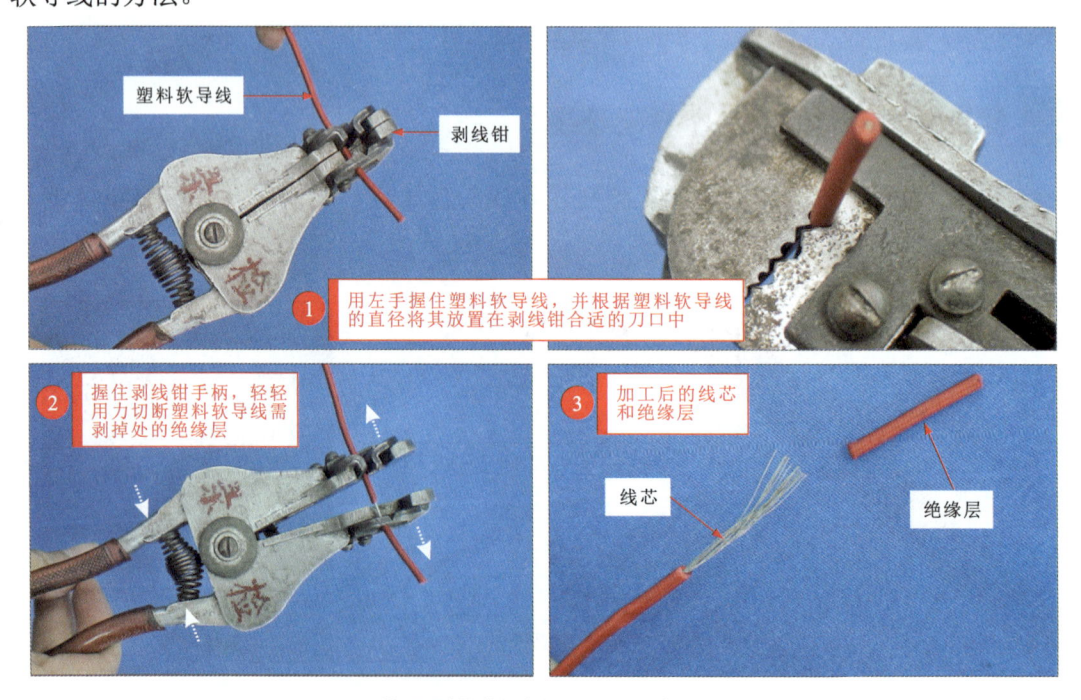

图14-4　使用剥线钳剥线加工塑料软导线的方法

> **补充说明**
>
> 在使用剥线钳剥线加工塑料软导线时，切记不可选择小于塑料软导线线芯直径的刀口，否则会导致多根线芯与绝缘层一同被剥掉，如图14-5所示。

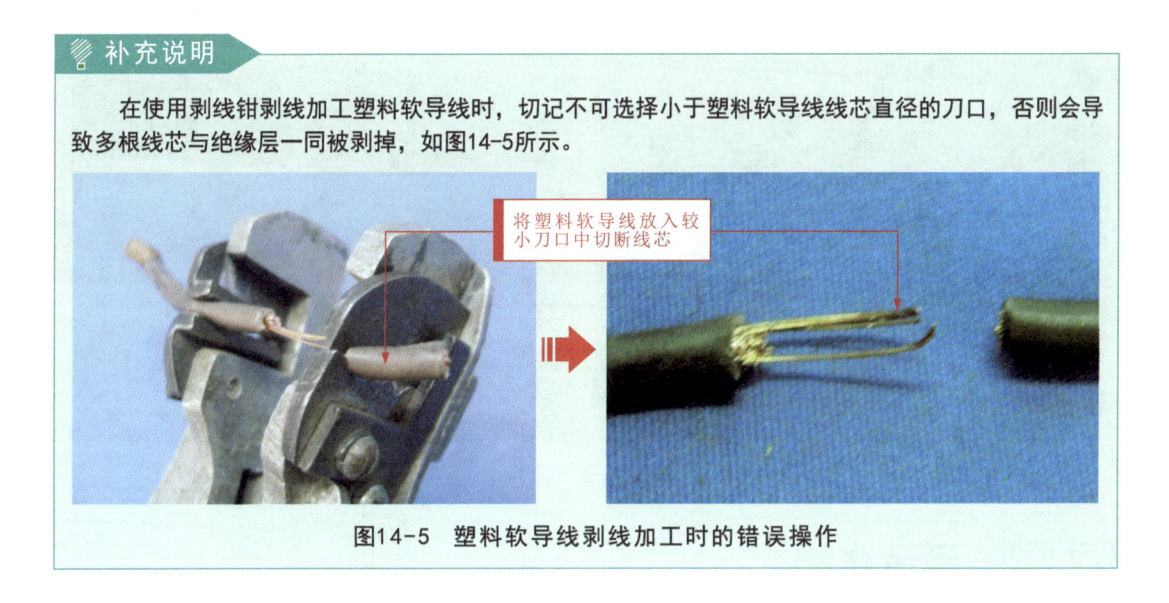

图14-5 塑料软导线剥线加工时的错误操作

14.1.3 塑料护套线

塑料护套线是将两根带有绝缘层的导线用护套层包裹在一起的线缆。在剥线加工时，要先剥掉护套层，再分别剥掉两根导线的绝缘层。图14-6为使用电工刀剥线加工塑料护套线的方法。

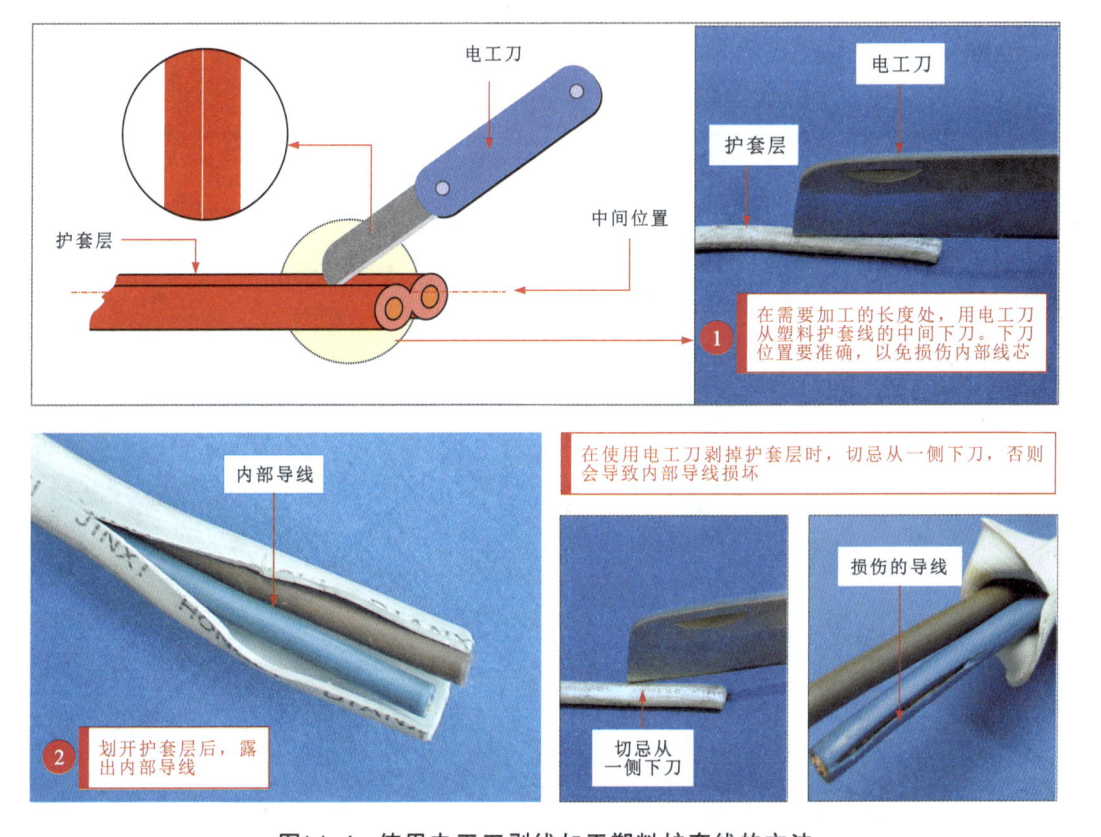

① 在需要加工的长度处，用电工刀从塑料护套线的中间下刀。下刀位置要准确，以免损伤内部线芯

② 划开护套层后，露出内部导线

在使用电工刀剥掉护套层时，切忌从一侧下刀，否则会导致内部导线损坏

图14-6 使用电工刀剥线加工塑料护套线的方法

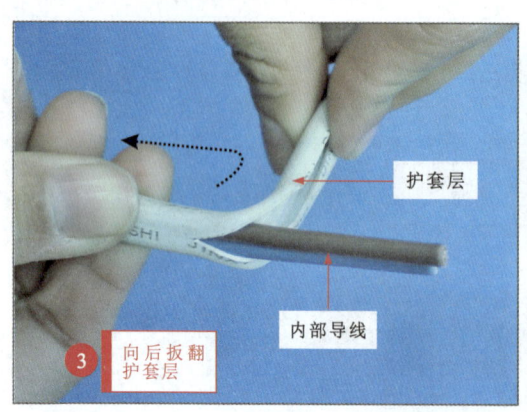

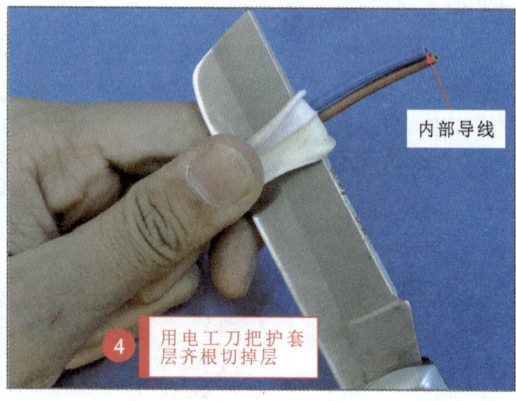

③ 向后扳翻护套层 ← 护套层
内部导线
④ 用电工刀把护套层齐根切掉层
内部导线

图14-6（续）

14.2 线缆连接

14.2.1 缠绕连接

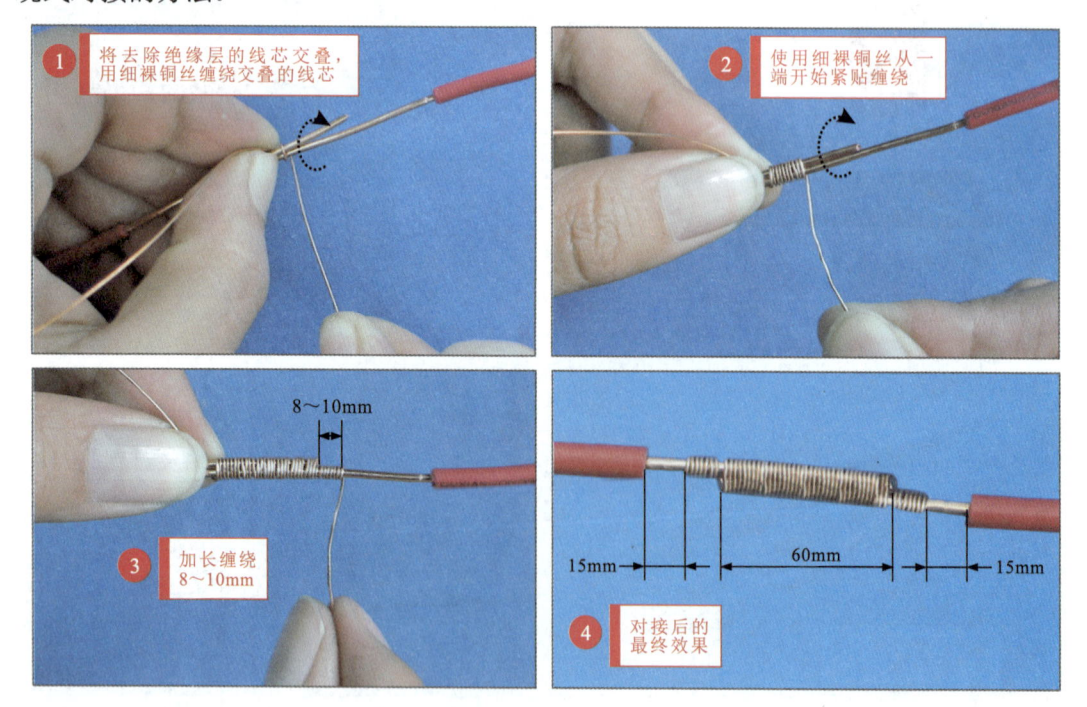

线缆的缠绕连接包括单股导线缠绕式对接、单股导线缠绕式T形连接、两根多股导线缠绕式对接、两根多股导线缠绕式T形连接。

1 单股导线缠绕式对接

当连接两根较粗的单股导线时，通常选择缠绕式对接方法。图14-7为单股导线缠绕式对接的方法。

① 将去除绝缘层的线芯交叠，用细裸铜丝缠绕交叠的线芯
② 使用细裸铜丝从一端开始紧贴缠绕
③ 加长缠绕 8~10mm
④ 对接后的最终效果（15mm / 60mm / 15mm）

图14-7 单股导线缠绕式对接的方法

2 单股导线缠绕式T形连接

当一根支路单股导线和一根主路单股导线连接时，通常采用缠绕式T形连接方法。图14-8为单股导线缠绕式T形连接的方法。

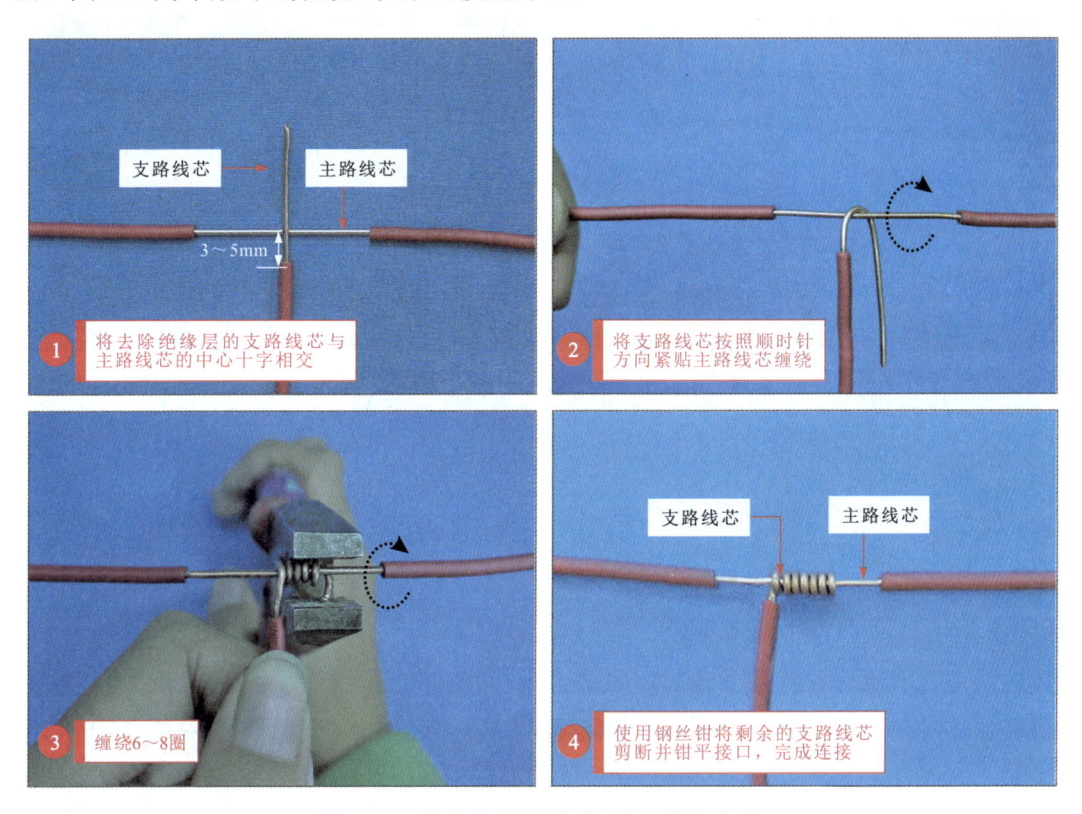

① 将去除绝缘层的支路线芯与主路线芯的中心十字相交（3～5mm）

② 将支路线芯按照顺时针方向紧贴主路线芯缠绕

③ 缠绕6～8圈

④ 使用钢丝钳将剩余的支路线芯剪断并钳平接口，完成连接

图14-8 单股导线缠绕式T形连接的方法

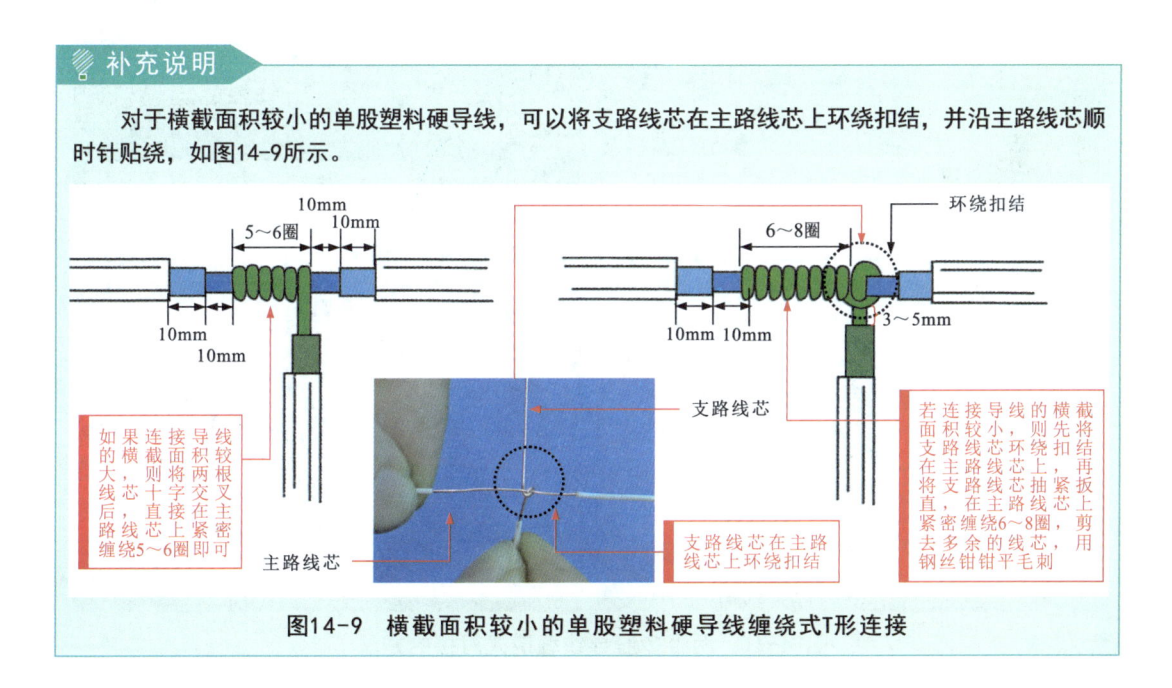

补充说明

对于横截面积较小的单股塑料硬导线，可以将支路线芯在主路线芯上环绕扣结，并沿主路线芯顺时针贴绕，如图14-9所示。

如果连接导线的横截面积较大，则将两根线芯十字交叉后，直接在主路线芯上紧密缠绕5～6圈即可。

若连接导线的横截面积较小，则先将支路线芯环绕扣结在主路线芯上，再将支路线芯抽紧扳直，在主路线芯上紧密缠绕6～8圈，剪去多余的线芯，用钢丝钳钳平毛刺

图14-9 横截面积较小的单股塑料硬导线缠绕式T形连接

3 两根多股导线缠绕式对接

当连接两根多股导线时，可采用缠绕式对接的方法。图14-10为两根多股导线缠绕式对接的方法。

① 将两根多股导线的线芯散开拉直，在靠近绝缘层1/3线芯长度处绞紧线芯

② 将余下的线芯分散成伞状

③ 将两根伞状线芯交叉

④ 捏平线芯

⑤ 将一端交叉捏平的线芯平均分成3组。将第1组线芯扳起，按顺时针方向紧压交叉捏平的线芯缠绕两圈，再将余下的线芯与其他线芯捏在一起

⑥ 同样，将第2、3组线芯依次扳起，按顺时针方向紧压交叉捏平的线芯缠绕两圈

⑦ 将多余的线芯从根部切断，钳平线端

⑧ 使用同样的方法连接另一端线芯，即可完成两根多股导线缠绕式对接

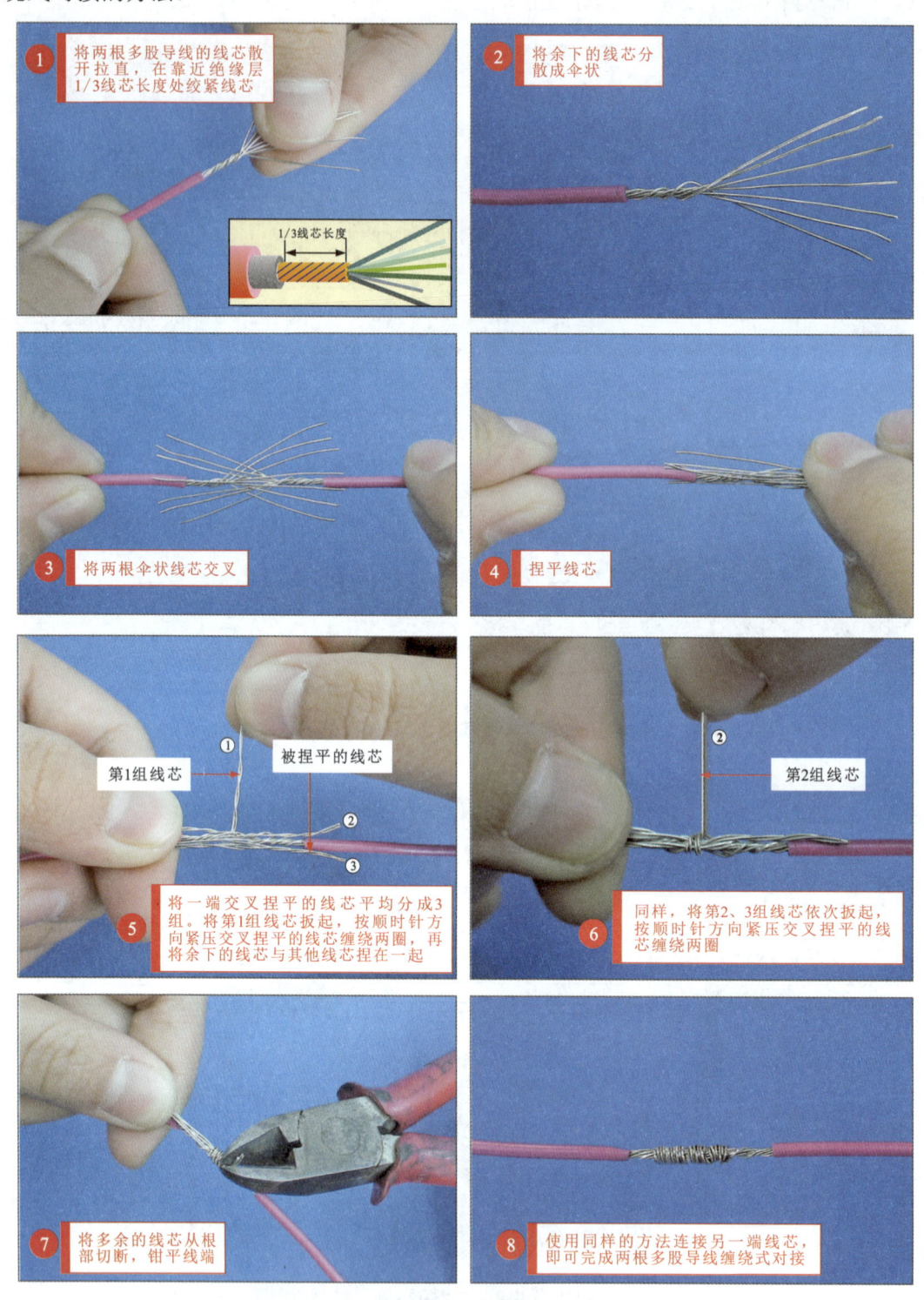

图14-10 两根多股导线缠绕式对接的方法

4 两根多股导线缠绕式T形连接

当一根支路多股导线与一根主路多股导线连接时，通常采用缠绕式T形连接的方法。图14-11为两根多股导线缠绕式T形连接的方法。

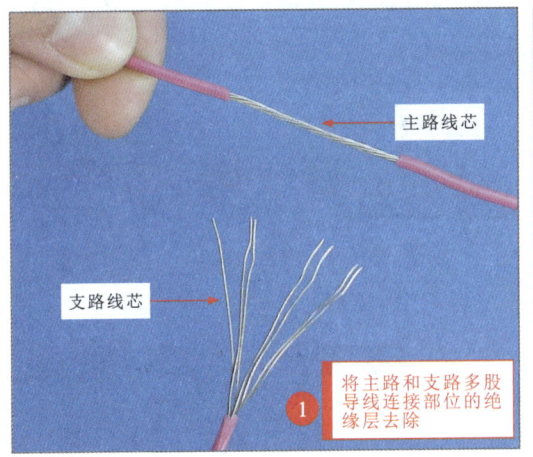

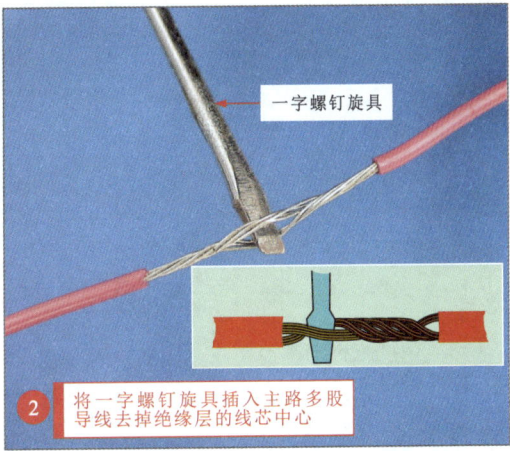

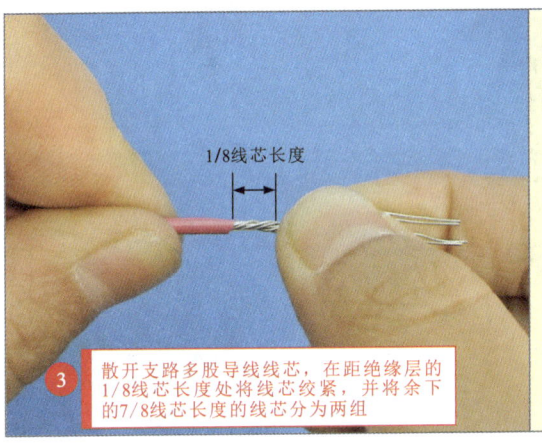

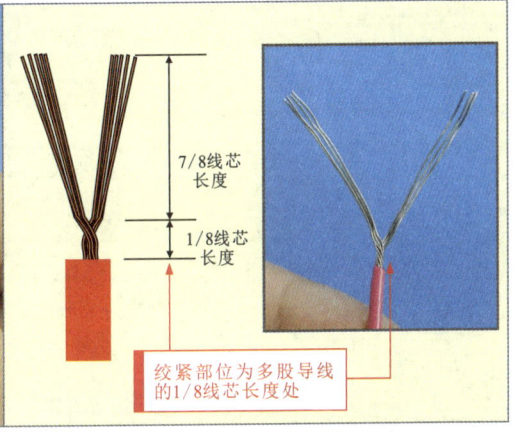

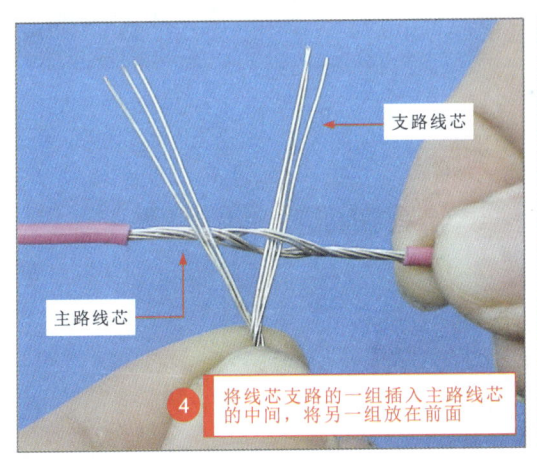

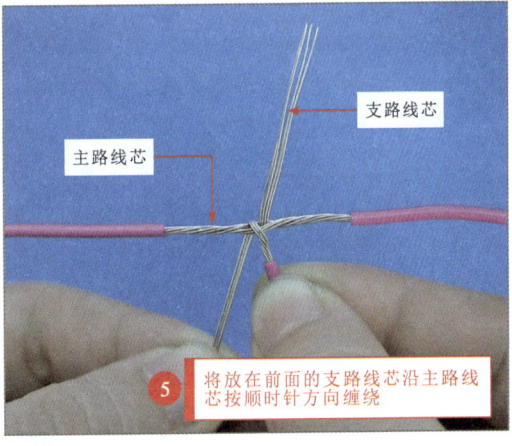

1. 将主路和支路多股导线连接部位的绝缘层去除
2. 将一字螺钉旋具插入主路多股导线去掉绝缘层的线芯中心
3. 散开支路多股导线线芯，在距绝缘层的1/8线芯长度处将线芯绞紧，并将余下的7/8线芯长度的线芯分为两组
4. 将线芯支路的一组插入主路线芯的中间，将另一组放在前面
5. 将放在前面的支路线芯沿主路线芯按顺时针方向缠绕

图14-11 两根多股导线缠绕式T形连接的方法

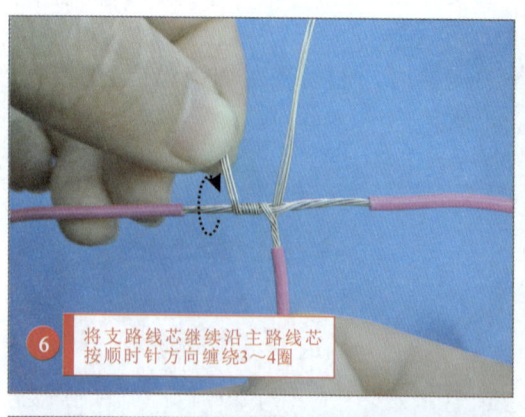

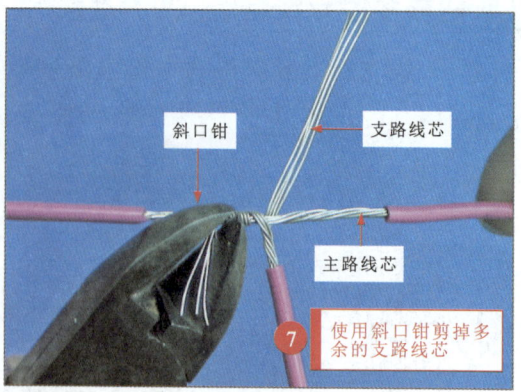

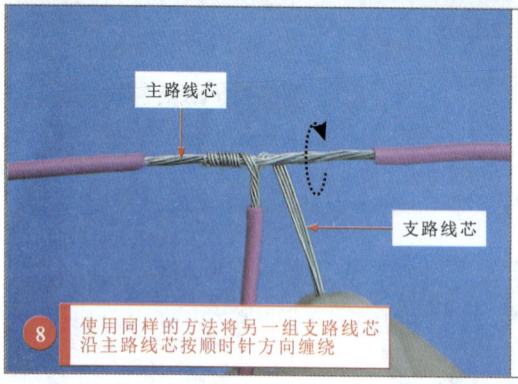

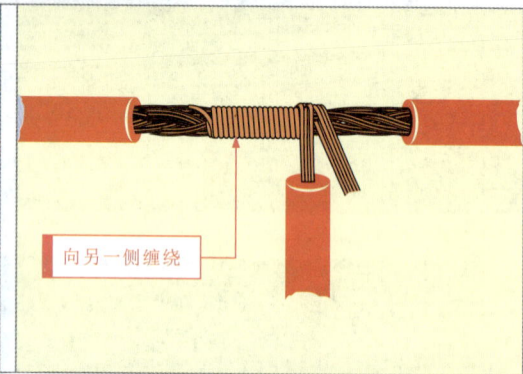

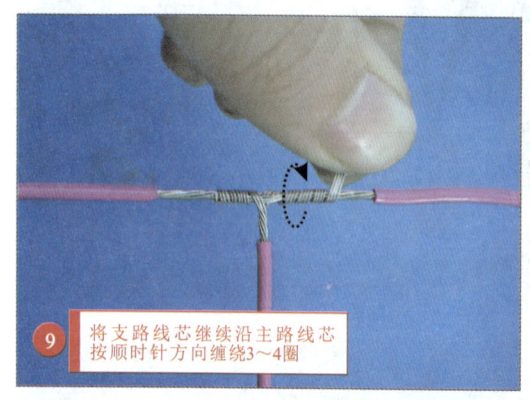

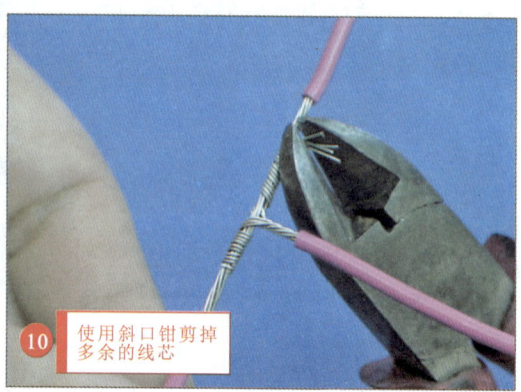

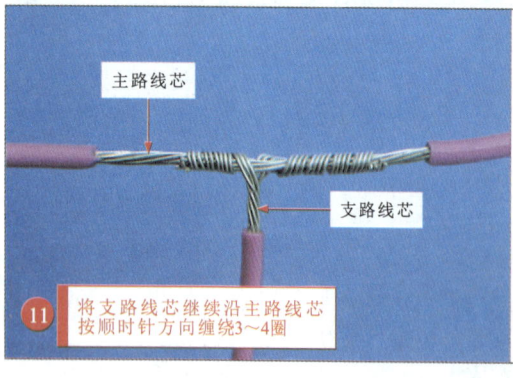

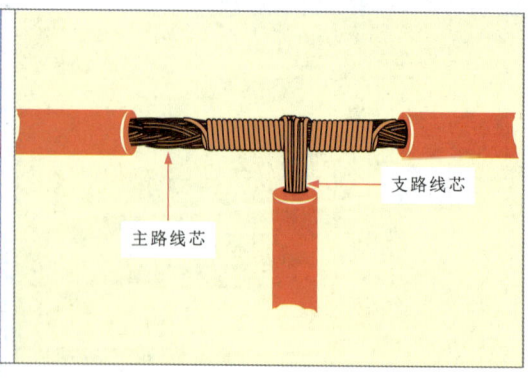

⑥ 将支路线芯继续沿主路线芯按顺时针方向缠绕3~4圈

⑦ 使用斜口钳剪掉多余的支路线芯

斜口钳　支路线芯　主路线芯

⑧ 使用同样的方法将另一组支路线芯沿主路线芯按顺时针方向缠绕

主路线芯　支路线芯

向另一侧缠绕

⑨ 将支路线芯继续沿主路线芯按顺时针方向缠绕3~4圈

⑩ 使用斜口钳剪掉多余的线芯

⑪ 将支路线芯继续沿主路线芯按顺时针方向缠绕3~4圈

主路线芯　支路线芯

图14-11（续）

14.2.2 绞接

当两根横截面积较小的单股导线连接时，通常采用绞接。图14-12为单股导线的绞接操作。

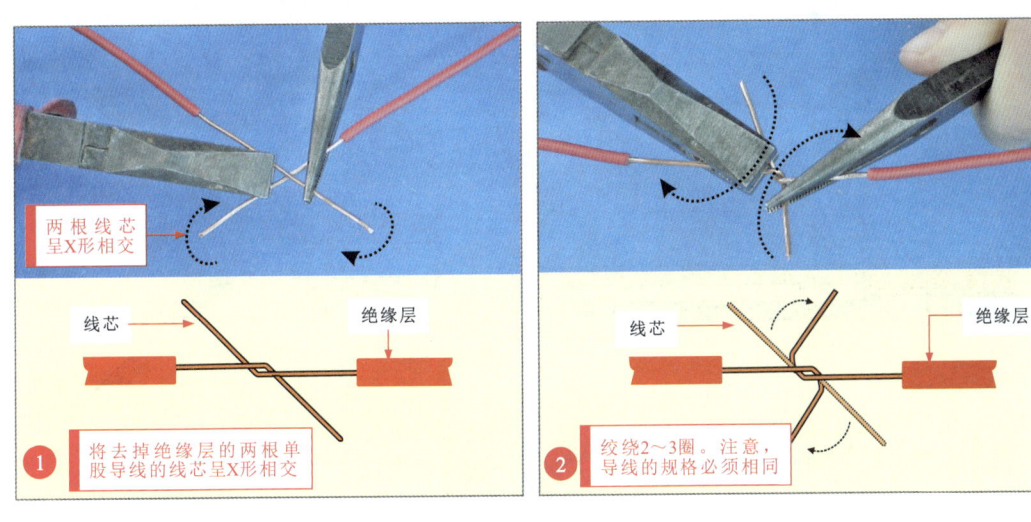

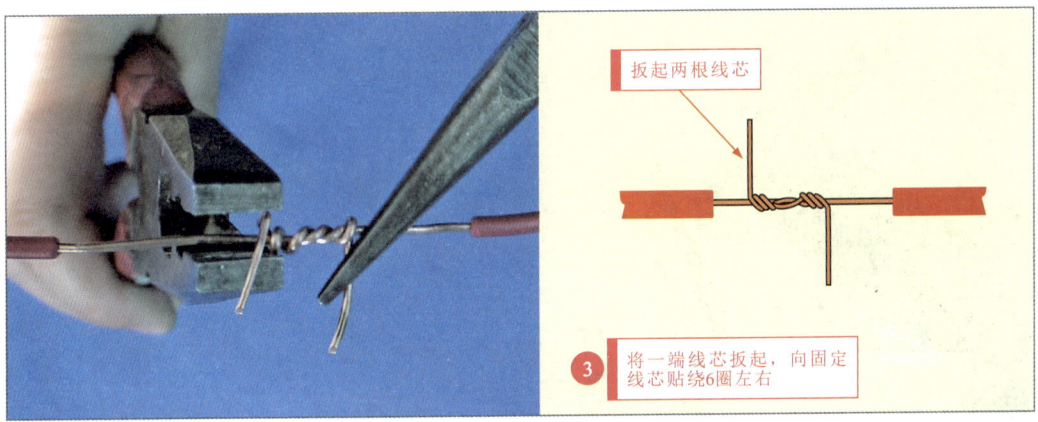

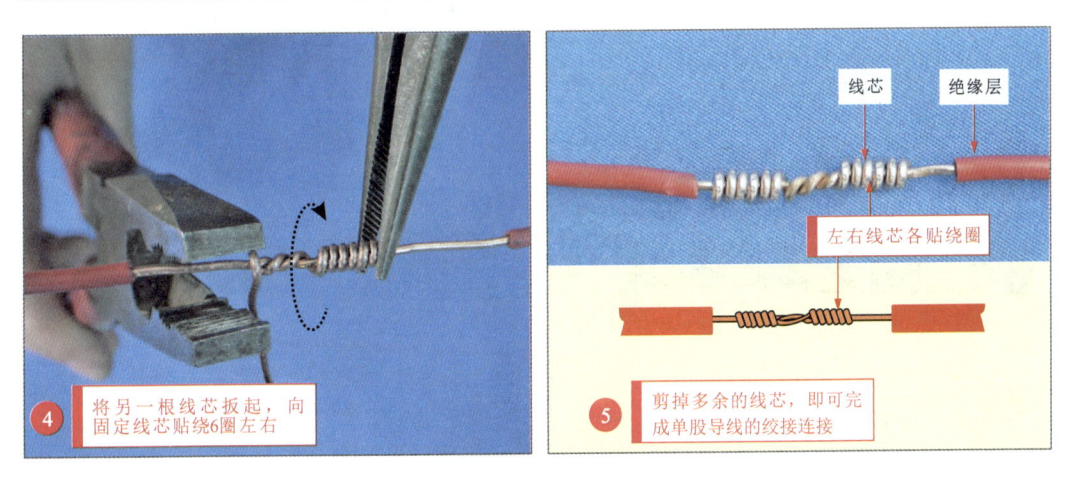

❶ 将去掉绝缘层的两根单股导线的线芯呈X形相交

两根线芯呈X形相交

线芯　绝缘层

❷ 绞绕2～3圈。注意，导线的规格必须相同

线芯　绝缘层

❸ 将一端线芯扳起，向固定线芯贴绕6圈左右

扳起两根线芯

❹ 将另一根线芯扳起，向固定线芯贴绕6圈左右

❺ 剪掉多余的线芯，即可完成单股导线的绞接连接

线芯　绝缘层

左右线芯各贴绕圈

图14-12　单股导线的绞接操作

14.2.3 扭接

扭接是将待连接的导线线芯平行同向放置后,将线芯同时互相缠绕进行扭绞连接。

图14-13为线缆的扭接操作。

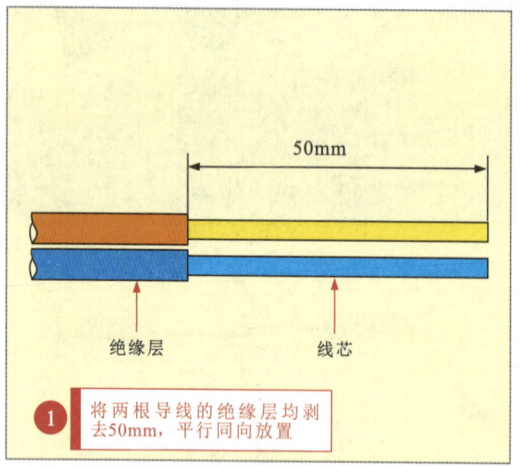

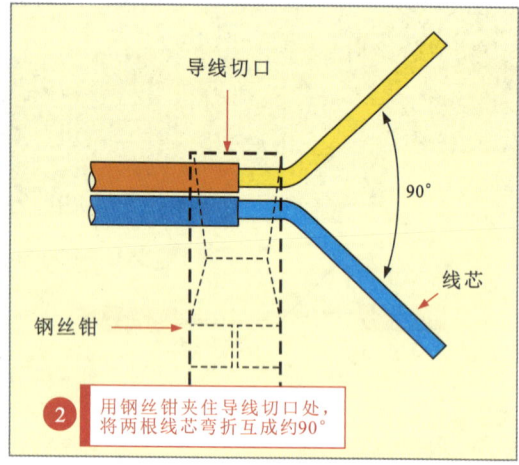

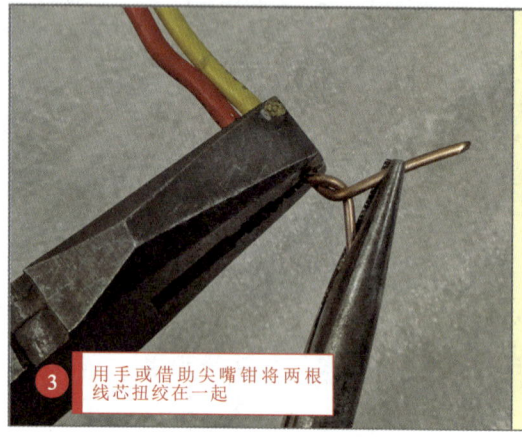

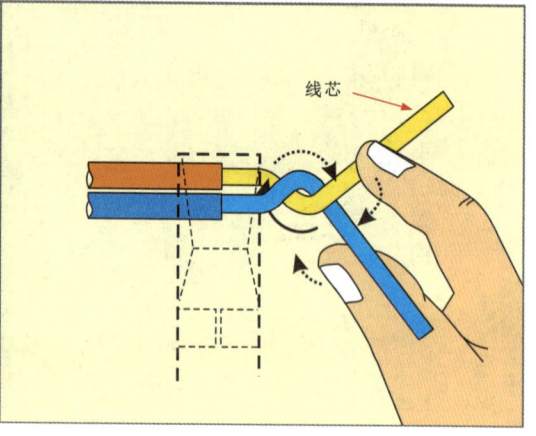

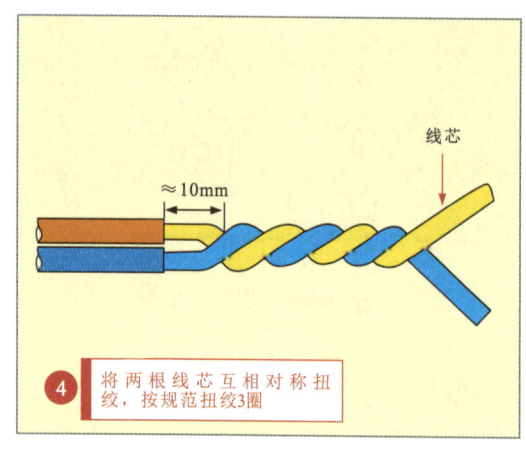

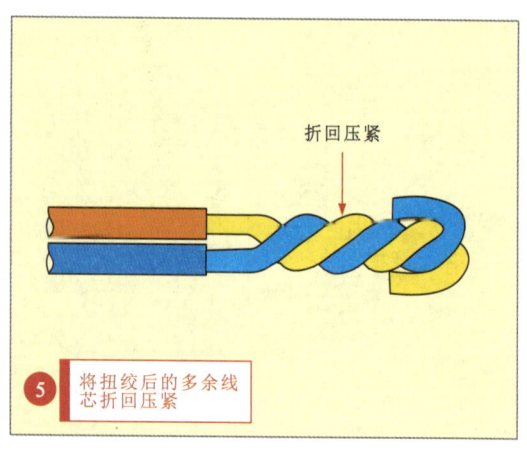

1 将两根导线的绝缘层均剥去50mm,平行同向放置

2 用钢丝钳夹住导线切口处,将两根线芯弯折互成约90°

3 用手或借助尖嘴钳将两根线芯扭绞在一起

4 将两根线芯互相对称扭绞,按规范扭绞3圈

5 将扭绞后的多余线芯折回压紧

图14-13 线缆的扭接操作

14.2.4 绕接

绕接也称并头连接，一般适用于3根导线的连接，即将第3根导线的线芯绕接在另外两根导线的线芯上。图14-14为线缆的绕接操作。

① 将3根导线的绝缘层根部对齐剥掉绝缘层，平行同向放置

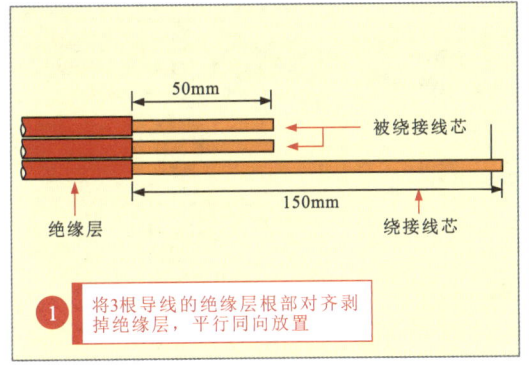

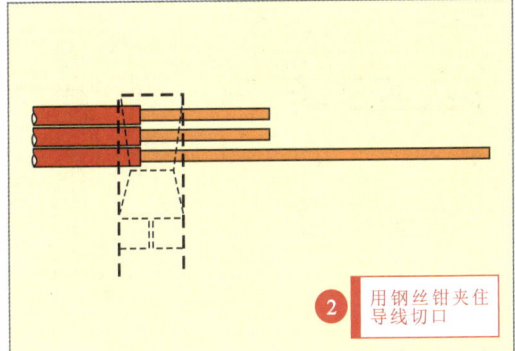

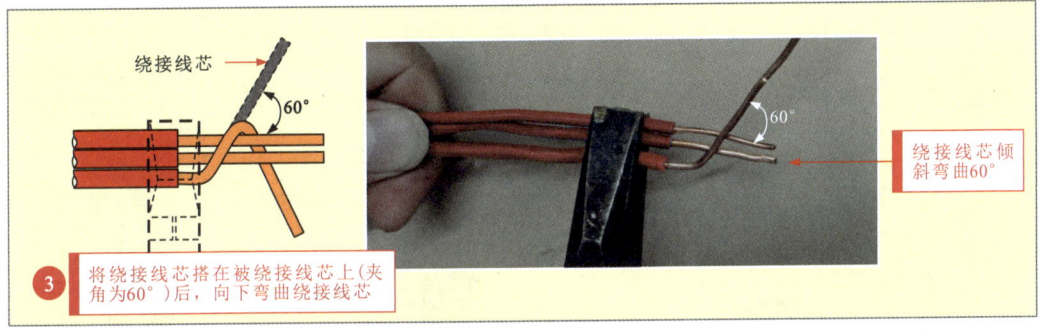

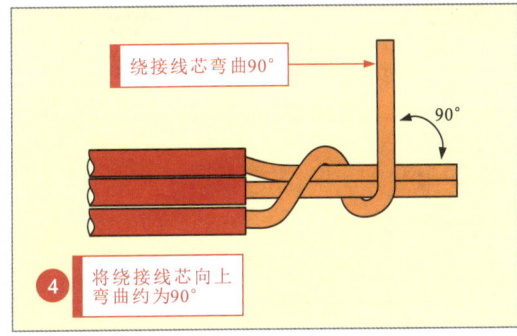

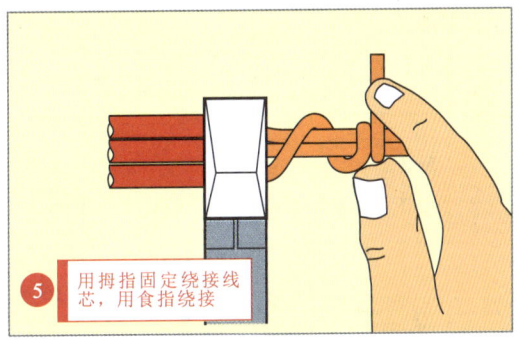

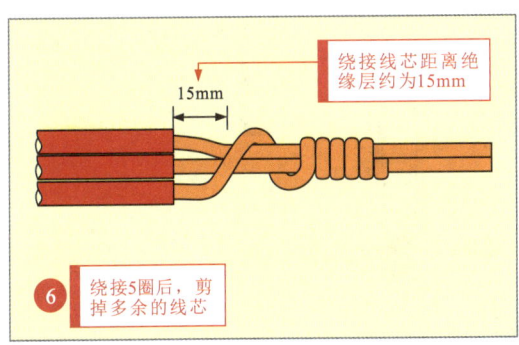

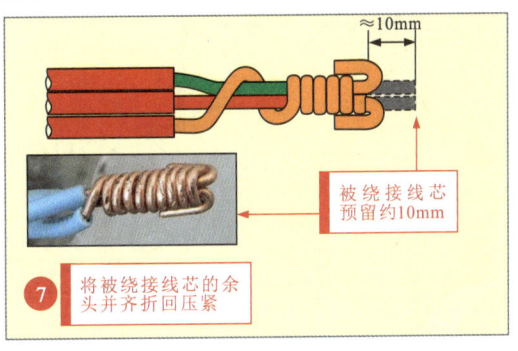

② 用钢丝钳夹住导线切口

③ 将绕接线芯搭在被绕接线芯上（夹角为60°）后，向下弯曲绕接线芯

绕接线芯倾斜弯曲60°

④ 将绕接线芯向上弯曲约为90°

⑤ 用拇指固定绕接线芯，用食指绕接

⑥ 绕接5圈后，剪掉多余的线芯

⑦ 将被绕接线芯的余头并齐折回压紧

被绕接线芯预留约10mm

图14-14 线缆的绕接操作

14.2.5 线夹连接

在电工操作中，常用线夹连接硬导线，其操作简单，牢固可靠。

图14-15为线缆的线夹连接操作。

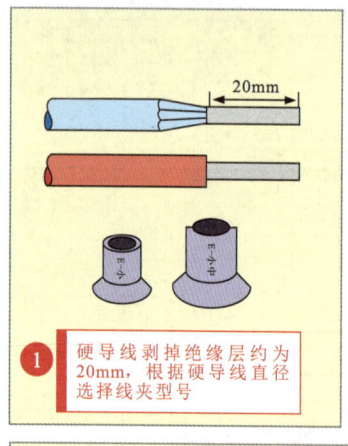

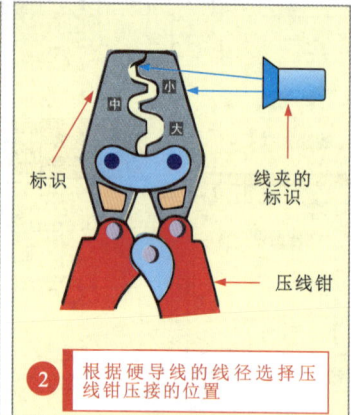

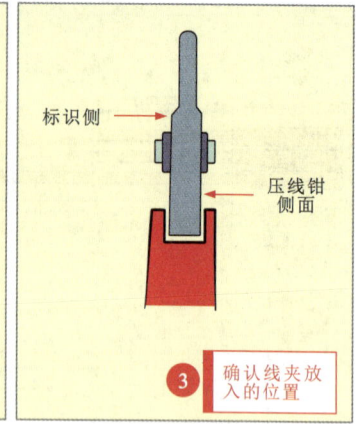

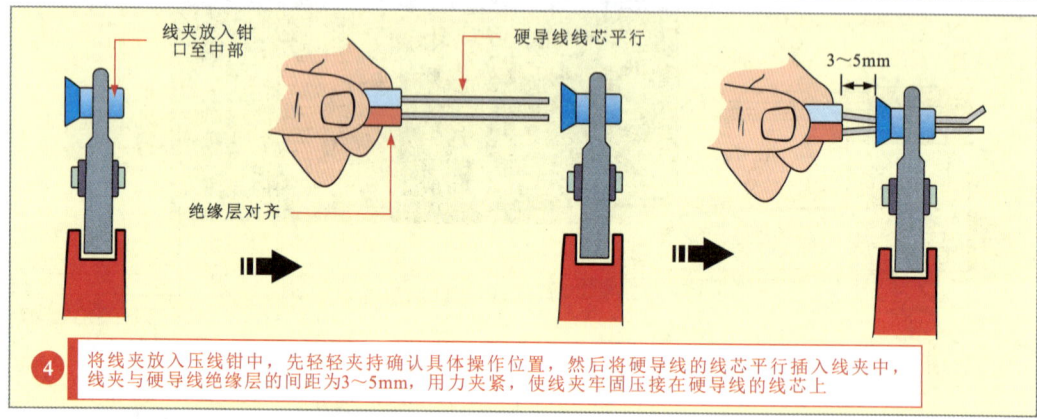

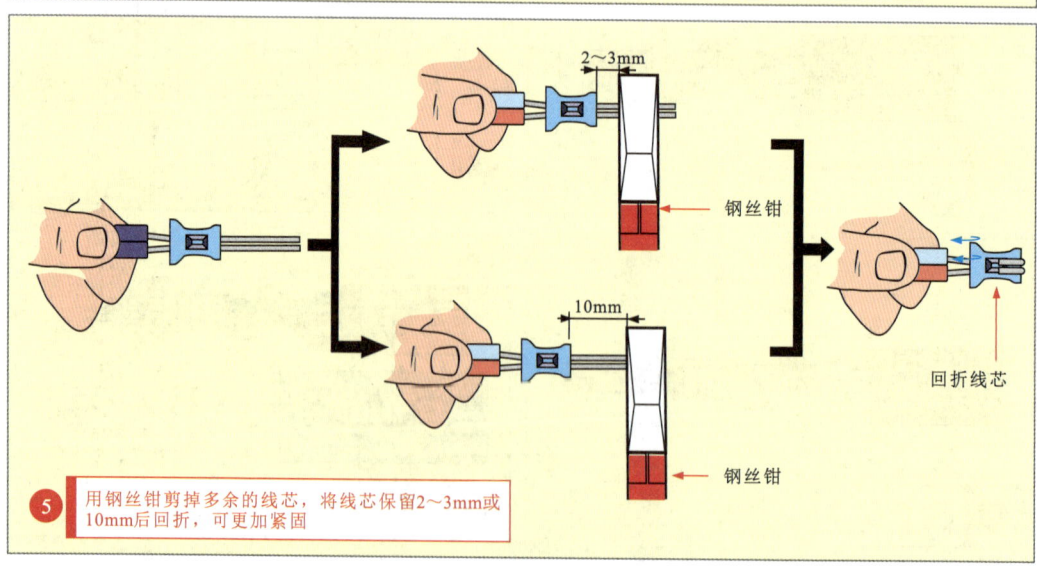

❶ 硬导线剥掉绝缘层约为20mm，根据硬导线直径选择线夹型号

❷ 根据硬导线的线径选择压线钳压接的位置

❸ 确认线夹放入的位置

❹ 将线夹放入压线钳中，先轻轻夹持确认具体操作位置，然后将硬导线的线芯平行插入线夹中，线夹与硬导线绝缘层的间距为3～5mm，用力夹紧，使线夹牢固压接在硬导线的线芯上

❺ 用钢丝钳剪掉多余的线芯，将线芯保留2～3mm或10mm后回折，可更加紧固

图14-15 线缆的线夹连接操作

14.3 线缆连接头加工

14.3.1 塑料硬导线环形连接头加工

图14-16为塑料硬导线环形连接头的加工方法。当塑料硬导线需要平接时，就需要将塑料硬导线的线芯加工为大小合适的环形连接头（连接环）。

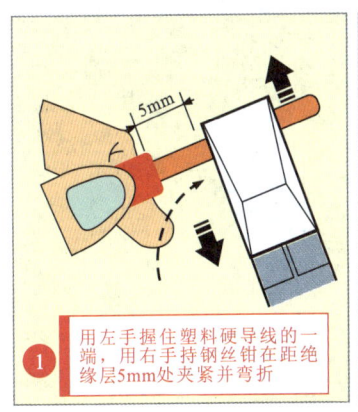

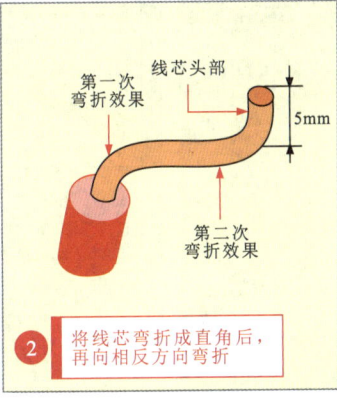

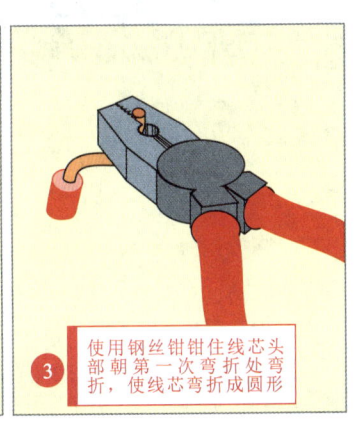

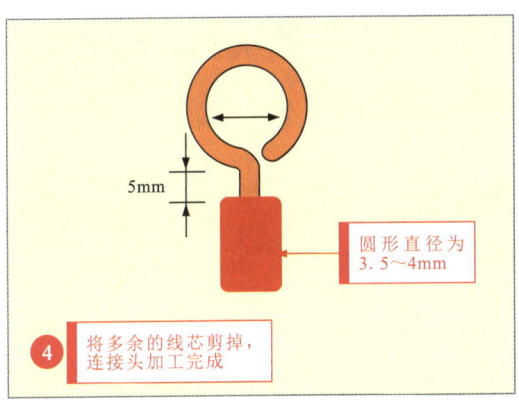

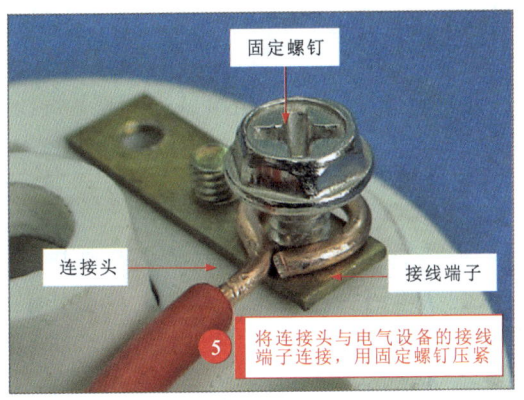

① 用左手握住塑料硬导线的一端，用右手持钢丝钳在距绝缘层5mm处夹紧并弯折

② 将线芯弯折成直角后，再向相反方向弯折

③ 使用钢丝钳钳住线芯头部朝第一次弯折处弯折，使线芯弯折成圆形

④ 将多余的线芯剪掉，连接头加工完成

⑤ 将连接头与电气设备的接线端子连接，用固定螺钉压紧

图14-16 塑料硬导线环形连接头的加工方法

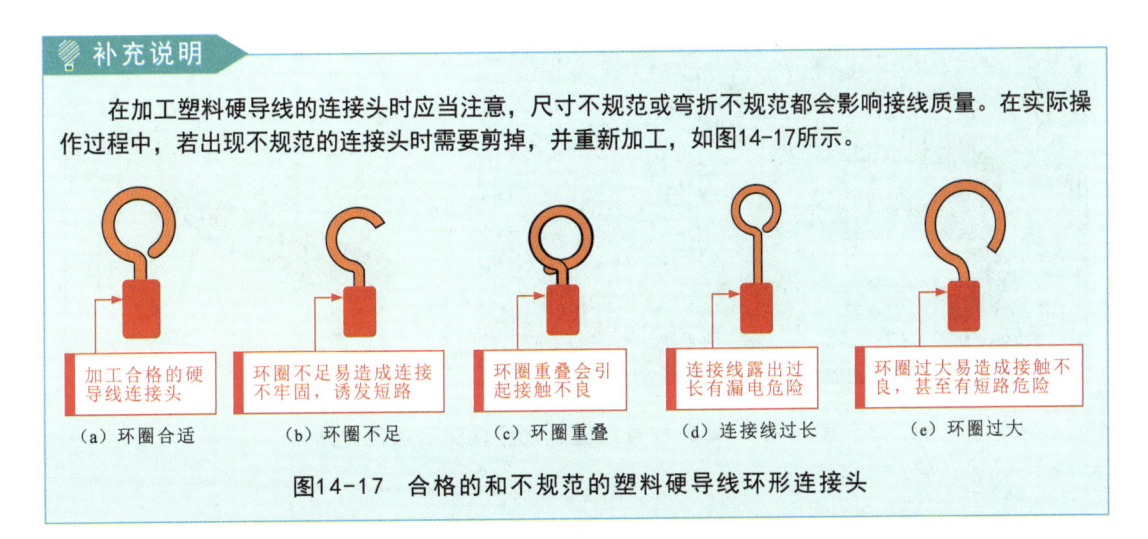

补充说明

在加工塑料硬导线的连接头时应当注意，尺寸不规范或弯折不规范都会影响接线质量。在实际操作过程中，若出现不规范的连接头时需要剪掉，并重新加工，如图14-17所示。

(a) 环圈合适 — 加工合格的硬导线连接头
(b) 环圈不足 — 环圈不足易造成连接不牢固，诱发短路
(c) 环圈重叠 — 环圈重叠会引起接触不良
(d) 连接线过长 — 连接线露出过长有漏电危险
(e) 环圈过大 — 环圈过大易造成接触不良，甚至有短路危险

图14-17 合格的和不规范的塑料硬导线环形连接头

14.3.2 塑料软导线绞绕式连接头加工

绞绕式连接头的加工是用一只手握住线缆的绝缘层处，用另一只手向一个方向捻线芯，使线芯紧固整齐。图14-18为塑料软导线绞绕式连接头的加工方法。

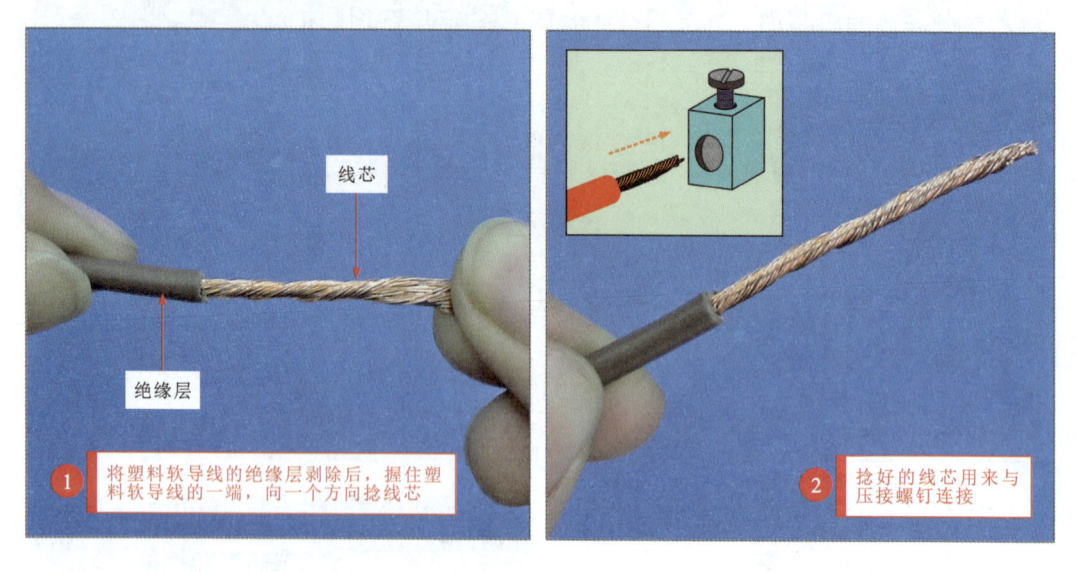

图14-18 塑料软导线绞绕式连接头的加工方法

14.3.3 塑料软导线缠绕式连接头加工

缠绕式连接头的加工是将塑料软导线的线芯插入连接孔时，由于线芯过细，无法插入，所以需要在绞绕的基础上，将其中一根线芯沿一个方向从绝缘层处开始缠绕。图14-19为塑料软导线缠绕式连接头的加工方法。

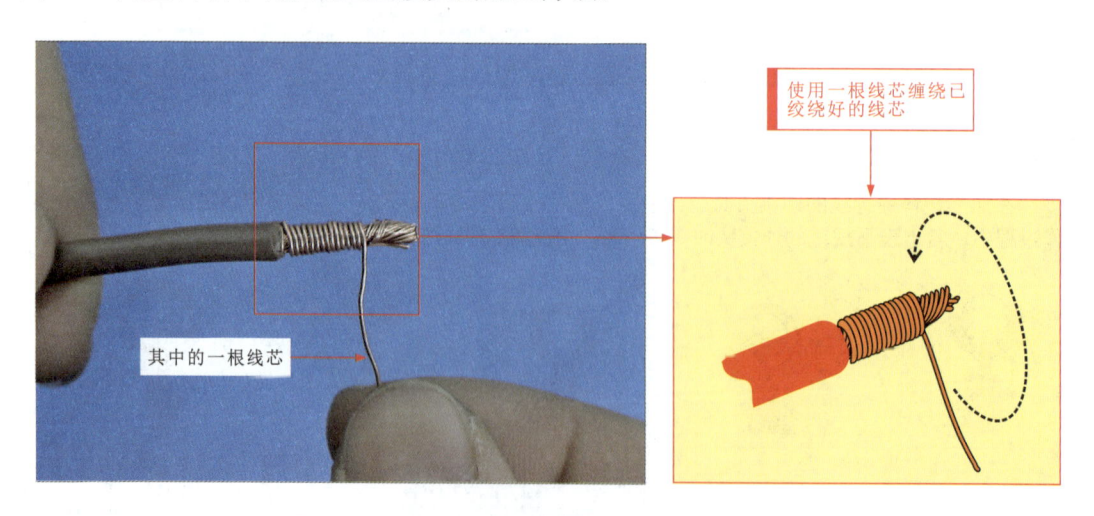

图14-19 塑料软导线缠绕式连接头的加工方法

14.3.4 塑料软导线环形连接头加工

若要将塑料软导线的线芯加工为环形，则首先将离绝缘层根部1/2处的线芯绞绕，然后弯折，并将弯折的线芯与塑料软导线并紧，再将弯折线芯的1/3拉起，环绕其余的线芯和塑料软导线。图14-20为塑料软导线环形连接头的加工方法。

① 捏住去掉绝缘层的线芯向一个方向绞绕

② 绞绕好的线芯长度应为总线芯长度的1/2（距离绝缘层根部），应紧固整齐

③ 将绞绕好的线芯弯折为环形

④ 将1/3长度的线芯弯曲成圆形

⑤ 将并紧线芯的1/3拉起

⑥ 按顺时针方向缠绕2圈

⑦ 剪掉多余的线芯，完成环形连接头的加工

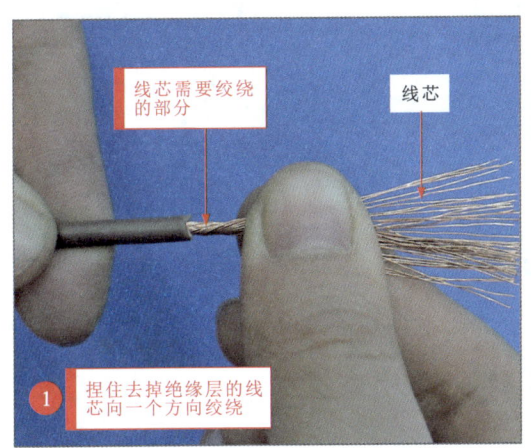

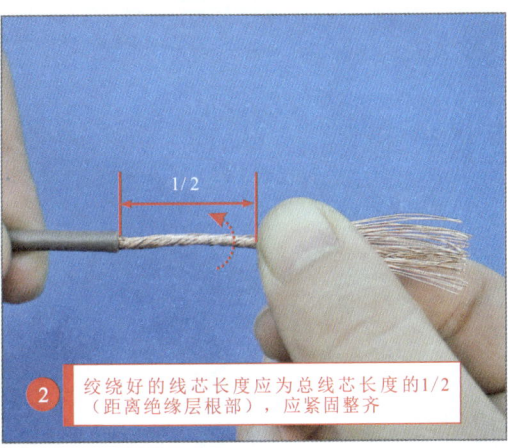

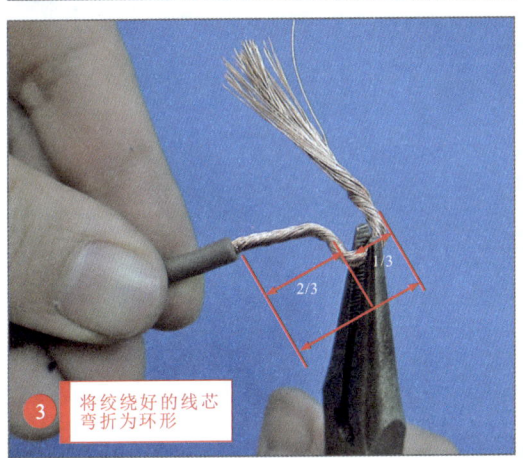

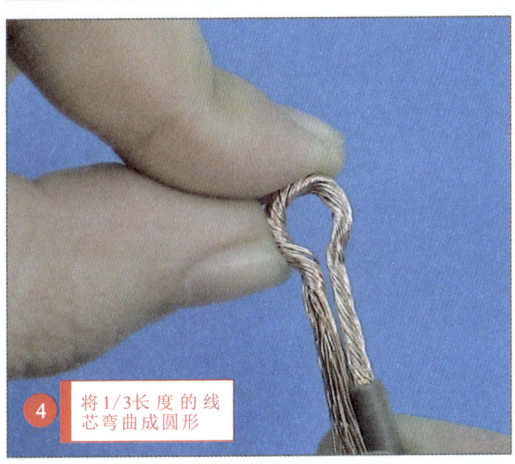

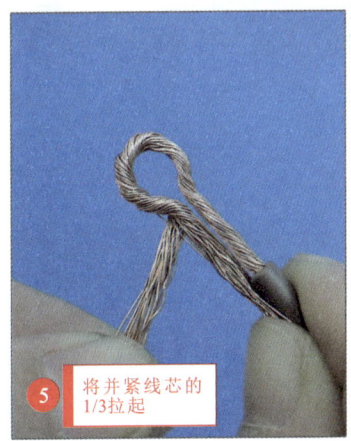

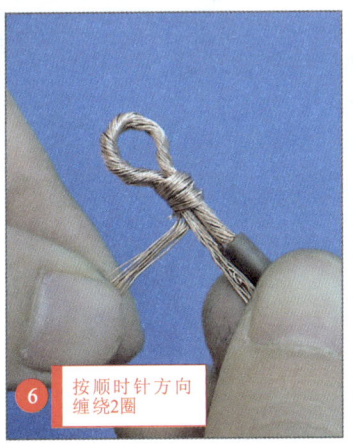

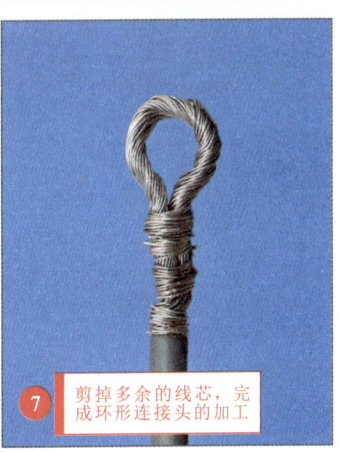

图14-20 塑料软导线环形连接头的加工方法